CAX工程应用丛书

ANSYS

Workbench

18.0有限元分析案例详解

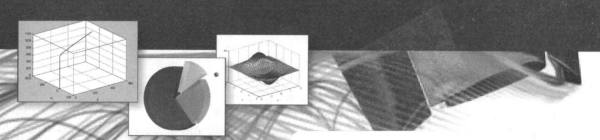

丁金滨 编著

U0209675

清华大学出版社

北京

内 容 简 介

本书以ANSYS公司有限元分析软件Workbench 18.0为操作平台,详细介绍了软件的功能及应用。全书共分为19章,首先以各个分析模块为基础,介绍ANSYS Workbench 18.0的建模、网格划分、分析设置、结果后处理,然后以项目范例为指导,讲解Workbench在结构静力学分析、模态分析、谐响应分析、响应谱分析、随机振动分析、瞬态动力学分析、接触分析、显示动力学分析、复合材料分析、疲劳分析、多体动力学分析、稳态热力学分析、瞬态热力学分析、流体动力学分析、电场分析、磁场分析及多物理场耦合分析中的应用。随书附赠书中案例所用的源文件,供读者在学习本书时进行操作练习和参考。

本书工程实例丰富,讲解详尽,内容安排循序渐进,既适合理工院校土木工程、机械工程、力学、电气工程、能源、电子通信、航空航天等相关专业的高年级本科生、研究生及教师使用,也可以作为相关工程技术人员从事工程研究的参考书。

图书在版编目(CIP)数据

ANSYS Workbench 18.0有限元分析案例详解/丁金滨编著. —北京:清华大学出版社,2019.10
(CAX工程应用丛书)
ISBN 978-7-302-54049-6

Ⅰ. ①A… Ⅱ. ①丁… Ⅲ. ①有限元分析—应用软件 Ⅳ. ①O241.82-39

中国版本图书馆 CIP 数据核字(2019)第 242406 号

责任编辑:王金柱
封面设计:王 翔
责任校对:闫秀华
责任印制:宋 林

出版发行:清华大学出版社
  网　　址:http://www.tup.com.cn,http://www.wqbook.com
  地　　址:北京清华大学学研大厦 A 座　　　邮　编:100084
  社 总 机:010-62770175　　　　　　　　　邮　购:010-62786544
  投稿与读者服务:010-62776969,c-service@tup.tsinghua.edu.cn
  质量反馈:010-62772015,zhiliang@tup.tsinghua.edu.cn
印 装 者:清华大学印刷厂
经　　销:全国新华书店
开　　本:203mm×260mm　　　　印　张:32　　　字　数:901 千字
版　　次:2019 年 12 月第 1 版　　　　　　印　次:2019 年 12 月第 1 次印刷
定　　价:99.00 元

产品编号:083700-01

【前 言】
Preface

　　随着现代化技术的突飞猛进,工程界对以有限元技术为主的CAE技术的认识不断提高,各行各业纷纷引进先进的CAE软件,以提升其产品的研发水平。

　　ANSYS Workbench软件就是在这种背景下诞生的有限元分析软件。ANSYS Workbench 18.0 所提供的CAD双向参数链接互动,项目数据自动更新机制,全面的参数管理,无缝集成的优化设计工具,使ANSYS在"仿真驱动产品设计(SDPD—Simulation Driven Product Development)"方面达到了前所未有的高度,同时ANSYS Workbench 18.0 具有强大的结构、流体、热、电磁及其相互耦合分析的功能。除此之外,在Workbench平台中增加了Extension接口模块,通过这个接口,Workbench能与用户定义的程序进行协同计算,满足不同领域用户对不同结果的提取。

　　作为业界最领先的工程仿真技术集成平台,Workbench 18.0 提供了全新的"项目视图(Project Schematic View)"功能,将整个仿真流程更加紧密地组合在一起,通过简单的拖动操作即可完成复杂的多物理场分析流程。

一、本书特色

　　本书由从事多年ANSYS Workbench工作和实践的一线从业人员编写,在编写的过程中,不只注重软件应用技巧的介绍,还重点讲解了ANSYS Workbench和工程实际的关系。本书主要有以下几个特色。

- 本书以基础和实例详解并重,既是 ANSYS Workbench 初学者的学习教材,也可以作为对 ANSYS Workbench 有一定基础的用户制定工程问题分析方案、精通高级前后处理与求解技术的参考书。
- 除详细讲解基本知识外,还介绍了 ANSYS Workbench 在各个行业中的应用。案例部分设置了多个行业门类,让读者在掌握基本操作技巧的同时,也对细化的相关设计分析应用有一个大致的了解,这也是我们要达到的目标。
- 内容编排上注意难易结合,通过给出一个或者多个应用实例,帮助读者掌握相关的使用技巧,通过学习可以一目了然地了解该类问题的特点和分析方法。
- 详细介绍了每个工程实例的操作步骤,读者可以很轻松地按照书中的指示,一步步地完成软件操作。同时编写过程用醒目的提示指出了读者容易遇到的困扰和错误操作。

二、主要内容

　　本书主要分为三个部分 19 章内容:有限元基础讲解部分、基础案例应用部分和综合案例应用三个部分,其中有限元基础讲解部分包括第1～2章,基础案例应用部分包括第3～10章,综合案例应用部分包括第11~19章,最后附录对电力电子系统仿真模块、ACT模块进行了简单的介绍。

注：本书在必要的理论概述的基础上，通过大量的典型案例对ANSYS Workbench分析平台中的模块进行详细介绍，并结合实际工程与生活中的常见问题进行详细讲解。其中几何建模模块（ANSYS SpaceClaim）、LS-DYNA显示动力学分析模块（Workbench LS-DYNA）、电磁分析模块（Maxwell）、疲劳分析模块（nCode）及复合材料分析模块（ANSYS ACP）需要读者单独安装。

三、案例源文件

为了让广大读者更快捷地学习和使用本书，本书提供了案例源文件。

本书配套资源提供的实例源文件可以使用Fluent打开，根据书中的介绍进行学习。下载配套资源请用微信扫描下述二维码：

如果下载有问题，请发送电子邮件至booksaga@126.com获得帮助，邮件标题为"ANSYS Workbench 18.0 有限元分析案例应用详解配书资源"。

虽然在编写过程中力求叙述准确、完善，但由于水平所限，书中欠妥之处在所难免，希望读者和同仁能够及时指出，共同促进本书质量的提高。

如果读者在学习过程中遇到与本书有关的问题，可以发邮件至comshu@126.com，编者会尽快给予解答。

编　者

2019 年 9 月

[目 录]
Contents

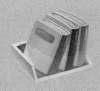

第1章
有限元基本理论

📥 导言

有限元是求解数理方程的一种数值计算方法，是将弹性理论、计算数学和计算机软件有机地结合在一起的一种数值分析技术，是解决工程实际问题的一种有力的数值计算工具。

目前，有限单元法在许多科学技术领域和实际工程问题中得到了广泛的应用，如机械制造、材料科学、航海航空、土木工程、电气工程、国防军工、石油化工、汽车能源等，都受到了普遍的重视。

现有的商业化软件已经成功地应用于固体力学、流体力学、传热学、电磁学、声学及生物领域等，能够求解弹塑性问题，求解各种场分布问题，如水流管道的流动分析、压力分析及多物理场的相互作用分析。

📥 学习目标

★ 了解有限元的发展历程
★ 了解有限元的一般求解原理
★ 了解有限元的一般求解方法
★ 能够对简单的单元进行有限元计算

1.1 有限元法发展综述

随着现代科学技术的发展，人们正在不断建造更为快速的交通工具、更大规模的建筑物、更大跨度的桥梁、更大功率的发电机组和更为精密的机械设备。这一切都要求工程师在设计阶段就能精确地预测出产品和工程的技术性能，需要对结构的静、动力强度以及温度场、流场、电磁场、渗流等技术参数进行分析计算。

例如，分析计算高层建筑和大跨度桥梁在地震时所受到的影响，看看是否会发生破坏性事故；分析计算核反应堆的温度场，确定传热和冷却系统是否合理；分析涡轮机叶片内的流体动力学参数，以提高其运转效率，这些都可归结为求解物理问题的控制，偏微分方程式往往是不可能的。

近年来，在计算机技术和数值分析方法支持下发展起来的有限元分析（FEA，Finite Element Analysis）方法，为解决这些复杂的工程分析计算问题提供了有效的途径。

有限元法是一种高效能并常用的计算方法。因为有限元法在早期是以变分原理为基础发展起来的，所以它广泛地应用于以拉普拉斯方程和泊松方程所描述的各类物理场中(这类场与泛函的极值问题有着紧密的联系)。

自从 1969 年以来，某些学者在流体力学中应用加权余数法中的迦辽金法（Galerkin）或最小二乘法等同样获得了有限元方程，因此有限元法可应用于以任何微分方程所描述的各类物理场中，而不再要求这类物理场和泛函的极值问题有所联系。

1.1.1　有限元法的孕育过程及诞生和发展

大约在 300 年前，牛顿和莱布尼茨发明了积分法，证明积分运算具有整体对局部的可加性。虽然积分运算与有限元技术对定义域的划分不同（前者进行无限划分，后者进行有限划分）但积分运算为实现有限元技术准备了一个理论基础。

在牛顿之后，著名数学家高斯提出了加权余值法及线性代数方程组的解法，前者被用来将微分方程改写为积分表达式，后者被用来求解有限元法所得出的代数方程组。在 18 世纪，另一位数学家拉格朗日提出了泛函分析，是将偏微分方程改写为积分表达式的另一途经。

在 19 世纪末 20 世纪初，数学家瑞雷和里兹首先提出可对全定义域运用展开函数来表达其上的未知函数。1915 年，数学家伽辽金提出了选择展开函数中形函数的伽辽金法，该方法被广泛用于有限元。1943 年，数学家库朗德第一次提出了可在定义域内分片地使用展开函数来表达其上的未知函数，这实际上就是有限元的做法。所以，到现在为止，实现有限元技术的第二个理论基础也已经确立。

20 世纪 50 年代，飞机设计师们发现无法用传统的力学方法分析飞机的应力、应变等问题。波音公司的一个技术小组，首先将连续体的机翼离散为三角形板块的集合来进行应力分析，经过一番波折后获得前述两个离散的成功。

20 世纪 50 年代，大型电子计算机投入了解算大型代数方程组的工作，这为实现有限元技术准备了物质条件。1960 年前后，美国的R.W.Clough教授及中国的冯康教授分别独立的在论文中提出了"有限单元"这样的名词。此后，这样的叫法被大家接受，有限元技术从此正式诞生。

1990 年 10 月美国波音公司开始在计算机上对新型客机B-777 进行"无纸设计"，用了三年半时间，于 1994 年 4 月第一架B-777 试飞成功，这是制造技术史上划时代的成就，其中在结构设计和评判中就大量采用了有限元分析。

在有限元分析的发展初期，由于其基本思想和原理的"简单"和"朴素"，以致于许多学术权威都对其学术价值有所质疑，国际著名刊物Journal of Applied Mechanics多年来都拒绝刊登有关于有限元分析的文章。然而，现在有限元分析已经成为数值计算的主流，不但国际上存在如ANSYS等数种通用有限元分析软件，而且涉及有限元分析的杂志也有几十种。

1.1.2　有限元法的基本思想

有限元法与其他求解边值问题近似方法的根本区别在于，它的近似性仅限于相对小的子域中。20 世纪 60 年代初，首次提出结构力学计算有限元概念的克拉夫（Clough）教授形象地将其描述为："有限元法=Rayleigh Ritz法＋分片函数"，即有限元法是Rayleigh Ritz法的一种局部化情况。

不同于求解（往往是困难的）满足整个定义域边界条件的允许函数的Rayleigh Ritz法，有限元法将函数定义在简单几何形状（如二维问题中的三角形或任意四边形）的单元域上（分片函数），且不考虑整个定义域的复杂边界条件，这是有限元法优于其他近似方法的原因之一。

有限元法（FEM）的基础是变分原理和加权余量法，其基本求解思想是把计算域划分为有限个互不重叠的单元。在每个单元内，选择一些合适的节点作为求解函数的插值点，将微分方程中的变量改写成由各变量或其导数的节点值，与所选用的插值函数组成线性表达式，借助于变分原理或加权余量法将微分方程离散求解。

采用不同的权函数和插值函数形式，便构成不同的有限元法。有限元法最早应用于结构力学，后来随着计算机的发展慢慢用于流体力学的数值模拟。

在有限元法中，把计算域离散剖分为有限个互不重叠且相互连接的单元，在每个单元内选择基函数，利用单元基函数的线性组合来逼近单元中的真解，整个计算域上总体的基函数可以看作是由每个单元的基函数组成，则整个计算域内的解可以看作是由所有单元上的近似解构成。在河道数值模拟中，常见的有限元计算方法是由变分法和加权余量法发展而来的里兹法和伽辽金法、最小二乘法等。

根据所采用的权函数和插值函数的不同，有限元法也分为多种计算格式。从权函数的选择来说，有配置法、矩量法、最小二乘法和伽辽金法；从计算单元网格的形状来划分，有三角形网格、四边形网格和多边形网格；从插值函数的精度来划分，又分为线性插值函数和高次插值函数等不同的组合。

同样构成不同的有限元计算格式，对于权函数，伽辽金（Galerkin）法是将权函数取为逼近函数中的基函数；最小二乘法是令权函数等于余量本身，而内积的极小值则为对代求系数的平方误差最小；在配置法中，先在计算域内选取N个配置点，令近似解在选定的N个配置点上严格满足微分方程，即在配置点上令方程余量为0。

插值函数一般由不同次幂的多项式组成，也有采用三角函数或指数函数组成的乘积表示，但比较常用的为多项式插值函数。有限元插值函数分为两种：一种只要求插值多项式本身在插值点取已知值，称为拉格朗日（Lagrange）多项式插值；另一种不仅要求插值多项式本身，还要求它的导数值在插值点取已知值，称为哈密特（Hermite）多项式插值。

单元坐标有笛卡尔直角坐标系和无因次自然坐标。常采用的无因次坐标是一种局部坐标系，它的定义取决于单元的几何形状，一维看作长度比，二维看作面积比，三维看作体积比。

在二维有限元中，三角形单元应用的最早，近来四边形等参元的应用也越来越广。对于二维三角形和四边形电源单元，常采用的插值函数是有Lagrange插值直角坐标系中的线性插值函数，面积坐标系中的线性插值函数、二阶或更高阶插值函数等。

对于有限元法，其解题步骤可归纳为：

（1）建立积分方程。根据变分原理或方程余量与权函数正交化原理，建立与微分方程初边值问题等价的积分表达式，这是有限元法的出发点。

（2）区域单元剖分。根据求解区域的形状及实际问题的物理特点，将区域剖分为若干相互连接、不重叠的单元。区域单元划分是采用有限元法的前期准备工作，这部分工作量比较大，除了给计算单元和节点进行编号和确定相互之间的关系之外，还要表示节点的位置坐标，同时还需要列出自然边界和本质边界的节点序号和相应的边界值。

（3）确定单元基函数。根据单元中节点数目及对近似解精度的要求，选择满足一定插值条件的插值函数作为单元基函数。有限元方法中的基函数是在单元中选取的，由于各单元具有规则的几何形状，因此在选取基函数时可遵循一定的法则。

（4）单元分析。将各个单元中的求解函数用单元基函数的线性组合表达式进行逼近，再将近似函数代入积分方程，并对单元区域进行积分，可获得含有待定系数（单元中各节点的参数值）的代数方程组，称为单元有限元方程。

（5）总体合成。在得出单元有限元方程之后，将区域中所有单元有限元方程按一定法则进行累加，形成总体有限元方程。

（6）边界条件的处理。一般边界条件有三种形式，即本质边界条件（狄里克雷边界条件）、自然边界条件（黎曼边界条件）、混合边界条件（柯西边界条件）。对于自然边界条件，一般在积分表达式中可自动得到满足；对于本质边界条件和混合边界条件，需按一定法则对总体有限元方程进行修正满足。

（7）解有限元方程。根据边界条件修正的总体有限元方程组，是含所有待定未知量的封闭方程组，采用适当的数值计算方法求解，可求得各节点的函数值。

1.1.3　有限元的应用及其发展趋势

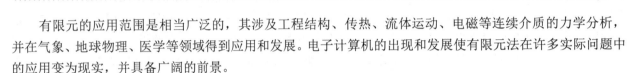

有限元的应用范围是相当广泛的，其涉及工程结构、传热、流体运动、电磁等连续介质的力学分析，并在气象、地球物理、医学等领域得到应用和发展。电子计算机的出现和发展使有限元法在许多实际问题中的应用变为现实，并具备广阔的前景。

早在 20 世纪 50 年代末 60 年代初，国际上就投入大量的人力和物力开发具有强大功能的有限元分析程序，其中最为著名的是由美国国家宇航局（NASA）在 1965 年委托美国计算科学公司和贝尔航空系统公司开发的NASTRAN有限元分析系统，该系统发展至今已有几十个版本，是目前世界上规模最大、功能最强的有限元分析系统。

到目前为止，世界各地的研究机构和大学也发展了一批规模较小但使用灵活、价格较低的专用或通用有限元分析软件，主要有德国的ASKA、英国的PAFEC、法国的SYSTUS、美国的ABAQUS、ADINA、ANSYS、BERSAFE、BOSOR、COSMOS、ELAS、MARC和STARDYNE等公司的产品。当今国际上FEA方法和软件发展呈现出以下趋势：

1. 从单纯的结构力学计算发展到求解许多物理场问题

有限元分析方法最早是从结构化矩阵分析发展而来的，逐步推广到板、壳、实体等连续体固体力学分析，实践证明这是一种非常有效的数值分析方法，而且从理论上也已经证明，只要用于离散求解对象的单元足够小，所得的解就可足够逼近于精确值。所以，近年来有限元方法已经发展到流体力学、温度场、电传导、磁场、渗流、声场等问题的求解计算，甚至发展到求解几个交叉学科的问题。

例如，当气流流过一个很高的铁塔时就会使铁塔产生变形，而塔的变形又反过来影响到气流的流动……这就需要用固体力学和流体动力学的有限元分析结果交叉迭代求解，即"流固耦合"的问题。

2. 由求解线性工程问题进展到分析非线性问题

随着科学技术的发展，线性理论已经远远不能满足设计的要求。例如，建筑行业中的高层建筑和大跨度悬索桥的出现，这就要求考虑结构的大位移和大应变等几何非线性问题；航天和动力工程的高温部件存在热变形和热应力，也要考虑材料的非线性问题，如塑料、橡胶和复合材料等各种新材料的出现，仅靠线性计算理论不足以解决遇到的问题，只有采用非线性有限元算法才能解决。

众所周知，非线性的数值计算是很复杂的，它涉及很多专门的数学问题和运算技巧，很难为一般工程技术人员所掌握。为此，近年来国外一些公司花费了大量的人力和物力，投资开发诸如MARC、ABAQUS、

ADINA等专长于求解非线性问题的有限元分析软件，并广泛应用于工程实践。这些软件的共同特点是具有高效的非线性求解器以及丰富、实用的非线性材料库。

3．增强可视化的前置建模和后置数据处理功能

早期有限元分析软件的研究重点在于推导新的高效率求解方法和高精度的单元。随着数值分析方法的逐步完善，尤其是计算机运算速度的飞速发展，整个计算系统用于求解运算的时间越来越短，而数据准备和运算结果的表现问题却日益突出。

在现在的工程工作站上，求解一个包含10万个方程的有限元模型只需要几十分钟。但是，如果用手工方式来建立这个模型，然后处理大量的计算结果，则需要几周的时间。可以毫不夸张地说，工程师在分析计算一个工程问题时有80%以上的精力都花在数据准备和结果分析上。因此，目前几乎所有的商业化有限元程序系统都有功能很强的前置建模和后置数据处理模块。

在强调"可视化"的今天，很多程序都建立了对用户非常友好的GUI（Graphics User Interface），使用户能以可视化图形的方式直观、快速地进行网格自动划分，生成有限元分析所需的数据，并按要求将大量的计算结果整理成变形图、等值分布云图，便于极值搜索和所需数据的列表输出。

4．与CAD软件的无缝集成

当今有限元分析系统的另一个特点是与通用CAD软件的集成使用，即用CAD软件完成部件和零件的造型设计后，自动生成有限元网格并进行计算。如果分析的结果不符合设计要求，则重新进行造型和计算，直到满意为止，从而极大地提高了设计水平和效率。

今天，工程师可以在集成的CAD和FEA软件环境中快捷地解决一个在以前无法应付的复杂工程分析问题。所以，当今几乎所有的商业化有限元系统供应商都开发了自己的软件与主流CAD软件（如SpaceClaim、Pro/Engineer、Unigraphics、Solidedge等）的接口。

5．在Wintel平台上的发展

早期的有限元分析软件基本上都是在大中型计算机（主要是Mainframe）上开发和运行的，后来又发展到以工程工作站（EWS，Engineering WorkStation）为平台，它们的共同特点是均采用UNIX操作系统。PC机的出现使计算机的应用发生了根本性的变化，工程师渴望在办公桌上完成复杂工程分析的梦想成为现实。

由于早期的PC机采用16位CPU和DOS操作系统，内存中的公共数据块受到限制，因此当时计算模型的规模不能超过1万阶方程。Microsoft Windows操作系统和32位的Intel Pentium处理器的推出，为PC机用于有限元分析提供了必须的软件和硬件支撑平台。所以，当前国际上著名的有限元程序研究和发展机构都纷纷将他们的软件移植到Wintel平台上。

在大力推广CAD技术的今天，从自行车到航天飞机，所有的设计制造都离不开有限元分析计算，有限元法在工程设计和分析中得到越来越广泛的重视。目前以分析、优化和仿真为特征的CAE（Computer aided Engineering CAE）技术在世界范围内蓬勃发展，它通过先进的CAE技术快速、有效地分析产品的各种特性，揭示结构各类参数变化对产品性能的影响，进行设计方案的修改和调整，使产品达到性能和质量上的最优，原材料消耗最低。基于计算机分析、优化和仿真的CAE技术的研究和应用，是高质量、高水平、低成本产品设计与开发的保证。

1.2 有限元分析基本理论

有限元法的基本思路是将一个连续求解区域分割成有限个不重叠且按一定方式相互连接在一起的子域（单元），利用在每一个单元内假设的近似函数来分片地表示全求解域上待求的未知场函数。

单元内的场函数通常由未知场函数或其导数在单元各个节点的数值和其插值函数来近似表示。这样，未知场函数或其导数在各个节点上的数值即成为未知量（自由度）。

根据单元在边界处相互之间的连续性，将各单元的关系式集合成方程组，求出这些未知量，并通过插值函数计算出各个单元内场函数的近似值，从而得到全求解域上的近似解。

有限元将一个连续的无限自由度问题变成离散的有限自由度问题进行求解。如果将区域划分成很细的网格，即单元的尺寸变得越来越小，或者随着单元自由度的增加及插值函数精度的提高，则解的近似程度将不断被改进；如果单元是满足收敛要求的，则近似解最后可收敛于精确解。

1.2.1 有限元分析的基本概念和计算步骤

首先以求解连续梁为例，引出结构有限元分析的一些基本概念和计算步骤。

如图 1-1 所示，连续梁承受集中力矩作用，将结构离散为三个节点和两个单元。结构中的节点编号为1、2、3，单元编号为①、②。

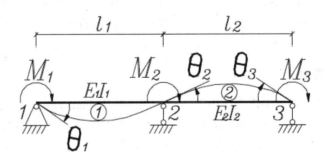

图 1-1　受集中力矩作用的连续梁

1. 单元分析

在有限元分析过程中，第一步是进行结构离散，并对离散单元进行分析，分析的目的是得到单元节点的力与位移的关系。单元分析的方法有直接法和能量法，本节采用直接法。

从连续梁中取出一个典型单元e，左边为节点i，右边为节点j。将节点选择在支承点处，单元两端只产生转角位移 θ_i^e、θ_j^e，顺时针转动为正。独立的单元杆端内力为弯矩 m_i、m_j，顺时针为正。

$\{u\}^e = \begin{Bmatrix} \theta_i \\ \theta_j \end{Bmatrix}^e$ 为单元e的节点位移向量；$\{f\}^e = \begin{Bmatrix} m_i \\ m_j \end{Bmatrix}^e$ 为单元e的杆端力向量。

根据结构力学位移法可得如下平衡方程：

$$\left.\begin{array}{l} m_i^e = k_{11}^e \theta_i^e + k_{12}^e \theta_j^e \\ m_j^e = k_{21}^e \theta_i^e + k_{22}^e \theta_j^e \end{array}\right\} \tag{1-1}$$

式中：$\begin{array}{l} k_{11}^e = k_{22}^e = 4i_e \\ k_{21}^e = k_{12}^e = 2i_e \end{array}$；$i_e = \dfrac{EI}{l}$；$EI$、$l$ 分别为单元 e 的抗弯刚度和长度。

k_{ij}^e（i, j=1，2）的物理意义为单元 j 处发生单位转角引起的 i 处的力矩。将式（1-1）写成矩阵形式：

$$\left\{\begin{array}{l} m_i \\ m_j \end{array}\right\}^e = \left[\begin{array}{cc} k_{11} & k_{12} \\ k_{21} & k_{22} \end{array}\right]^e \left\{\begin{array}{l} \theta_i \\ \theta_j \end{array}\right\}^e \tag{1-2}$$

或

$$\{f\}^e = [k]^e \{u\}^e \tag{1-3}$$

式（1-2）、式（1-3）称为梁单元 e 的刚度方程。式中，$[k]^e$ 为梁单元 e 的刚度矩阵，只要已知梁单元的 EI、l，就可计算出单元刚度矩阵。

以上分析实现了单元分析的目的，即得到单元刚度方程和单元刚度矩阵。

2．整体分析

有限元分析的第二步是将离散的单元集成整体，组集过程如图 1-2 所示。

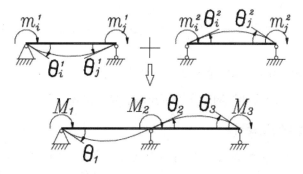

图 1-2　离散的单元集成整体

在组集过程中，必须满足以下条件：

（1）变形协调

$$\left.\begin{array}{l} \theta_i^1 = \theta_1 \\ \theta_j^1 = \theta_i^2 = \theta_2 \\ \theta_j^2 = \theta_3 \end{array}\right\} \tag{1-4}$$

（2）节点平衡

$$\left.\begin{array}{ll} \sum M_1 = 0 & M_1 - m_i^1 = 0 \\ \sum M_2 = 0 & M_2 - m_i^2 - m_j^1 = 0 \\ \sum M_3 = 0 & M_3 - m_j^2 = 0 \end{array}\right\} \tag{1-5}$$

将式（1-2）代入式（1-5）可得：

$$\left.\begin{array}{l} 4i_1\theta_i^1 + 2i_1\theta_j^1 = M_1 \\ (2i_1\theta_i^1 + 4i_1\theta_j^1) + (4i_2\theta_i^2 + 2i_2\theta_j^2) = M_2 \\ 2i_2\theta_i^2 + 4i_2\theta_j^2 = M_3 \end{array}\right\} \qquad (1\text{-}6)$$

将式（1-4）代入式（1-6）可得：

$$\left.\begin{array}{l} 4i_1\theta_1 + 2i\theta_2 = M_1 \\ 2i_1\theta_1 + (4i_1 + 4i_2)\theta_2 + 2i_2\theta_3 = M_2 \\ 2i_2\theta_2 + 4i_2\theta_3 = M_3 \end{array}\right\} \qquad (1\text{-}7)$$

写成矩阵形式：

$$\begin{bmatrix} 4i_1 & 2i_1 & 0 \\ 2i_1 & (4i_1 + 4i_2) & 2i_2 \\ 0 & 2i_2 & 4i_2 \end{bmatrix}\begin{Bmatrix} \theta_1 \\ \theta_2 \\ \theta_3 \end{Bmatrix} = \begin{Bmatrix} M_1 \\ M_2 \\ M_3 \end{Bmatrix} \qquad (1\text{-}8)$$

式（1-8）称为结构刚度方程。它实际上是结构的节点平衡方程，即：

$$[K]\{\Delta\} = \{P\} \qquad (1\text{-}9)$$

式中：$[K] = \begin{bmatrix} 4i_1 & 2i & 0 \\ 2i_1 & (4i_1 + 4i_2) & 2i_2 \\ 0 & 2i_2 & 4i_2 \end{bmatrix}$ 为该结构的原始刚度矩阵；$\{\Delta\} = \{\theta_1 \quad \theta_2 \quad \theta_3\}^T$ 为该结构的位移向量；

$\{P\} = \{M_1 \quad M_2 \quad M_3\}^T$ 为该结构的节点荷载向量。

以上分析实现了整体分析，即得到结构原始刚度矩阵和结构刚度方程。

3．用直接刚度法形成结构刚度矩阵

通过整体分析建立了节点的平衡方程，即结构的刚度方程，从而得到结构刚度矩阵。但是，要实现电算，不可能对每一具体结构都作一次总体分析，而是应该找一种规律，即在确定了节点位移和荷载的排序后，使计算机能够直接由单元刚度矩阵集成结构刚度矩阵，从单元刚度方程得到结构的刚度方程，这一方法称为直接刚度法。

（1）确定结构刚度矩阵的阶数

结构刚度方程中第 i 行表示该结构第i个位移分量上力的平衡方程。如果结构有N个独立位移分量，则可列出N个独立平衡方程，结构刚度矩阵就是N×N阶的。因本例有 3 个独立的位移分量，故总刚度必然为 3×3 阶的，写成：

$$[K] = \begin{bmatrix} k_{11} & k_{12} & k_{13} \\ k_{21} & k_{22} & k_{23} \\ k_{31} & k_{32} & k_{33} \end{bmatrix} \qquad (1\text{-}10)$$

（2）确定单元刚度矩阵中元素与结构刚度矩阵中元素的关系

将单元刚度矩阵下标写成位移分量编号的形式。

单元1：$i=1$；$j=2$。

$$[k]^1 = \begin{bmatrix} k_{11}^1 & k_{12}^1 \\ k_{21}^1 & k_{22}^1 \end{bmatrix} \qquad (1\text{-}11)$$

单元2：$i=2$；$j=3$。

$$[k]^2 = \begin{bmatrix} k_{22}^2 & k_{23}^2 \\ k_{32}^2 & k_{33}^2 \end{bmatrix} \qquad (1\text{-}12)$$

有 $k_{11}=k_{11}^1$、$k_{12}=k_{12}^1$、$k_{13}=0$、$k_{21}=k_{21}^1$、$k_{22}=k_{22}^1+k_{22}^2$、$k_{23}=k_{23}^2$、$k_{31}=0$、$k_{32}=k_{32}^2$、$k_{33}=k_{33}^2$。

可见，若将单元刚度矩阵中元素下标写成位移分量编号的形式，则结构刚度矩阵中任一刚度元素与单元刚度矩阵中元素有如下关系：

$$k_{ij} = \sum_{e=1}^{ne} k_{ij}^e \qquad (1\text{-}13)$$

式中：e 为单元号；ne 为结构单元总数。

因此，用直接刚度法集成总刚，可归纳为以下几步。

（1）对结构未知量进行编号，确定各未知量在结构刚度方程中的位置（行号）。

（2）确定结构刚度矩阵的阶数N。

（3）对单元e进行循环，寻找e单元刚度矩阵中各元素下标对应于整体刚度方程中的未知量编号，并按此编号根据式（1-13）分别叠加到结构总体刚度矩阵中的对应位置上去。

对单元循环完毕时，结构刚度矩阵就形成了。形成结构刚度矩阵是有限元分析过程中十分重要的环节，为了节约计算机存储空间，加快刚度方程求解速度，我们还必须了解结构刚度矩阵的以下性质。

- 结构刚度矩阵是 N×N 阶的方阵，N 为结构的未知量总数。
- 结构刚度矩阵是对称阵，即 $k_{ij}=k_{ji}$，这一性质由力一位移互等定理决定。
- 处于同一单元上的两个未知量称为相关未知量。若两个未知量不相关，则 $k_{ij}=0$。由式（1-13）可知，两个未知量不相关，就没有单元刚度矩阵贡献，因此 $k_{ij}=0$（如本例中 $k_{13}=k_{31}=0$）。
- 结构刚度矩阵为带状矩阵，其非 0 元素分布在主对角线元素附近。
- 结构刚度矩阵是稀疏阵，非 0 元素很少。对于较大规模的结构，结构刚度矩阵中的非 0 元素只占总元素的 10%左右。
- 结构刚度矩阵是非负定矩阵，即对任意不为 0 的 N 维向量 $\{x\}$ 有 $\{x\}^T[K]\{x\} \geq 0$。

4. 支承条件的引入

在有限元分析过程中，通常在结构原始刚度矩阵 $[K]$ 建立以后才引入支承条件。下面仍对本例进行讨论，如果改变本例中节点 3 的边界条件，如图 1-3 所示，则在节点 1 和 2 处转角 θ_1、θ_2 是未知量，节点力 M_1、M_2 是已知量，节点 3 是固端，M_3 为未知量，转角 θ_3 是已知量，即 $\theta_3=0$。

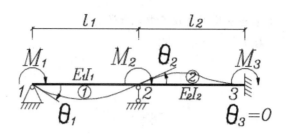

图 1-3　改变节点边界条件的连续梁

计算时，我们分两步来进行。

第一步，暂时不引入支承条件和荷载情况，先建立原始刚度方程，即式（1-8）。

第二步，在固定端引入支承条件 $\theta_3 = 0$，即将式（1-8）修改为：

$$\begin{bmatrix} 4i_1 & 2i & 0 \\ 2i_1 & (4i_1 + 4i_2) & 2i_2 \\ 0 & 2i_2 & 4i_2 \end{bmatrix} \begin{Bmatrix} \theta_1 \\ \theta_2 \\ 0 \end{Bmatrix} = \begin{Bmatrix} M_1 \\ M_2 \\ M_3 \end{Bmatrix} \tag{1-14}$$

为了求解 θ_1 和 θ_2，可从矩阵方程中取出前面两个方程。

$$\left. \begin{array}{l} 4i\theta_1 + 2i\theta_2 = M_1 \\ 2i\theta_1 + (4i_1 + 4i_2)\theta_2 = M_2 \end{array} \right\} \tag{1-15}$$

即

$$\begin{bmatrix} 4i & 2i \\ 2i & 4i_1 + 4i_2 \end{bmatrix} \begin{Bmatrix} \theta_1 \\ \theta_2 \end{Bmatrix} = \begin{Bmatrix} M_1 \\ M_2 \end{Bmatrix} \tag{1-16}$$

式（1-16）就是引入支承条件和荷载情况后得到的位移法基本方程，由此可解出基本未知量 θ_1 和 θ_2。

将式（1-16）与式（1-8）比较可以看出，如果在式（1-8）中把[K]的第 3 行和第 3 列划去，同时把右边向量中的相应元素划去，就可直接得出式（1-16）。因此，引入支承条件的问题就可以归结为划去对应未知量的行与列的问题，这种方法称为划行划列法。

有时为了能方便地计算出支反力，我们可以将式（1-8）写成：

$$\begin{bmatrix} [k]_{\alpha\alpha} & [k]_{\alpha\beta} \\ [k]_{\beta\alpha} & [k]_{\beta\beta} \end{bmatrix} \begin{Bmatrix} \{\Delta\}_\alpha \\ \{\Delta\}_\beta \end{Bmatrix} = \begin{Bmatrix} \{P\}_\alpha \\ \{P\}_\beta \end{Bmatrix} \tag{1-17}$$

式中：　　　$\{\Delta\}_\alpha = \begin{Bmatrix} \theta_1 \\ \theta_2 \end{Bmatrix}$ 为未知位移量；

$\{\Delta\}_\beta = \{\theta_3\}$ 为已知位移；

$\{P\}_\alpha = \begin{Bmatrix} M_1 \\ M_2 \end{Bmatrix}$ 为已知荷载向量；

$\{P\}_\beta = \{M_3\}$ 为未知荷载向量或支反力。

式（1-17）可写成以下两个独立方程组。

$$[k]_{\alpha\alpha}\{\Delta\}_{\alpha} + [k]_{\alpha\beta}\{\Delta\}_{\beta} = \{P\}_{\alpha} \tag{1-18}$$

$$[k]_{\beta\alpha}\{\Delta\}_{\alpha} + [k]_{\beta\beta}\{\Delta\}_{\beta} = \{P\}_{\beta} \tag{1-19}$$

由于 $\{\Delta\}_{\beta} = \{\theta_3\} = 0$，所以式（1-18）等价于式（1-16）。

当 $\{\Delta\}_{\alpha}$ 求得后，代入式（1-19）可求得支反力：

$$\{P\}_{\beta} = [k]_{\beta\alpha}\{\Delta\}_{\alpha} + 0 \tag{1-20}$$

对于本例，即

$$\{M_3\} = [k]_{\beta\alpha}\{\Delta\}_{\alpha} = \begin{bmatrix} 0 & 2i_2 \end{bmatrix}\begin{bmatrix} \theta_1 \\ \theta_2 \end{bmatrix} = 2i_2\theta_2 \tag{1-21}$$

由此可见，要计算支反力，必须先将已知位移对应的刚度矩阵元素 $[k]_{\beta\alpha}$ 提取出来，然后划行划列。

在程序计算中，希望将引入支座后的矩阵仍保留原来的阶数且未知量排列顺序不变，为此可将式（1-16）扩大成如下形式。

$$\begin{bmatrix} 4i_1 & 2i_1 & 0 \\ 2i_1 & (4i_1+4i_2) & 0 \\ 0 & 0 & 1 \end{bmatrix}\begin{bmatrix} \theta_1 \\ \theta_2 \\ \theta_3 \end{bmatrix} = \begin{Bmatrix} P_1 \\ P_2 \\ 0 \end{Bmatrix} \tag{1-22}$$

即对原始刚度矩阵先提取对应于已知位移向量的刚度元素，以备计算支座反力，再将原始刚度矩阵中的元素全部置 0，对角线元素置 1，荷载向量中对应的元素也置零。这种处理约束的方法称为充 0 置 1 法。

5. 非节点荷载的处理

如果在单元内有非节点荷载，就不可能直接建立结构刚度方程，因为结构刚度方程表示节点力的平衡方程。图 1-4（a）所示的结构具有 3 个节点，2 个单元，M_1、M_2、M_3 为节点荷载，M'、M'' 为非节点荷载。

要解决这个问题，需用等效节点荷载代替非节点荷载来分析整体结构受力，处理原则为在等效节点荷载作用下的结构节点位移与实际荷载作用下结构的节点位移应相等。具体可按如下步骤处理：

（1）求等效节点荷载

计算非节点荷载的等效节点荷载时可分两步进行。

第一步：在各节点加上约束，阻止节点发生位移，计算结构上所有非节点荷载的效应，如图 1-4（b）所示。其中，M_{01}、M_{02}、M_{03} 为非节点荷载在增加的约束中引起的反力（弯矩）。

单元（1）、（2）产生的固端力矩（加脚标 0 表示固端力矩）为：

$$\{M_0\}^{(1)} = \begin{Bmatrix} M_{0i} \\ M_{0j} \end{Bmatrix}^{(1)}, \quad \{M_0\}^{(2)} = \begin{Bmatrix} M_{0i} \\ M_{0j} \end{Bmatrix}^{(2)} \tag{1-23}$$

各节点增加的约束中的反力分别为与该节点相关联单元的固端力矩之和。

$$\{M_0\} = \begin{Bmatrix} M_{01} \\ M_{02} \\ M_{03} \end{Bmatrix} = \begin{Bmatrix} M_{0i}^{(1)} \\ M_{0j}^{(1)} + M_{0i}^{(2)} \\ M_{0j}^{(2)} \end{Bmatrix} \qquad (1\text{-}24)$$

第二步：去掉各节点的约束，相当于在各节点施加外力矩向量$\{P\} = -\{M_0\}$，再叠加上原有的节点荷载M_1、M_2、M_3，总的节点荷载如图1-4（c）所示。

显然，把图1-4（b）和（c）两种情况叠加就得到图1-4（a）给出的情况。图1-4（c）中的节点荷载$\{P\}$称为结构非节点荷载的等效节点荷载，而式（1-24）中的单元固端力矩$\{M_0\}^{(1)}$、$\{M_0\}^{(2)}$的反号力叫作相应单元荷载的等效节点荷载。

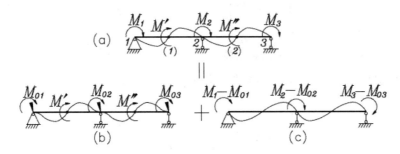

图1-4　单元内有非节点荷载作用的连续梁

（2）求各杆端弯矩

连续梁在非节点荷载作用下的杆端弯矩由两部分组成：一部分是在节点加阻止位移的约束时非节点荷载作用下的杆端弯矩；另一部分是在等效节点力荷载作用下的杆端弯矩。第二部分的计算方法在前面已详细讨论过，即先由式（1-8）求出结构的位移向量$\{\Delta\}$，然后代入式（1-2）计算杆端力。

将两部分杆端力进行叠加，即得非节点荷载作用下各杆的杆端弯矩。

$$\begin{Bmatrix} M_i \\ M_j \end{Bmatrix}^e = \begin{bmatrix} k_{11} & k_{12} \\ k_{21} & k_{22} \end{bmatrix} \begin{Bmatrix} \theta_i \\ \theta_j \end{Bmatrix}^e + \begin{Bmatrix} M_{0i} \\ M_{0j} \end{Bmatrix}^e \quad (e = 1, 2) \qquad (1\text{-}25)$$

6. 有限元分析的基本步骤

有限元分析的实施过程可分为3个阶段。

- 前处理阶段：将整体结构或其一部分简化为理想的数学力学模型，用离散化的单元代替连续实体结构或求解区域。
- 分析计算阶段：运用有限元法对结构离散模型进行分析计算。
- 后处理阶段：对计算结果进行分析、整理和归纳。

以上讨论尽管只是针对两跨连续梁进行的，但其分析阶段的思想及计算步骤却代表了所有复杂结构的有限元静力分析过程。因此，读者必须熟练掌握这一过程中的每一个环节，领会其分析思路。为了便于理解，将有限元分析的基本步骤归纳为以下几点：

- 结构简化与离散化，并对离散结构进行单元、节点编号。
- 整理原始数据，包括单元、节点、材料、几何特性、荷载信息等。
- 形成各单元的单元刚度矩阵。

- 形成结构原始刚度矩阵。
- 形成结构荷载向量，它是节点力与非节点力的总效应。
- 引入支承条件。
- 解方程计算节点位移。
- 求各单元内力和各支承反力。

不同结构的有限元分析有以下区别。

- 描述结构的单元形式不同：一种单元将对应一种单刚。
- 单元的节点未知量个数不同：平面刚架单元为 3，空间刚架单元为 6 等。

针对具体结构形式，可以作具体的有限元分析。桥梁结构一般为空间复合结构，它的离散模型可由梁、板、壳以及三维实体单元组合而成，复杂结构的单元分析一般采用能量法推导。但为了简化计算，一般可近似为杆系结构，因此，下一节将用能量法描述有限元分析原理和单元分析方法。

1.2.2 基于最小势能原理的有限元法

1. 基本理论

采用最小势能原理建立有限元方程可以归结为以下步骤：

步骤 01 以单元坐标系中的单元节点位移 $\{\delta\}^e$ 为待定参数，引入插值函数 $[N]^e$，给出单元内的位移函数。

$$\{a\}^e = [N]^e \{\delta\}^e \tag{1-26}$$

步骤 02 用单元节点位移 $\{\delta\}^e$ 表示单元应变和单元应力。

$$\{\varepsilon\}^e = L\{a\}^e = [B]^e \{\delta\}^e \tag{1-27}$$

$$\{\sigma\}^e = [D]^e \{\varepsilon\} = [D]^e [B]^e \{\delta\}^e \tag{1-28}$$

式中：$[B]^e = L[D]^e$ 称为应变（几何）矩阵，L 为一阶微分算子，$[D]^e$ 为弹性矩阵。

步骤 03 每个单元的势能为：

$$\Pi_p^e = \{\delta\}^{eT}(\frac{1}{2}\int_{V^e}[B]^{eT}[D]^e[B]^e dv\{\delta\}^e - \int_{V^e}[N]^{eT}\{f\}^e dv \\ - \int_{S_0^e}[N]^{eT}\{H\}^e ds) - \{\delta\}^{eT}\{P_F\}^e \tag{1-29}$$

式中：$\{f\}^e$ 为单元的体积力；$\{H\}^e$ 为单元的表面力；$\{P_F\}^e$ 为单元的节点力。

步骤 04 根据最小势能原理 $\delta\Pi_p^e = 0$，建立单元坐标系内的单元刚度方程。

$$[k]^e \{\delta\}^e = \{p\}^e \tag{1-30}$$

$$[k]^e = \int_{V^e}[B]^{eT}[D]^e[B]^e dv \tag{1-31}$$

$$\{p\}^e = \int_{V^e} [N]^{e^T} \{f\}^e dv + \int_{S_0^e} [N]^{e^T} \{H\}^e ds + \{P_F\}^e \tag{1-32}$$

式中：$[k]^e$ 为单元坐标系中的单元刚度矩阵；$\{p\}^e$ 为单元坐标系中的右端荷载向量。

步骤 05 用结构坐标系内的节点位移 $\{\delta\}$ 表示单元坐标系内的节点位移 $\{\delta\}^e$

$$\{\delta\}^e = [T]^e \{\delta\} \tag{1-33}$$

式中，$[T]^e$ 为单元的转换矩阵。

步骤 06 得到系统总势能的离散形式。

$$\Pi_p = \{\delta\}^T \sum_e [T]^{e^T} \left(\frac{1}{2} \int_{V^e} [B]^{e^T} [D]^e [B]^e dv[T]^e \{\delta\} - \int_{V^e} [N]^{e^T} \{f\}^e dv \right. $$
$$\left. - \int_{S_0^e} [N]^{e^T} \{H\}^e ds\right) - \{\delta\}^T \{P_F\} \tag{1-34}$$

步骤 07 根据最小势能原理 $\delta \Pi_p = 0$，建立结构的总体刚度方程。

$$[K]\{\delta\} = \{P\} \tag{1-35}$$

$$[K] = \sum_e [T]^{e^T} \int_{V^e} [B]^{e^T} [D]^e [B]^e dv[T]^e = \sum_e [T]^{e^T} [k]^e [T]^e \tag{1-36}$$

$$\{P\} = \sum_e [T]^{e^T} \left(\int_{V^e} [N]^{e^T} \{f\}^e dv + \int_{S_0^e} [N]^{e^T} \{H\}^e ds \right) + \{P_F\} \tag{1-37}$$

式中：$[K]$ 为总体刚度矩阵；$\{P\}$ 为总体右端荷载向量。

步骤 08 在式（1-35）中引入强制边界条件，解方程得到节点位移。

步骤 09 作必要的辅助计算得到结构中的内力、应力、约束反力等。

2．二力杆单元的刚度方程

假设应力在截面上均匀分布，原来垂直于轴线的截面变形后仍保持和轴线垂直，那么问题可以简化为一维问题。基本未知量是轴向位移函数 $u^e(x)$，承受轴向荷载的等截面二力杆单元的基本方程如下。

几何方程：$\varepsilon^e(x) = d[u^e(x)]/dx$ （1-38）

物理方程：$\sigma^e(x) = E^e \varepsilon^e(x) = E^e d[u^e(x)]/dx$ （1-39）

平衡方程：$\dfrac{d[A^e \sigma^e(x)]}{dx} = f(x)$ 或 $A^e E^e \dfrac{d^2[u^e(x)]}{dx^2} = f(x)$ （1-40）

边界条件：$u^e(0) = u_0{}^e, u^e(l^e) = u_{l^e}{}^e$ （端部给定位移） （1-41）

$\quad\quad A^e \sigma^e(0) = P_0{}^e, A^e \sigma^e(l^e) = P_{l^e}{}^e$ （端部给定荷载） （1-42）

与上述方程等效，可将问题转换为求解泛函（势能）的极值问题。

$$\Pi_p^e(u^e) = \int_0^{l^e} \frac{E^e A^e}{2} \left(\frac{du^e}{dx}\right)^2 dx - \int_0^{l^e} f^e(x) u^e dx \tag{1-43}$$

式中，$f^e(x)$ 为单元上的分布荷载，集中荷载（包括节点荷载）作为分布荷载的特殊情况也包括在内。对二力杆单元，杆端有两个位移：

$$\{u\}^e = \left\{ u_i \quad u_j \right\}^T \tag{1-44}$$

取插值函数为：

$$\{N\} = \left\{ 1 - \frac{x}{l} \quad \frac{x}{l} \right\} \tag{1-45}$$

有 $u^e(x) = \{N\}\{u\}^e$，代入泛函并从 $\delta\Pi_p^e = 0$ 得到单元刚度方程为：

$$[k]^e \{u\}^e = \{p\}^e \tag{1-46}$$

式中：$[k]^e$ 为等截面二力杆单元的单元刚度矩阵；$\{p\}^e$ 为单元右端荷载向量。

$$[k]^e = \int_0^{l^e} E^e A^e \left(\frac{d\{N\}}{dx} \right)^T \left(\frac{d\{N\}}{dx} \right) dx = \frac{E^e A^e}{l^e} \begin{bmatrix} 1 & -1 \\ -1 & 1 \end{bmatrix} \tag{1-47}$$

$$\{p\}^e = \int_0^{l^e} \{N\}^T f^e(x) dx \tag{1-48}$$

3．自由扭转杆单元的刚度方程

在自由扭转情况下，等截面直杆承受扭矩荷载作用，基本未知量是转角位移函数 $\theta_x^e(x)$，其基本方程如下。

几何方程：
$$\alpha^e(x) = \frac{d\theta_x^e(x)}{dx} \tag{1-49}$$

物理方程：
$$M_x^e(x) = G^e J^e \alpha^e(x) = G^e J^e \frac{d\theta_x^e(x)}{dx} \tag{1-50}$$

平衡方程：
$$\frac{dM_x^e(x)}{dx} = G^e J^e \frac{d^e\theta_x^e(x)}{dx^2} = m_x^e(x) \tag{1-51}$$

边界条件：
$$\theta_x^e(0) = \theta_{x0}^e, \theta_x^e(l^e) = \theta_{xl^e}^e \quad （端部给定转角） \tag{1-52}$$

$$M_x^e(0) = M_{xo}^e, M_x^e(l^e) = M_{xl^e}^e \quad （端部给定扭矩） \tag{1-53}$$

与上述方程等效，可将问题转换为求解泛函（势能）的极值问题。

$$\Pi_p^e\left(\theta_x^e\right) = \int_0^{l^e} \frac{G^e J^e}{2} \left(\frac{d\theta_x^e}{dx} \right)^2 dx - \int_0^{l^e} m_x^e(x) \theta_x^e dx \tag{1-54}$$

式中，$m_x^e(x)$ 为单元的分布扭矩，集中扭矩（包括节点扭矩）作为分布扭矩的特殊情况也包括在内。

对两节点扭转杆单元，杆端有两个位移：

$$\{\theta_x\}^e = \left\{ \theta_{xi} \quad \theta_{xj} \right\}^T \tag{1-55}$$

取插值函数为：

$$\{N\} = \left\{ 1 - \frac{x}{l} \quad \frac{x}{l} \right\} \tag{1-56}$$

有 $\theta_x^e(x) = \{N\}\{\theta_x\}^e$，代入泛函并从 $\delta\Pi_p^e = 0$ 得到单元刚度方程为：

$$[k]^e\{\theta_x\}^e = \{p\}^e \tag{1-57}$$

式中：$[k]^e$ 为等截面自由扭转杆单元的单元刚度矩阵；$\{p\}^e$ 为单元右端荷载向量。

$$[k]^e = \int_0^{l^e} G^e J^e \left(\frac{d\{N\}}{dx}\right)^T \left(\frac{d\{N\}}{dx}\right) dx = \frac{G^e J^e}{l^e} \begin{bmatrix} 1 & -1 \\ -1 & 1 \end{bmatrix} \tag{1-58}$$

$$\{p\}^e = \int_0^{l^e} \{N\}^T m_x^e(x) dx \tag{1-59}$$

4．平面梁单元的刚度方程

在经典的梁弯曲理论中，假设变形前垂直于直梁中心线的截面变形后仍保持为平面，且仍垂直于中心线，从而使梁弯曲问题简化为一维问题。基本未知函数是中面挠曲函数 $w^e(x)$，弯曲问题的基本方程如下。

几何关系： $$\kappa^e(x) = -\frac{d^2 w^e(x)}{dx^2} \tag{1-60}$$

物理方程： $$M^e(x) = E^e I^e \kappa^e(x) = -E^e I^e \frac{d^2 w^e(x)}{dx^2} \tag{1-61}$$

平衡方程： $$Q^e(x) = \frac{dM^e(x)}{dx} = -E^e I^e \frac{d^3 M^e(x)}{dx^3}$$

$$-\frac{dQ^e(x)}{dx} = E^e I^e \frac{d^4 M^e(x)}{dx^4} = q^e(x) \tag{1-62}$$

边界条件： $w^e = \overline{w}^e$ 且 $\frac{dw^e}{dx} = \overline{\theta}^e$（$x = 0$ 或 $x = l^e$）

或：$w^e = \overline{w}^e$ 且 $M = \overline{M}$（$x = 0$ 或 $x = l^e$）

或：$Q = \overline{Q}$ 且 $M = \overline{M}$（$x = 0$ 或 $x = l^e$） $\tag{1-63}$

式中，$\kappa^e(x)$ 是梁中面的曲率，在三种边界条件为零时，分别对应于固定端、简支端、自由端。

与上述方程等效，可将问题转换为求解泛函（势能）的极值问题。

$$\Pi_p^e(w^e) = \int_0^{l^e} \frac{1}{2} E^e I^e \left(\frac{d^2 w^e}{dx^2}\right)^2 dx - \int_0^{l^e} q^e(x) w^e dx - \sum_j P_j^e w_j^e + \sum_k M_k^e \left(\frac{dw^e}{dx}\right)_k \tag{1-64}$$

式中：$q^e(x)$ 为单元的分布荷载；P_j^e、M_k^e 分别为集中横向力和集中弯矩。

在分析梁弯曲问题时，通常采用两节点Hermite弯曲梁单元，杆端有 4 个位移。

$$\{\delta\}^e = \left\{ w_i \quad \theta_i \quad w_j \quad \theta_j \right\}^T \tag{1-65}$$

插值函数为：

$$\{N\} = \left\{ \frac{2x^3}{l^3} - \frac{3x^2}{l^2} + 1, \quad \frac{x^3}{l^2} - \frac{2x^2}{l} + x, \quad -\frac{2x^3}{l^3} + \frac{3x^2}{l^2}, \quad \frac{x^3}{l^2} - \frac{x^2}{l} \right\} \tag{1-66}$$

有 $w^e(x) = \{N\}\{\delta\}^e$，代入泛函并从 $\delta\Pi_p^e = 0$ 得到单元刚度方程为：

$$[k]^e\{\delta\}^e = \{p\}^e \tag{1-67}$$

式中：$[k]^e$ 为等截面梁单元的单元刚度矩阵；$\{p\}^e$ 为单元右端荷载向量。

$$[k]^e = \int_0^{l^e} E^e I^e \left(\frac{d^2\{N\}}{dx^2}\right)^T \left(\frac{d^2\{N\}}{dx^2}\right) dx = \frac{E^e I^e}{l^{e3}} \begin{bmatrix} 12 & 6l^e & -12 & 6l^e \\ 6l^e & 4l^{e2} & -6l^e & 2l^{e2} \\ -12 & -6l^e & 12 & -6l^e \\ 6l^e & 2l^{e2} & 6l^e & 4l^{e2} \end{bmatrix} \tag{1-68}$$

$$\{p\}^e = \int_0^{l^e} \{N\}^T q^e(x) dx + \sum_j \{N\}_{x_j}^T P_j - \sum_k \left. \frac{d\{N\}^T}{dx} \right|_{x_j} M_k \tag{1-69}$$

1.2.3 杆系结构的非线性分析理论

1. 概述

固体力学中有三组基本方程，即本构方程、几何运动方程和平衡方程。经典线性理论基于三个基本假定：材料的应力、应变关系满足广义虎克定律，位移是微小的，约束是理想约束。这些假定使得三组基本方程成为线性，只要基本假定中任何一个失效，问题就会转化为非线性。表 1-1 给出了非线性问题的分类及基本特点。

表 1-1 非线性问题的分类及基本特点

非线性问题	定义	特点	桥梁工程中的典型问题
材料非线性	由材料的非线性应力、应变关系引起基本控制方程的非线性问题	材料不满足虎克定律	混凝土徐变、收缩和弹塑性问题
几何非线性	放弃小位移假设，从几何上严格分析单元体的尺寸、形状变化，得到非线性的几何运动方程，由此造成基本控制方程的非线性问题	几何运动方程为非线性。平衡方程建立在结构变形后的位置上，结构刚度除了与材料及初始构形有关外，还与受载后的应力、位移有关	柔性结构的恒载状态确定问题；柔性结构的恒、活载计算问题；桥梁结构的稳定分析问题
接触问题	不满足理想约束假定而引起的边界约束方程的非线性问题	受力后的边界条件在求解前未知	悬索桥主缆与鞍座的接触状态；支架上预应力梁张拉后的部分落架现象

因为桥梁结构以钢和混凝土为主要建材，所以涉及的材料非线性主要是非线性弹塑性问题和混凝土徐变问题。

几何非线性理论将平衡方程建立在结构变形后位置上。以图 1-5 所示的结构为例,按线性理论求解将无法找到平衡位置。按几何非线性分析方法处理,在外力P作用下,B点产生竖向位移,当位移达到一定值δ时,AB、BC两杆件中轴力的竖向分力与P平衡,δ 即为B点位移的解。由此可见,受力状态因变形而发生明显改变时,就必须利用几何非线性方法进行分析。

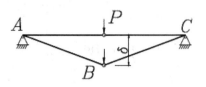

图 1-5 受集中力的二力杆

凡是在本构关系中放弃材料线性关系假定的理论,均属材料非线性范畴。根据不同的材料性态,又可以分成表 1-2 所示的几种不同的材料非线性问题。

表 1-2 几种材料非线性问题

材料非线性问题	特征
非线性弹性	本构方程仅有应力、应变两个参数; 卸载后无残余应变存在
非线性塑性	本构方程仅有应力、应变两个参数; 卸载后有残余应变存在
金属蠕变与混凝土徐变	即使荷载不变,随着时间的变化,结构也会发生明显的变形
粘弹性	应力－应变关系为弹性性质; 应力－应变关系与加载速率有关
粘塑性	超过屈服应力时,材料呈弹塑性性质; 应力－应变关系与应变率有关

2.几何非线性分析

在整个分析过程中,以 $t=0$ 时的构形作为参考,且参考位形保持不变,这种列式称为总体拉格朗日列式(T.L列式)。

以杆系结构为例,对于任意应力－应变关系与几何运动方程,杆单元的平衡方程可由虚功原理推导得到:

$$\int_V [B]^T \{\sigma\}dV - \{f\} = 0 \tag{1-70}$$

式中:$\{\sigma\}$ 为单元的应力向量;$\{f\}$ 为单元杆端力向量;V 为单元体积分域,T.L列式V是变形前的单元体积域;$[B]$ 为应变矩阵,是单元应变与节点位移的关系矩阵。即:

$$d\{\varepsilon\} = [B]d\{\delta\} \tag{1-71}$$

式中,$\{\delta\}$ 为杆端位移向量。

在有限位移情况下,$[B]$ 是位移 $\{\delta\}$ 的函数矩阵,可分解为与杆端位移无关的部分 $[B_0]$ 和与杆端位移有关的部分 $[B_L]$ 两部分。即:

$$[B] = [B_0] + [B_L] \tag{1-72}$$

采用增量列式法将式(1-70)写成微分形式:

$$\int d([B]^T\{\sigma\})dV - d\{f\} = 0 \tag{1-73}$$

或

$$\int d[B]^T\{\sigma\}dV + \int [B]^T d\{\sigma\}dV = d\{f\} \tag{1-74}$$

根据式（1-72），式（1-74）左边第一项可写成：

$$\int d[B]^T\{\sigma\}dV = \int d[B_L]^T\{\sigma\}dV = {}^0[k]_\sigma d\{\delta\} \tag{1-75}$$

当材料满足线弹性时，有：

$$\{\sigma\} = [D](\{\varepsilon\} - \{\varepsilon_0\}) + \{\sigma_0\} \tag{1-76}$$

式中：$\{\varepsilon_0\}$为单元的初应变向量；$\{\sigma_0\}$为单元的初应力向量；$[D]$为弹性矩阵。

于是，单元的应力、应变增量关系可表示成：

$$d\{\sigma\} = [D]d\{\varepsilon\} \tag{1-77}$$

将式（1-71）、式（1-72）代入式（1-77）可得：

$$d\{\sigma\} = [D]([B_0] + [B_L])d\{\delta\} \tag{1-78}$$

于是，式（1-74）左边第二项可表示为：

$$\int_V [B]^T d\{\sigma\}dV = (\int_V [B_0]^T[D][B_0]dV + \int_V [B_0]^T[D][B_L]dV \\ + \int_V [B_L]^T[D][B_0]dV + \int_V [B_L]^T[D][B_L]dV)d\{\delta\} \tag{1-79}$$

即

$$ {}^0[k]_0 = \int_V [B_0]^T[D][B_0]dV \tag{1-80}$$

$$ {}^0[k]_L = \int_V [B_0]^T[D][B_L]dV + \int_V [B_L]^T[D][B_0]dV \\ + \int_V [B_L]^T[D][B_L]dV \tag{1-81}$$

式（1-74）最后可表达为：

$$({}^0[k]_0 + {}^0[k]_L + {}^0[k]_\sigma)d\{\delta\} = {}^0[k]_T d\{\delta\} = d\{f\} \tag{1-82}$$

式（1-82）就是增量形式T.L列式的单元平衡方程。

式中，${}^0[k]_T$是三个刚度矩阵之和，称为单元切线刚度矩阵，表示荷载增量与位移增量之间的关系，也可理解为单元在特定应力、变形下的瞬时刚度。${}^0[k]_0$与单元节点位移无关，是单元弹性刚度矩阵。${}^0[k]_T$称为单元初位移刚度矩阵或单元大位移刚度矩阵，是由大位移引起的结构刚度变化，是$d\{\delta\}$的函数。${}^0[k]_\sigma$称为初应力刚度矩阵，表示初应力对结构刚度的影响，当应力为压应力时，单元切线刚度减小，反之，单元切线刚度增加。

将各单元切线刚度方程按节点力平衡条件组集成结构增量刚度方程，即有：

$$ {}^0[K]_T d\{\Delta\} = d\{P\} \tag{1-83}$$

式中：$^0[K]_T$为结构切线刚度矩阵，可以由单元切线刚度矩阵按常规方法进行组集形成；$d\{P\}$为荷载增量。由于荷载增量一般取为有限值而不可能取成微分形式，结构在求得的位移状态下，抗力与总外荷载之间有一差量，即失衡力，结构必须产生相应位移以改变结构的抗力来消除这个失衡力。在计算中，一般通过迭代法来求解。

在建立$t+\Delta t$时刻物体平衡方程时，如果我们选择的参照构形不是未变形状态$t=0$时的构形，而是最后一个已知平衡状态，就以本增量步的起始时刻t的构形作为参照构形，这种列式法称为更新的拉格朗日列式法（U.L列式）。

由于采用了U.L列式，平衡方程式（1-74）中的积分须在t时刻单元体积内进行，且$'[k]_L$的积分式是$'[k]_0$的一阶或二阶小量，因此代表$[k]_L$的积分式可以略去，这是U.L列式与T.L列式的一个重要区别。最后增量形式的U.L列式平衡方程可写成：

$$('[k]_0 + '[k]_\sigma)d\{\Delta\} = d\{P\} \tag{1-84}$$

3. 材料非线性分析

桥梁结构材料非线性主要是非线性弹塑性问题和混凝土徐变问题，下面介绍非线性弹塑性问题的分析方法。

根据实验结果，单轴应力下材料的应力、应变关系可归结为如下几点。

（1）应力在达到比例极限前，材料为线弹性；应力在比例极限和弹性极限之间，材料为非线性弹性。

（2）应力超过屈服点，材料应变中出现不可恢复的塑性应变。

$$\varepsilon = \varepsilon^e + \varepsilon^p \tag{1-85}$$

应力和应变间为非线性关系。

$$\sigma = \varphi(\varepsilon) \tag{1-86}$$

（3）若应力在某一应力σ_0（$\sigma_0 > \sigma_s$，σ_s为材料的屈服点）下卸载，则应力增量与应变增量之间存在线性关系。即：

$$d\sigma = Ed\varepsilon \tag{1-87}$$

为了判断是加载还是卸载，可采用如下加载准则。

- 当$\sigma d\sigma \geqslant 0$时为加载，满足式（1-86）。
- 当$\sigma d\sigma < 0$时为卸载，满足式（1-87）。

（4）若卸载后，在某应力σ下重新加载，则$\sigma < \sigma_0$时，

$$d\sigma = Ed\varepsilon \tag{1-88}$$

σ_0为卸载前材料曾经受到过的最大应力值，称后屈服应力。若$\sigma_0 = \sigma_s$，则材料称为理想塑性的；若$\sigma_0 > \sigma_s$，则材料称为硬化的。

（5）从卸载转入反向力加载，应力、应变关系继续采用式（1-87）或式（1-88），一直到反向屈服。在复杂应力状态下，判断材料是否屈服，可以用应力的某种函数表示。即：

$$F(\sigma_{ij}, K) = 0 \tag{1-89}$$

式中：σ_{ij} 为应力状态；K 为硬化函数。

若以 σ_{ij} 为坐标轴建立一个坐标空间，则式（1-89）的几何意义为空间超曲面。任一应力状态在此空间中代表一个点，当此点落在屈服面之内时 $F(\sigma_{ij},K) < 0$，材料呈弹性状态；当 $F(\sigma_{ij},K) = 0$ 时，材料开始进入塑性。

常用的屈服条件有以下两个。

- 屈雷斯卡（Tresca）屈服条件：假定最大剪应力达到某一极限值时，材料开始屈服，相当于材料力学中的第三强度理论。
- 密赛斯（Von Mises）屈服条件：假定偏应力张量的第二不变量达到某一极限时，材料开始屈服，相当于材料力学中的第四强度理论。

此外，还有 Drucker-Prager 屈服准则、Zienkiewicz-Pande 屈服准则等。

在弹塑性增量理论中，讨论仍限于小变形情况。于是，其应变－位移几何运动方程和平衡方程相同于线性问题，不需要作任何变动。需要改变的只是在塑性区范围内用塑性材料的本构关系矩阵 $[D_{ep}]$ 代替原来的弹性系数矩阵 $[De]$。因此，可直接得到弹塑性分析有限元平衡方程：

$$[^t K_T]\{\Delta^t u\} = \{\Delta^t R\} \tag{1-90}$$

其中：

$$[^t K_T] = \sum \iint [B]^T [D_{ep}][B] \mathrm{d}v \tag{1-91}$$

$$\{\Delta^t R\} = \{\Delta^t F\} + \{\Delta^t T\} + \{\Delta^t F_c\} - \{\Delta^t F_I\} \tag{1-92}$$

式中：$\{\Delta^t F\}$ 和 $\{\Delta^t T\}$ 分别表示与结构面荷载 f 及体荷载 t 对应的等效节点力增量；$\{\Delta^t F_c\}$ 为节点集中外荷载增量；$\{\Delta^t F_I\}$ 为初应力或初应变增量引起的外荷载增量。它们在 $t-\Delta t$ 至 t 时间的增量为：

$$\{\Delta^t F\} = \sum \iint [N]^T \{\Delta^t f\} \mathrm{d}v \tag{1-93}$$

$$\{\Delta^t T\} = \sum \iint [N]^T \{\Delta^t t\} \mathrm{d}s \tag{1-94}$$

对于初应力问题：

$$\{\Delta^t F_I\} = \sum \iint [B]^T \{\Delta \sigma_I\} \mathrm{d}v \tag{1-95}$$

对于初应变问题：

$$\{\Delta^t F_I\} = \sum \iint [B]^T [D_e] \{\Delta \varepsilon_I\} \mathrm{d}v \tag{1-96}$$

式（1-90）～式（1-96）给出了小变形弹塑性分析的有限元方程，其中 $[^t K_T]$ 代表了荷载与位移增量的切线刚度，随不同加载历程而变化。求解这一问题的关键是计算单元的切线刚度矩阵和应力，由于本构关系 $[D_{ep}]$ 是当前应力的函数，即当前位移的隐函数，所以计算时要引入一个材料模型的子程序来处理塑性问题。这个子程序的主要计算内容与步骤如下：

步骤 01 由前边迭代的位移结果计算应变增量。

$$\Delta^t \varepsilon = \Delta^t \varepsilon(^t u, ^{t-\Delta t} u) \tag{1-97}$$

式中，$^t u$、$^{t-\Delta t} u$ 为 t 与 $t-\Delta t$ 时刻结构的位移。

步骤 02 暂假定 $\Delta \varepsilon$ 是弹性的，计算：

$$\Delta^t \sigma_e = D_e \Delta^t \varepsilon \tag{1-98}$$

步骤 03 由此推出新的应力状态为：

$$^t \sigma = {}^{t-\Delta t} \sigma + \Delta^t \sigma_e = {}^{t-\Delta t} \sigma + D_e \Delta^t \varepsilon \tag{1-99}$$

步骤 04 核对在第二步中的假设是否符合事实。将式（1-99）代入加载函数中，计算当前的加载函数值。

$$^t F = F(^t \sigma, K) \tag{1-100}$$

步骤 05 若 $^t F \leq 0$，则说明 $\Delta^t \varepsilon$ 确实是弹性的，第二、三步骤中的计算正确，该子程序的执行可以结束。

步骤 06 若 $^t F > 0$，则说明 $\Delta^t \varepsilon$ 中包括了（甚至全部是）塑性变形，改变执行下面的计算。

步骤 07 若本次迭代开始时的应力是弹性的，则本次迭代的应力增量中有一部分是弹性的，另一部分是塑性的。将弹性部分记为：

$$m\Delta^t \sigma_e = mD_e \Delta^t \varepsilon \tag{1-101}$$

显然，$m<1$，将式（1-101）代入到加载函数中可解出 m。

$$F(^{t-\Delta t} \sigma + m\Delta^t \sigma_e, K) = 0 \tag{1-102}$$

步骤 08 计算塑性部分应变增量及当前应力。

$$\Delta^t \varepsilon^p = (1-m)\Delta^t \varepsilon \tag{1-103}$$

$$^t \overline{\sigma} = {}^{t-\Delta t} \sigma + m\Delta^t \sigma \tag{1-104}$$

步骤 09 计算应变增量塑性部分 $\Delta^t \varepsilon^p$ 所引起的应力。由于材料刚度矩阵是非线性的，因此这一计算应是积分过程。作为数值计算，可改为逐段线性化求和。为此，将 $\Delta^t \varepsilon^p$ 再细分为 M 个小的增量。

$$\Delta(\Delta^t \varepsilon^p) = \Delta^t \varepsilon^p / M \tag{1-105}$$

步骤 10 在每一个小的子增量 $\Delta(\Delta^t \varepsilon^p)^{(i)}$ 中，先根据子增量起始时的应力计算 $[D_{ep}]^{(i)}$，而

$$\Delta(\Delta^t \sigma) = [D_{ep}]^{(i)} \Delta(\Delta^t \varepsilon^p)^{(i)} \tag{1-106}$$

于是新的应力状态为：

$$^t \sigma^{(i)} = {}^t \sigma^{(i-1)} + \Delta(\Delta^t \sigma)^{(i)} \tag{1-107}$$

由 $^t \sigma^{(i)}$ 可计算下一个子增量时的 $[D_{ep}]^{(i+1)}$，并重复以上步骤，结果为：

$$^t \sigma = {}^t \overline{\sigma} + \sum_{i=1}^{M} [D_{ep}]^{(i)} \Delta(\Delta^t \varepsilon^p)^{(i)} \tag{1-108}$$

由此可形成最终状态的 $[D_{ep}]$。

以上方法将平衡迭代与本构迭代分开，主步进行平衡迭代，子步进行本构迭代，故称之为子增量法。

4．非线性方程组的求解

结构非线性有限元分析最终归结为一组非线性代数方程的求解。非线性代数方程组的求解方法有很多，要根据问题的非线性程度、对计算结果等因素来选择适合的方法。以下介绍几种常用的求解方法。

（1）直接求解法

直接求解法是基于全量列式的求解过程，应用较多的是直接迭代法。由虚功原理建立的非线性有限元平衡方程为：

$$[K(\{\delta\})]\{\delta\} = \{P\} \tag{1-109}$$

当设置位移向量$\{\delta\}$的初值$\{\delta_0\}$后，改进的近似解可由下式得到。

$$\{\delta_1\} = [K_0(\{\delta_0\})]^{-1}\{P\} \tag{1-110}$$

整个迭代过程可用下式表示。

$$\{\delta_n\} = [K_{n-1}(\{\delta_{n-1}\})]^{-1}\{P\} \tag{1-111}$$

当迭代结果满足预定的收敛准则时，就得到了所要求的节点位移向量。图 1-6（a）为取$\{\delta_0\}=\{0\}$时单自由度问题的迭代过程取得收敛的示意图。

直接迭代法应用简单，运算速度也比较快，可应用于具有轻微非线性的问题。这一求解过程的成功与否很大程度上取决于对初值位移$\{\delta_0\}$的正确估计。图 1-6（b）为直接迭代法迭代过程发散时的情形。为改善收敛性和收敛速度，可以对荷载进行分级。

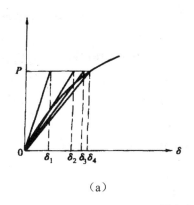
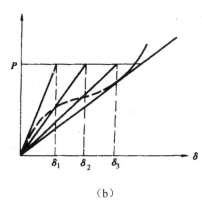

（a）　　　　　　　　　　　　　　　　（b）

图 1-6　直接迭代法收敛和发散过程

（2）增量法

增量形式的有限元列式方法具有一个共同的特点：将整个荷载变形过程划分为一连串增量段，每一增量段中结构的荷载反应被近似地线性化。简单增量法将每一级增量荷载下直接求得的状态变量视为结构平衡状态，计算相应的切线刚度矩阵，进而作下一级荷载计算，并不断累加其位移增量。图 1-7 描述了简单增量法的求解过程。

几何非线性问题的有限元分析最初多采用简单增量法进行，虽然这种求解方法对每一级荷载作用时的计算速度较快，但由于每一级荷载作用前结构并未精确地到达平衡位置，因此所求得的解答会随着增量过程的继续而越来越偏离真实的荷载—变形过程。为了保证计算精度，常常将增量区间划分得相当小。

另外，为了评价解的精度，一般要对同一问题在进一步细分增量区间后再次求解，通过两次解的比较判定是否收敛。这样就需要消耗大量的计算时间。

作为对这一方法的改进，可将不平衡力作为一种修正荷载并入下一级荷载增量。这就是有一阶自校正的增量法，一阶自校正增量法求解过程如图1-8所示。一阶自校正增量法具有较高的求解速度，同时也比简单增量法的计算精度高。这一方法在求解非线性问题，特别是求解塑性问题时得到广泛的应用。

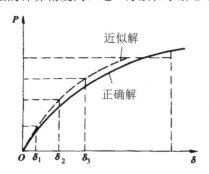

图1-7　简单增量法的求解过程

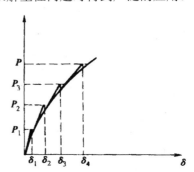

图1-8　一阶自校正增量法的收敛过程

（3）Newton-Raphson法

对于多自由度体系，同样导出相应的迭代公式。

$$\left.\begin{array}{l} [K(\delta_n)]_T\{\Delta\delta_{n+1}\} = \{R\} - F(\delta_n) = \{\Delta R_n\} \\ \{\delta_{n+1}\} = \{\delta_n\} + \{\Delta\delta_{n+1}\} \end{array}\right\} \qquad (1\text{-}112)$$

ΔR_n为失衡力，式（1-112）即为Newton-Raphson法（$N\cdot R$法）求解结构非线性问题的基本形式，其收敛过程如图1-9（a）所示。

由式（1-112）可见，$N\cdot R$法在每次迭代后都要重新形成$[K]_T$，对于大跨度桥梁结构进行这一过程很费机时，为了减少形成总刚及其三角化分解的次数，常用$[K(\delta_0)]_T$代替$[K(\delta_n)]_T$，这样仅进行一次切线刚度矩阵和三角化分解计算，后面的迭代只是线性方程组的回代，这种方法称为修正的$N\cdot R$法（$M\cdot N\cdot R$法），图1-9（b）给出了该方法的迭代过程。

$M\cdot N\cdot R$法在每次迭代中均用同一斜率，收敛较$N\cdot R$差。图1-10给出了$N\cdot R$法和$M\cdot N\cdot R$法求解非线性方程组的流程，编程时可将这两种方法结合使用。

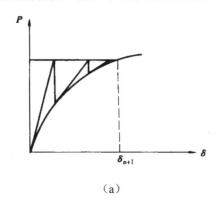

（a）

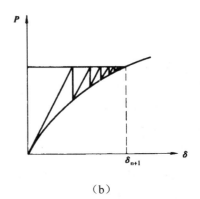

（b）

图1-9　$N\cdot R$法的收敛过程

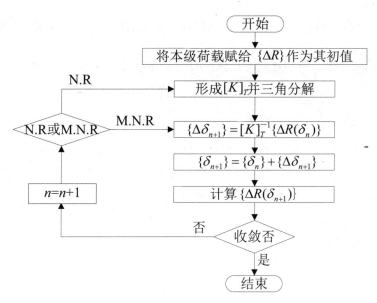

图 1-10　$N \cdot R$ 法和 $M \cdot N \cdot R$ 法迭代流程图

（4）收敛准则

在迭代计算中，为了中止迭代过程，必须确定一个收敛标准。在实际应用中，可以从结构的不平衡力向量和位移增量向量两方面来判断迭代计算的敛散性。

数的大小可以用其绝对值来衡量，而对于一个结构，无论其节点力还是节点位移都是向量，其大小一般用该向量的范数来表示。

设列向量 $\{v\} = (v_1, v_2, v_3, \ldots\ldots, v_n)^T$，该向量的范数定义如下。

● 各元素绝对值之和：

$$\|V\|_1 = \sum_{i=1}^{n} |V_i| \tag{1-113}$$

● 各元素平方和的根：

$$\|V\|_2 = (\sum_{i=1}^{n} |V_i^2|)^{1/2} \tag{1-114}$$

● 元素中绝对值最大者：

$$\|V\|_\infty = \max_n |V_i| \tag{1-115}$$

这三个范数记为 $\|V\|_p (P = 1, 2, \infty)$，应用中可任选其中的一种。

有了列向量的范数，无论是结点力向量还是结点位移向量，其"大小"均可按其范数的大小来判断。所谓足够小，就是指其范数已小于预先指定的某个小数。

取位移增量为衡量收敛标准的准则称为位移准则，若满足下列条件，则认为迭代收敛。

$$\|\Delta u_{i+1}\| \leqslant \alpha_d \|u_i + \Delta u_{i+1}\| \tag{1-116}$$

式中：α_d 为位移收敛容差；$\|\Delta u_{i+1}\|$ 为位移增量向量的某种范数。

实践证明，对有些问题，前后两次迭代所得到的位移向量范数的比值会出现剧烈跳动，以导致收敛不可靠。

取不平衡结点力为衡量收敛标准的准则称为平衡力准则，若满足下列条件，则认为迭代收敛。

$$\|\Delta P_i\| \leq \alpha_P \|P\| \tag{1-117}$$

式中：P 为外荷载向量；ΔP_i 为不平衡力向量；α_p 为不平衡力收敛容差。

式（1-117）中取哪一种范数，理论上可以任选。有学者认为，在用平衡力准则时，取 $\|\Delta P\|_2$ 比较好；在用位移准则时，取 $\|\Delta u\|_\infty$ 更为方便。在非线性比较严重的问题中，用位移准则更合适。有的学者还用能量 $\{P\}^T\{\Delta u\}$ 作为收敛标准，综合了力与位移两个方面，但要增加更多的计算量。

1.2.4 稳定计算理论

1．概述

稳定是桥梁工程中经常遇到的问题，与强度问题有着同等重要的意义。桥梁跨径的增大、桥塔高耸化、箱梁薄壁化、高强材料的应用等，使得稳定问题更为突出。

结构失稳是指结构在外力增加到某一量值时，稳定性平衡状态开始丧失，稍有扰动，结构变形就会迅速增大，使结构失去正常工作能力的现象。在桥梁结构中，总是要求其保持稳定平衡，即沿各个方向都是稳定的。

研究稳定可以从小范围内观察，即在邻近原始状态的微小区域内进行研究。为揭示失稳的真谛，也可从大范围内进行研究。前者以小位移理论为基础，而后者则是建立在大位移非线性理论的基础上，引出了研究结构稳定问题的两种形式：第一类稳定，分支点失稳问题；第二类稳定，极值点失稳问题。

实际工程中的稳定问题一般都表现为第二类失稳。但是，由于第一类稳定问题是特征值问题，求解方便，在许多情况下两类问题的临界值又相差不大，因此研究第一类稳定问题仍有着重要的工程意义。

桥梁结构的失稳现象表现为结构的整体失稳或局部失稳。局部失稳是指部分结构（子结构）的失稳或个别构件的失稳，局部失稳常常导致整个结构体系的失稳。失稳事故的发生促进了桥梁稳定理论的发展。早在 1744 年，欧拉（L.Eular）就提出了压杆稳定的著名公式。恩格塞（Engesser）等根据大量中长压杆在压曲前已超出弹性极限的事实，分别提出了切线模量理论和折算模量理论。普兰特尔和米歇尔几乎同时发表了关于梁侧倾问题的研究成果。

近代桥梁工程中，由于采用了薄壁轻型结构，所以又为稳定问题提出了一系列新的实际课题。瓦格纳（H.Wagner，1929）及符拉索夫（B.3.BЛaCOB，1940）等人关于薄壁杆件的弯扭失稳理论，证明其临界荷载值大大低于欧拉理论的临界值，同时又不能用分支点的概念来解释，因而引入了极值点失稳的观点及跳跃现象的稳定理论。

研究压杆屈曲稳定问题常用的方法有静力平衡法（Eular方法）、能量法（Timoshenko方法）、缺陷法和振动法。

- 静力平衡法是从平衡状态来研究压杆屈曲特征的，即研究载荷达到多大时，弹性系统可以发生不同的平衡状态。其实质是求解弹性系统的平衡路径（曲线）的分支点所对应的载荷值（临界载荷）。
- 能量法则是求弹性系统的总势能不再是正定时的载荷值。

- 缺陷法认为，完善而无缺陷的理想中心受压直杆是不存在的。由于缺陷的影响，杆件开始受力时即产生弯曲变形，其值要视缺陷程度而定。在一般条件下缺陷总是很小，弯曲变形并不显著，只是当荷载接近完善系统的临界值时，变形才迅速增至很大，由此确定其失稳条件。
- 振动法以动力学的观点来研究压杆稳定问题。当压杆在给定的压力下受到一定的初始扰动之后，必将产生自由振动。如果振动随时间的增加是收敛的，则压杆是稳定的。

以上 4 种方法对于欧拉压杆而言，所得到的临界荷载值是相同的。如果仔细研究一下，就可以发现它们的结论并不完全一样，具体表现在以下几个方面。

- 静力平衡法的结论只能指出，当 $P=P_1$、P_2、…、P_n 时，压杆可能发生屈曲现象，至于哪种最可能，并无抉择的条件。同时在 $P \neq P_1$、P_2、…、P_n 时，屈曲的变形形式根本不能平衡，将无法回答直线形式的平衡是否稳定的问题。
- 缺陷法的结论也只能指出，当 $P = P_1$、P_2、…、P_n 时，杆件将发生无限变形，即是不稳定的。对于 P 在 P_1、P_2、…、P_n 各值之间时，压杆是否稳定的问题也不能解释。
- 能量法和振动法都指出，$P > P_1$ 之后，不论 P 值多大，压杆直线形式的平衡都是不稳定的。这个结论和事实完全一致。

由于桥梁结构的复杂性，因此不可能单靠上述方法来解决其稳定问题。大量使用的是稳定问题的近似求解方法，归结起来主要有两种类型：一类是从微分方程出发，通过数学上的各种近似方法求解，如逐次渐近法；另一类是基于能量变分原理的近似法，如Ritz法，有限元方法可以看成是Ritz法的特殊形式。

当今非线性力学将有限元与计算机结合，得以将稳定问题当作非线性力学的特殊问题，用计算机程序实现求解，取得了巨大的成功。

2. 第一类稳定有限元分析

根据有限元平衡方程可以表达结构失稳的物理现象。在T.L列式下，结构增量形式的平衡方程为：

$$(^0[K]_0 + {}^0[K]_\sigma + {}^0[K]_L)\{\Delta u\} = {}^0[K]_T\{\Delta u\} = \{\Delta R\} \tag{1-118}$$

U.L列式下，结构的平衡方程为：

$$(^t[K]_0 + {}^t[K]_\sigma)\{\Delta u\} = {}^t[K]_T\{\Delta u\} = \{\Delta R\} \tag{1-119}$$

发生第一类失稳前，结构处于初始构形线性平衡状态，式（1-118）中大位移矩阵 $^0[K]_L$ 为零。因为在U.L列式中不再考虑每个载荷增量步引起的构形变化，所以无论是T.L还是U.L列式，结构的平衡方程的表达形式是统一的。即：

$$([K] + [K]_\sigma)\{\Delta u\} = \{\Delta R\} \tag{1-120}$$

在结构处在临界状态下，即使 $\{\Delta R\} \to 0$，$\{\Delta u\}$ 也有非零解。按线性代数理论，必有：

$$\left| [K] + [K]_\sigma \right| = 0 \tag{1-121}$$

在小变形情况下，$[K]_\sigma$ 与应力水平成正比。由于假定发生第一类失稳前结构是线性的，多数情况下应力与外荷载也为线性关系，因此若某种参考荷载 $\{\overline{P}\}$ 对应的结构几何刚度矩阵为 $[\overline{K}]_\sigma$，临界荷载为 $\{P\}_{cr} = \lambda\{\overline{P}\}$，则在临界荷载作用下结构的几何刚度矩阵为：

$$[K]_\sigma = \lambda [\overline{K}]_\sigma \tag{1-122}$$

于是，式（1-121）可写成：

$$\left| [K] + \lambda [\overline{K}]_\sigma \right| = 0 \tag{1-123}$$

式（1-123）就是第一类线弹性稳定问题的控制方程。稳定问题转化为求方程的最小特征值问题。

一般来说，结构的稳定是相对于某种特定荷载而言的。在桥梁结构中，结构内力一般由施工过程确定的恒载内力（这部分必须按施工过程逐阶段计算）和后期荷载（如二期恒载、活载、风载等）引起的内力两部分组成。因此，$[K]_\sigma$ 也可以分成一期恒载的几何刚度矩阵 $[K_1]_\sigma$ 和后期荷载的几何刚度矩阵 $[K_2]_\sigma$ 两部分。

当计算的是一期恒载稳定问题时，$[K_2]_\sigma = 0$，$[K]_\sigma$ 可直接用恒载来计算，这样通过式（1-123）算出的 λ 就是一期恒载的稳定安全系数。当计算的是后期荷载的稳定问题时，恒载 $[K_1]_\sigma$ 可近似为一常量，式（1-123）改写成：

$$\left| [K] + [K_1]_\sigma + \lambda [K_2]_\sigma \right| = 0 \tag{1-124}$$

形成和求解式（1-124）的步骤可简单归结为：

- 按施工过程，计算结构恒载内力和恒载几何刚度矩阵 $[K_1]_\sigma$。
- 用后期荷载对结构进行静力分析，求出结构初应力（内力）。
- 形成结构几何刚度矩阵 $[K_2]_\sigma$ 和式（1-124）。
- 计算式（1-124）的最小特征值问题。

这样，求得的最小特征值 λ 就是后期荷载的安全系数，相应的特征向量就是失稳模态。

3. 第二类稳定有限元分析

第二类稳定是指桥梁结构在不断增加的外载作用下，结构刚度发生不断变化，当外载产生的应力使结构切线刚度矩阵趋于奇异时，结构承载能力就达到了极限，稳定性平衡状态开始丧失，稍有扰动，结构变形就会迅速增大，使结构失去正常工作能力的现象。

从力学分析角度来看，分析桥梁结构第二类稳定性，就是通过不断求解计入几何非线性和材料非线性的结构平衡方程，寻找结构极限荷载的过程。

全过程分析法是用于桥梁结构极限承载力分析的一种计算方法，它通过逐级增加工作荷载集度来考察结构的变形和受力特征，一直计算至结构发生破坏。

1.3 本章小结

本章通过直接刚度法和能量法介绍了桥梁结构有限元分析的基本概念和一般步骤。在引入了结构几何非线性和材料非线性概念的同时，建立了桥梁结构非线性分析的增量平衡方程和求解思路，并以此为基础，给出了桥梁结构稳定的基本概念和求解两类稳定问题的方法。

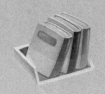

第 2 章
ANSYS Workbench 18.0 概述

导言

ANSYS Workbench 18.0 是 ANSYS 公司的最新版多物理场分析平台,提供了大量全新的先进功能,有助于更好地掌握设计情况从而提升产品性能和完整性。将 ANSYS 18.0 的新功能与 ANSYS Workbench 相结合,可以实现更加深入和广泛的物理场研究,并通过扩展满足客户不断变化的需求。

ANSYS Workbench 18.0 采用的平台可以精确地简化各种仿真应用的工作流程。同时,ANSYS 18.0 提供了多种关键的多物理场解决方案、前处理和网格剖分强化功能,以及一种全新的参数化高性能计算(HPC)许可模式,可以使设计探索工作更具扩展性。

学习目标

★ 了解 ANSYS Workbench 18.0 平台及其模块
★ 熟练掌握 ANSYS Workbench 几何建模的方法
★ 熟练掌握 ANSYS Workbench 网格划分的原理
★ 熟练掌握 ANSYS Workbench 外部网格数据的导入方法

2.1 ANSYS Workbench 18.0平台及模块

ANSYS Workbench 18.0 软件平台的启动方法如图 2-1 所示。经常使用ANSYS Workbench 18.0,程序会自动在开始菜单所有程序的上方显示Workbench 18.0的快速启动图标,如图2-2所示,此时可以单击 Workbench 18.0 图标启动Workbench 18.0。

图 2-1　Workbench 启动路径

图 2-2　Workbench 快速启动

2.1.1 Workbench 平台界面

启动画面及启动后的Workbench 18.0 软件平台如图 2-3 所示。启动软件后，可以根据个人喜好设置下次启动是否同时开启导读对话框，如果不想启动导读对话框，则可将导读对话框底端的√取消。

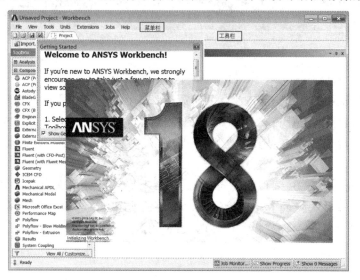

图 2-3　Workbench 18.0 软件平台

ANSYS Workbench 18.0 软件界面由菜单栏、工具栏、工具箱（Toolbox）、工程项目窗口（Project Schematic）、信息窗口（Message）和进程窗口（Progress）6 个部分组成。

2.1.2 菜单栏

菜单栏包括File（文件）、Edit（编辑）、View（视图）、Tools（工具）、Units（单位）、Extensions（扩展）及Help（帮助）7 个菜单。下面对这 7 个菜单中包括的子菜单及命令进行详细介绍。

- File（文件）菜单中的命令如图 2-4 所示。
  - ❖ New: 建立一个新的工程项目。在建立新工程项目之前，Workbench软件会提示用户是否需要保存当前的工程项目。
  - ❖ Open…: 打开一个已经存在的工程项目。同样会提示用户是否需要保存当前工程项目。
  - ❖ Save: 保存一个工程项目，同时为新创建的工程项目命名。
  - ❖ Save As…: 将已经存在的工程项目另保存为一个新的项目名称。
  - ❖ Import…: 导入外部文件，选择该命令，会弹出如图 2-5 所示的对话框，在文件类型下拉列表框中可以选择多种文件类型。

文件类型中的HFSS Project File（*.hfss）、Maxwell Project File（*.mxwl）和Simplorer Project File（*.asmp）三个文件需要安装ANSYS HFSS、ANSYS Maxwell和ANSYS Simplorer三个软件才会出现。

- ANSYS Workbench 18.0 平台支持 ANSYS HFSS15、ANSYS Maxwell16 及 ANSYS Simplorer11。

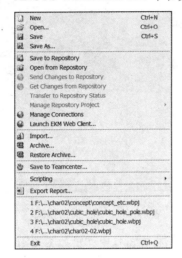

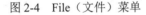

图 2-4　File（文件）菜单

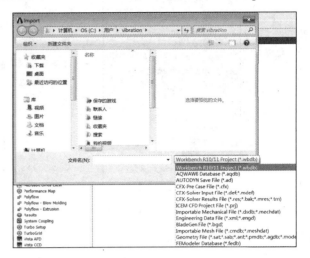

图 2-5　Import 支持的文件类型

❖ Archive：将工程文件存档。选择该命令后，弹出如图 2-6 所示的"另存为"对话框，单击"保存"按钮，在弹出如图 2-7 所示的 Archive Options 对话框中选中所有选项，并单击 Archive 按钮将工程文件存档。在 File 菜单中选择 Restore Archive 命令，即可将存档文件读取出来，这里不再赘述。

图 2-6　"另存为"对话框

图 2-7　Archive Options 对话框

- Edit（编辑）菜单中主要包括 Undo 和 Redo 两个命令。
- View（视图）菜单中的相关命令如图 2-8 所示。
  - ❖ Compact Mode（简洁模式）：选择该命令后，Workbench 18.0 平台将压缩为一个小图标 **[Unsaved Project - Workbench]** 置于操作系统桌面上，同时在任务栏上的图标将消失。如果将鼠标移动到 **[Unsaved Project - Workbench]** 图标上，Workbench 18.0 平台将变成如图 2-9 所示的简洁模式。
  - ❖ Reset Workspace（复原操作平台）：将 Workbench 18.0 平台复原到初始状态。
  - ❖ Reset Window Layout（复原窗口布局）：将 Workbench 18.0 平台窗口布局复原到初始状态。
  - ❖ Toolbox（工具箱）：选择该命令以选择是否隐藏左侧的工具箱。Toolbox 命令前面有√（对号），说明 Toolbox（工具箱）处于显示状态；Toolbox 命令前面没有√（对号），说明 Toolbox（工具箱）被隐藏。

图 2-8　View（视图）菜单

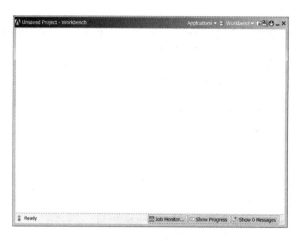

图 2-9　Workbench 18.0 简洁模式

❖ Toolbox Customization（用户自定义工具箱）：选择此命令，将在窗口中弹出如图 2-10 所示的 Toolbox Customization窗口，用户可通过选择各个模块前面的√来决定是否在Toolbox中显示模块。

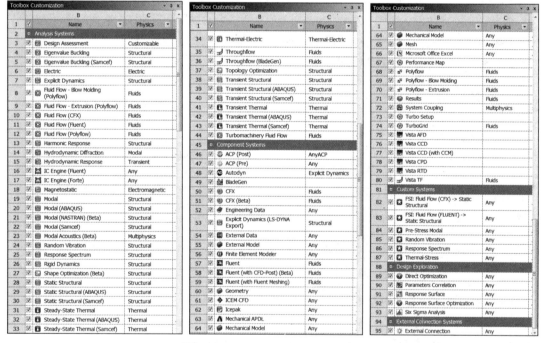

图 2-10　Toolbox Customization 窗口

❖ Project Schematic（项目管理）：选择此命令可确定是否在Workbench平台上显示项目管理窗口。

❖ Files（文件）：选择此命令会在Workbench 18.0 平台下侧弹出如图 2-11 所示的Files窗口，窗口中显示了本工程项目所有的文件及文件路径等重要信息。

❖ Properties（属性）：选择此命令后再单击A7 Results表格，会在Workbench 18.0 平台右侧弹出如图 2-12 所示的Properties of Schematic A7: Results对话框，其中显示的是A7 Results栏中的相关信息，此处不再赘述。

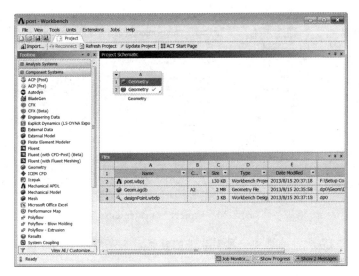

图 2-11　Files 窗口

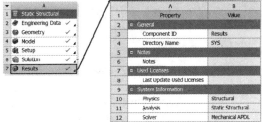

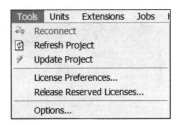

图 2-12　Properties of Schematic A7:Results 对话框

- Tools（工具）菜单中的命令如图 2-13 所示。
  - ❖ Refresh Project（刷新工程数据）：当上行数据中内容发生变化时，需要刷新板块（更新也会刷新板块）。
  - ❖ Update Project（更新工程数据）：数据已更改，必须重新生成板块的数据输出。
  - ❖ License Preferences（参考注册文件）：选择该命令后，会弹出如图 2-14 所示的对话框。

图 2-13　Tools（工具）菜单

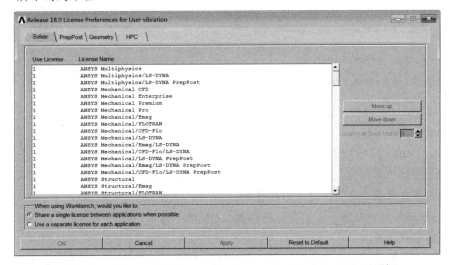

图 2-14　Release 18.0 License Preferences for User vibration 对话框

- ❖ Options（选项）：选择该命令，将弹出如图 2-15 所示的 Options 对话框，主要包括以下选项。
  - ▪ Project Management（项目管理）选项：在如图 2-16 所示的 Project Management 选项中可以设置 Workbench 18.0 平台启动的默认目录和临时文件的位置、是否启动导读对话框及是否加载新闻信息等参数。

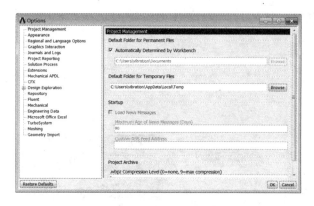

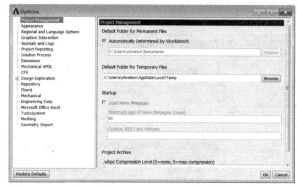

图 2-15　Options 对话框　　　　　　　　　　　图 2-16　Project Management 选项

- Appearance（外观）选项：在如图 2-17 所示的选项中可对软件的背景、文字颜色、几何图形的边等进行颜色设置。
- Regional and Language Options（区域和语言选项）选项：通过如图 2-18 所示的选项，可以设置 Workbench 18.0 平台的语言，包括德语、英语、法语及日语 4 种。

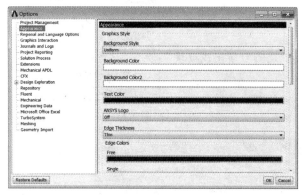

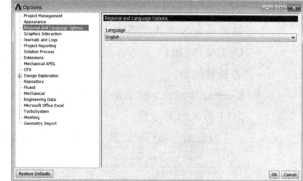

图 2-17　Appearance 选项　　　　　　　　　　图 2-18　Regional and Language Options 选项

- Graphics Interaction（几何图形交互）选项：在如图 2-19 所示的选项中，可以设置鼠标对图形的操作，如平移、旋转、放大、缩小、多体选择等操作。
- Extensions（扩展）选项：该选项是 ANSYS Workbench 18.0 平台中新增加的一个模块，可以添加一些用户自己编写的 Python 程序代码。如图 2-20 所示，添加了一些前后处理的代码，这部分内容在后面有介绍，这里不再赘述。
- Mechanical（机械分析）选项：在如图 2-21 所示的选项中，可以设置自动侦测接触、分离保存网格数据等。
- Geometry Import（几何导入）选项：在如图 2-22 所示的选项中，可以选择几何建模工具，即 DesignModeler 和 SpaceClaim Direct Modeler，如果选择后者，则需要 SpaceClaim 软件的支持，在后面会有介绍。

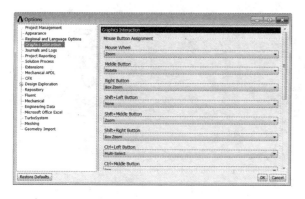

图 2-19 Graphics Interaction 选项

图 2-20 Extensions 选项

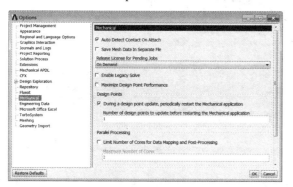

图 2-21 Mechanical 选项

图 2-22 Geometry Import 选项

这里仅对 Workbench 18.0 平台一些与建模及分析相关且常用的选项进行了简单介绍，其余选项请读者参考帮助文档的相关内容。

- Units（单位）菜单如图 2-23 所示，在此菜单中可以设置国际单位、米制单位、美制单位及用户自定义单位。选择 Unit Systems（单位设置系统）命令，可以在弹出的如图 2-24 所示的 Unit Systems 对话框中制定用户喜欢的单位格式。

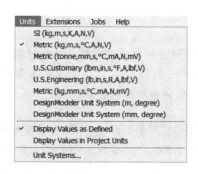

图 2-23 Units（单位）菜单

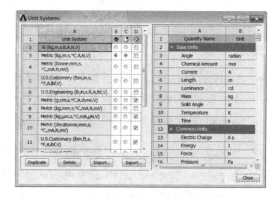

图 2-24 Unit Systems 对话框

- Extensions（扩展）菜单如图 2-25 所示，在模块中可以添加 ACT（应用程序定制工具包），这里不再赘述该模块。
- Help（帮助文档）菜单：在该菜单中，软件可实时为用户提供软件操作及理论帮助。

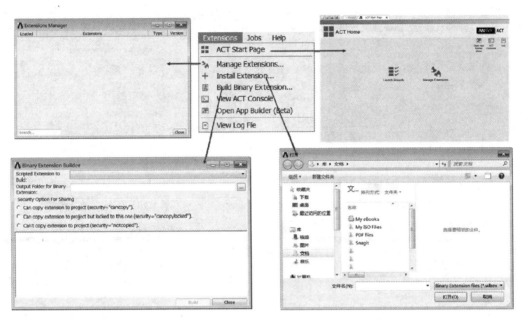

图 2-25　Extensions（扩展）菜单

2.1.3　工具栏

Workbench 18.0 的工具栏如图 2-26 所示，命令已经在前面菜单中出现，这里不再赘述。

📥 Import...　✂ Reconnect　🔄 Refresh Project　⚡ Update Project　📇 ACT Start Page

图 2-26　工具栏

2.1.4　工具箱

工具箱（Toolbox）位于 Workbench 18.0 平台的左侧，如图 2-27 所示为工具箱（Toolbox）中包括的各类分析模块，下面针对这 5 个模块简要介绍其包含的内容。

- Analysis Systems（分析系统）：包括不同的分析类型，如静力分析、热分析、流体分析等，同时模块中也包括用不同种求解器求解相同分析的类型，如静力分析就包括用 ANSYS 求解器分析和用 Samcef 求解器两种。如图 2-28 所示为分析系统中所包含的分析模块的说明。

 在 Analysis Systems（分析模块）中需要单独安装的分析模块有 Maxwell 2D（二维电磁场分析模块）、Maxwell 3D（三维电磁场分析模块）、RMxprt（电机分析模块）、Simplorer（多领域系统分析模块）及 nCode（疲劳分析模块）。

- Component Systems（组件系统）：包括应用于各种领域的几何建模工具及性能评估工具，组件系统包括的模块如图 2-29 所示。

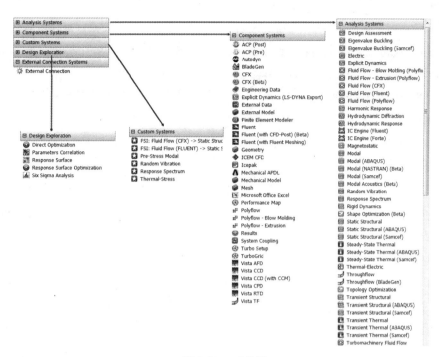

图 2-27　工具箱

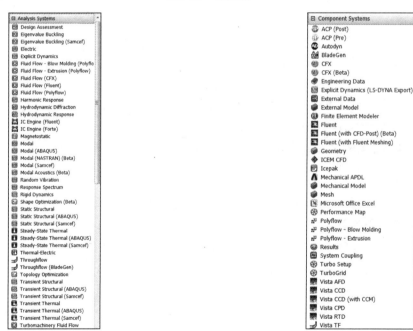

图 2-28　Analysis Systems（分析系统）　　　　图 2-29　Component Systems（组件系统）

 组建系统中的ACP复合材料建模模块需要单独安装。

- Custom Systems（用户自定义系统）：在如图 2-30 所示的用户自定义系统中，除了有软件默认的几个多物理场耦合分析工具外，Workbench 18.0 平台还允许用户自定义常用的多物理场耦合分析模块。

- Design Exploration（设计优化）：在如图 2-31 所示的设计优化模块，在此模块中允许用户利用 Direct Optimization、Parameters Correlation、Response Surface、Response Surface Optimization 四种工具对零件产品的目标值进行优化设计及分析。

- External Connection Systems（外部连接模块）：如图 2-32 所示为外部连接模块，需要用户单独安装插件。

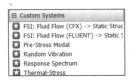

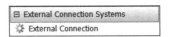

图 2-30 Custom Systems（用户自定义系统）　　图 2-31 Design Exploration（设计优化）　　图 2-32 Workbench LS-DYNA 模块

下面用一个简单的实例来说明如何在用户自定义系统中建立用户自己的分析模块。

步骤 01 启动 Workbench 18.0 后，单击左侧 Toolbox（工具箱）→Analysis System（分析系统）中的 Fluid Flow（FLUENT）模块不放，直接拖曳到 Project Schematic（工程项目管理窗口）中，如图 2-33 所示，此时会在 Project Schematic（工程项目管理窗口）中生成一个如同 Excel 表格一样的 FLUENT 分析流程图表。

FLUENT分析图表显示了执行FLUENT流体分析的工作流程，其中每个单元格命令代表每一个分析流程步骤。根据FLUENT分析流程图标从上往下执行每个单元格命令，就可以完成流体的数值模拟工作，具体流程为：

A2：Geometry得到模型几何数据；

A3：Mesh中进行网格的控制与剖分；

A4：Setup进行边界条件的设置与载荷的施加；

A5：Solution进行分析计算；

A6：Results中进行后处理显示，包括流体流速、压力等结果。

步骤 02 双击 Analysis Systems（分析系统）中的 Transient Structural（瞬态结构）分析模块，此时会在 Project Schematic（工程项目管理窗口）中的项目 A 下面生成项目 B，如图 2-34 所示。

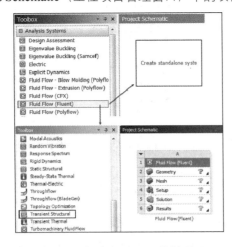

图 2-33 创建 FLUENT 分析项目　　　　　　图 2-34 创建结构分析项目

步骤 03 双击 Component Systems（组件系统）中的 System Coupling（系统耦合）模块，此时会在 Project Schematic（工程项目管理窗口）中的项目 B 下面生成项目 C，如图 2-35 所示。

步骤 04 创建好 3 个项目后，单击并按住 A2:Geometry 不放，直接拖曳到 B3:Geometry 中，如图 2-36 所示。

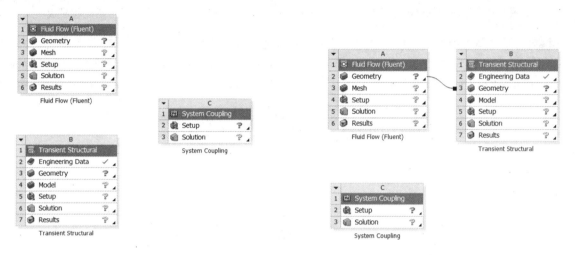

图 2-35　几何数据共享　　　　　　　　图 2-36　工程数据传递

步骤 05 同样的操作，将 B5:Setup 拖曳到 C2:Setup 中，将 A4:Setup 拖曳到 C2:Setup 中，操作完成后项目连接形式如图 2-37 所示，此时在项目 A 和项目 B 中的 Solution 表中的图标变成了 ，即实现工程数据传递。

 如果在工程分析流程图表之间存在 （一端是小正方形），则表示数据共享；如果工程分析流程图表之间存在 （一端是小圆点），则表示实现数据传递。

步骤 06 在 Workbench 18.0 平台的 Project Schematic（工程项目管理窗口）中单击鼠标右键，在弹出的快捷菜单中选择 Add to Custom（添加到用户）命令。

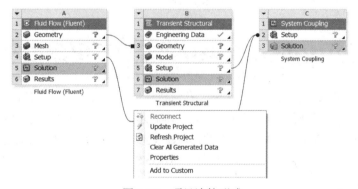

图 2-37　项目连接形式

步骤 07 在弹出如图 2-38 所示的 Add Project Template（添加工程模板）对话框中输入名字为 FLUENT to Transient Structural for two way，单击 OK 按钮。

步骤 08 完成用户自定义的分析模板添加后，单击 Workbench 18.0 左侧 Toolbox 下面的 Custom System 前面的＋，如图 2-39 所示，可以看到刚才定义的分析模板已被成功添加到 Custom System 中。

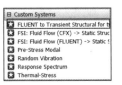

图2-38 添加工程模板对话框 图2-39 用户定义的分析流程模板

步骤09 选择 Workbench 18.0 平台 File 菜单中的 New 命令，新建一个空项目工程管理窗口，然后双击 Toolbox 下面的 Custom System→FLUENT to Transient Structural for two way 模板，如图 2-40 所示。此时，刚才建立的 FLUENT to Transient Structural for two way 分析流程图表已被成功添加到 Project Schematic 窗口中。

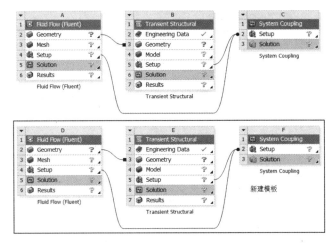

图2-40 用户定义的模板

分析流程图表模板建立完成后，若想进行分析，则还需要添加几何文件及边界条件等，后面章节会一一介绍，这里不再赘述。

ANSYS Workbench安装完成后，系统自动创建部分用户自定义系统。

2.2 DesignModeler 18.0几何建模

在有限元分析之前，首要工作就是几何建模，几何建模的好坏将直接影响到计算结果的正确性。一般在整个有限元分析的过程中，几何建模的工作量占据了非常多的时间，同时也是非常重要的过程。

本节将着重讲述利用ANSYS Workbench自带的几何建模工具——DesignModeler进行几何建模，同时通过一个简单实例介绍ANSYS 另外一个几何建模工具——ANSYS SpaceClaim Direct Modeler的几何建模方法。

2.2.1 DesignModeler 几何建模平台

如图 2-41 所示为刚启动的DesignModeler平台界面，如同其他CAD软件一样，DesignModeler平台由菜单栏、工具栏、命令栏、图形交互窗口、模型树及草绘面板、详细视图及单位设置等几个关键部分组成。在几何建模之前，先对常用的命令及菜单进行详细介绍。

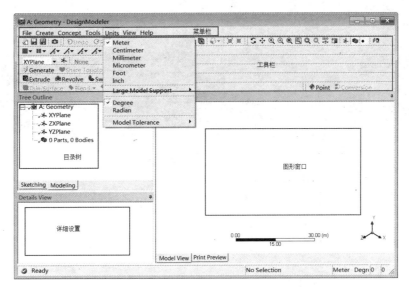

图 2-41   DesignModeler 平台

2.2.2   菜单栏

菜单栏中包括File（文件）、Create（创建）、Concept（概念）、Tools（工具）、View（视图）及Help（帮助）6 个基本菜单。

1. File（文件）菜单

File（文件）菜单中的命令如图 2-42 所示。

- **Refresh Input**（刷新输入）：当几何数据发生变化时，选择此命令，将保持几何文件同步。
- **Save Project**（保存工程文件）：选择此命令保存工程文件。如果是新建立未保存的工程文件，Workbench 18.0 平台则会提示输入文件名。
- **Export**（几何输出）：选择该命令后，DesignModeler 平台会弹出如图 2-43 所示的"另存为"对话框，在对话框的保存类型中，用户可以选择自己喜欢的几何数据类型。

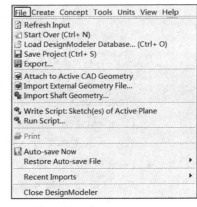

图 2-42   File（文件）菜单

- **Attach to Active CAD Geometry**（动态链接开启的 CAD 几何）：选择此命令后，DesignModeler 平台会将当前活动的 CAD 软件中的几何数据模型读入到图形交互窗口中。

 若在CAD中建立的几何文件未保存，则DesignModeler平台读不出几何文件模型。

- **Import External Geometry File**（导入外部几何文件）：选择此命令，可以在弹出如图 2-44 所示的对话框中选择所要读取的文件名。此外，DesignModeler 平台支持的所有外部文件格式在"打开"对话框中的文件类型中被列出。

图 2-43 "另存为"对话框

图 2-44 "打开"对话框

其余命令这里不再讲述，请读者参考帮助文档的相关内容。

2. Create（创建）菜单

Create（创建）菜单如图 2-45 所示，其中包含对实体操作的一系列命令，如实体拉伸、倒角、放样等。

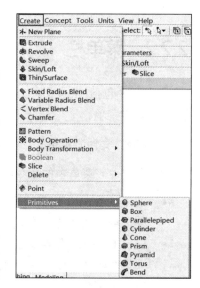

* New Plane（创建新平面）：选择此命令后，会在 Details View 窗口中出现如图 2-46 所示的平面设置面板。在 Details of Plane4→Type 中显示了 8 种设置新平面的类型。

  ❖ From Plane（以平面）：从已有的平面中创建新平面。

  ❖ From Face（以一个表面）：从已有的表面中创建新平面。

  ❖ From Point and Edge（以一点和一条边）：从已经存在的一条边和一个不在这条边上的点创建新平面。

  ❖ From Point and Normal（以一点和法线方向）：从一个已经存在的点和一条边界方向的法线创建新平面。

图 2-45 Create（创建）菜单

  ❖ From Three Points（以三点）：从已经存在的三个点创建一个新平面。

  ❖ From Coordinates（以坐标系）：通过设置与坐标相对位置来创建新平面。

  ❖ From Centroid（以质心）：通过质心创平面。

  ❖ From Circle/Ellipse（以圆或椭圆）：通过圆或椭圆所在平面创建新平面。

当选择以上 8 种中的任意一种方式来建立新平面时，Type 下面的选项也会有所变化，具体请参考帮助文档。

* Extrude（拉伸）：如图 2-47 所示，本命令可以将二维的平面图形拉伸为三维的立体图形，即对已经草绘完成的二维平面图形沿着二维图形所在平面的法线方向进行拉伸操作。在 Operation 选项中可以选择以下两种操作方式。

  ❖ Add Material（添加材料）：与常规的CAD拉伸方式相同，这里不再赘述。

❖ Add Frozen（添加冻结）：添加冻结零件，后面会提到。

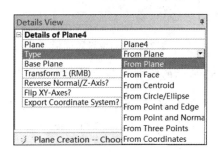

图 2-46 新建平面设置面板

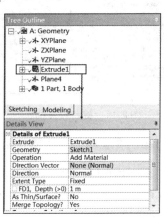

图 2-47 拉伸设置面板

在Direction选项中有 4 种拉伸方式可以选择。

❖ Normal（普通方式）：默认设置的拉伸方式。

❖ Reversed（相反方向）：此拉伸方式与Normal方向相反。

❖ Both-Symmetric（双向对称）：沿着两个方向同时拉伸指定的拉伸深度。

❖ Both-Asymmetric（双向非对称）：沿着两个方向同时拉伸指定的拉伸深度，但是两侧的拉伸深度不同，需要在其下面的选项中设置。

在As Thin/Surface？选项中选择拉伸是否薄壳拉伸，如果在选项中选择Yes，则需要分别输入薄壳的内壁和外壁厚度。

● Revolve（旋转）：选择此命令后，将弹出如图 2-48 所示的旋转设置面板。

❖ 在Geometry（几何）中选择需要做旋转操作的二维平面几何图形。

❖ 在Axis（旋转轴）中选择二维几何图形旋转所需要的轴线。

❖ Operation、As Thin/Surface？、Merge Topology选项参考Extrude命令相关内容。

❖ 在Direction中输入旋转角度。

● Sweep（扫掠）：选择此命令后，弹出如图 2-49 所示的扫掠设置面板。

❖ 在Profile（截面轮廓）中选择二维几何图形作为要扫掠的对象。

❖ 在Path（扫掠路径）中选择直线或曲线来确定二维几何图形扫掠的路径。

❖ 在Alignment（扫掠调整方式）中选择按Path Tangent（沿着路径切线方向）或Global Axes（总体坐标轴）两种方式。

❖ 在FD4,Scale（>0）中输入比例因子来扫掠比例。

❖ 在Twist Specification（扭曲规则）中选择扭曲的方式，有No Twist（不扭曲）、Turns（圈数）及Pitch（螺距）3 个选项。

❖ No Twist（不扭曲）表示扫掠出来的图形是沿着扫掠路径的。

❖ Turns（圈数）表示在扫掠过程中设置二维几何图形绕扫掠路径旋转的圈数。如果扫掠的路径是闭合环路，则圈数必须是整数；如果扫掠路径是开路，则圈数可以是任意数值。

❖ Pitch（螺距）表示在扫掠过程中设置扫掠的螺距大小。

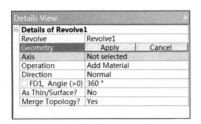

图 2-48　旋转设置面板

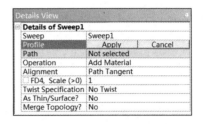

图 2-49　扫掠设置面板

- Skin/Loft（蒙皮/放样）：选择此命令后，弹出如图 2-50 所示的蒙皮/放样设置面板。

在 Profile Selection Method（轮廓文件选择方式）中可以用 Select All Profiles（选择所有轮廓）或 Select Individual Profiles（选择单个轮廓）两种方式选择二维几何图形，选择完成后，会在 Profiles 下面出现所选择的所有轮廓几何图形名称。

- Thin/Surface（抽壳）：选择此命令后，在弹出如图 2-51 所示的抽壳设置面板。

在 Selection Type（选择方式）中可以选择以下 3 种方式。

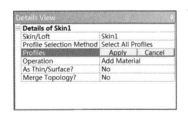

图 2-50　蒙皮/放样设置面板

图 2-51　抽壳设置面板

- ❖ Faces to Keep（保留面）：选择此选项后，对保留面进行抽壳处理。
- ❖ Faces to Remove（去除面）：选择此选项后，对选中面进行去除操作。
- ❖ Bodies Only（仅体）：选择此选项后，将对选中的实体进行抽空处理。

在 Direction（方向）中可以通过以下 3 种方式对抽壳进行操作。

- ❖ Inward（内部壁面）：选择此选项后，抽壳操作对实体进行壁面向内部抽壳处理。
- ❖ Outward（外部壁面）：选择此选项后，抽壳操作对实体进行壁面向外部抽壳处理。
- ❖ Mid-Plane（中间面）：选择此选项后，抽壳操作对实体进行中间壁面抽壳处理。
- Fixed Radius Blend（确定半径倒圆角）：选择此命令，在弹出如图 2-52 所示的确定半径倒圆角设置面板。
  - ❖ 在 FD1，Radius（>0）中输入圆角的半径。
  - ❖ 在 Geometry 中选择要倒圆角的棱边或平面，如果选择的是平面，则倒圆角命令将平面周围的几条棱边全部倒成圆角。
- Variable Radius Blend（变化半径倒圆角）：选择此命令，弹出如图 2-53 所示的变化半径倒圆角设置面板。

❖ 在Transition（过渡）选项中可以选择Smooth（平滑）和Linear（线性）两种方式。

❖ 在Edges（棱边）选项中选择要倒角的棱边。

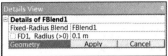

图 2-52　确定半径倒圆角设置面板

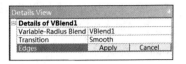

图 2-53　变化半径倒圆角设置面板

● Chamfer（倒角）：选择此命令，会弹出如图 2-54 所示的倒角设置面板。

在Geometry中选择实体棱边或表面，若选择表面，则表面周围的所有棱边全部倒角。

在Type（类型）中有以下 3 种数值输入方式。

❖ Left-Right（左-右）：选择此选项后，在下面的栏中输入两侧的长度。

❖ Left-Angle（左-角度）：选择此选项后，在下面的栏中输入左侧长度和一个角度。

❖ Right-Angle（右-角度）：选择此选项后，在下面的栏中输入右侧长度和一个角度。

● Pattern（阵列）：选择此命令，会弹出如图 2-55 所示的阵列设置面板。

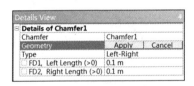

图 2-54　倒角设置面板

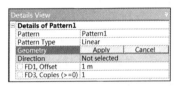

图 2-55　阵列设置面板

在Pattern Type（阵列类型）中可以选择以下 3 种阵列样式。

❖ Linear（线性）：选择此选项后，阵列的方式将沿着某一方向阵列，需要在Direction（方向）中选择要阵列的方向及偏移距离和阵列数量。

❖ Circular（圆形）：选择此选项后，阵列的方式将沿着某根轴线阵列一圈，需要在Axis（轴线）中选择轴线及偏移距离和阵列数量。

❖ Rectangular（矩形）：选择此选项后，阵列方式将沿着两根相互垂直的边或轴线阵列，需要选择两个阵列方向及偏移距离和阵列数量。

● Body Operation（体操作）：选择此命令，会弹出如图 2-56 所示的体操作设置面板。在 Type（类型）中有以下几种体操作样式。

❖ Mirror（镜像）：对选中的体进行镜像操作，需要在Bodies（体）中选择要镜像的体，在Mirror Plane（镜像平面）栏中选择一个平面，如XYPlane等。

❖ Move（移动）：对选中的体进行移动操作，需要在Bodies（体）中选择要镜像的体，在Source Plane（源平面）中选择一个平面作为初始平面，如XYPlane等，在Destination Plane（目标平面）中选择一个平面作为目标平面，两个平面可以不平行。本操作主要应用于多个零件的装配。

❖ Delete（删除）：对选中平面进行删除操作。

❖ Scale（缩放）：对选中实体进行等比例放大或缩小操作，在Scaling Origin（缩放原点）中可以选择World Origin（全局坐标系原点）、Body Centroids（实体的质心）或Point（点）选项，在FD1，Scaling Factor（>0）中输入缩放比例。

- ❖ Sew（缝合）：对有缺陷的体进行补片复原后，再利用该命令对复原部位进行实体化操作。
- ❖ Simplify（简化）：对选中材料进行简化操作。
- ❖ Translate（平移）：对选中实体进行平移操作，需要在Direction Selection（方向选择）中选择一条边作为平移的方向矢量。
- ❖ Rotate（旋转）：对选中实体进行旋转操作，需要在Axis Selection（轴线选择）中选择一条边作为旋转的轴线。
- ❖ Cut Material（切材料）：对选中的体进行去除材料操作。
- ❖ Imprint Faces（表面印记）：对选中体进行表面印记操作。
- ❖ Slice Material（材料切片）：需要在一个完全冻结的体上执行操作，对选中材料进行材料切片操作。
- ● Boolean（布尔运算）：选择此命令，会弹出如图2-57所示的布尔运算设置面板。在Operation（操作）中有以下4种操作方式。
  - ❖ Unite（并集）：将多个实体合并到一起，形成一个实体，此操作需要在Tool Bodies（工具体）中选中所有进行体合并的实体。
  - ❖ Subtract（差集）：用一个实体（Tool Bodies）从另一个实体（Target Bodies）中去除，需要在Target Bodies（目标体）中选择要切除材料的实体，在Tool Bodies（工具体）中选择要切除的实体工具。
  - ❖ Intersect（交集）：将两个实体相交部分取出来，其余的实体被删除。
  - ❖ Imprint Faces（表面印记）：生成一个实体（Tool Bodies）与另一个实体（Target Bodies）相交处的面，需要在Target Bodies（目标体）和Tool Bodies（工具体）中分别选择两个实体。

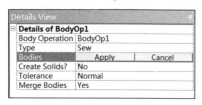

图2-56　体操作设置面板

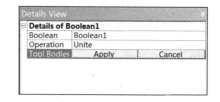

图2-57　布尔运算设置面板

- ● Slice（切片）：增强了DesignModeler的可用性，可以产生用来划分映射网格的可扫掠分网的体。当模型完全由冻结体组成时，本命令才可用。选择此命令，会弹出如图2-58所示的切片设置面板。

在Slice Type（切片类型）中有以下几种方式对体进行切片操作。

- ❖ Slice by Plane（用平面切片）：利用已有的平面对实体进行切片操作，平面必须经过实体，在Base Plane（基准平面）栏中选择平面。
- ❖ Slice off Faces（用表面偏移平面切片）：在模型上选中一些面，这些面大概形成一定的凹面，本命令将切开这些面。
- ❖ Slice by Surface（用曲面切片）：利用已有的曲面对实体进行切片操作，在Target Face（目标面）中选择曲面。
- ❖ Slice off Edges（用边做切片）：选择切分边，用切分出的边创建分离体。
- ❖ Slice By Edge Loop（用封闭棱边切片）：在实体模型上选择一条封闭的棱边来创建切片。
- ● Face Delete（删除面）：本命令是用来"撤销"倒角、去材料等操作的，可以将倒角、去材料等特征从体上移除。选择此命令，会弹出如图2-59所示的删除面设置面板。

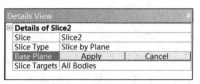

图 2-58 切片设置面板

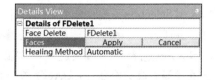

图 2-59 删除面设置面板

在Healing Method（处理方式）中有以下几种方式来实现删除面的操作。

❖ Automatic（自动）：选择该选项后，在Faces中选择要去除的面，即可将面删除。

❖ Natural Healing（自然处理）：对几何体进行自然复原处理。

❖ Patch Healing（修补处理）：对几何实体进行修补处理。

❖ No Healing（不处理）：不进行任何修复处理。

● Edge Delete（删除边线）：与 Face Delete 作用相似，这里不再赘述。

● Primitives（原始图形）：可以创建一些原始的图形，如圆形、矩形等。

如图 2-60 所示的Concept（概念）菜单，其中包含对线体和面操作的一系列命令，如线体的生成与面的生成等。

如图 2-61 所示的Tools（工具）菜单，其中包含对线、体和面操作的一系列命令，如冻结、解冻、选择命名、属性、包含、填充等。

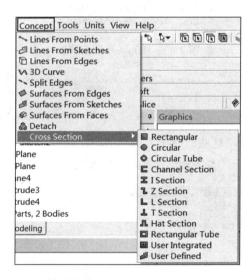

图 2-60 Concept（概念）菜单

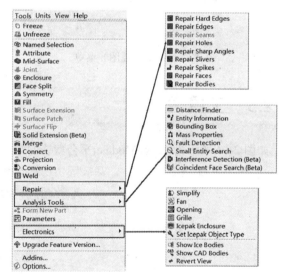

图 2-61 Tools（工具）菜单

下面对一些常用的工具命令进行简单介绍。

● Freeze（冻结）：DM 平台会默认将新建立的几何体和已有的几何体合并起来保持单个体。如果想将新建立的几何体与已有的几何体分开，则需要将已有的几何体进行冻结处理。

冻结特征可以将所有的激活体转到冻结状态，但是在建模过程中除切片操作以外，其他命令都不能用于冻结体。

● Unfreeze（解冻）：冻结的几何体可以通过本命令解冻。

- Named Selection（选择命名）：用于对几何体中的节点、边线、面、体等进行命名。
- Mid-Surface（中间面）：用于将等厚度的薄壁类结构简化成"壳"模型。
- Enclosure（包含）：在体附近创建周围区域以方便模拟场区域。本操作主要应用于流体动力学（CFD）及电磁场有限元分析（EMAG）等计算的前处理，通过 Enclose 操作可以创建物体的外部流场或绕组的电场或磁场计算域模型。
- Fill（填充）：与 Enclosure（包含）命令相似，该命令主要为几何体创建内部计算域，如管道中的流场等。

如图 2-62 所示的View（视图）菜单，主要对几何体显示的操作，这里不再赘述。

如图 2-63 所示的Help（帮助）菜单，提供在线帮助等。

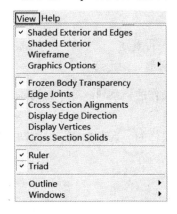

图 2-62　View（视图）菜单

图 2-63　Help（帮助）菜单

2.2.3　工具栏

如图 2-64 所示为DesignModeler平台默认的常用工具命令，这些命令在菜单栏中均可找到。

图 2-64　工具栏

以三键鼠标为例，鼠标左键实现基本控制，包括几何的选择和拖动。此外，与键盘部分按钮结合使用可以实现不同的操作。

- Ctrl+鼠标左键：执行添加/移除选定几何实体。
- Shift+鼠标中键：执行放大/缩小几何实体操作。
- Ctrl+鼠标中键：执行几何体平移操作。

另外，按住鼠标右键框选几何实体，可以实现几何实体的快速缩放操作。在绘图区域单击鼠标右键，可以弹出快捷菜单，以完成相关的操作，如图 2-65 所示。

1. 选择过滤器

在建模过程中，会经常需要选择实体的某个面、某个边或某个点，可以在工具栏中相应的过滤器中进行选择切换，如图 2-66 所示。如果想选择齿轮上的某个齿的面，则可以使工具栏中的 ⬚ 按钮处于凹陷状态，然后选择所关心的面即可；如果想要选择线或点，则只需单击工具栏中的 ⬚ 或 ⬚ 按钮，然后选择所关心的线或点即可。

如果需要对多个面进行选择，如图 2-67 所示，则需要单击工具栏中的 ⬚ 按钮，在弹出的菜单中选择 ⬚ Box Select 命令，然后单击 ⬚ 按钮，在绘图区域中框选所关心的面。线或点的框选与面类似，这里不再赘述。

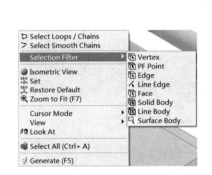

图 2-65　快捷菜单

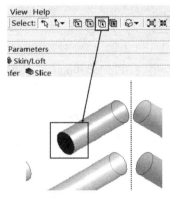

图 2-66　面选择过滤器

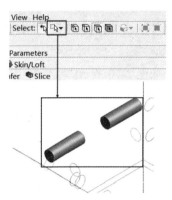

图 2-67　面框选过滤器

框选的时候有方向性，具体说明如下。

- 鼠标从左到右拖动：选中所有完全包含在选择中的对象。
- 鼠标从右到左拖动：选中包含于或经过选择框的对象。

利用鼠标还能直接对几何模型进行控制。

2. 窗口控制

DesignModeler 平台的工具栏上面有各种控制窗口的快捷按钮，通过单击不同的按钮，可以实现对图形的控制，如图 2-68 所示。

- ⟳ 按钮用来实现几何旋转操作。
- ✛ 按钮用来实现几何平移操作。
- ⊕ 按钮实现图形的放大缩小操作。
- ⊞ 按钮实现窗口的缩放操作。
- ⊕ 按钮实现自动匹配窗口大小操作。

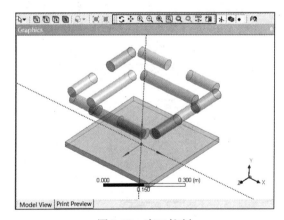

图 2-68　窗口控制

利用鼠标还能直接在绘图区域控制图形。当鼠标位于图形的中心区域时相当于 ⟳ 操作；当鼠标位于图形之外时为绕Z轴旋转操作；当鼠标位于图形界面的上下边界附近时为绕X轴旋转操作；当鼠标位于图形界面的左右边界附近时为绕Y轴旋转操作。

2.2.4 常用命令栏

如图 2-69 所示为DesignModeler平台默认的常用命令，这些命令在菜单栏中均可找到，这里不再赘述。

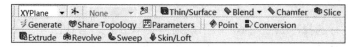

图 2-69 常用命令栏

2.2.5 Tree Outline（模型树）

如图 2-70 所示的模型树中包括两个模块，即Modeling（实体模型）和Sketching（草绘）。下面对Sketching（草绘）模块中的命令进行详细介绍。

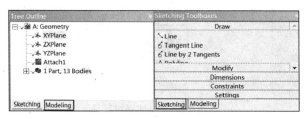

图 2-70 Tree Outline

Sketching（草绘）模块主要由以下几个部分组成。

- Draw（草绘）：如图 2-71 所示为 Draw（草绘）卷帘菜单，菜单中包括了二维草绘需要的所有工具，如直线、圆、矩形、椭圆等，操作方法与其他 CAD 软件一样。
- Modify（修改）：如图 2-72 所示为 Modify（修改）卷帘菜单，菜单中包括了二维草绘修改需要的所有工具，如倒圆角、倒角、裁剪、延伸、分割等，操作方法与其他 CAD 软件一样。

图 2-71 Draw（草绘）

图 2-72 Modify（修改）

- Dimensions（尺寸标注）：如图 2-73 所示为 Dimensions（尺寸标注）卷帘菜单，菜单中包括了二维图形尺寸标注需要的所有工具，如一般、水平标注、垂直标注、长度/距离标注、半径直径标注、角度标注等，操作方法与其他 CAD 软件一样。

- Constraints（约束）：如图 2-74 所示为 Constraints（约束）卷帘菜单，菜单中包括了二维图形约束需要的所有工具，如固定、水平约束、竖直约束、垂直约束、相切约束、对称约束、平行约束同心约束、等半径约束、等长度约束等，操作方法与其他 CAD 软件一样。
- Settings（设置）：如图 2-75 所示为 Settings（设置）卷帘菜单，主要完成草绘界面的栅格大小及移动捕捉步大小的设置任务。

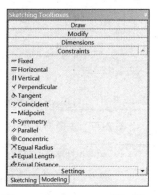

图 2-73　Dimensions（尺寸标注）　　图 2-74　Constraints（约束）　　图 2-75　Settings（设置）

❖ 在 Settings（设置）菜单下选择 Grid 命令，使 Grid 图标处于凹陷状态，同时在后面生成 Show in 2D: □和 Snap: □，选中□使其处于选中状态 Show in 2D: ✔Snap: ✔，此时用户交互窗口出现如图 2-76 所示的栅格。

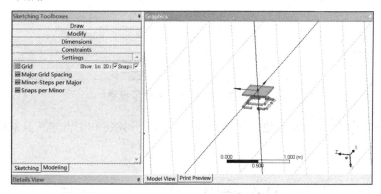

图 2-76　Grid 栅格

❖ 在 Settings（设置）菜单下选择 Major Grid Spacing 命令，使 Major Grid Spacing 图标处于凹陷状态，同时在后面生成 5 m ，在此文本框中输入主栅格的大小，默认为 5m，将此值改为 10m 后在用户交互窗口出现如图 2-77 所示的右侧栅格。

❖ 在 Settings（设置）菜单下选择 Minor-Steps per Major 命令，使 Minor-Steps per Major 图标处于凹陷状态，同时在后面生成 5 ，在此文本框中输入每个主栅格上划分的网格数，默认为 5，将此值改为 10 后在用户交互窗口出现如图 2-78 所示的右侧栅格。

❖ 在 Settings（设置）菜单下选择 Snaps per Minor 命令，使 Snaps per Minor 图标处于凹陷状态，同时在后面生成 1 ，在此文本框中输入每个小网格上捕捉的次数，默认为 1，将此值改成 2 后选择曹会直线命令，在用户交互窗口中单击直线第一点，然后移动鼠标，此时吸盘会在每个小网格四条边的中间位置被吸一次。如果值是默认的 1，则在 4 个角点被吸住。

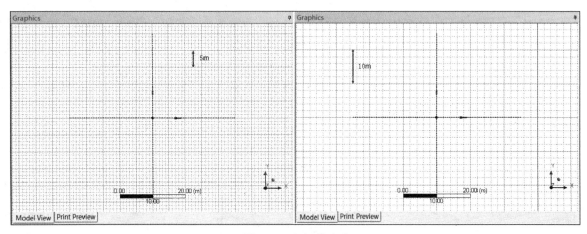

图 2-77　主栅格大小

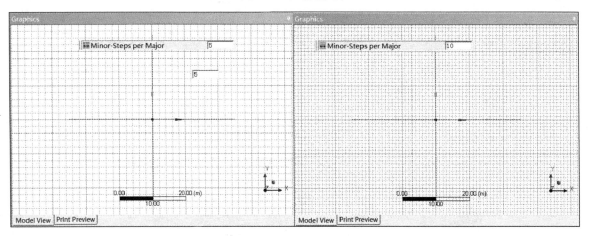

图 2-78　主栅格中小网格数量设置

前面几节对DesignModeler平台截面进行了简单介绍，本节开始将利用上述工具对稍复杂的几何模型进行建模。

2.2.6　DesignModeler 几何建模实例——连接板

模型文件	无
结果文件	下载资源\Chapter02\char02-1\ost.wbpj

本实例将创建一个如图 2-79 所示的连接扣模型，在模型的建立过程中除了有简单的拉伸和取材料命令的使用外，还对沿曲线进行扫描进行简单介绍。

步骤 01　启动 Workbench 18.0 软件后，新创建一个项目 A，然后在项目 A 的 A2Geometry 上单击鼠标右键，选择 New DesignModeler Geometry 命令，如图 2-80 所示。

步骤 02　启动 DesignModeler 平台，在弹出的单位设置对话框中设置单位为 mm，然后单击 OK 按钮。

步骤 03　单击 Tree Outline 中 A:Geometry→ZXPlane 坐标，如图 2-81 所示，然后单击 图标，这时草绘平面将自动旋转到正对平面。

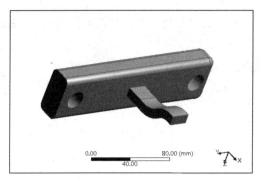

图 2-79　连接扣模型

图 2-80　启动 DM

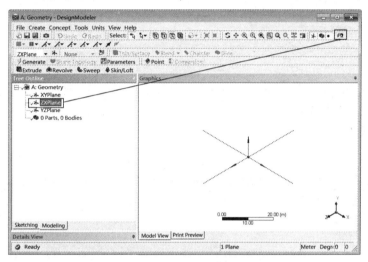

图 2-81　草绘平面

步骤 **04**　切换到 Sketching 草绘模式后，选择 Draw→RectanAuto-Fillet 命令，在绘图区域绘制如图 2-82 所示的两端倒圆角的矩形，矩形的左下角点在坐标原点上，整个矩形在第一象限中。

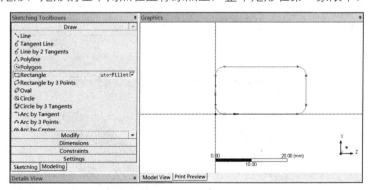

图 2-82　绘制矩形

步骤 **05**　选择 Dimensions→General 命令，然后单击如图 2-83 所示的标注，标注其长度。在 Details View 面板中的 Dimensions:3 中进行如下输入：

在 H3 栏中输入 50mm，在 R5 栏中输入 6mm，在 V4 栏中输入 25mm，并按 Enter 键确认；

使用 General 工具进行标注时，除了能对长度进行标注外，还可以对距离、半径等尺寸进行智能标注；

另外，也可以使用 Horizontal 对水平方向尺寸进行标注，使用 Vertical 对竖直方向尺寸进行标注，使用 Radius 对圆形进行半径标注。

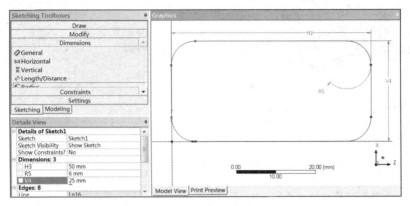

图 2-83 标注长度

步骤 **06** 切换到 Modeling 模式下，在工具栏中单击 **Extrude** 按钮，如图 2-84 所示，在下面出现的 Details View 面板中做如下设置：

在 Geometry 栏中确保 Sketch1 被选中；

在 FD1,Depth(>0)栏中输入 150mm 并按 **Generate** 确定拉伸。

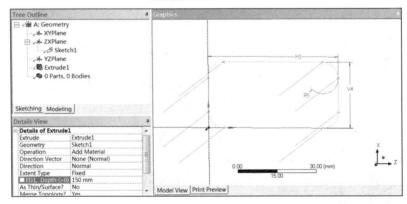

图 2-84 拉伸

步骤 **07** 单击工具栏中的 按钮关闭草绘平面的显示，如图 2-85 所示。

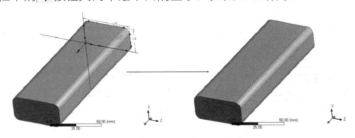

图 2-85 模型平面显示切换

步骤 **08** 创建沉孔特征。在工具栏中单击 按钮，单击如图 2-86 所示的平面，并使其处于加亮状态。然后单击工具栏中的 按钮，使加亮平面正对屏幕。

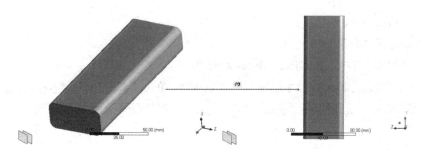

图 2-86　确定草绘平面

步骤 09 切换到 Sketching 草绘模式后，选择 Draw→Circle 命令，在绘图区域绘制如图 2-87 所示的圆，然后对圆进行标注。在 Details View 面板中进行如下输入：

在 D6 栏中输入 20mm，在 H5 栏中输入 20mm，在 V3 栏中输入 20mm，并按 Enter 键确认。

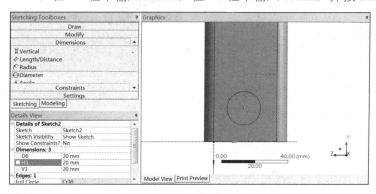

图 2-87　创建圆

步骤 10 单击工具栏中的  Extrude 按钮，如图 2-88 所示，在 Details View 面板中做如下设置：

在 Geometry 栏中确保 Sketch2 被选中；

在 Operation 栏中选择 Cut Material 选项；

在 Extent Type 栏中选择 To Faces 选项。

选择图 2-88 所示的加亮面，此时 Target Faces 栏中会显示数字 1，表面已有一个面被选中，其余选项默认即可。单击工具栏中的 Generate 按钮，完成孔的创建。

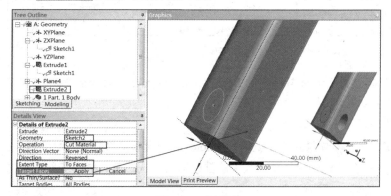

图 2-88　创建孔

步骤 11 创建对称平面。单击工具栏中的 ⚹ 按钮，在如图 2-89 所示的 Details View 面板中做如下设置：

在 Type 栏中选择 From Face 选项；

在 Base Face 栏中确保加亮平面被选中；

在 Transform 1（RMB）栏中选择 Offset Global Z 选项；

在 FD1,Value 1 栏中输入-100mm，其余选项保持默认即可。单击工具栏中的 ⚡Generate 按钮生成平面。

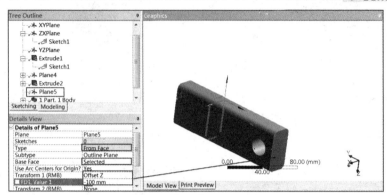

图 2-89　创建平面

步骤⑫ 切割实体。单击工具栏中的 🔲Extrude 按钮，在如图 2-90 所示的 Details View 面板中做如下设置：

在 Geometry 栏中确保 Plane5 被选中；

在 Operation 栏中选择 Cut Material 选项；

在 Direction 栏中选择 Reversed 选项；

其余选项默认即可，然后单击工具栏中的 ⚡Generate 按钮，生成去材料命令。

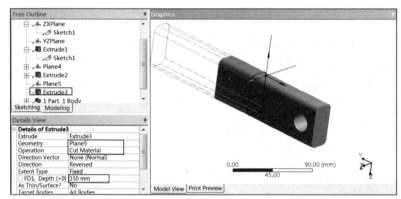

图 2-90　切割实体

步骤⑬ 实体镜像。选择 Create 菜单中的 Body Transformation→Mirror 命令，在如图 2-91 所示的 Details View 面板中做如下设置：

在 Mirror 栏中选择 Mirror 选项；

在 Bodies 栏中确保几何实体被选中，此时在 Bodies 栏中会显示数字 1，表示一个实体被选中；

在 Mirror Plane 栏中确保 Plane5 平面被选中，其余选项默认即可。单击工具栏中的 ⚡Generate 按钮，生成实体镜像操作。

步骤⑭ 创建圆角。单击工具栏中的 🔹Blend ▾按钮，在下拉菜单选择 🔹Fixed Radius 命令。在如图 2-92 所示的 Details View 面板中做如下设置：

在 FD1,Radius（>0）栏中输入 10mm；

在 Geometry 栏中确保图中的 8 个边界被选中，此时 Geometry 栏中将显示 8Edges，表示 8 个边界被选中。单击工具栏中的 ⚡Generate 按钮生成圆角。

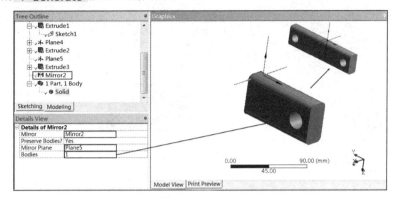

图 2-91　实体镜像

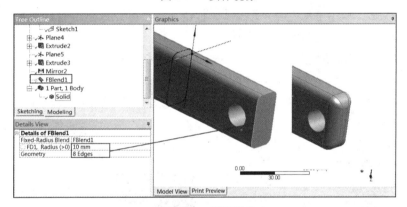

图 2-92　创建圆角

步骤⑮　选择草绘平面。选择 Tree Outline（模型树）中的 Plane5，然后单击工具栏中的按钮，如图 2-93 所示。

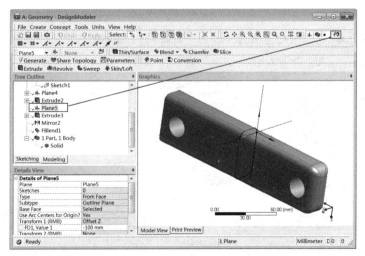

图 2-93　草绘平面

步骤⑯ 草绘矩形。单击 Sketching 面板，切换到草绘模式下，创建如图 2-94 所示的矩形并标注。将尺寸作如下修改：

在 H1 栏中输入 10mm；在 H7 栏中输入 20mm；在 V6 栏中输入 20mm。

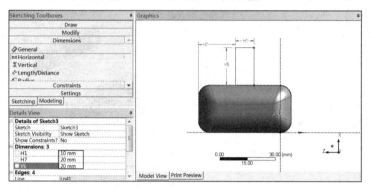

图 2-94　草绘及标注

步骤⑰ 创建长方体。单击工具栏中的 Extrude 按钮，在如图 2-95 所示的 Details View 面板中做如下设置：

在 Geometry 栏中确保 Sketch3 被选中；在 Direction 栏中选择 Both-Symmetric 选项；在 FD1,Depth（>0）栏中输入 10mm，其余默认即可。单击工具栏中的 Generate 按钮生成圆柱。

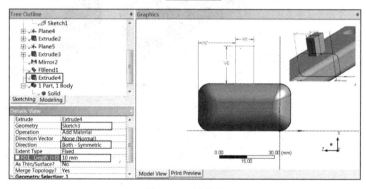

图 2-95　长方体

步骤⑱ 绘制如图 2-96 所示的样条曲线，并对尺寸进行如下修改：

在 H3 中输入 50mm；在 V2 中输入 15mm。

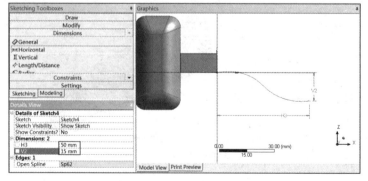

图 2-96　样条曲线

步骤⑲ 同步骤 17，在长方体端面上绘制一个矩形，单击工具栏中的 ≯Generate 按钮生成实体，如图 2-97 所示。

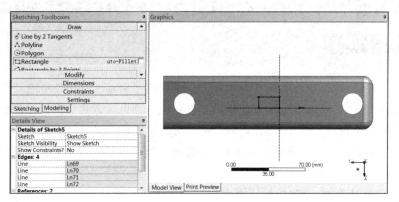

图 2-97 矩形截面

步骤⑳ 选择如图 2-98 所示，单击工具栏中的 Sweep 按钮，在弹出的 Details of View 对话框中作如下选择：

在 Profile 栏中选择 Sketch5；

在 Path 栏中选择 Sketch4。单击工具栏中的 ≯Generate 按钮。

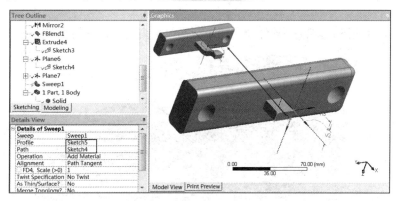

图 2-98 扫描

步骤㉑ 单击工具栏中的 🖫 按钮，在弹出的"保存"对话框中输入 post。

步骤㉒ 单击右上角的 ✕ 按钮关闭 DesignModeler 程序。

DesignModeler除了能对几何体进行建模外，还能对多个几何进行装配操作。由于篇幅限制，本实例只简单介绍了DM平台几何建模的基本方法，并未对复杂几何进行讲解，请读者根据以上操作及ANSYS帮助文档进行学习。

2.3 ANSYS SpaceClaim Direct Modeler 几何建模

ANSYS除了固有的几何建模平台DesignModeler外，还集成了SpaceClaim公司的几何建模软件，不同于其他（如Pro/E、UG等）软件，SpaceClaim几何建模软件是以一种自然方式建模为思想的建模方法。

SpaceClaim是世界首个自然方式 3D设计系统，用户可以比以往任何时候更快的速度进行模型的创建和编辑。不同于基于特征的参数化CAD系统，SpaceClaim能够让用户以最直观的方式对模型直接编辑，自然流畅地进行模型操作而无需关注模型的建立过程。

SpaceClaim作为富有创意的 3D建模解决方案，日前推出了其第四代产品，即SpaceClaim Engineer 和 SpaceClaim Style。这些直接建模工具象征了这 10 多年来 3D工程领域最显著的技术进步，从简单发展到能够专供工程师和工业设计师自由灵活操作，快速捕捉灵感，可以随意编辑实体模型而不用考虑坐标原点，并为分析、原型、制造做设计准备。

SpaceClaim使得设计和工程团队能更好地协同工作，能降低项目成本并加速产品上市周期。SpaceClaim让您按自己的意图修改已有设计，不用在意它的创建过程，也无需深入了解它的设计意图，更不会困扰于复杂的参数和限制条件。

如图 2-99 所示为作者用SpaceClaim软件建立的小型变电站内电器设备的布置方案图。

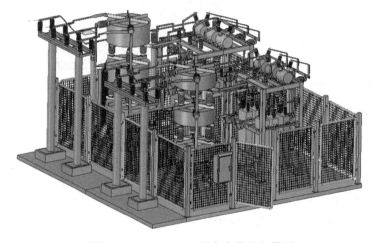

图 2-99　SpaceClaim 平台中的几何模型

下面通过一个简单的实例介绍集成在ANSYS Workbench平台上的SpaceClaim的几何建模方法。

2.3.1　SpaceClaim 几何建模平台

如图 2-100 所示为SpaceClaim几何建模软件平台。SpaceClaim平台由菜单选项卡、工具栏、结构树窗口、详细设置窗口、属性窗口及图形显示窗口 6 个板块组成，在几何建模之前先对常用的命令及菜单进行简单介绍。

SpaceClaim平台也有其他软件没有的工具，如填充、包络等。

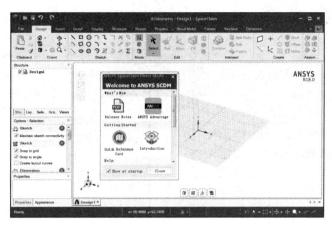

图 2-100　SpaceClaim 平台

2.3.2　菜单选项卡

菜单选项卡中包括File（文件）、Design（设计）、Insert（插入）、Detail（详细）、Display（显示）、Measure（测量）、Repair（修复）、Prepare（准备）、Sheet Metal（钣金）和Facets（面片）10 个基本菜单。KeyShot 和Dynamics为选择下载安装项。

1. File（文件）选项卡

文件选项卡中的命令如图 2-101 所示。

- New（新建）：选择该命令，会出现如设计、工程图纸等绘图板样板。
- Open（打开）：打开已存在的 SpaceClaim 几何文件或其他格式的文件。选择该命令，将弹出如图 2-102 所示的 Open 对话框，可以查看SpaceClaim 软件支持的几何文件格式。
- Save（保存）：保存工程文件。

图 2-101　File（文件）选项卡

图 2-102　Open（打开）对话框

- Save As（另存为）：选择该命令，将弹出如图 2-103 所示的 Save As 对话框，可以选择所要存储的几何文件类型。
- SpaceClaim Options：单击该按钮，将弹出如图 2-104 所示的对话框，可以进行外观设置、单位设置及其他属性设置，这里不再赘述。

图 2-103　Save As（另存为）对话框　　　　　图 2-104　SpaceClaim Options 选项对话框

2．Design（设计）选项卡

Design（设计）选项卡中的图标及命令如图 2-105 所示。在Design（设计）选项卡中可以完成几何模型的创建、几何模型的旋转、几何模型的阵列与布尔运算及几何模型的装配操作。

图 2-105　Design（设计）选项卡

3．Insert（插入）选项卡

Insert（插入）选项卡中的命令如图 2-106 所示，通过此选项卡可以插入已绘制好的几何模型完成装配工作，也可以反向从已有模型中提取曲线等，另外也可以完成一些加工特征。

图 2-106　Insert（插入）选项卡

4．Detail（详细）选项卡

Detail（详细）选项卡中的命令如图 2-107 所示，通过此选项卡可以完成对几何模型的文字标注字体的修改、长度及角度等的标注、公差标注、图纸格式设置及图纸比例设置。

图 2-107　Detail（详细）选项卡

5．Display（显示）选项卡

Detail（显示）选项卡中的命令如图 2-108 所示，通过此选项卡可以完成图层及样式的设置、窗口格式的设置及图形的显示方式等操作。

图 2-108　Display（显示）选项卡

6. Measure（测量）选项卡

Measure（测量）选项卡中的命令如图 2-109 所示，通过此选项卡可以完成几何模型的质量计算、表面曲率等的计算、拔模的设置等操作。

图 2-109　Measure（测量）选项卡

7. Repair（修复）选项卡

Repair（修复）选项卡中的命令如图 2-110 所示，通过此选项卡可以完成几何及装配体中存在缺陷等的修复及调整，将"烂"模型修复好以适合进行后期的操作，如有限元分析等。

图 2-110　Repair（修复）选项卡

8. Prepare（准备）选项卡

Prepare（准备）选项卡中的命令如图 2-111 所示，通过此选项卡可以完成几何的干涉检查、做流体分析的内部流场几何的填充、外部流场的创建、梁单元和板单元的创建及ANSYS Workbench平台的调用。

此选项卡中的命令在进行有限元建模时比较有用，从这个选项卡中读者可以看出，SpaceClaim软件与其他CAD软件的不同之处在于，它有有限元模型的前处理功能，如同ANSYS DesignModeler平台一样。但与DesignModeler不同的是，SpaceClaim采用以自然方式的建模和设计理念。

图 2-111　Prepare（准备）选项卡

9. Sheet Metal（钣金）选项卡

Sheet Metal（钣金）选项卡中的命令如图 2-112 所示，此选项卡中的命令用于处理钣金件，通过此选项卡的命令组合，可以很容易地创建如电脑机箱结构的钣金模型。由于本书内容要求，这里对如何创建钣金件不做介绍，感兴趣的读者可以参考SpaceClaim帮助文档学习。

图 2-112　Sheet Metal（钣金）选项卡

10．Facets（面片）选项卡

Facets（面片）选项卡中的命令如图 2-113 所示，此选项卡中的命令用于面片体，通过此选项卡的命令组合，可以很容易地创建、修改、调整、检查面片体。由于本书内容要求，这里对如何创建修改面片体不做介绍，感兴趣的读者可以参考SpaceClaim帮助文档学习。

图 2-113　Facets（面片）选项卡

2.4　ANSYS SpaceClaim Direct Modeler 几何建模实例

ANSYS SpaceClaim几何建模平台的启动方法有以下 3 种。

- 在桌面上直接双击图标，启动 ANSYS SpaceClaim 平台。
- 依次选择开始→所有程序→ANSYS SCDM，启动 ANSYS SpaceClaim 平台。
- 在 ANSYS Workbench 平台中启动 ANSYS SCDM。

下面将通过简单的操作介绍一下第 3 种启动方式。

（1）依次选择开始→所有程序→ANSYS 18.0→Workbench 18.0，启动Workbench程序。

（2）在Toolbox栏中选择一个分析流程，如Modal分析流程。

（3）在项目A的A2 栏中单击鼠标右键，在弹出的快捷菜单中选择New SpaceClaim Direct Modeler Geometry命令，即可进入ANSYS SpaceClaim几何建模平台。

众所周知，几何建模的方式有两种，一种自下向上建模，另一种是自上向下建模，而大多数CAD软件建模时都必须采用封闭式结构进行几何实体创建，比如创建一个长方体，必须先创建一个矩形，然后拉伸成长方体，但在SpaceClaim平台中采用以点来创建长方体。本例将练习如何由一个点来创建一个实体。

模型文件	无
结果文件	下载资源\Chapter02\char02-2\ANSP_Model.wbpj

步骤01 启动 Workbench 18.0 软件后，新创建一个项目 A——Geometry 项目。然后在项目 A 的 A2Geometry 中单击鼠标右键，选择 New SpaceClaim Direct Modeler Geometry 命令，如图 2-114 所示，启动 ANSYS SpaceClaim 平台。

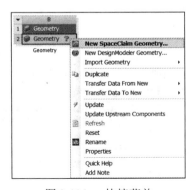

图 2-114　快捷菜单

需要单独安装SpaceClaim软件。

步骤 02 在 Design（设计）选项卡中单击 ◉ 创建点按钮，在坐标平面的原点单击创建一个点，如图 2-115 所示。

步骤 03 鼠标单击点，然后单击 Design（设计）选项卡中的 ✍（拉动）按钮，此时在点上出现两个方向的箭头，箭头的方向表示可以拉动的方向。鼠标移动到绘图窗口，按住左键沿箭头方向移动鼠标，创建出如图 2-116 所示的直线，同时出现一个长度框，输入 50mm，按 Enter 键确认。

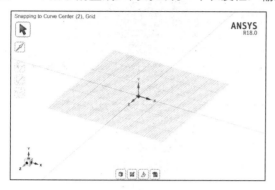

图 2-115　创建点

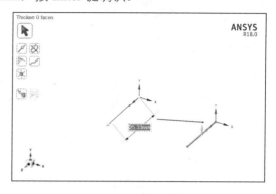

图 2-116　拉动直线

步骤 04 选择直线，然后单击 Design（设计）选项卡中的 ✍（拉动）按钮，此时在直线上出现一个箭头，表示当前可以沿着箭头方向拉动。在绘图窗口中按住鼠标左键不放，沿着箭头方向移动鼠标，直线将被拉动成一个平面，如图 2-117 所示，在数值中输入 30mm，按 Enter 键确认。

步骤 05 此时在拉动方向上箭头变成相互垂直的两个方向，表示可以沿着两个方向中的任意一个方向拉动，如图 2-118 所示为沿着垂直方向拉动的几何模型。

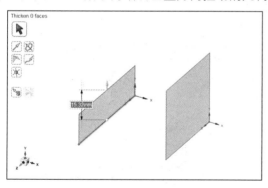

图 2-117　拉动平面

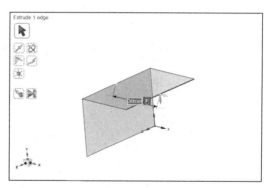

图 2-118　垂直拉动平面

步骤 06 单击平面，此时在垂直于平面的方向出现一个箭头，按住鼠标左键不放并移动鼠标，拉动平面到体，如图 2-119 所示，在弹出的数值中输入 30mm，创建一个立方体。

步骤 07 单击水平方向的平面，单击 Design（设计）中的 ✍（拉动）按钮，然后单击绘图区域中的 📋（拉动到）按钮，单击立方体的下侧面，此时几何模型将变成如图 2-120 所示的样子。

步骤 08 选择 Design（设计）选项卡中的 🔘 命令，然后单击几何模型中的任意一个平面，此时几何模型将变成默认为 1mm 的壳体，如图 2-121 所示，单击绘图窗口中左侧出现的 ✔ 按钮，确定抽壳操作。

步骤 09 选择如图 2-121 所示几何位置的上面，单击 Design（设计）选项卡中的 🏛 按钮，此时绘图平面将自动旋转到如图 2-122 所示的位置。

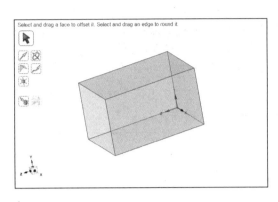

图 2-119　立方体

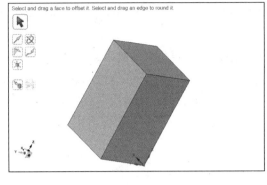

图 2-120　几何模型

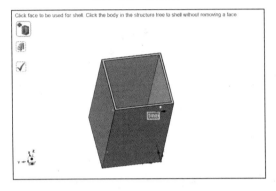

图 2-121　抽壳

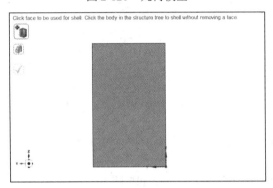

图 2-122　旋转绘图平面

步骤 ⑩　单击 Design（设计）选项卡中的 ⊙ 按钮，在坐标原点处绘制直径为 5mm 的圆面，如图 2-123 所示。

步骤 ⑪　单击 Design（设计）选项卡中的 ⬚ 按钮，拉动圆形，此时将拉伸出如图 2-124 所示的圆柱面。

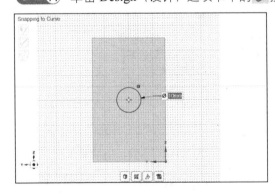

图 2-123　绘制圆面

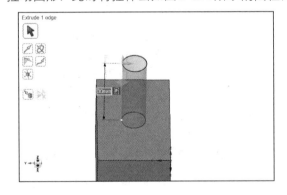

图 2-124　拉伸圆柱面

步骤 ⑫　单击圆柱面，在弹出的数值框中输入 1.5，如图 2-125 所示，此时圆柱面将向里侧加厚到 3mm，创建一个空心圆柱体。

步骤 ⑬　单击 Design（设计）选项卡中的 ▦（阵列）按钮，进行几何阵列，如图 2-126 所示。选择空心圆柱几何体，在左侧选项窗口中出现的设置对话框中进行如下设置：

图案类型选择栅格；

间距 X 方向为 6mm，Y 方向为 7mm，单击绘图窗口中左侧的 ✔ 按钮，完成几何体的阵列。

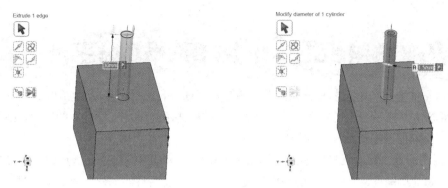

图 2-125　加厚空心圆柱

步骤 14　如果将图案类型改为偏移，则变成如图 2-127 所示的阵列模型。

图 2-126　矩形阵列　　　　　　　　　　　图 2-127　阵列模型

步骤 15　单击 Insert（详细）选项卡中的 标注按钮，进行尺寸标注，如图 2-128 所示，选择方形壳体的一条边。

步骤 16　单击 Insert（详细）选项卡中的 Abc 按钮，选择任意一个圆柱体，在出现的文本输入框中输入文字，如图 2-129 所示的文字标注。

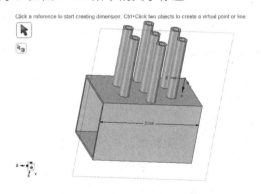

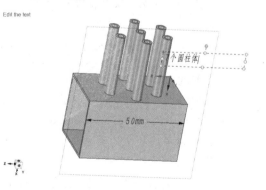

图 2-128　尺寸标注　　　　　　　　　　　图 2-129　文字标注

步骤 17　关闭 ANSYS SpaceClaim 平台，保存文件名为 ANSP_Model.wbpj 并退出 Workbench。

通过上面的实例，读者应该掌握 SpaceClaim 平台的几何建模方法，同时了解 SpaceClaim 与其他 CAD 软件建模方法的不同之处。

2.5 ANSYS Meshing 18.0网格划分平台

有限元计算中只有网格的节点和单元参与计算，在求解开始，Meshing平台会自动生成默认的网格，用户可以使用默认网格，并检查网格是否满足要求。如果自动生成的网格不能满足工程计算的需要，则需要人工划分网格，细化网格和不同的网格对结果影响比较大。

虽然网格的结构和网格的疏密程度直接影响到计算结果的精度，但是网格加密会增加CPU计算时间和需要更大的存储空间。理想的情况下，用户需要的网格密度是结果不再随网格的加密而改变的密度，即当网格细化后，解没有明显改变。如果可以合理地调整收敛控制选项，则同样可以达到满足要求的计算结果，但是细化网格不能弥补不准确的假设和输入引起的错误，这一点需要读者引起注意。

2.5.1 Meshing 网格划分适用领域

Meshing平台网格划分可以根据不同的物理场需求提供不同的网格划分方法，如图 2-130 所示为Mesh平台的物理场参照类型（Physics Preference）。

- Mechanical：为结构及热力学有限元分析提供网格划分。
- Electromagnetics：为电磁场有限元分析提供网格划分。
- CFD：为计算流体动力学分析提供网格划分，如CFX及Fluent求解器。
- Explicit：为显示动力学分析软件提供网格划分，如AUTODYN 及 LS-DYNA 求解器。

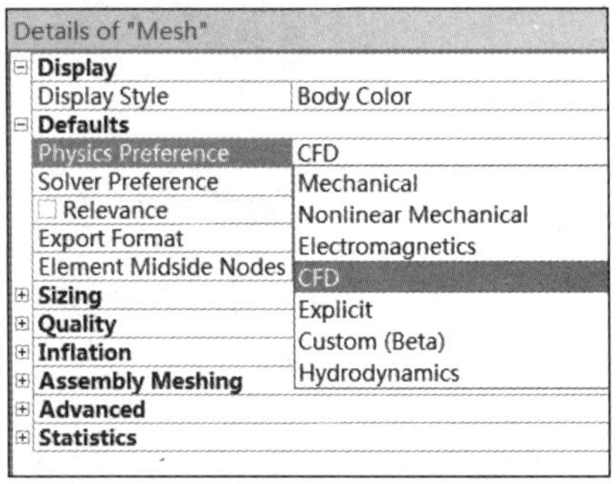

图 2-130　网格划分物理参照设置

2.5.2 Meshing 网格划分方法

对于三维几何来说，ANSYS Mesh有以下几种不同的网格划分方法。

- Automatic（自动网格划分）。
- Tetrahedrons（四面体网格划分），当选择此选项时，网格划分方法又可细分为：
  ❖ Patch Conforming法（Workbench自带功能）。
  ❖ 默认时考虑所有的面和边（尽管在收缩控制和虚拟拓扑时会改变且默认损伤外貌基于最小尺寸限制）。
  ❖ 适度简化CAD（如native CAD、Parasolid、ACIS等）。
  ❖ 在多体部件中可能结合使用扫掠方法生成共形的混合四面体/棱柱和六面体网格。
  ❖ 有高级尺寸功能。
  ❖ 表面网格→体网格。

- Patch Independent 法（基于 ICEM CFD 软件）：
  - ❖ 对CAD有长边的面，许多面的修补，短边等有用。
  - ❖ 内置defeaturing/simplification基于网格技术。
  - ❖ 体网格→表面网格。
- Hex Dominant（六面体主导网格划分），当选择此选项时，Mesh 将采用六面体单元划分网格，但是会包含少量的金字塔单元和四面体单元。
- Sweep（扫掠法）。
- MultiZone（多区法）。
- Inflation（膨胀法）。

对于二维几何体来说，ANSYS Mesh有以下几种不同的网格划分方法：

- Quad Dominant（四边形主导网格划分）。
- Triangles（三角形网格划分）。
- Uniform Quad/Tri（四边形/三角形网格划分）。
- Uniform Quad（四边形网格划分）。

如图 2-131 所示为采用Automatic网格划分方法得出的网格分布。

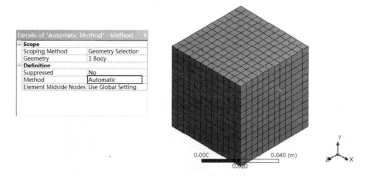

图 2-131　Automatic 网格划分方法

如图 2-132 所示为采用Tetrahedrons及Patch Conforming网格划分方法得出的网格分布。

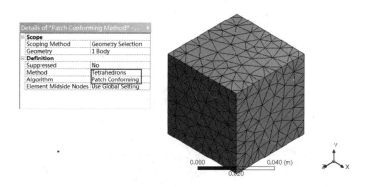

图 2-132　Tetrahedrons 及 Patch Conforming 网格划分方法

如图 2-133 所示为采用Tetrahedrons及Patch Independent网格划分方法得出的网格分布。

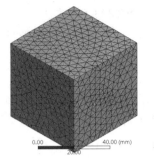

图 2-133　Tetrahedrons 及 Patch Independent 网格划分方法

如图 2-134 所示为采用Hex Dominant网格划分方法得出的网格分布。

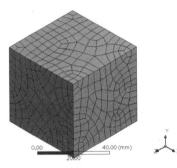

图 2-134　Hex Dominant 网格划分方法

如图 2-135 所示为采用Sweep法划分的网格模型。

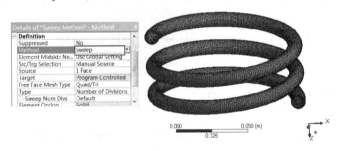

图 2-135　Sweep 网格划分方法

如图 2-136 所示为采用MultiZone划分的网格模型。

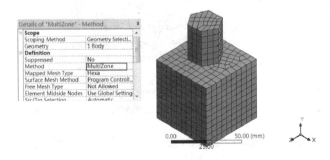

图 2-136　MultiZone 网格划分方法

如图 2-137 所示为采用 Inflation 划分的网格模型。

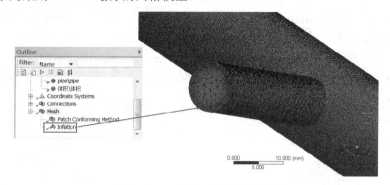

图 2-137　Inflation 网格划分方法

2.5.3　Meshing 网格默认设置

Meshing 网格设置可以在 Mesh 下进行操作，单击模型树中的 Mesh 图标，在出现的 Details of 'Mesh' 参数设置面板中的 Defaults 中进行物理模型选择和相关性设置。

如图 2-138~图 2-141 所示为 1mm×1mm×1mm 的立方体在默认网格设置情况下，结构计算（Meshing）、电磁场计算（Electromagnetics）、流体动力学计算（CFD）及显示动力学分析（Explicit）4 个不同物理模型的节点数和单元数。

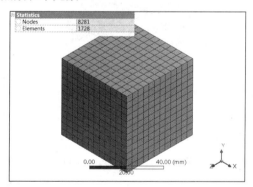

图 2-138　结构计算网格

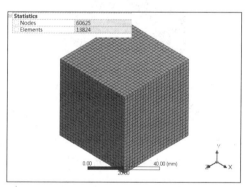

图 2-139　电磁计算网格

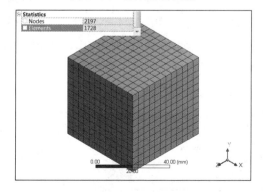

图 2-140　流体计算网格

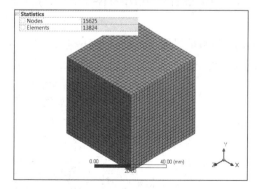

图 2-141　显示动力学计算网格

从中可以看出，在程序默认情况下，单元数量由小到大的顺序为：流体动力学分析=结构分析<显示动力学分析=电磁场分析，节点数量由小到大的顺序为：流体动力学分析<结构分析<显示动力学分析<电磁场分析。

当物理模型确定后，可以通过调整Relevance选项来调整网格疏密程度。如图 2-142~图 2-145 所示为在Meshing（结构计算物理模型）时，Relevance分别为-100、0、50、100 共 4 种情况下的单元数量和节点数量，对比这 4 张图可以发现，Relevance值越大，节点和单元划分的数量就越多。

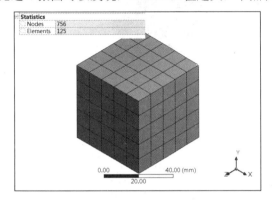

图 2-142　Relevance=-100

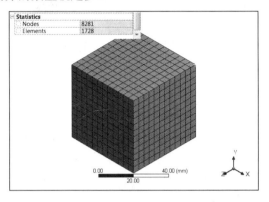

图 2-143　Relevance=0

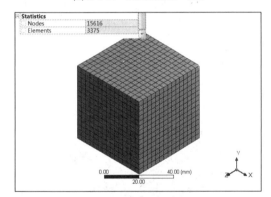

图 2-144　Relevance=50

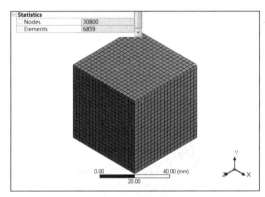

图 2-145　Relevance=100

2.5.4　Meshing 网格尺寸设置

Meshing网格设置可以在Mesh下进行操作，单击模型树中的 Mesh 图标，在弹出的Details of 'Mesh' 参数设置面板Sizing中进行网格尺寸的相关设置。如图 2-146 所示为Sizing（尺寸）设置面板。

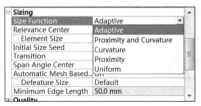

图 2-146　Sizing（尺寸）设置面板

- Size Function（使用高级网格划分功能）：网格细化的方法，此选项默认为自适应（Adaptive）状态，单击后面的 ▼，可以看到 Size Function 状态为 On 时的其他 4 个选项，即 Proximity and Curvature、Curvature、Proximity、Uniform。

当选择Proximity and Curvature（接近和曲率）选项时，面板会增加网格控制设置，如图 2-147 所示。

针对Proximity and Curvature选项的设置，Meshing平台根据几何模型的尺寸，均有相应的默认值，读者亦可以结合工程需要对各个选项进行修改与设值，以满足工程仿真计算的要求。

图 2-147　Use Advanced Size Function 设置

当选择其他 4 个选项时的设置与Size Function相似，这里不再赘述，请读者自行完成。

- Relevance Center（相关性中心）：此选项的默认值为 Coarse（粗糙），根据需要可以分别设置为 Medium（中等）和细化（Fine）。如图 2-148～图 2-150 所示为将 1mm×1mm×1mm 的立方体中 Relevance Center 分别设置为 Coarse、Medium、Fine 3 种情况时的节点和单元数量。

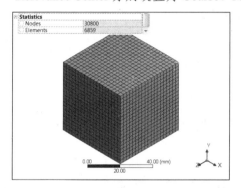

图 2-148　Relevance Center =Coarse

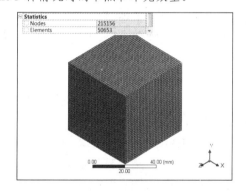

图 2-149　Relevance Center =Medium

从以上 3 种设置可以看出，Relevance Center的选项由Coarse到Fine后，几何模型的节点数量和单元数量增加了，已达到细化网格的目的。

- Element Size（单元尺寸）：通过在此选项后面输入网格尺寸大小来控制几何尺寸网格划分的粗细程度。如图 2-151～图 2-153 所示为 Element Size 设置为默认、Element Size=5mm、Element Size=10mm 3 种情况下的节点数量及单元数量。

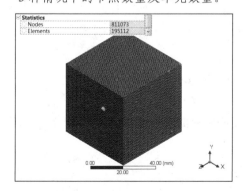

图 2-150　Relevance Center =Fine

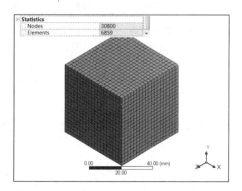

图 2-151　Element Size 设置为默认

从图中可以看出，网格划分可以通过设置网格单元尺寸的大小来控制。

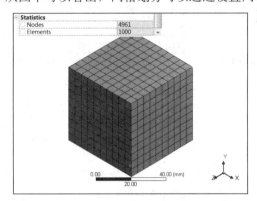

图 2-152　Element Size = 5mm

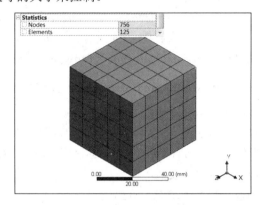

图 2-153　Element Size =10mm

- Initial Size Seed（初始化尺寸种子）：此选项用来控制每一个部件的初始网格种子，如果单元尺寸已被定义，则会被忽略。在 Initial Size Seed 栏中有 3 个选项可供选择，即 Active Assembly（激活的装配体）、Full Assembly（全部装配体）及 Part（零件）。
  - ❖ Active Assembly（激活的装配体）：基于这个设置，初始种子放入未抑制部件，网格可以改变。
  - ❖ Full Assembly（全部装配体）：基于这个设置，初始种子放入所有装配部件，不管抑制部件的数量，网格不改变。
  - ❖ Part（零件）：基于这个设置，初始种子在网格划分时放入个别特殊部件，网格不改变。
- Smoothing（平滑度）：平滑网格是通过移动周围节点和单元的节点位置来改进网格质量。下列选项和网格划分器开始平滑的门槛尺度一起控制平滑迭代次数。
  - ❖ Low（低）：主要应用于结构计算，即Meshing。
  - ❖ Medium（中）：主要应用于流体动力学和电磁场计算，即CFD和Emag。
  - ❖ High（高）：主要应用于显示动力学计算，即Explicit。
- Transition（过渡）：控制邻近单元增长比的设置选项，有以下两种。
  - ❖ Fast（快速）：在Meshing和Emag网格中产生网格过渡。
  - ❖ Slow（慢速）：在CFD和Explicit网格中产生网格过渡。
- Span Angle Center（跨度中心角）：跨度中心角设置基于边的细化的曲度目标，网格在弯曲区域细分，直到单独单元跨越这个角。
  - ❖ Coarse（粗糙）：角度范围在-90°~60°之间。
  - ❖ Medium（中等）：角度范围在-75°~24°之间。
  - ❖ Fine（细化）：角度范围在-36°~12°之间。

需要注意的是，Span Angle Center功能只能在Advanced Size Function选项关闭时使用。

如图 2-154 及图 2-155 所示为当Span Angle Center选项分别设置为Coarse和Fine时的网格。从图中可以看出，在Span Angle Center选项设置由Coarse到Fine的过程中，中心圆孔的网格剖分数量加密，网格角度变小。

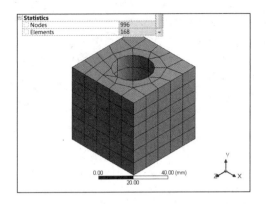

图 2-154 Span Angle Center=Coarse

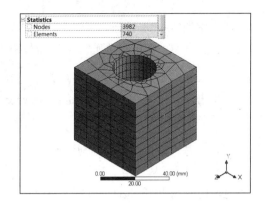

图 2-155 Span Angle Center=Fine

2.5.5 Meshing 网格 Patch Conforming 选项

Meshing网格设置可以在Mesh下进行操作，单击模型树中的

Mesh 图标，在弹出的Details of 'Mesh'参数设置面板Quality 中进行网格的相关设置。Quality设置选项如图 2-156 所示。

图 2-156 Patch Conforming Options

- Check Mesh Quality（检查网格质量）中包括 No、Yes，

    Errors and Warnings 和 Yes，Errors 3 个选项，分别表示不检查、检查网格中的错误和警告、检查网格中的错误。

- Error Limits（错误限制）中包括适用于线性模型 Standard Mechanical 和大变形模型 Aggressive Mechanical 两个选项。

- Target Quality（目标质量）默认为 0.05mm，可自定义大小。

- Smoothing（顺滑）中包括 Low、Medium 和 High 3 个选项，分别表示低、中、高。

- Mesh Metric（网格质量）默认为 None（无），用户可以从中选择相应的网格质量检查工具来检查划分网格质量的好坏。

    ❖ Element Quality（单元质量）：选择单元质量选项后，会在信息栏中出现如图 2-157 所示的Mesh Metric窗口，在窗口内显示了网格质量划分图表。

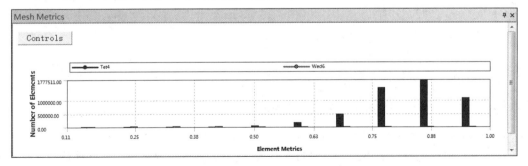

图 2-157 Element Quality 图表

图中横坐标由 0~1，网格质量由坏到好，衡量准则为网格的边长比，图中纵坐标显示的是网格数量，网格数量与矩形条成正比。Element Quality图表中的值越接近于 1，就说明网格质量越好。

单击图表中的Controls按钮，将弹出如图 2-158 所示的单元质量控制图表，在图表中可以进行单元数及最大/最小单元设置。

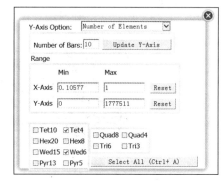

图 2-158　单元质量控制图表

❖ Aspect Radio（网格宽高比）：选择此选项后，会在信息栏中出现如图 2-159 所示的Mesh Metrics窗口，在窗口内显示了网格质量划分图表。

对于三角形网格来说，按法则判断：

如图 2-160 所示，从三角形的一个顶点引出对边的中线，另外两边中点相连，构成线段KR和ST。分别做两个矩形：以中线ST为平行线，过点R、K构造矩形两条对边，另外两条对边过点S、T；以中线RK为平行线，过点S、T构造矩形两条对边，另外两条对边过点R、K。对另外两个顶点也如上面步骤做矩形，共 6 个矩形，找出各矩形长边与短边之比并开立方，数值最大者即为该三角形的Aspect Ratio值。

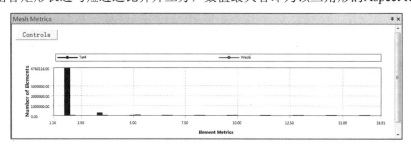

图 2-159　Aspect Ratio 图表

Aspect Ratio值=1，三角形IJK为等边三角形，此时说明划分的网格质量最好。

对于四边形网格来说，按法则判断：

如图 2-161 所示，如果单元不在一个平面上，则各个节点将被投影到节点坐标平均值所在的平面上。画出两条矩形对边中点的连线，相交于一点O，以交点O为中心，分别过 4 个中点构造两个矩形，找出两个矩形长边和短边之比的最大值，即为四边形的Aspect Ratio值。

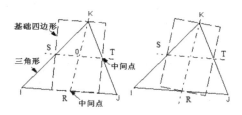

图 2-160　三角形判断法则

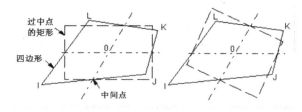

图 2-161　四边形判断法则

Aspect Ratio值=1，四边形IJKL为正方形，此时说明划分的网格质量最好。

❖ Jacobian Ratio（雅可比比率）适应性较广，一般用于处理带有中节点的单元。选择此选项后，会在信息栏中出现如图 2-162 所示的Mesh Metric窗口，在窗口内显示了网格质量划分图表。

Jacobian Ratio计算法则如下：

计算单元内个样本点雅可比矩阵的行列式值R_j，雅可比值是样本点中行列式最大值与最小值的比值。若两者正负号不同，则雅可比值将为-100，此时该单元不可接受。

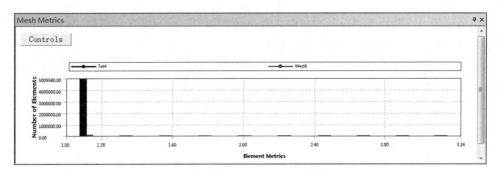

图 2-162　Jacobian Ratio 图表

三角形单元的雅可比比率：如果三角形的每个中间节点都在三角形边的中点上，则这个三角形的雅可比比率为 1。如图 2-163 所示为雅可比比率分别为 1、30、1000 时的三角形网格。

四边形单元的雅可比比率：任何一个矩形单元或平行四边形单元，无论是否含有中间节点，其雅可比比率都为 1。如果垂直一条边的方向向内或向外移动这一条边上的中间节点，则可以增加雅科比比率。如图 2-164 所示为为雅可比比率分别为 1、30、100 时的四边形网格。

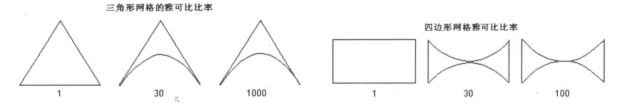

图 2-163　三角形网格 Jacobian Ratio　　　　图 2-164　四边形网格 Jacobian Ratio

六面体单元雅可比比率：满足以下两个条件的四边形单元和块单元的雅科比比率为 1。

● 所有对边都相互平行。
● 任何边上的中间节点都位于两个角点的中间位置。

如图 2-165 所示为雅可比比率分别为 1、30、1000 时的四边形网格，此四边形网格可以生成雅可比为 1 的六面体网格。

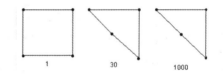

图 2-165　四边形网格 Jacobian Ratio

❖ Wraping Factor（扭曲系数）用于计算或评估四边形壳单元、含有四边形面的块单元楔形单元及金字塔单元等，高扭曲系数表明单元控制方程不能很好地控制单元，需要重新划分。选择此选项后，会在信息栏中出现如图 2-166 所示的Mesh Metric窗口，在窗口内显示了网格质量划分图表。

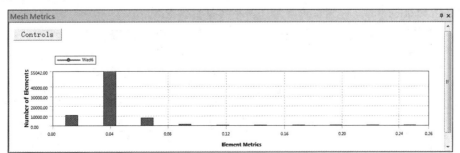

图 2-166　Wraping Factor 图表

如图 2-167 所示为二维四边形壳单元的扭曲系数逐渐增加的二维网格变化图形。从图中可以看出扭曲系数由 0.0 增大到 5.0 的过程中网格扭曲程度逐渐增加。

对于三维块单元扭曲系数来说，分别比较 6 个面的扭曲系数，从中选择最大值作为扭曲系数，如图 2-168 所示。

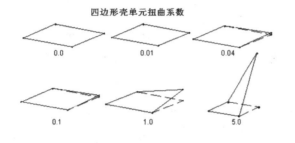

图 2-167　Wraping Factor 二维图形变化　　　　图 2-168　Wraping Factor 三维块单元变化

❖ Parallel Deviation（平行偏差）计算对边矢量的点积，通过点积中的余弦值求出最大的夹角。平行偏差为 0 最好，此时两对边平行。选择此选项后，会在信息栏中出现如图 2-169 所示的Mesh Metrics窗口，在窗口内显示了网格质量划分图表。

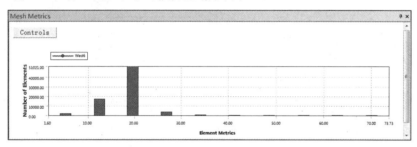

图 2-169　Parallel Deviation 图表

如图 2-170 所示为Parallel Deviation（平行偏差）值从 0~170 时的二维四边形单元变化图形。

❖ Maximum Corner Angle（最大壁角角度）计算最大角度。对三角形而言，60° 最好，为等边三角形。对四边形而言，90° 最好，为矩形。选择此选项后，会在信息栏中出现如图 2-171 所示的Mesh Metrics窗口，在窗口内显示了网格质量划分图表。

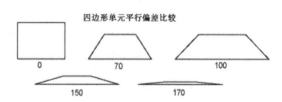

图 2-170　Parallel Deviation 二维四边形图形变化

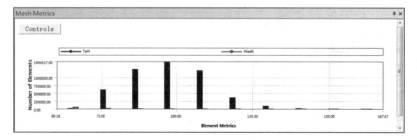

图 2-171　Maximum Corner Angle 图表

❖ Skewness（偏斜）为网格质量检查的主要方法之一，有两种算法，即Equilateral-Volume-Based Skewness和Normalized Equiangular Skewness。其值位于0~1之间，0最好，1最差。选择此选项后，会在信息栏中出现如图 2-172 所示的Mesh Metrics窗口，在窗口内显示了网格质量划分图表。

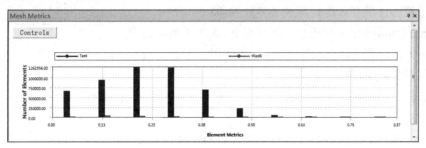

图 2-172　Skewness 图表

❖ Orthogonal Quality（正交品质）为网格质量检查的主要方法之一，其值位于0~1之间，0最差，1最好。选择此选项后，会在信息栏中出现如图 2-173 所示的Mesh Metrics窗口，在窗口内显示了网格质量划分图表。

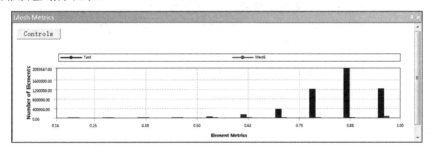

图 2-173　Orthogonal Quality 图表

❖ Characteristic Length（特征长度）为网格质量检查的主要方法之一，二维单元是面积的平方根，三维单元是体积的立方根。选择此选项后，会在信息栏中出现如图 2-174 所示的Mesh Metrics窗口，在窗口内显示了网格质量划分图表。

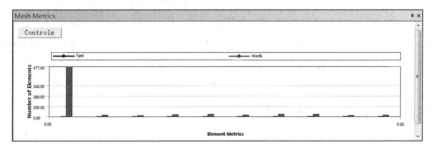

图 2-174　Characteristic Length图表

2.5.6　Meshing 网格膨胀层设置

Meshing网格设置可以在Mesh下进行操作，单击模型树中的 Mesh 图标，在弹出的Details of 'Mesh'参数设置面板Inflation中进行网格膨胀层的相关设置。如图 2-175 所示为Inflation（膨胀层）设置面板。

- Use Automatic Inflation（使用自动控制膨胀层）：默认为 None，其后面有 3 个可选择的选项。
  - ❖ None（不使用自动控制膨胀层）：程序默认选项，即不需要人工控制程序自动进行膨胀层参数控制。
  - ❖ Program Controlled（程序控制膨胀层）：人工控制生成膨胀层的方法，通过设置总厚度、第一层厚度、平滑过渡等来控制膨胀层生成的方法。
  - ❖ All Faces in Chosen Named Selection（以命名选择所有面）：通过选取已经被命名的面来生成膨胀层。

Inflation	
Use Automatic Inflation	None
Inflation Option	Smooth Transition
☐ Transition Ratio	0.272
☐ Maximum Layers	5
☐ Growth Rate	1.2
Inflation Algorithm	Pre
View Advanced Options	No

图 2-175　Inflation 设置面板

- Inflation Option（膨胀层选项）：对于二维分析和四面体网格划分的默认设置为平滑过渡（Smoothing Transition）。除此之外，它还有以下几项可以选择。
  - ❖ Total Thickness（总厚度）：需要输入网格最大厚度值（Maximum Thickness）。
  - ❖ First Layer Thickness（第一层厚度）：需要输入第一层网格的厚度值（First Layer Height）。
  - ❖ First Aspect Ratio（第一个网格的宽高比）：程序默认的宽高比为 5，用户可以自行修改宽高比。
  - ❖ Last Aspect Ratio（最后一个网格的宽高比）：需要输入第一层网格的厚度值（First Layer Height）。
- Transition Ratio（平滑比率）：程序默认值为 0.272，用户可以根据需要对其进行更改。
- Maximum Layers（最大层数）：程序默认的最大层数为 5，用户可以根据需要对其进行更改。
- Growth Rate（生长速率）：相邻两侧网格中内层与外层的比例，默认值为 1.2，用户可根据需要对其进行更改。
- Inflation Algorithm（膨胀层算法）：有前处理（基于 Tgrid 算法）和后处理（基于 ICEM CFD 算法）两种算法。
  - ❖ Pre（前处理）：基于Tgrid算法，所有物理模型的默认设置。首先表面网格膨胀，然后生成体网格，可应用扫掠和二维网格的划分，但是不支持邻近面设置不同的层数。
  - ❖ Post（后处理）：基于ICEM CFD算法，使用一种在四面体网格生成后作用的后处理技术。后处理选项只对patching conforming和patch independent四面体网格有效。
- View Advanced Options（显示高级选项）：当此选项为开（Yes）时，Inflation（膨胀层）设置会增加如图 2-176 所示的选项。

Inflation	
Use Automatic Inflation	None
Inflation Option	Smooth Transition
☐ Transition Ratio	0.272
☐ Maximum Layers	5
☐ Growth Rate	1.2
Inflation Algorithm	Pre
View Advanced Options	Yes
Collision Avoidance	Layer Compression
Fix First Layer	No
☐ Gap Factor	0.5
Maximum Height over Base	1
Growth Rate Type	Geometric
☐ Maximum Angle	140.0 °
☐ Fillet Ratio	1
Use Post Smoothing	Yes
☐ Smoothing Iterations	5

图 2-176　膨胀层高级选项

2.5.7　Meshing 网格高级选项

Meshing网格设置可以在Mesh下进行操作，单击模型树中的 Mesh 图标，在弹出的Details of 'Mesh'参数设置面板Advanced中进行网格高级选项的相关设置。如图 2-177 所示为Advanced（高级选项）设置面板。

- Straight Sided Elements：默认设置为 No（否）。

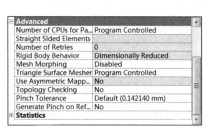

Advanced	
Number of CPUs for Pa...	Program Controlled
Straight Sided Elements	0
Number of Retries	0
Rigid Body Behavior	Dimensionally Reduced
Mesh Morphing	Disabled
Triangle Surface Mesher	Program Controlled
Use Asymmetric Mapp...	No
Topology Checking	No
Pinch Tolerance	Default (0.142140 mm)
Generate Pinch on Ref...	No
Statistics	

图 2-177　Advanced 设置面板

- Number of Retries（重试次数）：设置网格剖分时失败的重新划分次数。
- Rigid Body Behavior（刚体行为）：默认设置为 Dimensionally Reduced 尺寸缩减。
- Mesh Morphing（网格变形）：设置是否允许网格变形，即允许（Enable）或不允许（Disabled）。
- Triangle Suface Mesher（三角面网格）：有 Program Controlled 和 Advancing Front 两个选项可供选择。
- Use Asymmetric Mapped Mesh（非对称映射网格划分）：可以设置使用非对称映射网格划分。
- Topology Checking（拓扑检查）：默认设置为 No（否），可调置为 Yes，即使用拓扑检查。
- Pinch Tolerance（收缩容差）：网格生成时会产生缺陷，收缩容差定义了收缩控制，用户自己定义网格收缩容差控制值，收缩只能对顶点和边起作用，对于面和体不能收缩。以下网格方法支持收缩特性。
  - ❖ Patch Conforming 四面体。
  - ❖ 薄实体扫掠。
  - ❖ 六面体控制划分。
  - ❖ 四边形控制表面网格划分。
  - ❖ 所有三角形表面划分。
- Generate Pinch on Refresh（重新刷新时产生收缩）：默认为（Yes）。

2.5.8　Meshing 网格评估统计

Meshing 网格设置可以在 Mesh 下进行操作，单击模型树中的 Mesh 图标，在弹出的 Details of 'Mesh' 参数设置面板 Statistics（统计）中进行网格统计及质量评估的相关设置。如图 2-178 所示为 Statistics（统计）面板。

Statistics	
Nodes	1106136
Elements	5082730

图 2-178　Statistics（统计）面板

- Nodes（节点数）：当几何模型的网格划分完成后，此处会显示节点数量。
- Elements（单元数）：当几何模型的网格划分完成后，此处会显示单元数量。

2.6　ANSYS Meshing 18.0 网格划分实例

以上简单介绍了 ANSYS Meshing 网格划分的基本方法及一些常用的网格质量评估工具，下面通过几个实例简单介绍一下 ANSYS Meshing 网格划分的操作步骤及常见的网格格式的导入方法。

2.6.1　应用实例 1——网格尺寸控制

模型文件	无
结果文件	下载资源\Chapter02\char02-3\pipe_Sp.wbpj

如图 2-179 所示为管道模型（含流体模型）。本实例主要讲解网格尺寸和质量的全局控制和局部控制，包括高级尺寸功能中的 Curvature 和 Proximity 的使用和 Inflation 的使用。下面对其进行网格剖分：

步骤 01 在 Windows 系统下执行开始→所有程序→ANSYS 18.0→Workbench 18.0 命令，启动 ANSYS Workbench 18.0，进入主界面。

步骤 02 双击主界面 Toolbox（工具箱）中的 Component Systems→Mesh（网格）按钮，即可在 Project Schematic（项目管理区）中创建分析项目 A，如图 2-180 所示。

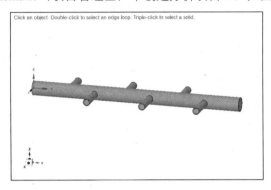

图 2-179 管道模型

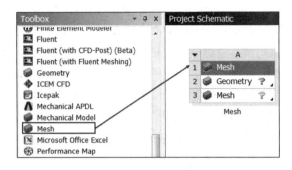

图 2-180 创建分析项目 A

步骤 03 双击项目 A 中的 A2（Geometry）进入几何建模平台。

 本案例讲解在ANSYS SpaceClaim平台上进行建模，如果读者没有安装SpaceClaim平台，则可以使用DesignModeler平台进行建模。

步骤 04 在 ANSYS SpaceClaim 平台中单击 Design（设计）选项卡中的 ⊙ 按钮，草绘圆形，然后拉伸为圆柱，绘制如图 2-181 所示的圆柱形。设置圆柱形直径为 20mm，圆柱长度为 300mm。

步骤 05 绘制侧面小圆柱体。在圆柱形两侧面分别绘制 3 个直径为 10mm 的小圆柱，圆柱的间距为 40mm，圆柱的长度为 50mm，如图 2-182 所示。

步骤 06 合并所有几何成一体。此时可以从左侧的模型树中看到，已经建立了 7 个几何模型，通过选择所有几何，并单击 Design（设计）选项卡中的 ⬒（组合）按钮，将所有实体合并。

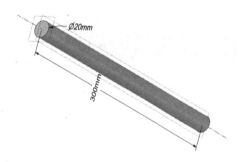

图 2-181 圆柱形

图 2-182 几何模型显示

步骤 07 抽壳。选中模型中的八个圆形端面，使其处于加亮状态，然后单击 Design（设计）选项卡中的 ⬛ 按钮，如图 2-183 所示的操作。

步骤 08 在弹出的数值框中保持默认的壁厚为 1mm 即可，生成如图 2-184 所示的壳体模型。

步骤 09 右键单击实体，在弹出的快捷菜单中选择 Rename（重命名）命令，将几何实体的名字改为 pipe，再次单击鼠标右键，在弹出的快捷菜单中选择 Move to New Componet（移到新部件）命令，如图 2-185 所示。

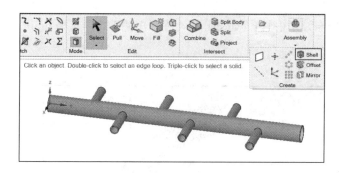

图 2-183　抽壳

图 2-184　壳体

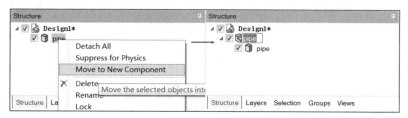

图 2-185　模型树中操作

步骤⑩　在图形窗口中选择所有圆柱内圆面的端线，如图 2-186 所示，然后单击 （体积抽）按钮。

图 2-186　选择内圆端线

步骤⑪　在绘图区弹出的命令选项中，选择 并单击 ✓ 按钮，此时将空心部分填充好，并在左侧的模型树中自动创建一个名称为体积的组件，组件内部的零件名称也是体积，如图 2-187 所示。

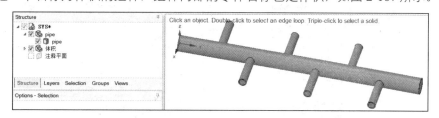

图 2-187　填充

步骤⑫　单击工具栏中的 按钮保存几何文件，保存文件名为 pipe_Sp.scdoc，退出 ANSYS SpaceClaim 几何建模平台。

在 Pepair（准备）选项卡中单击 ANSYS 18.0 图标，如图 2-188 所示，可以启动 ANSYS Workbench 平台。

图 2-188　启动 ANSYS Workbench

步骤 **13** 回到 Workbench 主窗口，如图 2-189 所示，单击 A3（Mesh）栏，在弹出的菜单中选择 Edit…命令。

步骤 **14** Mesh 网格划分平台被加载，如图 2-190 所示。

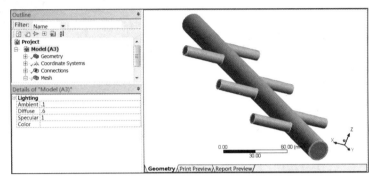

图 2-189　载入 Mesh   图 2-190　Mesh 平台中几何模型

步骤 **15** 选择 Outline 中的 Project→Modal（A3）→Geometry→pipe\pipe 命令，在如图 2-191 所示的 Details of "pipe\pipe" 面板中做如下设置：

在 Material→Fluid/Solid 栏中将默认的 Defined By Geometry（Solid）修改为 Solid。

步骤 **16** 利用同样的操作，在体积\体积的 Material 属性中默认的 Defined By Geometry（Solid）修改为 Fluid，如图 2-192 所示。

步骤 **17** 右键单击 Outline→Project→Mesh 命令，在弹出如图 2-193 所示的快捷菜单中选择 Insert→ Method 命令，此时在 Mesh 下面会出现 Insert Method 命令。

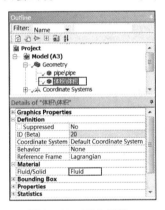

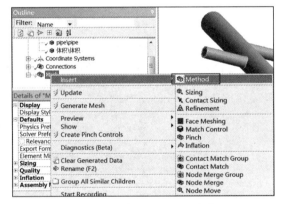

图 2-191　更改属性　　　　　图 2-192　更改属性　　　　　图 2-193　插入 Method 命令

步骤 **18** 在如图 2-194 所示的 Details of "Automatic method" 面板中进行如下操作：

在绘图区选择 pipe\pipe 实体，然后单击 Geometry 栏中的 Apply 确认选择，此时 Geometry 栏中显示 1Body，表示一个实体被选中；

在 Definition→Method 栏中选择 Tetrahedrons（四面体网格划分）；

在 Algorithm 栏中选择 Patch Conforming 选项。

当以上选项选择完毕后，Details of "Automatic Method" 会变成 Details of "Patch ConformingMethod"-Method，以后操作都会出现类似情况，不再赘述。

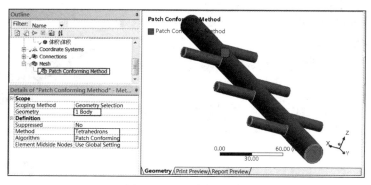

图 2-194　网格划分方法

步骤⑲　右键单击 Outline→Project→Mesh 命令，在弹出如图 2-195 所示的快捷菜单中选择 Insert→Inflation 命令，此时在 Mesh 下面会出现 Inflation 命令。

步骤⑳　右键单击 Project→Modal（A3）→Geometry→pipe\pipe 命令，在弹出如图 2-196 所示的快捷菜单中选择 Hide Body 命令，隐藏 pipe\pipe 几何。

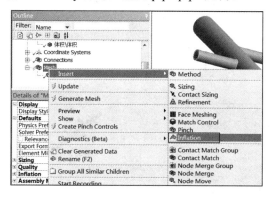

图 2-195　网格划分方法

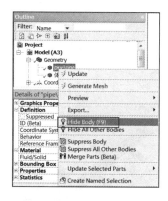

图 2-196　隐藏几何实体

步骤㉑　单击 Outline 中的 Inflation 按钮，如图 2-197 所示，在下面出现的 Details of "Inflation" 面板中进行如下设置：

选择 water 几何实体，然后在 Scope→Geometry 栏中单击 Apply 按钮；

选择所有圆柱的外表面，然后在 Definition→Boundary 栏中单击 Apply 按钮，此时 Boundary 栏中显示 7 Faces；

其余选项默认即可，完成 Inflation（膨胀）面的设置。

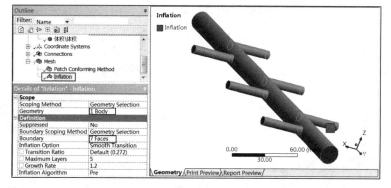

图 2-197　膨胀层设置

步骤 **22** 右键单击 Project→Modal（A3）→Mesh 命令，在弹出的快捷菜单中选择 Generate Mesh 命令。

步骤 **23** 划分完成的网格如图 2-198 所示，从图上可以看出网格划分的比较粗糙。

步骤 **24** 如图 2-199 所示，在 Details of "Mesh" 面板的 Statistics 中可以看到节点数和单元数及扭曲程度，从图上可以看到网格质量不是很好。

步骤 **25** 如图 2-200 所示，将物理参照改为 CFD，其余设置不变，划分网格。

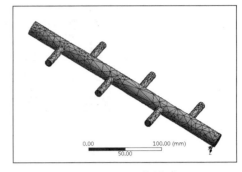

图 2-198 网格模型

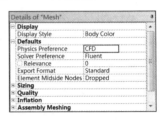

图 2-199 网格数量统计

图 2-200 修改物理参照

步骤 **26** 划分完成的网格及网格扭曲统计数据如图 2-201 和图 2-202 所示，从以下两个图中可以看到，网格质量比刚才好了很多。

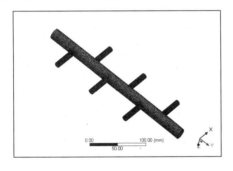

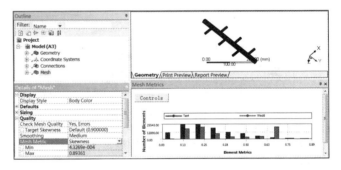

图 2-201 CFD 中的网格

图 2-202 CFD 扭曲度

步骤 **27** 单击工具栏中的图标，然后单击几何图像窗口右下角坐标系中的 Z 方向。

步骤 **28** 如图 2-203 所示的箭头方向，鼠标单击几何模型上端，然后向下拉出一条直线，在下端单击确定。

步骤 **29** 如图 2-204 所示，旋转几何网格模型可以看到截面网格。

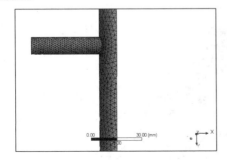

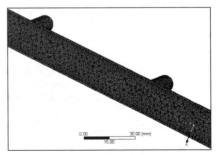

图 2-203 创建截面

图 2-204 截面网格

步骤 30 如图 2-205 所示，单击右下角 Section Plane 面板中的 ⬛ 图标，可以显示截面的完整网格。

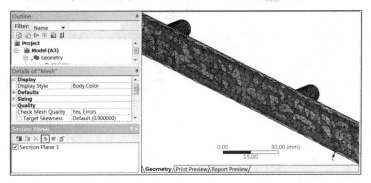

图 2-205　截面完整网格显示

步骤 31 如图 2-206 所示，在 Details of "Mesh" 面板中将 Size Function 选项改为 Proximity and Curvature 后，划分网格。然后显示 pipe\pipe 几何，从图中结果查看可知，网格数量很大，扭曲比较小，大扭曲的单元所占比例较小。

步骤 32 单击 Meshing 平台上的关闭按钮，关闭 Meshing 平台。

步骤 33 返回到 Workbench 平台，单击工具栏中的 ⬛ Save As... 按钮，在弹出的 Save As 对话框中输入名字为 pipe_Sp，单击 OK 按钮。

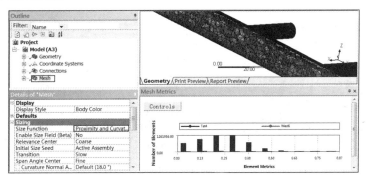

图 2-206　划分网格

通过本实例的讲解，读者应该掌握网格划分的方法及如何检测网格质量的好坏。由于网格质量的好坏直接影响到计算结构的精度，所以在做工程分析时，根据结构复杂程度的不同，划分网格所需要的时间相差甚多。如果划分风机内的流场，则需要对结构进行仔细分析，并评估网格质量对计算是否有较大影响，从而得到合理的网格。

2.6.2　应用实例 2——扫掠网格划分

模型文件	无
结果文件	下载资源\Chapter02\char02-4\pipe_Sweep.wbpj

如图 2-207 所示为某钢管模型。本实例主要讲解通过扫掠网格映射面划分的使用，控制薄环厚度上的径向份数。下面对其进行网格剖分：

步骤01 在 Windows 系统下执行开始→所有程序→ANSYS 18.0→Workbench 18.0 命令，启动 ANSYS Workbench 18.0，进入主界面。

步骤02 双击主界面 Toolbox（工具箱）中的 Component Systems→Mesh（网格）命令，即可在 Project Schematic（项目管理区）中创建分析项目 A，如图 2-208 所示。

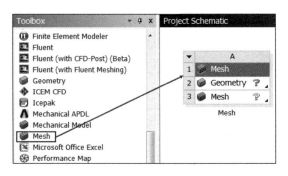

图 2-207　钢管模型　　　　　　　　　　　　图 2-208　创建分析项目 A

步骤03 右键单击项目 A 中的 A2（Geometry），在弹出如图 2-209 所示的快捷菜单中选择 Import Geometry→Browse…命令。

步骤04 如图 2-210 所示，在弹出的"打开"对话框中作如下选择：

在文件类型中选择 STEP 格式；

选择 pipe_Sweep.stp 文件，然后单击"打开"按钮。

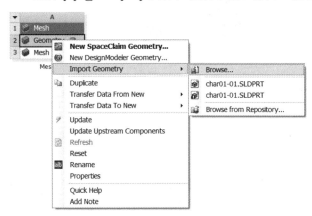

图 2-209　加载几何文件　　　　　　　　　　图 2-210　"打开"对话框

步骤05 双击项目 A 中的 A2（Geometry）栏，弹出如图 2-211 所示的 ANSYS SpaceClaim 平台。

 启动SpaceClaim几何建模平台，需要在Workbench平台中设置几何编辑工具为SpaceClaim。

步骤06 单击 ANSYS SpaceClaim 平台右上角的 × 按钮，关闭 ANSYS SpaceClaim 平台。

步骤07 回到 Workbench 主窗口，如图 2-212 所示，右键单击 A3（Mesh）栏，在弹出的快捷菜单中选择 Edit…命令。

步骤08 Mesh 网格划分平台被加载，如图 2-213 所示。

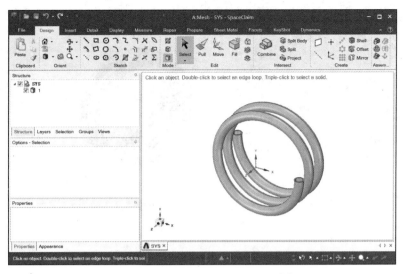

图 2-211 ANSYS SpaceClaim 平台

图 2-212 载入 Mesh

图 2-213 Mesh 中几何模型

步骤 09 右键单击 Outline→Project→Mesh 命令，在弹出如图 2-214 所示的快捷菜单中选择 Insert→
Method 命令，此时在 Mesh 下面会出现 Insert Method 命令。

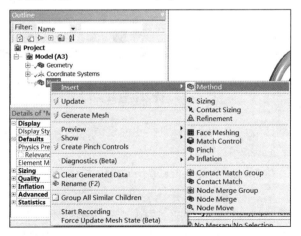

图 2-214 插入 Method 命令

步骤 10 在如图 2-215 所示的 Details of "Automatic method" 面板中做如下操作：

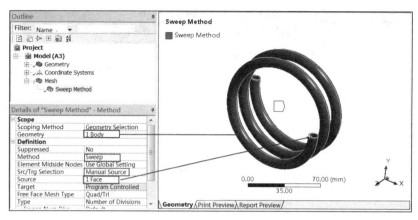

图 2-215　网格划分方法

在绘图区选择"SYS\实体 1"实体，然后单击 Geometry 栏中的 Apply 按钮，此时 Geometry 栏中显示 1Body，表示一个实体被选中；

在 Definition→Method 栏中选择 Sweep（扫掠）；

在 Src/Trg Selection 栏中选择 Manual Source 选项；

在 Source 栏中确保一个端面被选中，单击 ⚡Generate 按钮生成网格。

步骤⑪　右键单击 Project→Modal（A3）→Mesh 命令，在弹出的快捷菜单中选择 Generate Mesh 命令。

步骤⑫　划分完成的网格如图 2-216 所示。

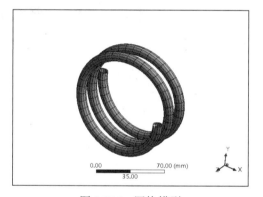

图 2-216　网格模型

步骤⑬　如图 2-217 所示，在 Details of "Mesh"面板的 Sizing→Mesh Metric 中可以看到节点数和单元数及扭曲程度。

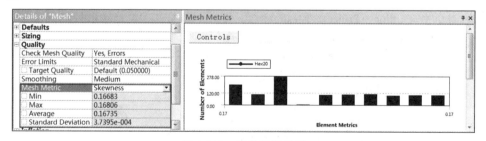

图 2-217　网格数量统计

从图中可以看出网格划分的比较均匀，没有严重的扭曲现象，但是网格尺寸较大，需要细化来保证网格精度。

步骤⑭　如图 2-218 所示，将 Physics Preference 改为 CFD，其余设置不变，划分网格。

步骤⑮　划分完成的网格及网格统计数据如图 2-219 所示。根据前面对网格划分的讲解可知，相同的网格设置，CFD 的网格要比结构的网格密，可知在做流体分析时需要更高精度的网格才能满足要求。

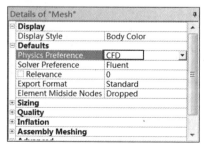

图 2-218　修改物理参照

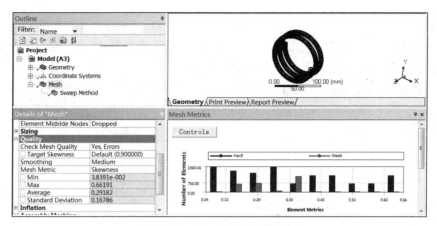

图 2-219　CFD 中的网格及数量

步骤⑯　右键单击 Project→Modal（A3）→Mesh 命令，在弹出如图 2-220 所示的快捷菜单中选择 Insert →Face Meshing 命令，设置映射面网格。

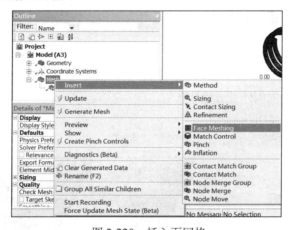

图 2-220　插入面网格

步骤⑰　在如图 2-221 所示的 Details of "Face Meshing" 面板中进行如下操作：

在 Geometry 栏中确保 "SYS\实体 1" 模型的一个端面被选中；

在 Internal Number of Divisions 栏中输入 5，其余选项默认即可。

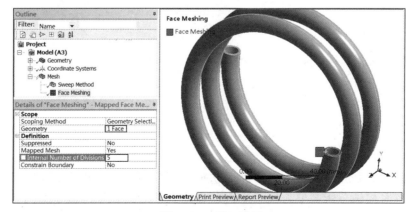

图 2-221　详细设置

步骤18 右键单击 Project→Modal（A3）→Mesh 命令，在弹出的快捷菜单中选择 Generate Mesh 命令。

步骤19 如图 2-222 所示为添加映射面后划分的网格，从放大图中可以发现，添加完映射属性后，端面的网格划分较上次的网格均匀，适合做流体分析的基本要求。

步骤20 右键单击 Project→Modal（A3）→Mesh 命令，在弹出如图 2-223 所示的快捷菜单中选择 Insert→Sizing 命令。

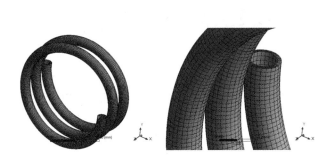

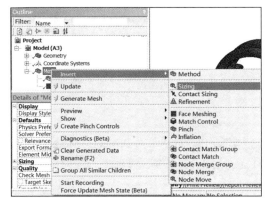

图 2-222　网格局部放大 　　　　　　　　　　　　　　　　图 2-223　插入网格划分

步骤21 在如图 2-224 所示的 Details of "Mapped Face Meshing" 面板中做如下操作：

在 Geometry 栏中确保模型的内外圆边线被选中；

在 Type 栏中选择 Number of Divisions；

在 Number of Divisions 栏中输入 15，其余选项默认即可。

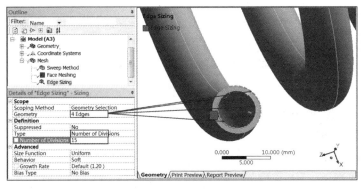

图 2-224　边网格设置

步骤22 右键单击 Project→Modal（A3）→Mesh 命令，在弹出的快捷菜单中选择 Generate Mesh 命令。

步骤23 如图 2-225 所示为添加边控制后划分的网格。

步骤24 单击 Meshing 平台上的关闭按钮，关闭 Meshing 平台。

步骤25 返回到 Workbench 平台，单击工具栏中的 [Save As...] 按钮，在弹出来的 Save As 对话框中输入名字为 pipe_Sweep，单击 OK 按钮。

ANSYS Meshing网格剖分平台提供了非常智能的网格划分方法，对于初学者来说，非常容易上手，而且功能强大。但是有时候做分析需要协同工作，即其他人利用其他软件做完的网格，如何在ANSYS Workbench平台中加以利用呢？

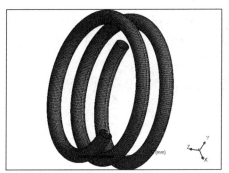 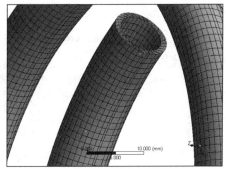

图 2-225　划分完成的网格

从这节开始，通过两个简单的实例分别讲解一下由ANSYS及Nastran生成的网格模型如何导入到ANSYS workbench平台的Meshing中。

由于本节主要为了做导入演示，所以采用的模型比较简单，在实际工作中模型比较复杂，但是导入的方法是一样的。

2.6.3　外部网格导入实例1——CDB 网格导入

模型文件	下载资源\Chapter02\char02-5\ CDBFEM.cdb
结果文件	下载资源\Chapter02\char02-5\CDBFEM.wbpj

ANSYS是一款功能强大的多物理场分析软件，其在各个分析领域都有非常出色的表现，在网格划分方面也做得比较出色。下面针对ANSYS划分完的网格导入Workbench平台的过程做简单介绍。

步骤01　在 Windows 系统下执行开始→所有程序→ANSYS 18.0→Mechanical APDL 18.0 命令，启动 ANSYS APDL 18.0，进入主界面。

步骤02　依次选择 File→Import→PARA 命令，在弹出的对话框中选择 CDB2FEM.x_t 文件名，单击 OK 按钮，打开文件如图 2-226 所示。

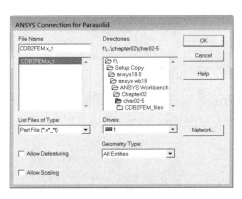 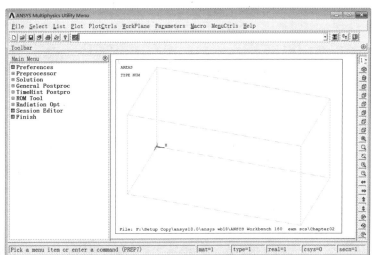

图 2-226　导入几何文件

步骤 03 依次选择 Main Menu→Preprocessor→Add/Edit/Delete 命令，在弹出的 Element Types 对话框中单击 Add 按钮，在弹出的 Library of Element Type 对话框中选择 Solid 和 20node186 两个选项，如图 2-227 所示，单击 OK 按钮，并单击 Close 按钮。

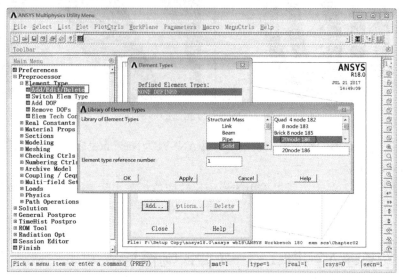

图 2-227　选择单元

步骤 04 依次选择 Main Menu→Preprocessor→Meshing→MeshTool 命令，在弹出的对话框中单击 Size Controls→Lines→Set 按钮，并在弹出的对话框中单击 Pick All 按钮，此时弹出如图 2-228 所示的对话框，在 NDIV No. of element divisions 栏中输入 15，划分 15 份，单击 OK 按钮。

步骤 05 依次选择 Main Menu→Preprocessor→Meshing→MeshTool 命令，在弹出的对话框中单击 Mesh 按钮，在弹出的对话框中单击 Pick All 按钮，划分完的网格如图 2-229 所示。

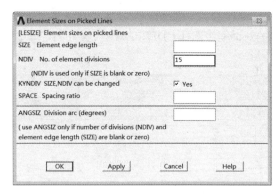

图 2-228　网格数量

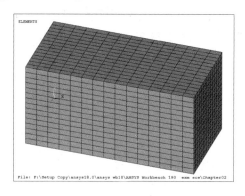

图 2-229　网格

步骤 06 依次选择 Main Menu→Preprocessor→Archive Model→Write 命令，在弹出的对话框中单击 … 按钮，在弹出的对话框中输入文件名为 CDBFEM，单击"保存"按钮，并单击 OK 按钮，完成几何及网格文件的保存，如图 2-230 所示。

保存的网格有可能是file文件名，请读者注意，文件的路径在启动目录中。

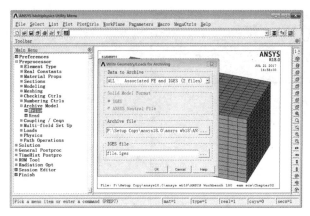 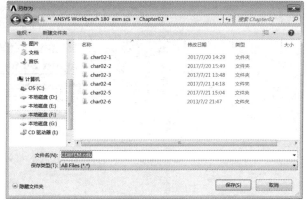

图 2-230 网格保存

步骤 07 关闭 ANSYS APDL 18.0。

步骤 08 启动 ANSYS Workbench 18.0 平台。

步骤 09 依次选择 Toolbox→Component Systems→Finite Element Modeler 模块，直接将其拖曳到 Project Schematic 项目管理窗口中，如图 2-231 所示。

步骤 10 右键单击 A2（Model），在弹出的快捷菜单中选择 Add Input Mesh→Browse 命令，在弹出如图 2-232 所示的对话框中做如下选择：

在文件类型栏中选择 Mechanical APDL Input 选项；

选择 CDBFEM.cdb 文件并单击"打开"按钮。

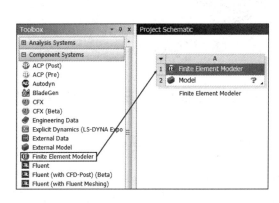 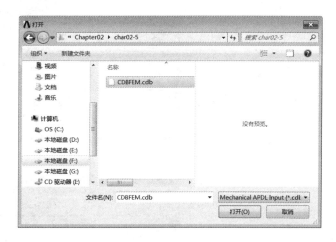

图 2-231　Finite Element Modeler 模块　　　　图 2-232　打开文件

 ANSYS Workbench 18.0 默认的输出文件目录在"系统盘→Documents and Settings→用户名"目录下，如果在CDBFEM.cdb找不到，则可到上述目录下找file.cdb。

步骤 11 双击 A2（Model），弹出如图 2-233 所示的 Finite Element Modeler 窗口，在此可以进行有限元网格的各种操作。

步骤 12 依次选择 Outline→Model（A2）→Geometry Synthesis 命令，单击鼠标右键，在弹出的快捷菜单中选择 Insert→Initial Geometry 命令，计算完成后，几何模型如图 2-234 所示。

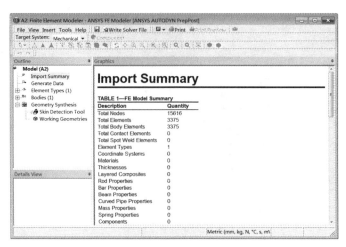

图 2-233　Finite Element Modeler 窗口

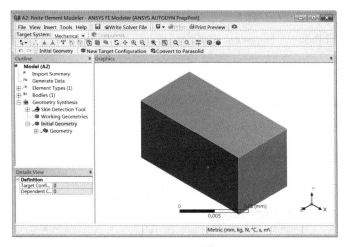

图 2-234　几何模型

步骤 **13**　依次选择 Outline→Model（A2）→Geometry Synthesis→Skin Detection Tool 命令，将显示如图 2-235 所示的网格模型。

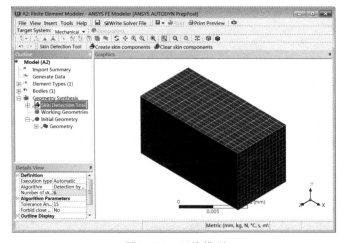

图 2-235　网格模型

步骤 14 关闭 Finite Element Modeler 平台，这里不对 Finite Element Modeler 有限元处理平台进行过多介绍，请读者参考帮助文档。

步骤 15 回到 Workbench 工程管理界面，拖动一个 Static Structural 到 A2 中，并单击鼠标右键选择 Update 选项，如图 2-236 所示。此时，就可以进入到 Mechanical 模块进行有限分析了。

步骤 16 保存文件名为 CDBFEM.wbpj，关闭 Workbench 平台。

通过以上的操作步骤，读者应该对网格导入的方法有了一个比较详细的了解，尽管实例比较简单，但是大同小异，操作步骤是一样的。

接下来再通过一个简单的实例介绍一下由Nastran软件建立的有限元模型导入到Workbench的方法。

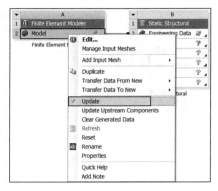

图 2-236 项目管理

2.6.4 外部网格导入实例 2——CDB 网格导入

模型文件	下载资源\Chapter02\char02-6\boeing_747_scale.bdf
结果文件	下载资源\Chapter02\char02-6\ Import_bdf.wbpj

步骤 01 启动 ANSYS Workbench 18.0 平台。

步骤 02 依次选择 Toolbox→Component Systems→Finite Element Modeler 模块，并将其直接拖曳到 Project Schematic 项目管理窗口中，如图 2-237 所示。

步骤 03 右键单击 A2（Model），在弹出的快捷菜单中选择 Add Input Mesh→Browse 命令，在弹出如图 2-238 所示的对话框中做如下选择：

在文件类型栏中选择 NASTRAN Bulk Data 选项；

选择 boeing_747_scale.bdf 文件并单击"打开"按钮。

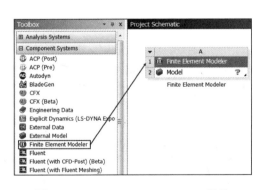

图 2-237 Finite Element Modeler 模块

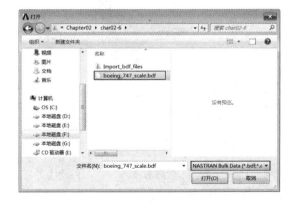

图 2-238 打开文件

本实例并未对如何在Nastran软件中进行网格划分。

步骤 04 双击 A2（Model），弹出如图 2-239 所示的 Finite Element Modeler 窗口，在此可以进行有限元网格的各种操作。

步骤 **05** 依次选择 Outline→Model（A2）→Geometry Synthesis 命令，单击鼠标右键，在弹出的快捷菜单中选择 Insert→Initial Geometry 命令，计算完成后的几何模型如图 2-240 所示。

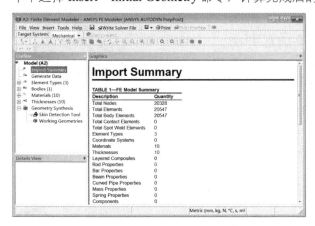

图 2-239 Finite Element Modeler 窗口

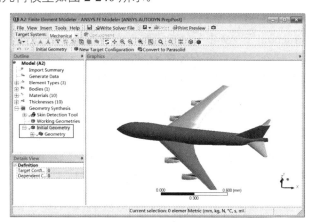

图 2-240 几何模型

步骤 **06** 依次选择 Outline→Model（A2）→Geometry Synthesis→Skin Detection Tool 命令，将显示如图 2-241 所示的网格模型。

步骤 **07** 关闭 Finite Element Modeler 平台。

步骤 **08** 回到 Workbench 工程管理界面，拖动一个 Geometry 到 A2 中，Update 一下 A2 即可，如图 2-242 所示，此时就可以将几何传递到 Geometry 进行处理了。

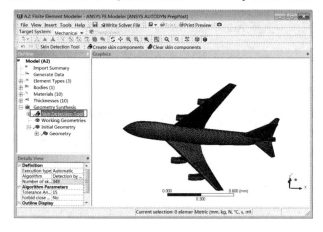

图 2-241 网格模型

图 2-242 项目管理

 由于本实例的模型较大，根据计算机性能不同，Update时需要的时间也不相同，请读者耐心等待。

步骤 **09** Update（更新）完毕后，双击 Geometry 中的 B2（Geometry）进入几何建模平台中，如图 2-243 所示。

 此时需要现在Finite Element Modeler平台中对几何进行调整，这里不再赘述，请读者参考帮助文档自行完成。

步骤⑩ 保存文件名为 Import_bdf.wbpj，关闭 Workbench 平台。

Finite Element Modeler是一个功能强大的网格处理平台，可以导入的外部网格数据种类很多，如图 2-244 所示为Finite Element Modeler支持的网格数据类型。Finite Element Modeler还可以将网格数据导出到ANSYS、Nastran、ABAQUS等软件直接读取，这里不详细介绍。

图 2-243　DM 平台中的几何

```
Please select your Mesh Format (*.)
ABAQUS Input (*.inp)
CFX Input (*.def;*.res)
Mesh Input (*.cmdb;*.meshdat)
Fluent Input (*.msh;*.cas)
ICEM Input (*.uns)
Mechanical APDL Input (*.cdb)
NASTRAN Bulk Data (*.bdf;*.dat;*.nas)
Mechanical Input (*.dsdb;*.mechdat)
STL Input (*.stl)
ACMO Input (*.acmo;*.dat)
Mechanical APDL Results (*.rst;*.rth)
ABAQUS Results (*.odb;*.fil)
NASTRAN Results (*.op2)
SAMCEF Results (*.des;*.fac)
```

图 2-244　Finite Element Modeler 支持的网格类型

2.7　ANSYS Mechanical 18.0后处理

Workbench平台的后处理包括查看结果、显示结果（Scope Results）、输出结果、坐标系和方向解、结果组合（Solution Combinations）、应力奇异（Stress Singularities）、误差估计、收敛状况等。

2.7.1　查看结果

当选择一个结果选项时，文本工具框就会显示该结果所要表达的内容，如图 2-245 所示。

图 2-245　结果选项卡

- 缩放比例：对于结构分析（静态、模态、屈曲分析等），模型的变形情况将发生变化，默认状态下，为了更清楚地看到结构的变化，比例系数自动被放大，同时用户可以改变为非变形或实际变形情况。如图 2-246 所示设置变形因子，同时可以自行输入变形因子，如图 2-247 所示。

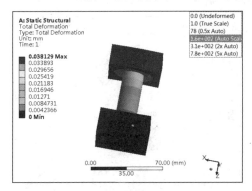

图 2-246　默认比例因子

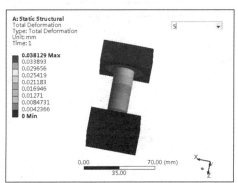

图 2-247　输入比例因子

- 显示方式：几何按钮控制云图显示方式，共有 4 种可供选择的选项。
  - ❖ Exterior：默认的显示方式并且是经常使用的方式，如图 2-248 所示。
  - ❖ IsoSurfaces：对于显示相同的值域是非常有用的，如图 2-249 所示。

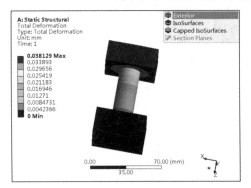

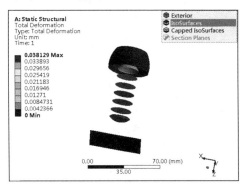

图 2-248　Exterior 方式　　　　　　　　　图 2-249　IsoSurfaces 方式

  - ❖ Capped IsoSurface：指删除了模型的一部分后的显示结果，删除的部分是可变的，高于或低于某个指定值的部分被删除，如图 2-250 和图 2-251 所示。

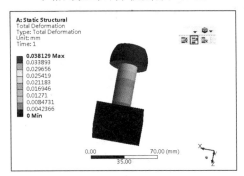

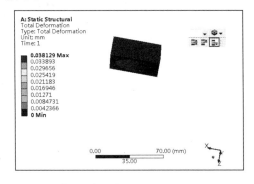

图 2-250　Capped IsoSurface 方式　　　　　图 2-251　Capped IsoSurface 方式

  - ❖ Slice Planes：允许用户去真实地切模型，需要先创建一个界面，然后显示剩余部分的云图，如图 2-252 所示。
- 色条设置：Contour 按钮可以控制模型的显示云图方式。
  - ❖ Smooth Contours：光滑显示云图，颜色变化过渡变焦光滑，如图 2-253 所示。

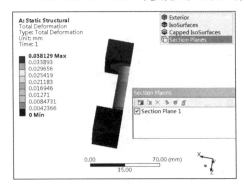

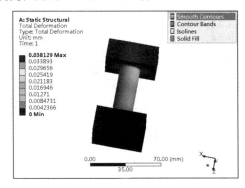

图 2-252　Slice Planes 方式　　　　　　　　图 2-253　Smooth Contours 方式

❖ Contour Bands: 云图显示有明显的色带区域, 如图 2-254 所示。
❖ Isolines: 以模型等值线方式显示云图, 如图 2-255 所示。

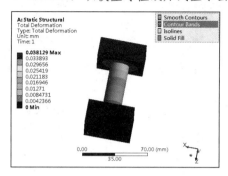

图 2-254 Contour Bands 方式

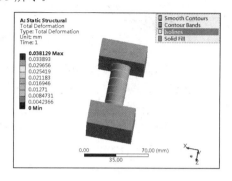

图 2-255 Isolines 方式

❖ Solid Fill: 不在模型上显示云图, 如图 2-256 所示。

● 外形显示: Edge 按钮允许用户显示未变形的模型或划分网格的模型。

❖ No WireFrame: 不显示几何轮廓线, 如图 2-257 所示。

❖ Show Underformed WireFrame: 显示未变形轮廓, 如图 2-258 所示。

❖ Show Underformed Model: 显示未变形的模型, 如图 2-259 所示。

❖ Show Elements: 显示单元, 如图 2-260 所示。

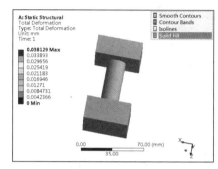

图 2-256 Solid Fill 方式

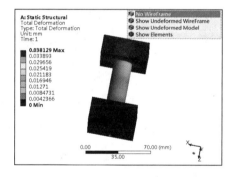

图 2-257 No WireFrame 方式

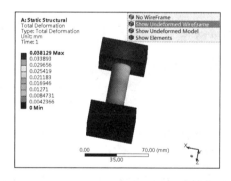

图 2-258 Show Underformed WireFrame 方式

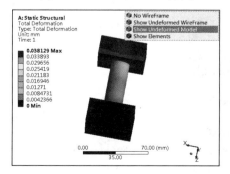

图 2-259 Show Underformed Model 方式

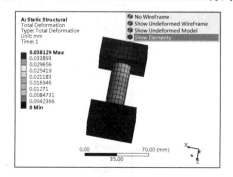

图 2-260 Show Elements 方式

- 最大值、最小值与刺探工具：单击相应的按钮，将在图形中显示最大值、最小值和刺探位置的数值。

2.7.2 结果显示

在后处理中，读者可以指定输出的结果。软件默认的输出结果以静力计算为例，如图 2-261 所示的一些类型，其他分析结果请读者自行查看，这里不再赘述。

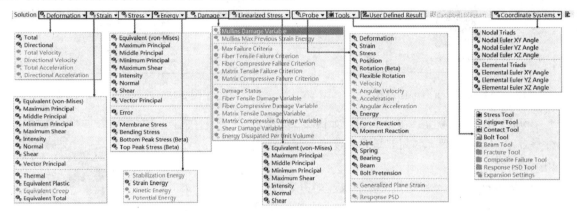

图 2-261 后处理

2.7.3 变形显示

在 Workbench Mechanical 的计算结果中，可以显示模型的变形量，主要包括 Total 及 Directional，如图 2-262 所示。

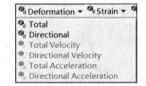

- Total（整体变形）：整体变形是一个标量，它有下式决定：

$$U_{tatal} = \sqrt{U_x^2 + U_y^2 + U_z^2}$$

图 2-262 变形量分析选项

- Directional（方向变形）：包括 x、y 和 z 方向上的变形，它们是在 Directional 中指定的，并显示在整体或局部坐标系中。

在 Workbench 中可以给出变形的矢量图，表明变形的方向，如图 2-263 所示。

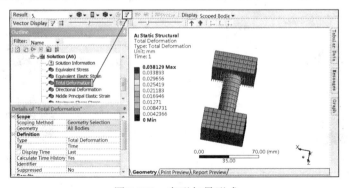

图 2-263 变形矢量形式

2.7.4　应力和应变

在Workbench　Mechanical有限元分析中给出的应力 Stress 和应变 Strain如图 2-264 和图 2-265 所示，这里Strain实际上指的是弹性应变。

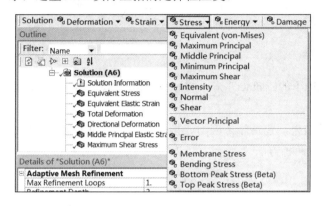

图 2-264　应力分析选项

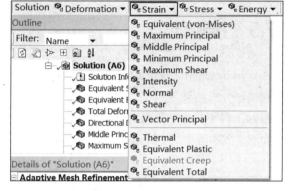

图 2-265　应变分析选项

在分析结果中，应力和应变有 6 个分量（x、y、z、xy、yz、xz），热应变有 3 个分量（x、y、z）。对应力和应变而言，其分量可以在Normal（x、y、z）和Shear（xy、yz、xz）下指定，而热应变是在Thermal中指定的。

由于应力为一张量，因此单从应力分量上很难判断出系统的响应，在Mechanical中可以利用安全系数对系统响应做出判断，它主要取决于所采用的强度理论。使用每个安全系数的应力工具，都可以绘制出安全边界及应力比。

应力工具（Stress Tool）可以利用Mechanical的计算结果，操作时在Stress Tool下选择合适的强度理论即可，如图 2-266 所示。

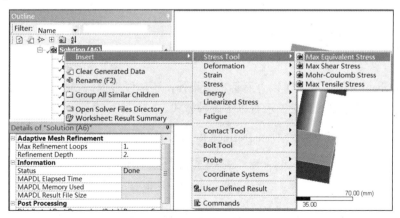

图 2-266　应力分析工具

最大等效应力理论及最大剪切应力理论适用于塑性材料（Ductile），Mohr-Coulomb应力理论及最大拉应力理论适用于脆性材料（Brittle）。

其中等效应力 Max Equivalent Stress为材料力学中的第四强度理论，定义为：

$$\sigma_e = \sqrt{\frac{1}{2}\left[\left(\sigma_1-\sigma_2\right)^2+\left(\sigma_2-\sigma_3\right)^2+\left(\sigma_3-\sigma_1\right)^2\right]}$$

最大剪应力 Max Shear Stress 定义为 $\tau_{max} = \dfrac{\sigma_1-\sigma_3}{2}$，对于塑性材料 τ_{max} 与屈服强度相比，可以用来预测屈服极限。

2.7.5　接触结果

在Workbench Mechanical中选择Solution工具栏Tools下的Contact Tool（接触工具），如图 2-267 所示，可以得到接触分析结果。

接触工具下的接触分析可以求解相应的接触分析结果，包括摩擦应力、接触压力、滑动距离等计算结果，如图 2-268 所示。为Contact Tool选择接触域有以下两种方法。

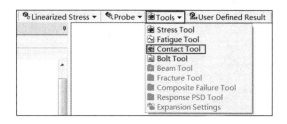

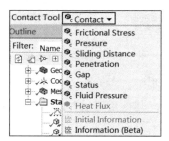

图 2-267　接触分析工具　　　　　　　　　图 2-268　接触分析选项

- 方法 1：Worksheet view（details），从表单中选择接触域，包括接触面、目标面或同时选择两者。
- 方法 2：Geometry，在图形窗口中选择接触域。

关于接触的相关内容在后面有单独的介绍，这里不再赘述。

2.7.6　自定义结果显示

在Workbench Mechanical中，除了可以查看标准结果外，还可以根据需要插入自定义结果，包括数学表达式和多个结果的组合等。自定义结果显示有以下两种方式。

- 方法 1：选择 Solution 菜单中的 User Defined Result，如图 2-269 所示。

图 2-269　Solution 菜单

- 方法 2：在 Solution Worksheet 中选中结果后单击鼠标右键，在弹出的快捷菜单中选择 Create User Defined Result 即可，如图 2-270 所示。

在自定义结果显示参数设置列表中，表达式允许使用各种数学操作符号，包括平方根、绝对值，指数等，如图 2-271 所示。

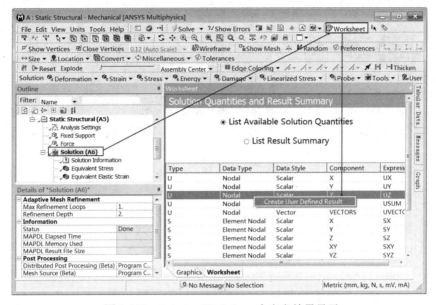

图 2-270　Solution Worksheet 中定义结果显示

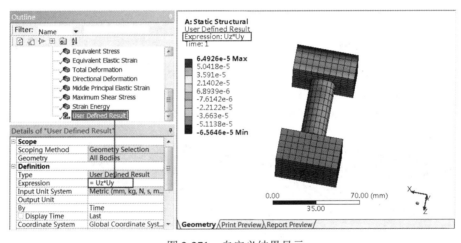

图 2-271　自定义结果显示

2.8　本章小结

　　本章是以有限元分析的一般过程为总线，分别介绍了ANSYS Workbench 18.0 几何建模的方法及集成在 Workbench平台上的ANSYS SpaceClaim几何建模工具的建模方法，并通过两个简单的实例分别介绍了 DesignModeler与ANSYS SpaceClaim两种几何建模工具的建模过程，同时通过 4 个典型的实例介绍了ANSYS Workbench平台的网格划分与外部网格导入的方法。最后，简单地介绍了Workbench平台上Mechanical的后处理功能。

第3章

结构静力学分析案例详解

📥 **导言**

结构静力学分析是有限元分析中既简单又基础的分析方法，一般工程计算中经常应用的分析方法就是静力分析。

本章首先对静力分析一般原理进行介绍，然后通过几个典型的实例对 ANSYS Workbench 软件的结构静力学分析模块进行详细讲解，如分析的一般步骤，包括几何建模（外部几何数据的导入）、材料赋予、网格设置与划分、边界条件的设置、后处理操作等。

📥 **学习目标**

- ★ 熟练掌握外部几何数据导入方法，包括 ANSYS Workbench 支持的几何数据格式
- ★ 熟练掌握 ANSYS Workbench 材料赋予的方法
- ★ 熟练掌握 ANSYS Workbench 网格划分操作步骤
- ★ 熟练掌握 ANSYS Workbench 边界条件的设置与后处理的设置

3.1 线性静力分析简介

线性静力分析是基本且应用较广的一类分析类型，用于线弹性材料、静态加载的情况。

所谓线性分析有两方面的含义：首先是材料为线性，应力应变关系为线性，变形是可恢复的；另外结构发生的是小位移、小应变、小转动，结构刚度不因变形而变化。

线性分析除了有线性静力分析外，还包括线性动力分析，而线性动力分析又包括模态分析、谐响应分析、随机振动分析、响应谱分析、瞬态动力学分析及线性屈曲分析。

与线性分析相对应的是非线性分析，主要是大变形等分析。ANSYS Workbench 18.0 平台可以很容易完成以上任何一种分析及任意几种类型分析的联合计算。

3.1.1 线性静力分析

所谓静力就是结构受到静态荷载的作用，惯性和阻尼可以忽略，在静态载荷作用下，结构处于静力平衡状态，此时必须充分约束。由于不考虑惯性，所以质量对结构没有影响，但是在很多情况下，如果荷载周期远远大于结构自振周期（即缓慢加载），则结构的惯性效应能够忽略，这种情况可以简化为线性静力分析来进行。

ANSYS Workbench 18.0 的线性静力分析可以将多种载荷组合到一起进行分析，即可以进行多工况的力学分析。

如图 3-1 所示为ANSYS Workbench 18.0 平台进行静力分析的分析环境项目流程图，其中项目A为利用ANSYS软件自带求解器进行静力分析流程卡，项目B为利用ABAQUS软件求解器进行静力分析流程卡，项目C为利用Samcef软件求解器进行静力分析流程卡。

 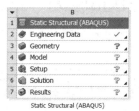 

图 3-1　静力分析流程

在项目A中有A1~A7 共 7 个表格（如同Excel表格），从上到下依次的设置即可完成一个静力分析过程。其中：

- A1 **Static Structural (Samcef)**：静力分析求解器类型，即求解的类型和求解器的类型。
- A2 Engineering Data ✓：工程数据，即材料库，从中可以选择和设置工程材料。
- A3 Geometry ？：几何数据，即几何建模工具或导入外部几何数据平台。
- A4 Model ？：前处理，即几何模型材料赋予和网格设置与划分平台。
- A5 Setup ？：有限元分析，即求解计算有限元分析模型。
- A6 Solution ？：后处理，即完成应力分布及位移响应等云图的显示。

3.1.2　线性静力分析流程

如图 3-2 所示为静力分析流程，每个表格右侧都有一个提示符号，如对号（√）、问号（？）等。如图 3-3 所示为在流程分析过程中遇到的各种提示符号及解释。

 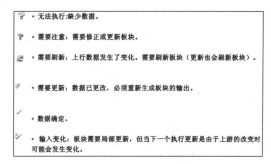

图 3-2　静力分析流程　　　　　　　　　图 3-3　提示符含义

3.1.3　线性静力分析基础

根据经典力学理论可知，物体的动力学通用方程是：

$$[M]\{x^{''}\}+[C]\{x^{'}\}+[K]\{x\}=\{F(t)\} \tag{3-1}$$

式中：$[M]$ 是质量矩阵；$[C]$ 是阻尼矩阵；$[K]$ 是刚度矩阵；$\{x\}$ 是位移矢量；$\{F(t)\}$ 是力矢量；$\{x^{'}\}$ 是速度矢量；$\{x^{''}\}$ 是加速度矢量。

而现行结构分析中，与时间t相关的量都将被忽略，于是上式简化为：

$$[K]\{x\}=\{F\} \tag{3-2}$$

下面通过几个简单的实例介绍静力分析的方法和步骤。

3.2　静力学分析实例1——实体静力分析

本节主要介绍用ANSYS Workbench的DesignModeler模块外部几何模型导入功能，并对其进行静力分析。

学习目标：熟练掌握ANSYS Workbench的DesignModeler模块外部几何模型导入的方法，了解DesignModeler模块支持外部几何模型文件的类型；

掌握ANSYS Workbench实体单元静力学分析的方法及过程。

模型文件	下载资源\Chapter03\char03-1\Bar.stp
结果文件	下载资源\Chapter03\char03-1\SolidStaticStructure.wbpj

3.2.1　问题描述

如图 3-4 所示的铝合金模型，请用ANSYS Workbench分析作用在上端面的压力为 20000N 时，中间圆杆的变形及应力分布。

3.2.2　启动 Workbench 并建立分析项目

步骤01 在 Windows 系统下执行开始→所有程序→ANSYS 18.0→Workbench 18.0 命令，启动 ANSYS Workbench 18.0，进入主界面。

步骤02 双击主界面 Toolbox（工具箱）中的 Analysis Systems→Static Structural（静态结构分析）选项，即可在 Project Schematic（项目管理区）中创建分析项目 A，如图 3-5 所示。

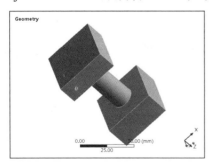

图 3-4　铝合金模型

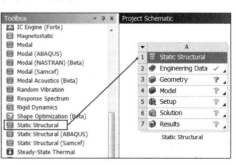

图 3-5　创建分析项目 A

3.2.3 导入创建几何体

步骤 **01** 在 A3 Geometry 上单击鼠标右键,在弹出的快捷菜单中选择 Import Geometry→Browse 命令,如图 3-6 所示,弹出"打开"对话框。

步骤 **02** 在"打开"对话框中选择文件路径,导入 Bar.stp 几何体文件,如图 3-7 所示。此时,A3Geometry 后的 ❔ 变为 ✔,表示实体模型已经存在。

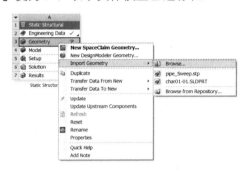

图 3-6 导入几何体 图 3-7 "打开"对话框

步骤 **03** 双击项目 A 中的 A2 Geometry,进入 DesignModeler 界面,选择单位为 mm,单击 OK 按钮。此时,分析树中 Import1 前显示 ✦,表示需要生成,图形窗口中没有图形显示,如图 3-8 所示。

步骤 **04** 单击 ⚡Generate (生成)按钮,即可显示生成的几何体,如图 3-9 所示,可在几何体上进行其他操作,本例无须进行其他操作。

步骤 **05** 单击 DesignModeler 界面右上角的 ✖ (关闭)按钮,退出 DesignModeler,返回到 Workbench 主界面。

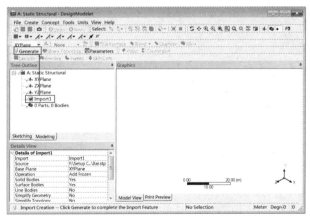

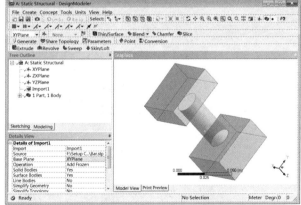

图 3-8 生成前的 DesignModeler 界面 图 3-9 生成后的 DesignModeler 界面

3.2.4 添加材料库

步骤 **01** 双击项目 A 中的 A2Engineering Data 选项,进入如图 3-10 所示的材料参数设置界面。

步骤 **02** 在界面的空白处单击鼠标右键，从弹出的快捷菜单中选择 Engineering Data Sources（工程数据源）命令，此时的界面会变为如图 3-11 所示的样子。原界面窗口中的 Outline of Schematic B2:Engineering Data 消失，取代以 Engineering Data Sources 及 Outline of Favorites。

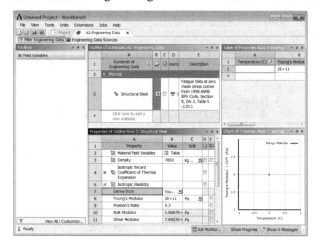

图 3-10 材料参数设置界面

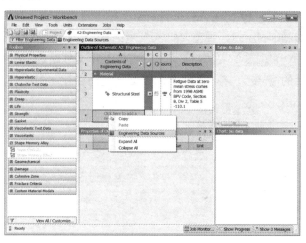

图 3-11 材料参数设置界面

步骤 **03** 在 Engineering Data Sources 表中选择 A3 栏 General Materials，然后单击 Outline of Favorites 表中 A5 栏 Aluminum Alloy（铝合金）后的 B5 栏的 ⊞（添加），此时在 C5 栏中会显示 ⬗（使用中的）标识，如图 3-12 所示，表示材料添加成功。

步骤 **04** 如同操作步骤（2），在界面的空白处单击鼠标右键，从弹出的快捷菜单中选择 Engineering Data Sources（工程数据源）命令，返回到初始界面操作中。

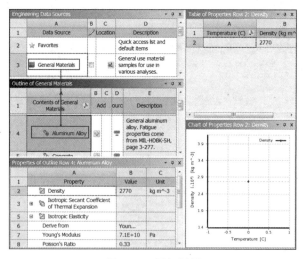

图 3-12 添加材料

步骤 **05** 根据实际工程材料的特性，在 Properties of Outline Row 5:Aluminum Alloy 表中可以修改材料的特性，如图 3-13 所示。本实例采用的是默认值。

用户也可以通过在 Engineering Data 窗口中自行创建新材料添加到模型库，这在后面的讲解中会有涉及。

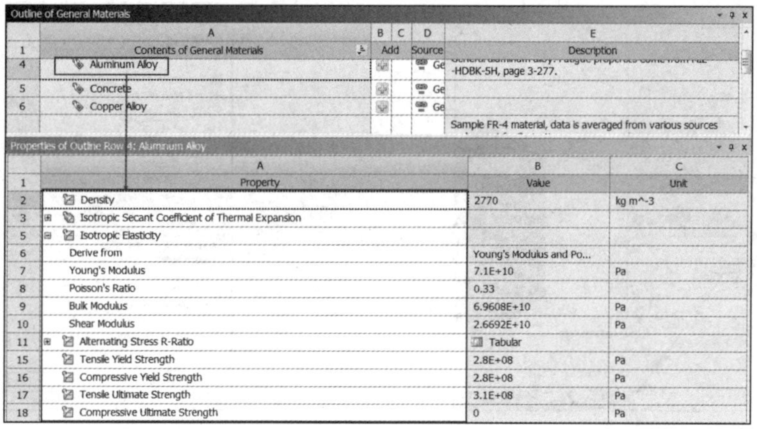

	A	B	C	D	E
1	Contents of General Materials	Add	Source	Description	
4	Aluminum Alloy	☑	Ge	General aluminum alloy. Fatigue properties come from MIL-HDBK-5H, page 3-277.	
5	Concrete	☑	Ge		
6	Copper Alloy	☑	Ge		
				Sample FR-4 material, data is averaged from various sources	

Outline of General Materials

Properties of Outline Row 4: Aluminum Alloy

	A	B	C
1	Property	Value	Unit
2	Density	2770	kg m^-3
3	Isotropic Secant Coefficient of Thermal Expansion		
5	Isotropic Elasticity		
6	Derive from	Young's Modulus and Po...	
7	Young's Modulus	7.1E+10	Pa
8	Poisson's Ratio	0.33	
9	Bulk Modulus	6.9608E+10	Pa
10	Shear Modulus	2.6692E+10	Pa
11	Alternating Stress R-Ratio	Tabular	
15	Tensile Yield Strength	2.8E+08	Pa
16	Compressive Yield Strength	2.8E+08	Pa
17	Tensile Ultimate Strength	3.1E+08	Pa
18	Compressive Ultimate Strength	0	Pa

图 3-13　材料属性窗口

步骤 **06**　单击工具栏中的 Project 按钮，返回到 Workbench 主界面，材料库添加完毕。

3.2.5　添加模型材料属性

步骤 **01**　双击主界面项目管理区项目 A 中的 A3 栏 Model 项，进入如图 3-14 所示的 Mechanical 界面，在该界面中即可进行网格的划分、分析设置、结果观察等操作。

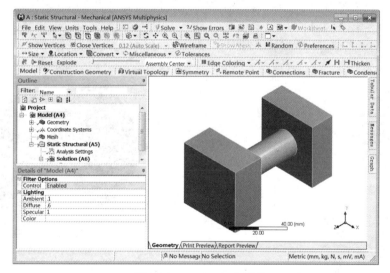

图 3-14　Mechanical 界面

ANSYS Workbench 18.0 程序默认的材料为 Structural Steel。

步骤 **02**　选择 Mechanical 界面左侧 Outline（分析树）中 Geometry 选项下的 1，即可在"Details of '1'"（参数列表）中给模型添加材料，如图 3-15 所示。

步骤 **03**　单击参数列表中的 Material 下 Assignment 区域后的 ▶，会出现刚刚设置的材料 Aluminum Alloy，选择即可将其添加到模型中，如图 3-16 所示，表示材料已经添加成功。

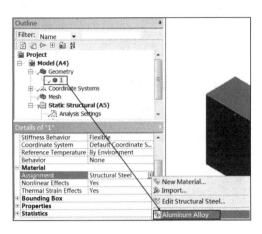

图 3-15　变更材料

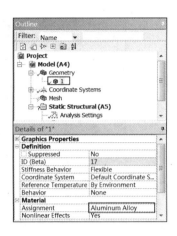

图 3-16　修改材料后的分析树

3.2.6　划分网格

步骤 **01**　选择 Mechanical 界面左侧 Outline（分析树）中的 Mesh 选项，此时可在"Details of 'Mesh'"（参数列表）中修改网格参数。本例在 Sizing 的 Element Size 中设置为 6.0mm，其余采用默认设置，如图 3-17 所示。

步骤 **02**　在 Outline（分析树）中的 Mesh 选项上单击鼠标右键，在弹出的快捷菜单中选择 Generate Mesh 命令，最终的网格效果如图 3-18 所示。

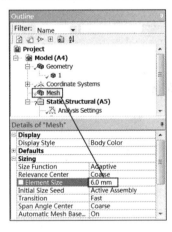

图 3-17　设置网格参数

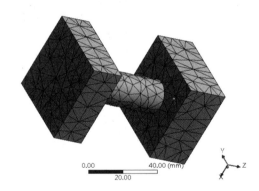

图 3-18　网格效果

3.2.7　施加载荷与约束

步骤 **01**　选择 Mechanical 界面左侧 Outline（分析树）中的 Static Structural（A5）选项，出现如图 3-19 所示的 Environment 工具栏。

步骤 **02**　选择 Environment 工具栏中的 Supports（约束）→Fixed Support（固定约束）命令，在分析树中会出现 Fixed Support 选项，如图 3-20 所示。

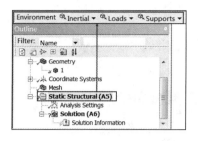

图 3-19　Environment 工具栏

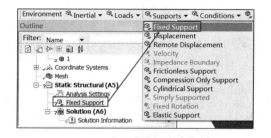

图 3-20　添加固定约束

步骤 03　选中 Fixed Support，选择需要施加固定约束的面，单击"Details of'Static Structural（A5）'"（参数列表）中 Geometry 选项下的 **Apply** 按钮，即可在选中面上施加固定约束，如图 3-21 所示。

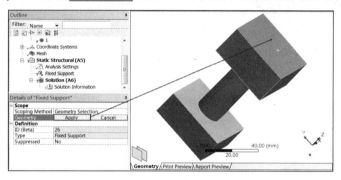

图 3-21　施加固定约束

步骤 04　如同步骤（2）操作，选择 Environment 工具栏中的 Loads（载荷）→Force（力）命令，在分析树中会出现 Force 选项，如图 3-22 所示。

步骤 05　选中 Force，在"Details of 'Force'"（参数列表）面板中进行如下设置：

在 Geometry 选项下确保如图 3-23 所示的面被选中并单击 **Apply** 按钮，在 Geometry 栏中显示 1Face，表明一个面已经被选中；

在 Define By→Magnitude 栏中输入 20000N；

在 Direction 选项中单击 Apply 按钮，将在绘图窗口中弹出 ◀▶ 图标，

图 3-22　添加力

可以切换方向，单击向右的箭头一次，施加在几何上的箭头改变方向，保持其他选项默认即可。

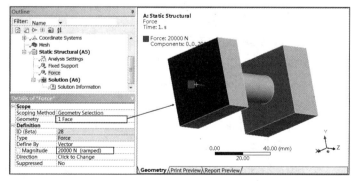

图 3-23　添加面载荷

步骤 **06** 确定后的载荷方向及大小如图 3-24 所示。

步骤 **07** 在 Outline（分析树）中的 Static Structural（A5）选项上单击鼠标右键，在弹出的快捷菜单中选择 Solve 命令，如图 3-25 所示。

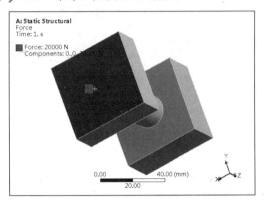

图 3-24 载荷方向

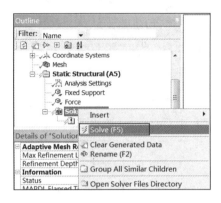

图 3-25 求解

3.2.8 结果后处理

步骤 **01** 选择 Mechanical 界面左侧 Outline（分析树）中的 Solution（A6）选项，出现如图 3-26 所示的 Solution 工具栏。

步骤 **02** 选择 Solution 工具栏中的 Stress（应力）→Equivalent（von-Mises）命令，在分析树中出现 Equivalent Stress（等效应力）选项，如图 3-27 所示。

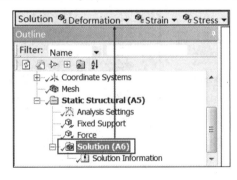

图 3-26 Solution 工具栏

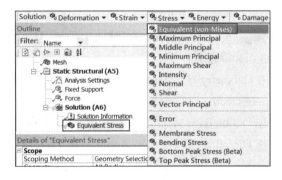

图 3-27 添加等效应力选项

步骤 **03** 如同步骤（2）操作，选择 Solution 工具栏中的 Strain（应变）→Equivalent（von-Mises）命令，如图 3-28 所示，分析树中会出现 Equivalent Elastic Strain（等效应变）选项。

步骤 **04** 如同步骤（2）操作，选择 Solution 工具栏中的 Deformation（变形）→Total 命令，如图 3-29 所示，在分析树中会出现 Total Deformation（总变形）选项。

步骤 **05** 在 Outline（分析树）中的 Solution（A6）选项上单击鼠标右键，在弹出的快捷菜单中选择 Equivalent All Results 命令，如图 3-30 所示。

步骤 **06** 选择 Outline（分析树）中 Solution（A6）下的 Equivalent Stress 选项，出现如图 3-31 所示的应力分析云图。

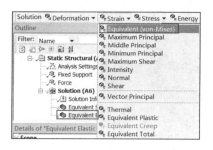

图 3-28　添加等效应变选项

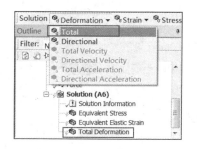

图 3-29　添加总变形选项

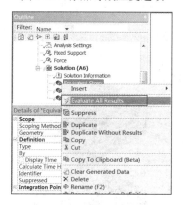

图 3-30　快捷菜单

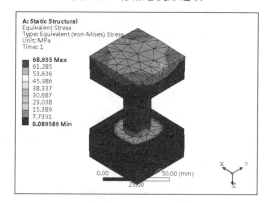

图 3-31　应力分析云图

步骤 07　选择 Outline（分析树）中 Solution（A6）下的 Equivalent Elastic Strain 选项，会出现如图 3-32 所示的应变分析云图。

步骤 08　选择 Outline（分析树）中 Solution（A6）下的 Total Deformation（总变形）选项，会出现如图 3-33 所示的总变形分析云图。

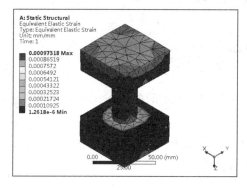

图 3-32　应变分析云图

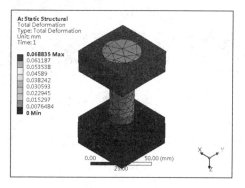

图 3-33　总变形分析云图

从以上分析可以看出，作用在铝合金模型中的恒定外载荷（压力）使得中间圆柱位置的应力比较大，这符合截面积小应力大的理论，在做受力结构件的设计时，应该避免出现这种结构，从而增加设计强度。

3.2.9　保存与退出

步骤 01　单击 Mechanical 界面右上角的 ❌ （关闭）按钮，退出 Mechanical 返回到 Workbench 主界面。

步骤 **02** 在 Workbench 主界面中单击常用工具栏中的 ■ (保存) 按钮, 在文件名中输入 SolidStaticStructure 保存包含有分析结果的文件。

步骤 **03** 单击右上角的 ✖ (关闭) 按钮, 退出 Workbench 主界面, 完成项目分析。

3.2.10 读者演练

上例简单讲解了实体模型的受力分析, 读者可以根据前两章的内容, 对本例的几何体进行多区域网格划分, 然后进行静力分析并与以上结果进行对比。

多区域 (MultiZone) 网格划分完成的模型如图 3-34 所示; 计算完成后的总变形云图如图 3-35 所示。

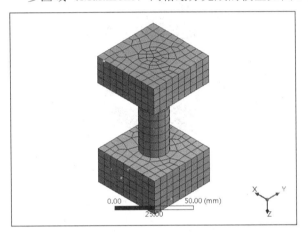

图 3-34 多区域网格模型   图 3-35 总变形云图

从以上两种网格划分方式的计算结果来看, 网格的好坏对计算结果有一定的影响。

3.3 静力学分析实例2——梁单元线性静力分析 ▶

上一节介绍了实体分析的一般方法, 本节主要介绍用ANSYS Workbench 的DesignModeler模块建立梁单元, 并对其进行静力分析。

学习目标: 熟练掌握ANSYS Workbench的DesignModeler梁单元模型建立的方法;

            掌握ANSYS Workbench梁单元静力学分析的方法及过程。

模型文件	无
结果文件	下载资源\Chapter03\char03-2\BeamStaticStructure.wbpj

3.3.1 问题描述

如图 3-36 所示为一个等效的变截面梁单元模型, 请用ANSYS Workbench建模并分析如果在中间节点收到向下的力的作用, 加上自重, 梁单元的受力情况。

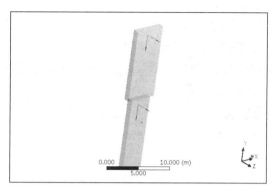

图 3-36 深单元模型

3.3.2 启动 Workbench 并建立分析项目

步骤 01 在 Windows 系统下执行开始→所有程序→ANSYS 18.0→Workbench 18.0 命令，启动 ANSYS Workbench 18.0，进入主界面。

步骤 02 双击主界面 Toolbox（工具箱）中的 Analysis Systems→Static Structural（静态结构分析）选项，即可在 Project Schematic（项目管理区）中创建分析项目 A，如图 3-37 所示。

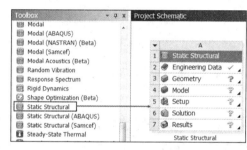

图 3-37 创建分析项目 A

3.3.3 创建几何体

步骤 01 在 A3 Geometry 上双击，弹出如图 3-38 所示的 DesignModeler 软件窗口，选择 Meter 菜单项。

步骤 02 如图 3-39 所示，选择 XYPlane 命令，选择绘图平面，然后单击 按钮，使得绘图平面与绘图区域平行。

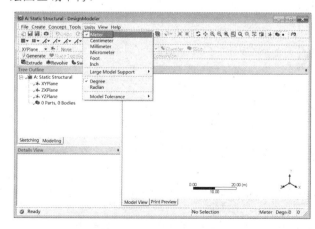

图 3-38 选择 Meter

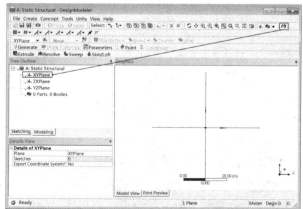

图 3-39 选择绘图平面

步骤 **03** 在 Tree Outline 下面单击 Sketching 按钮，弹出如图 3-40 所示的 Sketching Toolbox（草绘工具箱），草绘所有命令都在 Sketching Toolbox（草绘工具箱）中。

步骤 **04** 单击 ↖Line （线段）按钮，将鼠标移动到绘图区域中的坐标原点上，将出现一个 P 提示符，表示创建的第一点是在坐标原点上，如图 3-41 所示。

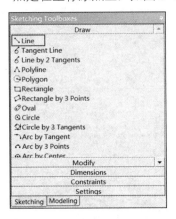

图 3-40　草绘工具箱

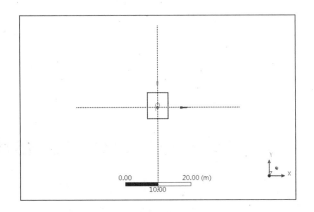

图 3-41　创建第一点

步骤 **05** 向下移动鼠标，当出现 C 提示符后，单击并在 Y 轴上创建第二点，此时会出现一个 V 的提示符，表示所绘制的线段是竖直的线段，如图 3-42 所示，单击鼠标完成第一条线段的绘制。

 绘制直线时，如果在绘图区域出现了 V（竖直）或 H（水平）提示符，则说明绘制完的直线为竖直或水平。

步骤 **06** 移动鼠标到刚绘制完的线段上端，出现如图 3-43 所示的 P 提示符，说明下一条线段的起始点与该点重合，当 P 提示符出现后，单击确定第一点位置。

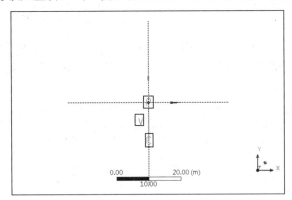

图 3-42　竖直提示符

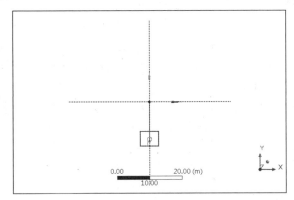

图 3-43　点重合提示符

步骤 **07** 向下移动鼠标，出现如图 3-44 所示的 V 提示符，说明要绘制的线段仍是竖直方向的。

步骤 **08** 绘制完成的第二条竖直方向的直线如图 3-45 所示。

步骤 **09** 在 Sketching Toolbox（草绘工具箱）中选择 Dimensions（尺寸标注）命令，工具箱出现如图 3-46 所示的命令栏，单击 ⬧General 按钮。

步骤 **10** 选中两条线段进行标注，显示如图 3-47 所示的尺寸标注，将标注栏中的尺寸均输入 12m。

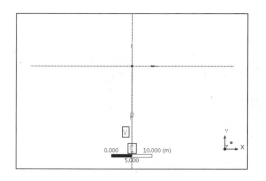

图 3-44　竖直提示符

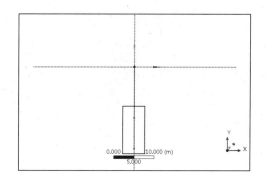

图 3-45　绘制线段

图 3-46　尺寸标注面板

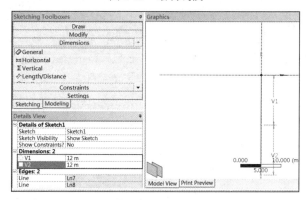

图 3-47　尺寸标注

步骤 11　单击 Modeling 按钮，选择菜单栏中的 Concept→3D Curve 命令，在弹出如图 3-48 所示的 Details View 面板中的 Points 选项中单击图中两点，并单击 Apply 按钮，此时 Points 栏中显示 2，表示两个节点被选中，并单击 Generate 按钮，

步骤 12　依次选择工具栏中的 Tools→Freeze 命令，将创建的线段冻结，如图 3-49 所示。

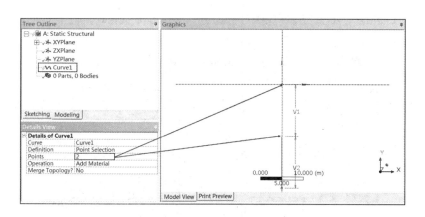

图 3-48　草绘转化

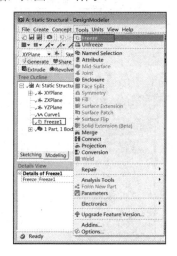

图 3-49　冻结线段

步骤 13　对另外一条线段进行同样的操作，此时生成的图形如图 3-50 所示。

步骤 14　选择菜单栏中的 Concept→Cross Section→Circular 命令，如图 3-51 所示。

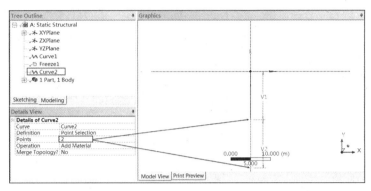

图 3-50　草绘转化

步骤 15 在如图 3-52 所示的 Details View 面板中的 Dimension 是: 2 中, 将 B 设置为 5m, H 设置为 1m, 其余保持不变, 并单击工具栏上的 Generate 按钮, 创建悬臂梁单元截面形状。

步骤 16 利用同样的操作设置另外一个截面属性。在如图 3-53 所示的 Details View 面板中的 Dimension 是: 2 中, 将 B 设置为 3m, H 设置为 1m, 其余保持不变, 并单击工具栏上的 Generate 按钮, 创建悬臂梁单元截面形状。

图 3-51　创建截面形状　　　　　　　　　　　　图 3-52　设置截面大小

步骤 17 在如图 3-54 所示的 Tree Outline 下面选择 Line Body 命令, 在 Details View 面板中的 Cross Sectioin 中选择 Rect1, 其余保持不变, 并单击工具栏中的 Generate 按钮。

步骤 18 如图 3-55 所示, 选择菜单栏中的 View→Cross Section Solids 命令, 使命令前出现 ✔ 标志。

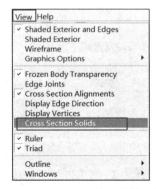

图 3-53　设置截面大小　　　　　图 3-54　选择截面形状　　　　　图 3-55　显示截面特性

步骤 **19** 对于第二个线体，也采用相同的操作，在 Tree Outline 下面选择✓ Line Body 命令，在 Details View 面板的 Cross Sectioin 中选择 Rect2，其余保持不变，并单击工具栏中的 ᵞGenerate 按钮。

步骤 **20** 选中 Line Body 和 Line Body 两个线体，运用 Tools→ Form New Part 生成新的零件，如图 3-56 所示为几何模型。

步骤 **21** 关闭 DesignModeler 平台，返回到 Workbench 平台。

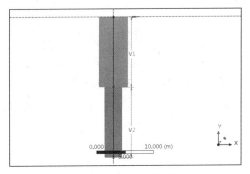

图 3-56　几何模型

3.3.4　添加材料库

步骤 **01** 双击项目 A 中的 A2Engineering Data 项，进入如图 3-57 所示的材料参数设置界面。

步骤 **02** 在 Structural Steel 下方的栏中输入 User_Material 材料名，如图 3-58 所示，并在下面的表中加入以下属性：

添加密度为 0.2836；

添加弹性模型为 3E+07；

添加泊松比为 0.3；

添加屈服强度为 2.5E+07；

添加剪切强度为 1.1538E+07。

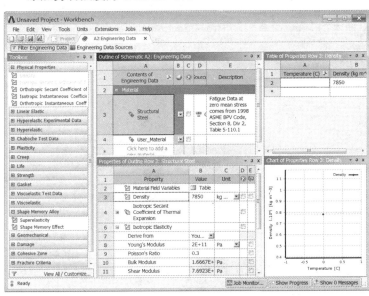

图 3-57　材料参数设置界面　　　　　　图 3-58　材料参数设置界面

步骤 **03** 单击工具栏中的 Project 按钮，返回到 Workbench 主界面，材料库添加完毕。

3.3.5 添加模型材料属性

步骤01 双击主界面项目管理区项目 A 中的 A4 栏 Model 项，进入如图 3-59 所示的 Mechanical 界面，在该界面下即可进行网格的划分、分析设置、结果观察等操作。

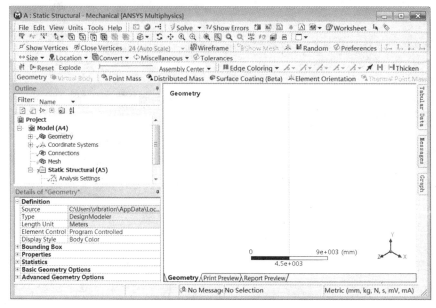

图 3-59 Mechanical 界面

步骤02 显示截面几何。选择如图 3-60 所示的 View 菜单中的 Cross Section Solid（Geometry）命令，此时梁单元图形如图 3-61 所示。

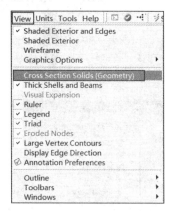

图 3-60 命令菜单

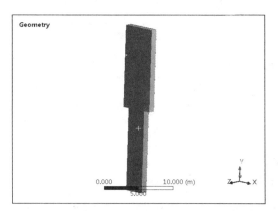

图 3-61 梁单元图形

步骤03 选择 Mechanical 界面左侧 Outline（分析树）中 Geometry 选项下的 Line Body，即可在"Details of 'Line Body'"（参数列表）中给模型添加材料，如图 3-62 所示。

步骤04 单击参数列表中 Material 下的 Assignment，会出现刚刚设置的材料 User_Material，即材料已经被添加到模型中，如图 3-63 所示，表示材料已经添加成功。

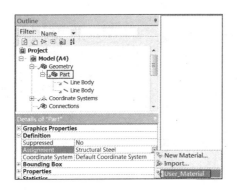

图 3-62　添加材料

图 3-63　添加材料后的分析树

3.3.6　划分网格

步骤 01　如图 3-64 所示，选择 Mesh 并单击鼠标右键，在弹出的快捷菜单中依次选择 Insert→Sizing 命令。

步骤 02　如图 3-65 所示，选择 Mechanical 界面左侧 Outline（分析树）中的 Mesh 选项，可在"Details of 'Edge Sizing'"（参数列表）中修改网格参数，本例在 Sizing 的 Element Size 中设置为 12m，其余采用默认设置。

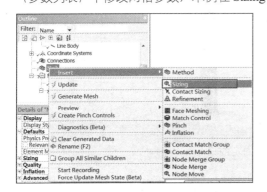

图 3-64　选择命令

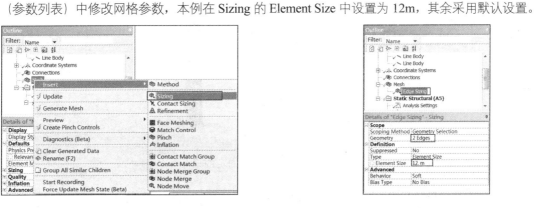

图 3-65　设置网格尺寸

步骤 03　在 Outline（分析树）中的 Mesh 选项上单击鼠标右键，在弹出的快捷菜单中选择 Generate Mesh 命令，弹出如图 3-66 所示的进度显示条，表示网格正在划分。当网格划分完成后，进度条自动消失，最终的网格效果如图 3-67 所示。

图 3-66　生成网格

图 3-67　网格效果

由于设置的单元大小为 12m，所以一条线段只划分了一个单元，网格显示如图 3-67 所示。

3.3.7 施加载荷与约束

步骤 01 选择 Mechanical 界面左侧 Outline（分析树）中的 Static Structural（A5）选项，选择 Environment 工具栏中的 Supports（约束）→Fixed Support（固定约束）命令，此时在分析树中会出现 Fixed Support 选项，如图 3-68 所示。

步骤 02 选中 Fixed Support，在工具栏中单击 按钮，选择如图 3-69 所示的两个节点，单击"Details of'Static Structural（A5）'"（参数列表）中 Geometry 选项下的 Apply 按钮，即可在选中面上施加固定约束，选中后，在 Geometry 栏中显示 1Vertices。

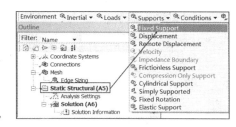

图 3-68 添加固定约束

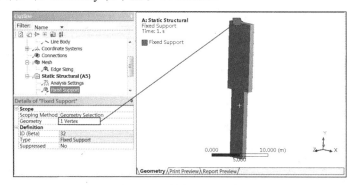

图 3-69 施加固定约束

步骤 03 选择 Environment 工具栏中的 Loads（载荷）→Force（力）命令，此时在分析树中会出现 Force 选项，如图 3-70 所示。

步骤 04 选中 Force，选择需要施加力的点，单击"Details of'Static Structural（A5）'"（参数列表）中 Geometry 选项下的 Apply 按钮，同时在 Define By 选择 Vector，然后在 Magnitude 中输入 150N，其余保持默认，如图 3-71 所示。

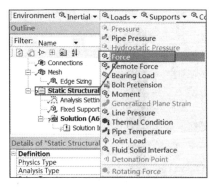

图 3-70 添加力载荷

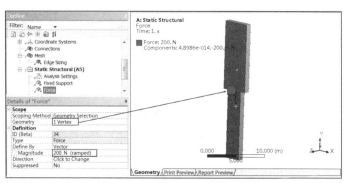

图 3-71 选择施加力的点

步骤 05 添加重力加速度属性，如图 3-72 所示。

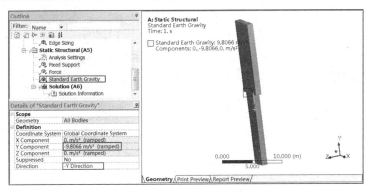

图 3-72　重力加速度属性

步骤 06 在 Outline（分析树）中的 Static Structural（A5）选项上单击鼠标右键，在弹出的快捷菜单中选择 Solve 命令。

3.3.8　结果后处理

步骤 01 选择 Mechanical 界面左侧 Outline（分析树）中的 Solution（A6）选项，出现如图 3-73 所示的 Solution 工具栏。

步骤 02 选择 Solution 工具栏中的 Deformation（变形）→Total 命令，如图 3-74 所示。此时，在分析树中出现 Total Deformation（总变形）选项。

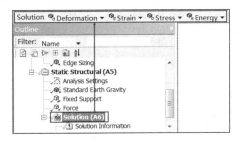

图 3-73　Solution 工具栏

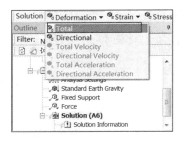

图 3-74　添加总变形选项

步骤 03 在 Outline（分析树）中的 Solution（A6）选项上单击鼠标右键，在弹出的快捷菜单中选择 Equivalent All Results 命令。

步骤 04 选择 Outline（分析树）中 Solution（A6）下的 Total Deformation（总变形）命令，会出现如图 3-75 所示的变形云图。

步骤 05 选择 Solution 工具栏中的 Tools（工具）→Beam Tool 命令，如图 3-76 所示。此时，在分析树中会出现 Beam Tool（梁单元工具）选项。

步骤 06 在 Outline（分析树）中的 Solution（A6）选项上单击鼠标右键，在弹出的快捷菜单中选择 Equivalent All Results 命令。

步骤 07 选择 Outline（分析树）中 Solution（A6）下的 Beam Tool→ Minimum Combined Stress 命令，出现如图 3-77 所示的最小综合应力分布云图。

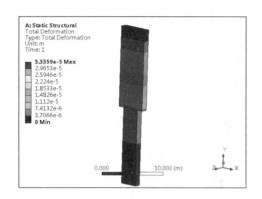

图 3-75　总变形云图

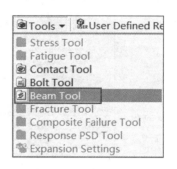

图 3-76　梁单元工具

步骤 **08**　选择 Outline（分析树）中 Solution（A6）下的 Beam Tool→　Maximum Combined Stress 命令，出现如图 3-78 所示的最大综合应力分布云图。

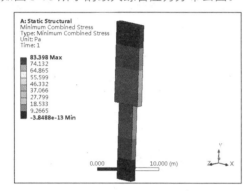

图 3-77　上端梁单元直接应力分布

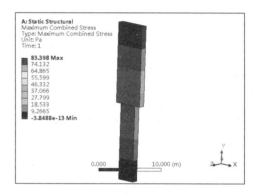

图 3-78　下端梁单元直接应力分布

步骤 **09**　同样选择 Probe ▼ → Force Reaction 命令，可查看反作用力的情况，如图 3-79 所示为反作用力值。

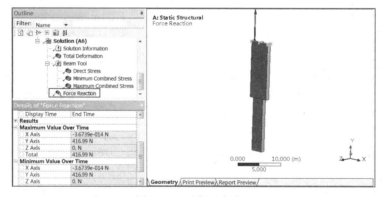

图 3-79　反作用力大小

3.3.9　保存与退出

步骤 **01**　单击 Mechanical 界面右上角的 **✕**（关闭）按钮，退出 Mechanical 返回到 Workbench 主界面。

步骤 **02** 在 Workbench 主界面中单击常用工具栏中的 （保存）按钮，在文件名中输入 SolidStaticStructure，保存包含有分析结果的文件。

步骤 **03** 单击右上角的 ✕ （关闭）按钮，退出 Workbench 主界面，完成项目分析。

3.3.10 读者演练

上例中简单讲解了梁单元模型的建立及受力分析，读者可以对本例的网格进行细化，然后进行静力分析并与以上结果进行对比。

将网格尺寸改为 2m 后，细化模型及计算结果如图 3-80 所示。

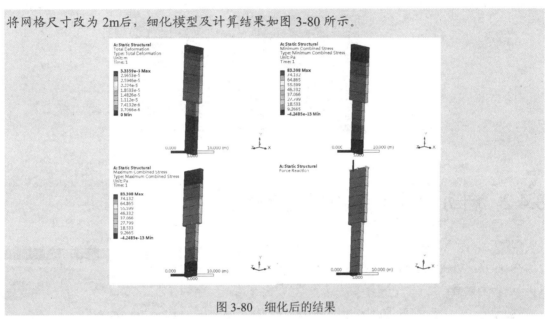

图 3-80 细化后的结果

本实例模型简单，读者可以参考曾攀老师编写的《有限元分析及应用》一书中的实例，里面有本实例的有限元计算过程。列方程计算的结果与 ANSYS Workbench 计算的结果是一致的。

另外，读者可以通过选择如图 3-81 所示的命令，对后处理结果进行动态演示及结果的动画输出操作。

图 3-81 后处理演示工具

3.4 静力学分析实例3——板单元静力分析

本节主要介绍 ANSYS Workbench 18.0 的结构线性静力分析模块，计算某板单元上端盖受力及应力分布。

学习目标：熟练掌握ANSYS Workbench静力学分析的方法及过程；

熟练掌握ANSYS Workbench中轴对称属性的设置。

模型文件	无
结果文件	下载资源\Chapter03\char03-3\Axy_Structural.wbpj

3.4.1 问题描述

如图 3-82 所示为二维轴对称模型，请用ANSYS Workbench计算二维轴对称单元受力及应力分布。

图 3-82 二维轴对称模型

3.4.2 启动 Workbench 并建立分析项目

步骤01 在 Windows 系统下执行开始→所有程序→ANSYS 18.0→Workbench 18.0 命令，启动 ANSYS Workbench 18.0，进入主界面。

步骤02 双击主界面 Toolbox（工具箱）中的 Analysis Systems→Static Structural（静态结构分析）选项，即可在 Project Schematic（项目管理区）中创建分析项目 A，如图 3-83 所示。

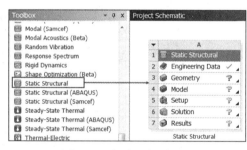

图 3-83 创建分析项目 A

3.4.3 导入创建几何体

步骤01 在 A3 Geometry 上单击鼠标右键，在弹出的快捷菜单中选择 Import Geometry→Browse 命令，如图 3-84 所示，此时会弹出"打开"对话框。

步骤02 在 DM 几何绘制窗口中绘制如图 3-85 所示的几何模型，并对几何模型进行标注，L1=40mm，L2=60mm，V3=10mm。

步骤03 依次选择菜单栏中的 Concept→Surfaces From Sketches 命令。

步骤04 在弹出如图 3-86 所示的详细设置面板中设置曲面属性。

步骤05 选择工具栏中 ⚡Generate 命令，生成如图 3-87 所示的几何模型。

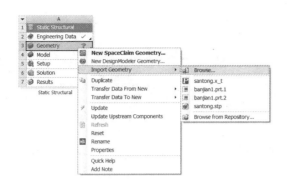

图 3-84　导入几何体

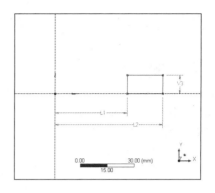

图 3-85　几何模型

图 3-86　设置曲面属性

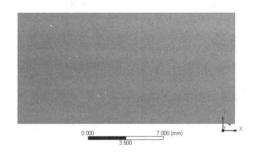

图 3-87　几何模型

步骤 06　单击 DesignModeler 界面右上角的 （关闭）按钮，退出 DesignModeler，返回到 Workbench 主界面。

3.4.4　添加材料库

步骤 01　双击项目 A 中的 A2Engineering Data 项，进入如图 3-88 所示的材料参数设置界面。

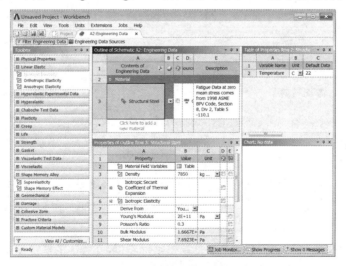

图 3-88　材料参数设置界面

步骤02 在 Structural Steel 下方的栏中输入 Axy_Material 材料名，如图 3-89 所示，并在下面的表中加入以下属性：

添加弹性模型为 2E+11；

添加泊松比为 0.3；

添加屈服强度为 1.6667E+11；

添加剪切强度为 7.6923E+10。

步骤03 单击工具栏中的 Project 按钮，返回到 Workbench 主界面，材料库添加完毕。

图 3-89　材料参数设置界面

3.4.5　添加模型材料属性

步骤01 双击主界面项目管理区项目 A 中的 A4 栏 Model 项，进入 Mechanical 界面。

 在Workbench 13.0 以前版本，此时分析树Geometry前显示的为问号**?**，表示数据不完全，需要输入完整的数据。本例是因为没有为模型添加材料的缘故。

步骤02 选择 Mechanical 界面左侧 Outline（分析树）中 Geometry 选项下的 Surface Body，即可在"Details of 'Surface Body'"（参数列表）中给模型添加材料，如图 3-90 所示。

步骤03 选择 Mechanical 界面左侧 Outline（分析树）中的 Geometry，即可在"Details of 'Geometry'"（参数列表）中的 2D Behavior 栏中选择 Axisymmetric 选项设置轴对称属性，如图 3-91 所示。

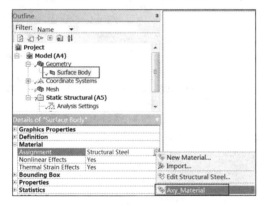

图 3-90　添加材料

图 3-91　单元属性

3.4.6　划分网格

步骤01 选择 Mechanical 界面左侧 Outline（分析树）中的 Mesh 选项，可在"Details of 'Mesh'"（参数列表）中修改网格参数，如图 3-92 所示，拖动 Relevance 滑条到 100，在 Element Size 中输入 1.e-004m，其余采用默认设置。

步骤02 在 Outline（分析树）中的 Mesh 选项上单击鼠标右键，在弹出的快捷菜单中选择 Generate Mesh 命令，最终的网格效果如图 3-93 所示。

图 3-92　生成网格

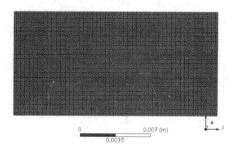

图 3-93　网格效果

3.4.7　施加载荷与约束

步骤 01　选择 Mechanical 界面左侧 Outline（分析树）中的 Static Structural（A5）选项，出现如图 3-94 所示的 Environment 工具栏。

步骤 02　选择 Environment 工具栏中的 Supports（约束）→Fixed Support（固定）命令，在分析树中会出现 Fixed Support 选项，如图 3-95 所示。

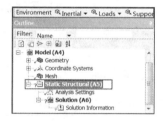

图 3-94　Environment 工具栏

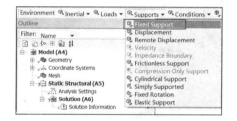

图 3-95　添加固定约束

步骤 03　选中 Fixed Support，选择图中右侧两个节点，如图 3-96 所示。

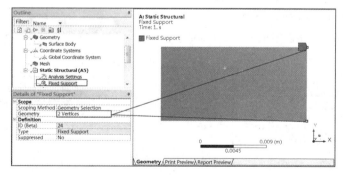

图 3-96　固定约束

步骤 04　添加两个 Force，分别加载到左侧的上下两个节点上，如图 3-97 所示，载荷大小为 3000N，方向向右。

步骤 05　在 Outline（分析树）中的 Static Structural（A5）选项上单击鼠标右键，在弹出的快捷菜单中选择 Solve 命令。

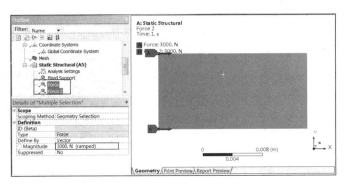

图 3-97　添加力载荷

3.4.8　结果后处理

步骤① 选择 Mechanical 界面左侧 Outline（分析树）中的 Solution（A6）选项，此时会出现如图 3-98 所示的 Solution 工具栏。

步骤② 选择 Solution 工具栏中的 Stress（应力）→Equivalent（von-Mises）命令，此时在分析树中会出现 Equivalent Stress（等效应力）选项，如图 3-99 所示。

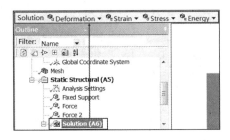

图 3-98　Solution 工具栏

图 3-99　添加等效应力选项

步骤③ 选择 Solution 工具栏中的 Strain（应变）→Equivalent（von-Mises）命令，如图 3-100 所示，此时在分析树中会出现 Equivalent Elastic Strain（等效应变）选项。

步骤④ 选择 Solution 工具栏中的 Deformation（变形）→Total 命令，如图 3-101 所示，此时在分析树中会出现 Total Deformation（总变形）选项。

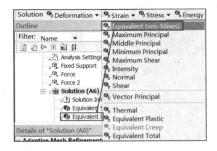

图 3-100　添加等效应变选项

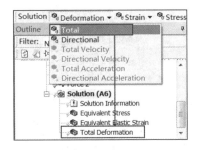

图 3-101　添加总变形选项

步骤⑤ 在 Outline（分析树）中的 Solution（A6）选项上单击鼠标右键，在弹出的快捷菜单中选择 Equivalent All Results 命令。

步骤 06 选择 Outline（分析树）中 Solution（A6）下的 Equivalent Stress 选项，出现如图 3-102 所示的应力分析云图。

步骤 07 选择 Outline（分析树）中 Solution（A6）下的 Equivalent Elastic Strain 选项，出现如图 3-103 所示的应变分析云图。

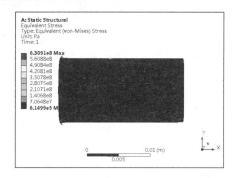

图 3-102 应力分析云图

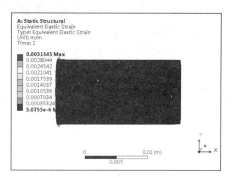

图 3-103 应变分析云图

步骤 08 选择 Outline（分析树）中 Solution（A6）下的 Total Deformation（总变形），出现如图 3-104 所示的总变形分析云图。

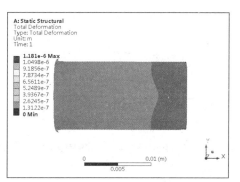

图 3-104 总变形分析云图

3.4.9 保存与退出

步骤 01 单击 Mechanical 界面右上角的 ✕（关闭）按钮，退出 Mechanical 返回到 Workbench 主界面。

步骤 02 在 Workbench 主界面中单击常用工具栏中的 🖫（保存）按钮，保存文件名为 Propeller_StaticStructure。

步骤 03 单击右上角的 ✕（关闭）按钮，退出 Workbench 主界面，完成项目分析。

3.4.10 读者演练

上例简单讲解了轴对称单元的受力分析，读者可通过本例了解轴对称的设置方法。另外，读者可根据第一节讲述的实体单元分析，做一个实体单元分析，对比数据结果。

3.5 静力学分析实例4——子模型静力分析

前面分别介绍了梁单元、板单元与实体单元的静力分析，这节将通过一个简单的实例介绍一下ANSYS Workbench 18.0 的特有分析方法，即子模型分析。

学习目标：熟练掌握ANSYS Workbench子模型分析方法及过程。

模型文件	下载资源\Chapter03\char03-4\Sub_Model.sat；Model.sat
结果文件	下载资源\Chapter03\char03-4\Sub_Model.wbpj

3.5.1 问题描述

在工程分析中常常会遇到一些结构比较复杂的模型，而在这类模型的某些位置，特别是在一些过渡连接的位置或特征比较复杂的位置需要细化网格，以满足计算精度的要求。但是，由于硬件的资源限制，往往这些问题尽管原理很简单，有时却是很棘手的问题，旧版的ANSYS Workbench只能通过APDL编程来辅助分析，对于初学者或者一般工程人员来说，上手比较困难，另外一种方法—— 子模型分析，可以不需要特殊编程即可完成细化分析。

下面将通过一个简单的例子，讲解一下如何对如图 3-105 所示的模型进行子模型分析。

3.5.2 启动 Workbench 并建立分析项目

步骤 **01** 在 Windows 系统下执行开始→所有程序→ANSYS 18.0→Workbench 18.0 命令，启动 ANSYS Workbench 18.0，进入主界面。

步骤 **02** 双击主界面 Toolbox（工具箱）中的 Analysis Systems→Static Structural（静态结构分析）选项，即可在 Project Schematic（项目管理区）中创建分析项目 A，如图 3-106 所示。

图 3-105　铝合金模型

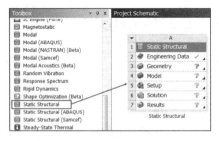

图 3-106　创建分析项目 A

3.5.3 导入创建几何体

步骤 **01** 在 A3 Geometry 上单击鼠标右键，在弹出的快捷菜单中选择 Import Geometry→Browse 命令，如图 3-107 所示，弹出"打开"对话框。

在 "打开" 对话框中选择文件路径,导入 model.sat 几何体文件,如图 3-108 所示。此时,A3Geometry 后的 变为 ✔,表示实体模型已经存在。

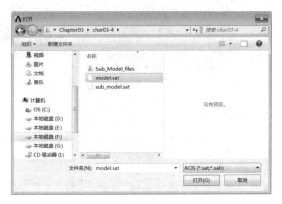

图 3-107 导入几何体　　　　　　　　　　　图 3-108 "打开" 对话框

步骤 03 双击项目 A 中的 A2 Geometry,进入到 DesignModeler 界面,选择单位为 m,单击 OK 按钮。此时,分析树中 Import1 前显示 ✎,表示需要生成,图形窗口中没有图形显示,如图 3-109 所示。

步骤 04 单击 ✎Generate (生成) 按钮,即可显示生成的几何体,如图 3-110 所示。此时,可在几何体上进行其他的操作,本例无须进行其他操作。

步骤 05 单击 DesignModeler 界面右上角的 (关闭) 按钮,退出 DesignModeler,返回到 Workbench 主界面。

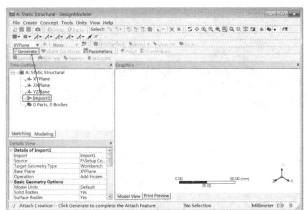

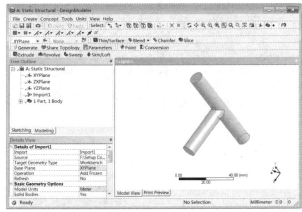

图 3-109 生成前的 DesignModeler 界面　　　　　图 3-110 生成后的 DesignModeler 界面

3.5.4 添加材料库

步骤 01 双击项目 A 中的 A2Engineering Data 项,进入如图 3-111 所示的材料参数设置界面。

步骤 02 在界面的空白处单击鼠标右键,从弹出的快捷菜单中选择 Engineering Data Sources (工程数据源) 选项,此时会变为如图 3-112 所示的界面。原界面窗口中的 Outline of Schematic B2:Engineering Data 消失,取代以 Engineering Data Sources 及 Outline of Favorites。

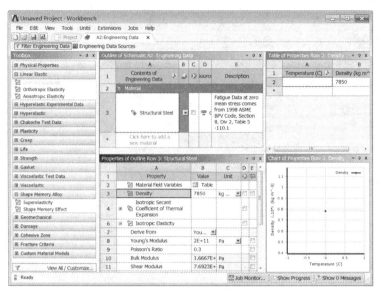

图 3-111　材料参数设置界面

步骤 03　在 Engineering Data Sources 表中选择 A3 栏 General Materials，然后单击 Outline of Favorites 表中 A5 栏 Aluminum Alloy（铝合金）后的 B5 栏的 ✛（添加），此时在 C5 栏中会显示 ◈（使用中的）标识，如图 3-113 所示，表示材料添加成功。

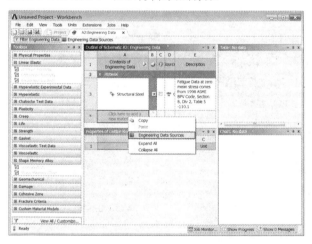

图 3-112　设置材料参数　　　　　　　　　　　　图 3-113　添加材料

步骤 04　在界面的空白处单击鼠标右键，从弹出的快捷菜单中选择 Engineering Data Sources（工程数据源）选项，返回到初始界面中。

步骤 05　根据实际工程材料的特性，在 Properties of Outline Row 4:Aluminum Alloy 表中可以修改材料的特性，如图 3-114 所示，本实例采用的是默认值。

　用户也可以通过在Engineering Data窗口中自行创建新材料添加到模型库中。

步骤 06　单击工具栏中的 ▭ Project 按钮，返回到 Workbench 主界面，材料库添加完毕。

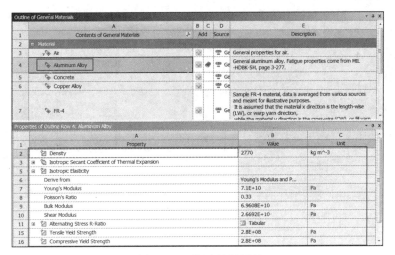

图 3-114　修改材料属性

3.5.5　添加模型材料属性

步骤 **01**　双击主界面项目管理区项目 A 中的 A3 栏 Model 项，进入如图 3-115 所示的 Mechanical 界面，在该界面下即可进行网格的划分、分析设置、结果观察等操作。

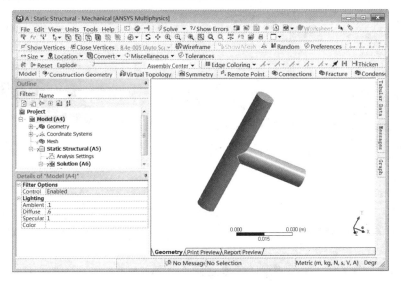

图 3-115　Mechanical 界面

　ANSYS Workbench 18.0 程序默认的材料为 Structural Steel。

步骤 **02**　选择 Mechanical 界面左侧 Outline（分析树）中 Geometry 选项下的"实体"，即可在"Details of '实体'"（参数列表）中给模型添加材料，如图 3-116 所示。

步骤 **03**　单击参数列表中的 Material 下 Assignment 黄色区域后的 ▶，会出现刚刚设置的材料 Aluminum Alloy，选择即可将其添加到模型中去，如图 3-117 所示，表示材料已经添加成功。

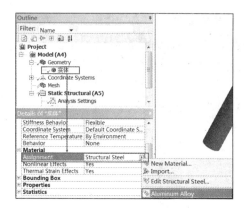

图 3-116　变更材料

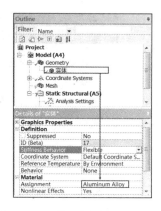

图 3-117　修改材料后的分析树

3.5.6　划分网格

步骤 01　选择 Mechanical 界面左侧 Outline（分析树）中的 Mesh 选项，可在"Details of 'Mesh'"（参数列表）中修改网格参数。本例在 Sizing 的 Element Size 中设置为 6.e~0.03m，如图 3-118 所示，其余采用默认设置。

步骤 02　在 Outline（分析树）中的 Mesh 选项上单击鼠标右键，从弹出的快捷菜单中选择 Generate Mesh 命令，最终的网格效果如图 3-119 所示。

图 3-118　生成网格

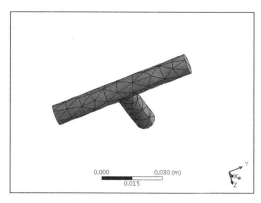

图 3-119　网格效果

本例为了演示子模型，将全模型的网格划分的比较粗糙。

3.5.7　施加载荷与约束

步骤 01　选择 Mechanical 界面左侧 Outline（分析树）中的 Static Structural（A5）选项，出现如图 3-120 所示的 Environment 工具栏。

步骤 02　选择 Environment 工具栏中的 Supports（约束）→Fixed Support（固定约束）命令，会在分析树中出现 Fixed Support 选项，如图 3-121 所示。

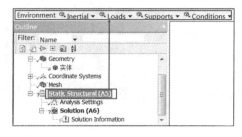

图 3-120　Environment 工具栏

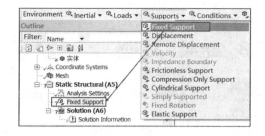

图 3-121　添加固定约束

步骤 **03**　选中 Fixed Support，选择需要施加固定约束的面，单击"Details of 'Fixed Support'"（参数列表）中 Geometry 选项下的 ＿＿Apply＿＿ 按钮，即可在选中面上施加固定约束，如图 3-122 所示。

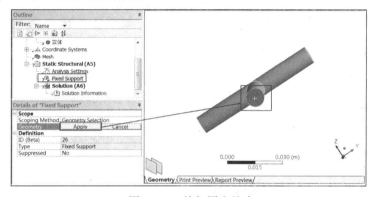

图 3-122　施加固定约束

步骤 **04**　选择 Environment 工具栏中的 Loads（载荷）→Force（力）命令，在分析树中会出现 Force 选项，如图 3-123 所示。

步骤 **05**　选中 Force，在"Details of 'Force'"（参数列表）面板中进行如下设置：

在 Geometry 选项下确保如图 3-124 所示的两个面被选中并单击 ＿＿Apply＿＿ 按钮，此时在 Geometry 栏中显示 2 Faces，表明一个面已经被选中；

在 Define By 栏中选择 Components 选项；

在 X Component 选项中输入-3000N，其余默认即可。

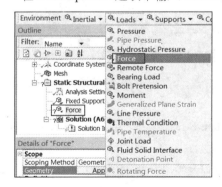

图 3-123　添加力

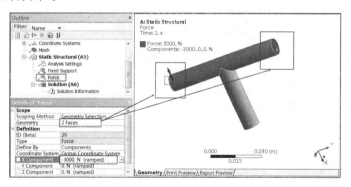

图 3-124　添加面载荷

步骤 **06**　在 Outline（分析树）中的 Static Structural（A5）选项上单击鼠标右键，从弹出的快捷菜单中选择 Solve 命令。

3.5.8　结果后处理

步骤01　选择 Mechanical 界面左侧 Outline（分析树）中的 Solution（A6）选项，会出现如图 3-125 所示的 Solution 工具栏。

步骤02　选择 Solution 工具栏中的 Stress（应力）→Equivalent（von-Mises）命令，如图 3-126 所示，会在分析树中出现 Equivalent Stress（等效应力）选项。

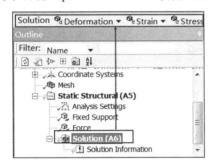

图 3-125　Solution 工具栏

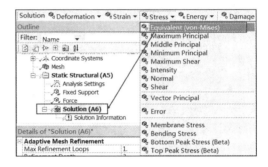

图 3-126　添加等效应力选项

步骤03　选择 Solution 工具栏中的 Strain（应变）→Equivalent（von-Mises）命令，如图 3-127 所示，在分析树中会出现 Equivalent Elastic Strain（等效应变）选项。

步骤04　选择 Solution 工具栏中的 Deformation（变形）→Total 命令，如图 3-128 所示，在分析树中会出现 Total Deformation（总变形）选项。

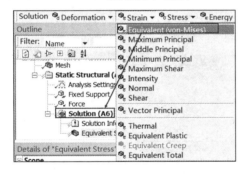

图 3-127　添加等效应变选项

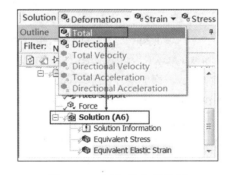

图 3-128　添加总变形选项

步骤05　在 Outline（分析树）中的 Solution（A6）选项上单击鼠标右键，从弹出的快捷菜单中选择 Solve 命令，如图 3-129 所示。

步骤06　选择 Outline（分析树）中 Solution（A6）下的 Equivalent Stress 选项，会出现如图 3-130 所示的应力分析云图。

步骤07　选择 Outline（分析树）中 Solution（A6）下的 Equivalent Elastic Strain 选项，会出现如图 3-131 所示的应变分析云图。

步骤08　选择 Outline（分析树）中 Solution（A6）下的 Total Deformation（总变形），会出现如图 3-132 所示的总变形分析云图。

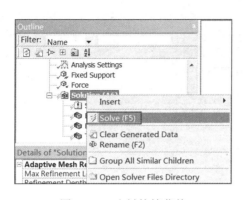

图 3-129　右键快捷菜单

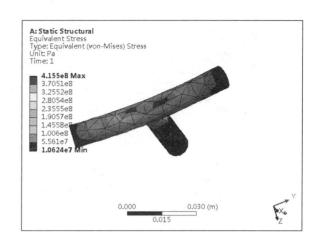

图 3-130　应力分析云图

图 3-131　应变分析云图

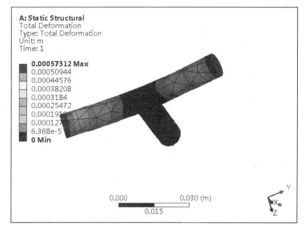

图 3-132　总变形分析云图

步骤 09　单击 Mechanical 界面右上角的 ▆▆ （关闭）按钮，退出 Mechanical 返回到 Workbench 主界面。

3.5.9　子模型分析

步骤 01　在项目 A 中的 A1 上单击鼠标右键，从弹出的快捷菜单中选择 Duplicate（复制工程）选项，如图 3-133 所示，复制一个分析项目到项目 B。

步骤 02　在项目 B 中的 B3 上单击鼠标右键，从弹出的快捷菜单中选择 Replace Geometry→Browse 选项，如图 3-134 所示。

步骤 03　在弹出的"打开"对话框中选择几何文件为 Sub_Model.sat 的文件，如图 3-135 所示。

步骤 04　将项目 A 中的 A6 直接拖到项目 B 中的 B5，如图 3-136 所示。

步骤 05　在 B5 上单击鼠标右键，从弹出的快捷菜单中选择 Refresh 命令，更新数据。

步骤 06　双击 B4 进入到 Mechanical 平台，此时在 Mechanical 平台中出现如图 3-137 所示的命令，此命令表示可以添加子模型激励。

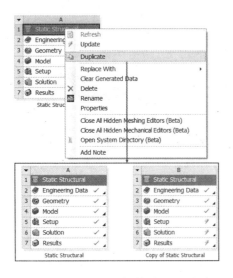

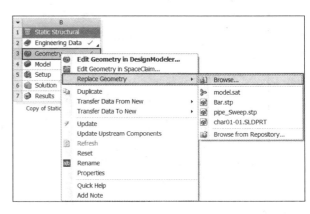

图 3-133　复制项目　　　　　　　　　图 3-134　快捷菜单

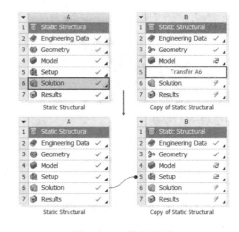

图 3-135　选择几何文件　　　　　　　图 3-136　数据传递

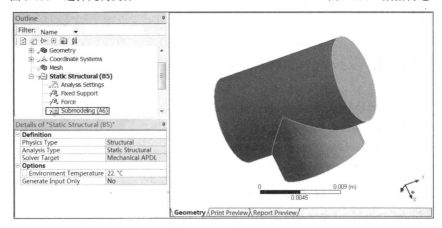

图 3-137　子模型激励

步骤 07 将材料设置为 Aluminum Alloy。

步骤 08 删除 Static Structural (B5)→Fixed Support 和 Force 两个选项。

步骤 09 划分网格,将网格大小设置为 5.e-004m,如图 3-138 所示。

步骤 10 划分完成后的网格模型如图 3-139 所示。

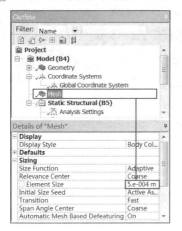

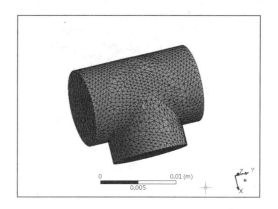

图 3-138　网格设置　　　　　　　　　　　　　　　图 3-139　网格模型

步骤 11 选择 Submodeling(Solution)并单击鼠标右键,从弹出的快捷菜单中依次选择 Insert→Cut Boundary Contraint 选项,如图 3-140 所示。

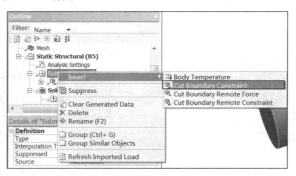

图 3-140　右键快捷菜单

步骤 12 在弹出如图 3-141 所示的 ImportedCut Boundary Contraint 详细设置面板的 Geometry 栏中选择 3 个圆柱面。

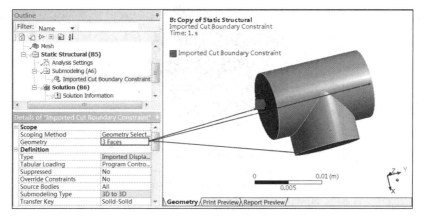

图 3-141　选择圆柱面

步骤⑬ 选择 Imported Cut Boundary Contraint 选项并单击鼠标右键，从弹出的快捷菜单中选择 Imported Load 选项。

步骤⑭ 导入完成后的载荷添加及信息如图 3-142 所示。

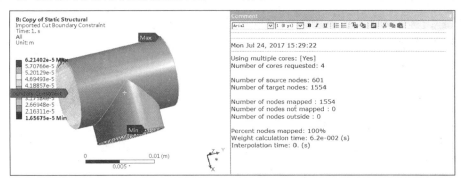

图 3-142 载荷及信息

步骤⑮ 在 Outline（分析树）中的 Static Structural（A5）选项上单击鼠标右键，从弹出的快捷菜单中选择 Solve 命令。

步骤⑯ 如图 3-143~图 3-145 所示为应力、应变及位移云图。

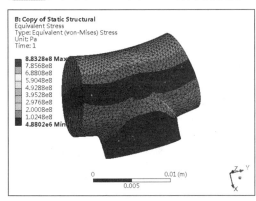

图 3-143 应力分布云图

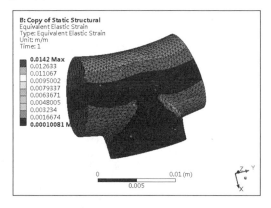

图 3-144 应变分布云图

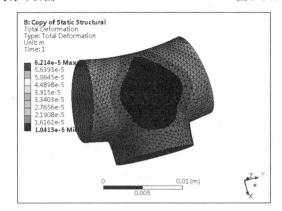

图 3-145 位移分布云图

3.5.10　保存并退出

步骤01　单击 Mechanical 界面右上角的 **×**（关闭）按钮，退出 Mechanical 返回到 Workbench 主界面。

步骤02　在 Workbench 主界面中单击常用工具栏中的 **■**（保存）按钮，保存包含有分析结果的文件。

步骤03　单击右上角的 **×**（关闭）按钮，退出 Workbench 主界面，完成项目分析。

　　读者根据子模型分析的方法和步骤，详细揣摩子模型分析的机理。子模型分析比较适合几何模型较复杂的结构，如汽车的轮毂结构一般比较复杂，而且属于周期对称结构。一般分析汽车轮毂时，可以取出其中一部分做有限元分析，但是考虑到结构在轮缘与辐射毂之间过渡的位置受力容易出现奇异值，所以需要在过渡位置进行细化分析，提高计算精度以保证工程需要。

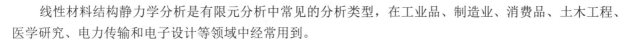

3.6　本章小结

　　线性材料结构静力学分析是有限元分析中常见的分析类型，在工业品、制造业、消费品、土木工程、医学研究、电力传输和电子设计等领域中经常用到。

　　本章通过几个典型的案例，分别介绍了梁单元、实体单元的有限元静力分析的一般过程，包括材料导入与建模、材料选择与材料属性赋予、有限元网格的划分、对模型施加边界条件、外载荷、结构后处理及大变形的开启等。

　　通过本章的学习，读者应对ANSYS Workbench子模型的分析方法有了一个深入的了解，同时借助ANSYS帮助文档深入学习，熟练掌握操作步骤与分析方法。

第4章

模态分析案例详解

 导言

ANSYS Workbench 18.0 软件为用户提供了多种动力学分析工具，可以完成各种动力学现象的分析和模拟，其中包括模态分析、响应谱分析、随机振动分析、谐响应分析、线性屈曲分析、瞬态动力学分析及显示动力学分析，其中显示动力学分析是由ANSYS AUTODYN及ANSYS LS-DYNA两个求解器完成。

本章将对ANSYS Workbench软件的模态分析模块进行讲解，并通过典型应用对各种分析的一般步骤进行详细讲解，包括几何建模（外部几何数据的导入）、材料赋予、网格设置与划分、边界条件的设置及后处理操作。

 学习目标

★ 熟练掌握ANSYS Workbench软件模态分析的过程
★ 掌握结构模态分析的应用场合

4.1 结构动力学分析简介

动力学分析是用来确定惯性和阻尼起重要作用时结构的动力学行为的技术，典型的动力学行为有结构的振动特性，如结构的振动和自振频率、载荷随时间变化的效应或交变载荷激励效应等。动力学分析可以模拟的物理现象包括振动冲击、交变载荷、地震载荷、随机载荷等。

4.1.1 结构动力学分析

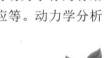

动力学问题遵循的平衡方程为：

$$[M]\{x^{"}\}+[C]\{x^{'}\}+[K]\{x\}=\{F(t)\} \tag{4-1}$$

式中：$[M]$ 是质量矩阵；$[C]$ 是阻尼矩阵；$[K]$ 是刚度矩阵；$\{x\}$ 是位移矢量；$\{F(t)\}$ 是力矢量；$\{x^{'}\}$ 是速度矢量；$\{x^{"}\}$ 是加速度矢量。

动力学分析适用于快速加载、冲击碰撞的情况，在这种情况下惯性力和阻尼的影响不能被忽略。如果结构静定，载荷速度较慢，则动力学计算结果将等同于静力学计算结果。

由于动力学问题需要考虑结构的惯性，因此对于动力学分析来说，材料参数必须定义密度，同时材料的弹性模量和泊松比也是必不可少的参数。

4.1.2　结构动力学分析的阻尼

结构动力学分析的阻尼是振动能量耗散的机制，可以使振动最终停下来，阻尼大小取决于材料、运动速度和振动频率。阻尼参数在运动方程（4-1）中由阻尼矩阵[C]描述，阻尼力与运动速度成比例。

动力学中常用的阻尼形式有阻尼比、α阻尼和β阻尼，其中α阻尼和β阻尼统称为瑞利阻尼（Rayleigh阻尼）。下面将简单介绍一下以下3种阻尼的基本概念及公式。

（1）阻尼比ξ：阻尼比ξ是阻尼系数与临界阻尼系数之比。临界阻尼定义为出现振荡与非振荡行为之间的临界点的阻尼值，此时阻尼比ξ=1.0，对于单自由度系统弹簧质量系统，质量m，圆频率ω，临界阻尼C=2mω。

（2）瑞利阻尼（Rayleigh阻尼）：包括α阻尼和β阻尼。如果质量矩阵为[M]，刚度矩阵为[K]，则瑞丽阻尼矩阵为[C]=α[M]+β[K]，所以α阻尼和β阻尼分别被称为质量阻尼和刚度阻尼。

阻尼比与瑞利阻尼之间的关系为：ξ=α/2ω+βω/2，从此公式可以看出，质量阻尼过滤低频部分（频率越低，阻尼越大），而刚度阻尼过滤高频部分（频率越高，阻尼越大）。

（3）定义α阻尼和β阻尼：运用关系式ξ=α/2ω+βω/2，指定两个频率ω_i和ω_j对应的阻尼比ξ_i和ξ_j，可以计算出α阻尼和β阻尼，如公式（4-2）所示：

$$\alpha = \frac{2\omega_i\omega_j}{\omega_j^2 - \omega_i^2}(\omega_j\zeta_i - \omega_i\zeta_j)$$

$$\beta = \frac{2}{\omega_j^2 - \omega_i^2}(\omega_j\zeta_j - \omega_i\zeta_i)$$

（4-2）

（4）阻尼值量级：以α阻尼为例，α=0.5为很小的阻尼，α=2.5为显著的阻尼，α=5~10为非常显著的阻尼，α>10为很大的阻尼。不同阻尼情况下结构的变形可能会有较明显的差异。

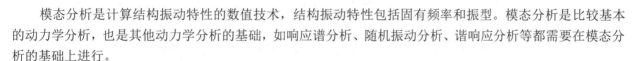

4.2　模态分析简介

模态分析是计算结构振动特性的数值技术，结构振动特性包括固有频率和振型。模态分析是比较基本的动力学分析，也是其他动力学分析的基础，如响应谱分析、随机振动分析、谐响应分析等都需要在模态分析的基础上进行。

模态分析是比较简单的动力学分析，但有非常广泛的实用价值。模态分析可以帮助设计人员确定结构的固有频率和振型，从而使结构设计避免共振，并指导工程师预测在不同载荷作用下结构的振动形式。

此外，模态分析还有助于估算其他动力学分析参数，比如瞬态动力学分析中为了保证动力响应的计算精度，通常要求在结构的一个自振周期有不少于 25 个计算点，模态分析可以确定结构的自振周期，从而帮助分析人员确定合理的瞬态分析时间步长。

4.2.1　模态分析

模态分析的好处在于：可以使结构设计避免共振或以特定的频率进行振动。工程师从中可以认识到结构对不同类型的动力载荷是如何响应的，有助于在其他动力分析中估算求解控制参数。

ANSYS Workbench 18.0 模态求解器有如图 4-1 所示的几种类型，其中默认为程序自动控制类型（Program Control）。

模态分析还是其他线性动力学分析的基础，如响应谱分析、谐响应分析、暂态分析等均需在模态分析的基础上进行。

除了常规的模态分析外，ANSYS Workbench 18.0 还可计算含有接触的模态分析及考虑有预应力的模态分析。

如图 4-2 所示为在工具箱中存在的两种进行模态计算的求解器，其中项目 A 为利用 Samcef 求解器进行的模态分析，项目 B 为采用 ANSYS 默认求解器进行的模态分析。

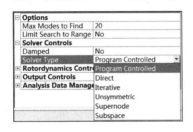
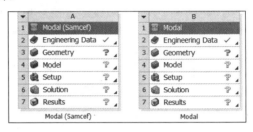

图 4-1 求解器控制　　　　　　　　　图 4-2 模态分析项目

4.2.2　模态分析基础

无阻尼模态分析是经典的特征值问题，动力学问题的运动方程如下：

$$[M]\{x^{\cdot\cdot}\}+[K]\{x\}=\{0\} \tag{4-3}$$

结构的自由振动为简谐振动，即位移为正弦函数：

$$x = x\sin(\omega t) \tag{4-4}$$

带入上式得：

$$([K]-\omega^2[M])\{x\}=\{0\} \tag{4-5}$$

式（4-4）为经典的特征值问题，此方程的特征值为 $\omega_i{}^2$，其开方 ω_i 就是自振圆频率，自振频率为 $f=\dfrac{\omega_i}{2\pi}$。

特征值 ω_i 对应的特征向量 $\{x\}_i$ 为自振频率 $f=\dfrac{\omega_i}{2\pi}$ 对应的振型。

模态分析实际上就是进行特征值和特征向量的求解，也称为模态提取。模态分析中材料的弹性模量、泊松比及材料密度是必须定义的。

4.2.3　预应力模态分析

结构中的应力可能会导致结构刚度的变化，这方面的典型例子是琴弦，我们都有这样的经验，张紧的琴弦比松弛的琴弦声音要尖锐，这是因为张紧的琴弦刚度更大，从而导致自振频率更高的缘故。

液轮叶片在转速很高的情况下，由于离心力产生的预应力的作用，其自然频率有增大的趋势，如果转速高到这种变化已经不能被忽略的程度，则需要考虑预应力对刚度的影响。

预应力模态分析就是用于分析含预应力结构的自振频率和振型，预应力模态分析和常规模态分析类似，但可以考虑载荷产生的应力对结构刚度的影响。

4.3　模态分析实例1——模态分析

本节主要介绍ANSYS Workbench 18.0 的模态分析模块，计算方杆的自振频率特性。

学习目标：熟练掌握ANSYS Workbench模态分析的方法及过程

模型文件	无
结果文件	下载资源\Chapter04\char04-1\Modal.wbpj

4.3.1　问题描述

如图 4-3 所示的方杆模型，请用ANSYS Workbench分析方杆自振频率变形。

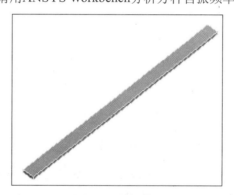

图 4-3　方杆模型

4.3.2　启动 Workbench 并建立分析项目

步骤01　在 Windows 系统下执行开始→所有程序→ANSYS 18.0→Workbench 18.0 命令，启动 ANSYS Workbench 18.0，进入主界面。

步骤02　双击主界面 Toolbox（工具箱）中的 Analysis Systems→Modal（模态分析）选项，即可在 Project Schematic（项目管理区）中创建分析项目 A，如图 4-4 所示。

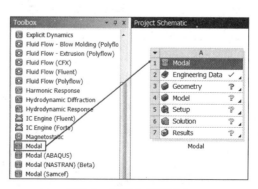

图 4-4　创建分析项目 A

4.3.3　创建几何体

步骤 **01**　双击 A3 Geometry 栏进入到 DesignModeler 几何建模平台，单击 Sketching 面板，在 XYPlane 平面上绘制如图 4-5 所示的矩形，并对矩形进行标注：H1=50mm；V2=20mm。

步骤 **02**　单击工具栏中的 **Extrude** 按钮，拉伸实体，如图 4-6 所示。在 FD1,Depth(>0)栏中输入 1000mm。单击工具栏中的 **Generate** 按钮生成几何模型。

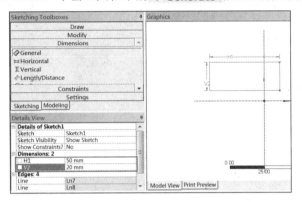

图 4-5　草绘

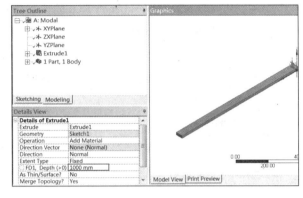

图 4-6　拉伸实体

步骤 **03**　单击 DesignModeler 界面右上角的 ✖ （关闭）按钮，退出 DesignModeler，返回到 Workbench 主界面。

4.3.4　添加材料库

步骤 **01**　双击项目 A 中的 A2Engineering Data 项，进入如图 4-7 所示的材料参数设置界面。

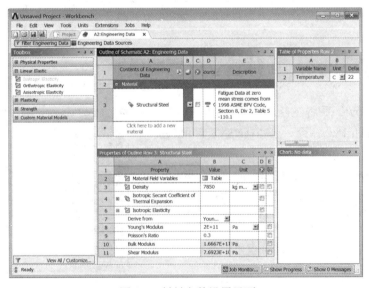

图 4-7　材料参数设置界面

步骤 **02** 在界面的空白处单击鼠标右键，从弹出的快捷菜单中选择 Engineering Data Sources（工程数据源）选项，此时的界面变为如图 4-8 所示的样子。原界面窗口中的 Outline of Schematic B2:Engineering Data 消失，取代以 Engineering Data Sources 及 Outline of Favorites。

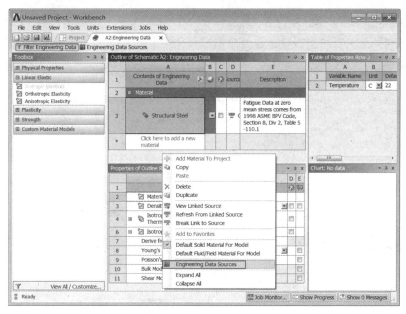

图 4-8 右键快捷菜单

步骤 **03** 在 Engineering Data Sources 表中选择 A3 栏 General Materials，然后单击 Outline of Favorites 表中 A11 栏 Stainless Steel（不锈钢）后的 B11 栏的 ➕（添加），此时在 C11 栏中会显示 📄（使用中的）标识，如图 4-9 所示，表示材料添加成功。

步骤 **04** 在界面的空白处单击鼠标右键，从弹出的快捷菜单中选择 Engineering Data Sources（工程数据源）选项，返回到初始界面中。

步骤 **05** 根据实际工程材料的特性，在 Properties of Outline Row 3:Stainless Steel 表中可以修改材料的特性，如图 4-10 所示，本实例采用的是默认值。

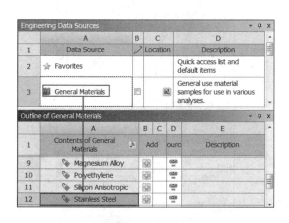

图 4-9 添加材料

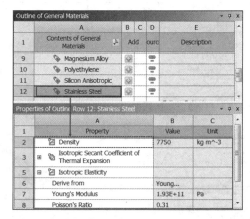

图 4-10 材料参数修改窗口

步骤 **06** 单击工具栏中的 Project 按钮，返回到 Workbench 主界面，材料库添加完毕。

4.3.5 添加模型材料属性

步骤01 双击主界面项目管理区项目 A 中的 A3 栏 Model 项，进入如图 4-11 所示 Mechanical 界面，在该界面下即可进行网格的划分、分析设置、结果观察等操作。

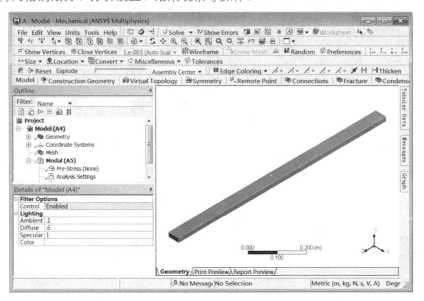

图 4-11 Mechanical 界面

步骤02 选择 Mechanical 界面左侧 Outline（分析树）中 Geometry 选项下的 Solid，即可在"Details of 'Solid'"（参数列表）中给模型添加材料，如图 4-12 所示。

步骤03 单击参数列表中的 Material 下 Assignment 黄色区域后的 ▶，会出现刚刚设置的材料 Stainless Steel，选择即可将其添加到模型中。此时分析树 Geometry 前的**?**变为✓，如图 4-13 所示，表示材料已经添加成功。

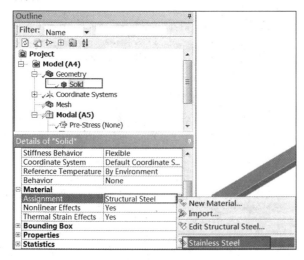

图 4-12 添加材料

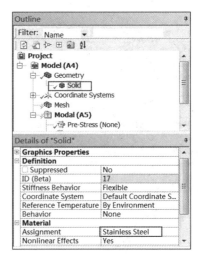

图 4-13 添加材料后的分析树

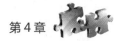

4.3.6 划分网格

步骤01 选择 Mechanical 界面左侧 Outline（分析树）中的 Mesh 选项，可在“Details of ‘Mesh’”（参数列表）中修改网格参数，如图 4-14 所示，在 Relevance 栏中移动滑块到 100，设置 Element Size 为 2.5e-002m，其余采用默认设置。

步骤02 在 Outline（分析树）中的 Mesh 选项上单击鼠标右键，从弹出的快捷菜单中选择 Generate Mesh 命令，划分完成的网格效果如图 4-15 所示。

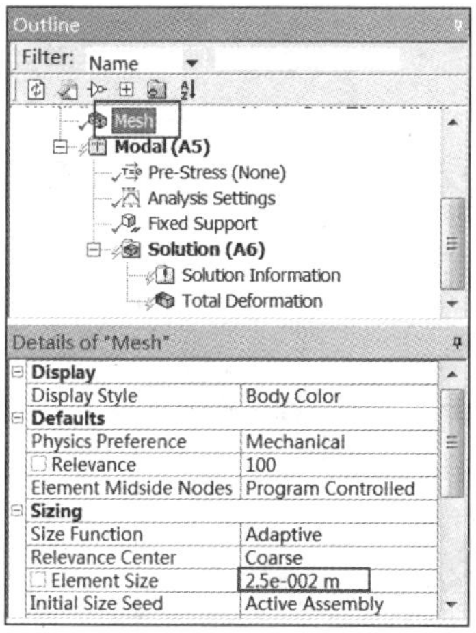

图 4-14 生成网格

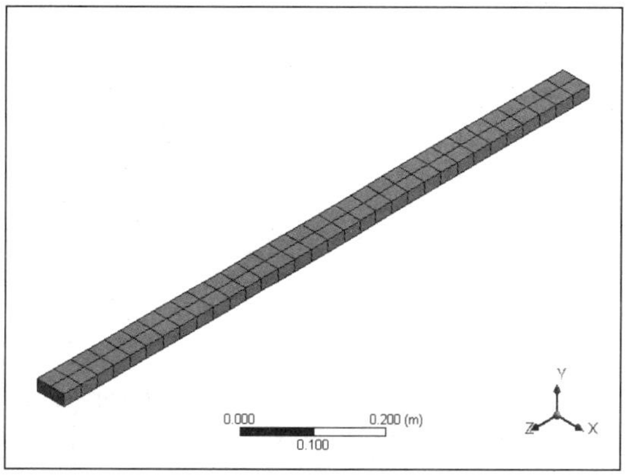

图 4-15 网格效果

4.3.7 施加载荷与约束

步骤01 选择 Mechanical 界面左侧 Outline（分析树）中的 Modal（A5）选项，会出现如图 4-16 所示的 Environment 工具栏。

步骤02 选择 Environment 工具栏中的 Supports（约束）→Fixed Support（固定约束）命令，在分析树中会出现 Fixed Support 选项，如图 4-17 所示。

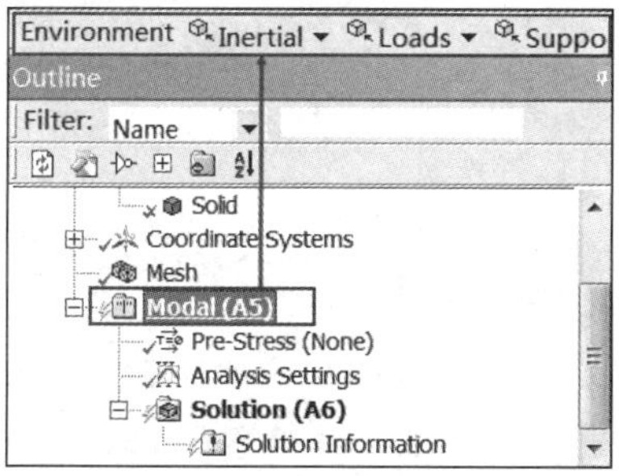

图 4-16 Environment 工具栏

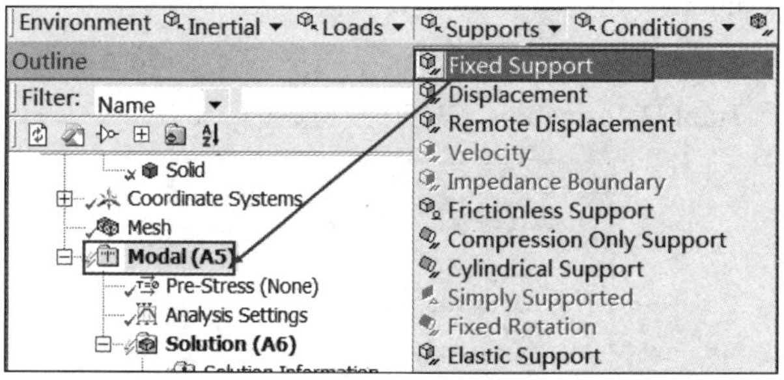

图 4-17 添加固定约束

步骤03 选中 Fixed Support，选择需要施加固定约束的面，单击“Details of ‘Fixed Support’”中 Geometry 选项下的 Apply 按钮，即可在选中面上施加固定约束，如图 4-18 所示。

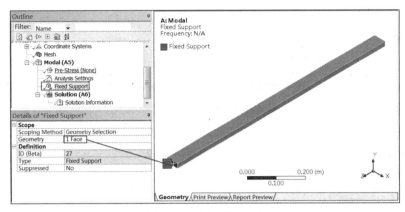

图 4-18　施加固定约束

步骤 04　在 Outline（分析树）中的 Modal（A5）选项上单击鼠标右键，从弹出的快捷菜单中选择 Solve 命令，如图 4-19 所示。

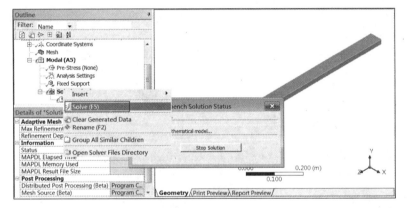

图 4-19　求解

4.3.8　结果后处理

步骤 01　选择 Mechanical 界面左侧 Outline（分析树）中的 Solution（A6）选项，出现如图 4-20 所示的 Solution 工具栏。

步骤 02　选择 Solution 工具栏中的 Deformation（变形）→Total 命令，如图 4-21 所示，在分析树中会出现 Total Deformation（总变形）选项。

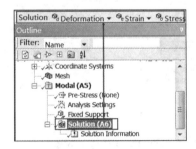

图 4-20　Solution 工具栏

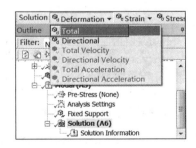

图 4-21　添加变形选项

步骤 **03** 在 Outline（分析树）中的 Solution（A6）选项上单击鼠标右键，在弹出的快捷菜单中选择 Equivalent All Results 命令，如图 4-22 所示，弹出进度显示条，表示正在求解，当求解完成后进度条自动消失。

步骤 **04** 选择 Outline（分析树）中 Solution（A6）下的 Total Deformation（总变形）选项，出现如图 4-23 所示的一阶模态总变形分析云图。

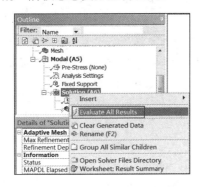

图 4-22　右键快捷菜单

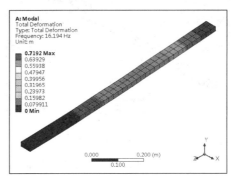

图 4-23　一阶变形

步骤 **05** 如图 4-24 所示为方杆二阶变形云图。

步骤 **06** 如图 4-25 所示为方杆三阶变形云图。

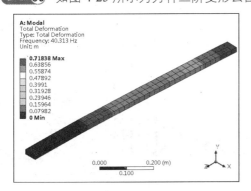

图 4-24　二阶变形

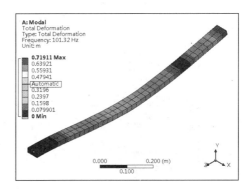

图 4-25　三阶变形

步骤 **07** 如图 4-26 所示为方杆四阶变形云图。

步骤 **08** 如图 4-27 所示为方杆五阶变形云图。

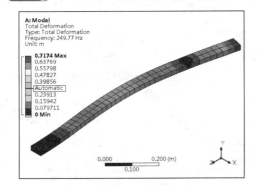

图 4-26　四阶变形

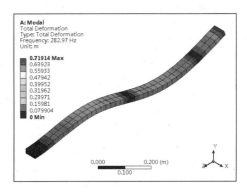

图 4-27　五阶变形

步骤 09 如图 4-28 所示为方杆六阶变形云图。

步骤 10 如图 4-29 所示为方杆前 6 阶模态频率，Workbench 模态计算时的默认模态数量为 6。

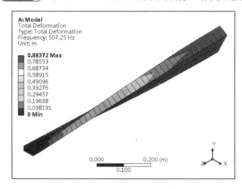

图 4-28 六阶变形

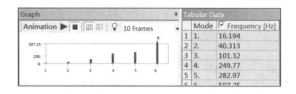

图 4-29 各阶模态频率

步骤 11 选择 Outline（分析树）中 Modal（A5）下的 Analysis Settings（分析设置）选项，在如图 4-30 所示的 "Details of 'Analysis Settings'" 下面的 Options 中有 Max Modes to Find 选项，在此可以修改模态数量。

步骤 12 重新计算得到的模态频率如图 4-31 所示。

图 4-30 修改模态数量选项

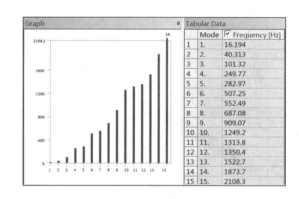

图 4-31 各阶模态频率

步骤 13 单击工具栏中的 按钮，在下拉选项中选择 ，单击不同窗口显示不同模态下的变形，如图 4-32 所示。

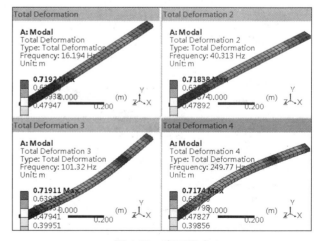

图 4-32 窗口形式

4.3.9 保存与退出

步骤 **01** 单击 Mechanical 界面右上角的 **X** （关闭）按钮，退出 Mechanical，返回到 Workbench 主界面。

步骤 **02** 在 Workbench 主界面中单击常用工具栏中的 **目** （保存）按钮，保存文件名为 Modal.wbpj。

步骤 **03** 单击右上角的 **X** （关闭）按钮，退出 Workbench 主界面，完成项目分析。

4.4 模态分析实例2——有预应力模态分析

本节主要介绍ANSYS Workbench 18.0 的模态分析模块，计算方板在有预应力下的模态。

学习目标：熟练掌握ANSYS Workbench有预应力模态分析的方法及过程。

模型文件	无
结果文件	下载资源\Chapter04\char04-2\ model_compression.wbpj

4.4.1 问题描述

如图 4-33 所示的模型，请用ANSYS Workbench分析分别计算同一零件在有压力工况下的固有频率。

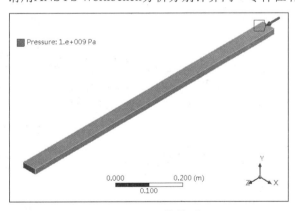

图 4-33　计算模型

4.4.2 启动 Workbench 并建立分析项目

步骤 **01** 在 Windows 系统下执行开始→所有程序→ANSYS 18.0→Workbench 18.0 命令，启动 ANSYS Workbench 18.0，进入主界面。

步骤 **02** 双击主界面 Toolbox（工具箱）中的 Custom Systems→Pre-Stress Modal（预应力模态分析）选项，即可在 Project Schematic（项目管理区）中同时创建分析项目 A（静力分析）及项目 B（模态分析），如图 4-34 所示。

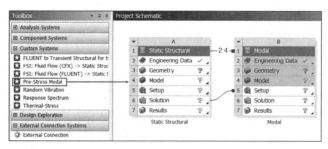

图 4-34　创建分析项目 A 及 B

4.4.3　创建几何体

步骤01　双击 A3 Geometry 栏进入到 DesignModeler 几何建模平台，单击 Sketching 面板，在 XYPlane 平面上绘制如图 4-35 所示的矩形，并对矩形进行标注：H1=50mm；V2=20mm。

步骤02　单击工具栏中的 Extrude 按钮，拉伸实体，如图 4-36 所示，在 FD1,Depth（>0）栏中输入 1000mm。单击工具栏中的 Generate 按钮生成几何模型。

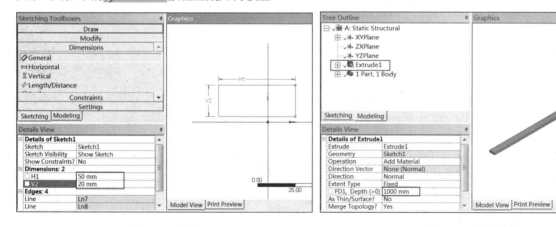

图 4-35　草绘　　　　　　　　　　　　　　　　图 4-36　拉伸实体

步骤03　单击 DesignModeler 界面右上角的 ✕（关闭）按钮，退出 DesignModeler，返回到 Workbench 主界面。

4.4.4　添加材料库

步骤01　双击项目 A 中的 A2 Engineering Data 项，进入如图 4-37 所示的材料参数设置界面。

步骤02　在界面的空白处单击鼠标右键，在弹出的快捷菜单中选择 Engineering Data Sources（工程数据源）选项，界面会变为如图 4-38 所示的样子。原界面窗口中的 Outline of Schematic B2:Engineering Data 消失，取代以 Engineering Data Sources 及 Outline of Favorites。

步骤03　在 Engineering Data Sources 表中选择 A3 栏 General Materials，然后单击 Outline of Favorites 表中 A11 栏 Stainless Steel（不锈钢）后的 B11 栏的 ✚（添加），此时在 C11 栏中会显示 ◈（使用中的）标识，如图 4-39 所示，表示材料添加成功。

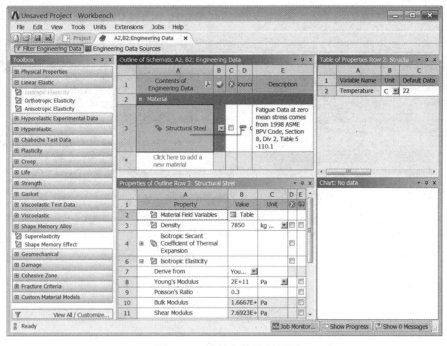

图 4-37 材料参数设置界面

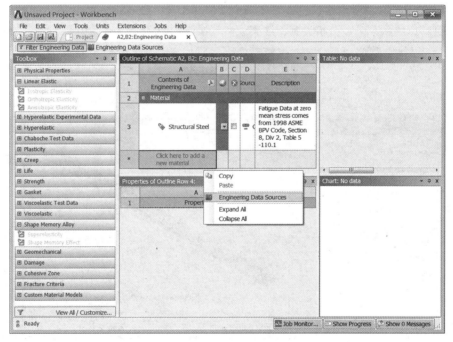

图 4-38 材料参数设置界面

步骤 **04** 在界面的空白处单击鼠标右键，从弹出的快捷菜单中选择 Engineering Data Sources（工程数据源）选项，返回到初始界面中。

步骤 **05** 根据实际工程材料的特性，在 Properties of Outline Row 3:Stainless Steel 表中修改材料的特性，如图 4-40 所示，本实例采用的是默认值。

步骤06 单击工具栏中的 Project 按钮，返回到 Workbench 主界面，材料库添加完毕。

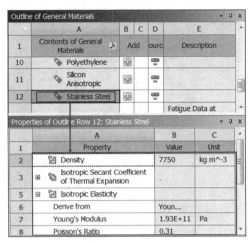

图 4-39　添加材料　　　　　　　　　　　　　　图 4-40　材料参数修改窗口

4.4.5　添加模型材料属性

步骤01 双击主界面项目管理区项目 A 中的 A4 栏 Model 项，进入如图 4-41 所示的 Mechanical 界面，在该界面下即可进行网格的划分、分析设置、结果观察等操作。

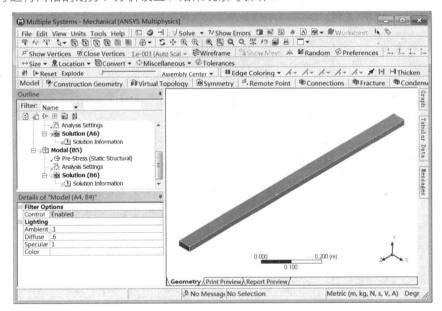

图 4-41　Mechanical 界面

步骤02 选择 Mechanical 界面左侧 Outline（分析树）中 Geometry 选项下的 Solid，即可在 "Details of 'Solid'"（参数列表）中给模型添加材料，如图 4-42 所示。

步骤03 单击参数列表中的 Material 下 Assignment 黄色区域后的 ▶，此时会出现刚刚设置的材料 Stainless Steel，选择即可将其添加到模型中。如图 4-43 所示，表示材料已经修改成功。

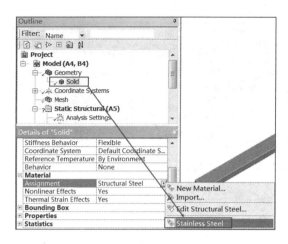

图 4-42　添加材料

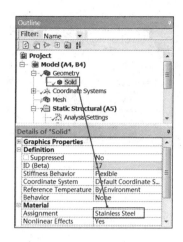

图 4-43　添加材料后的分析树

4.4.6　划分网格

步骤 **01**　选择 Mechanical 界面左侧 Outline（分析树）中的 Mesh 选项，此时可在 Details of "Mesh"（参数列表）中修改网格参数，如图 4-44 所示，在 Relevance 栏中移动滑块到 100，设置 Element Size 为 2.5e-002m，其余采用默认设置。

步骤 **02**　在 Outline（分析树）中的 Mesh 选项上单击鼠标右键，从弹出的快捷菜单中选择 Generate Mesh 命令，划分完成的网格效果如图 4-45 所示。

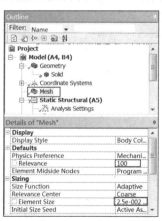

图 4-44　生成网格

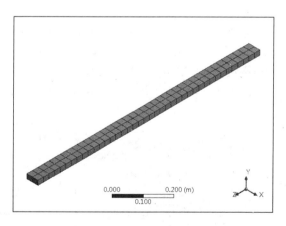

图 4-45　网格效果

4.4.7　施加载荷与约束

步骤 **01**　选择 Mechanical 界面左侧 Outline（分析树）中的 Static Structural（A5）选项，会出现如图 4-46 所示的 Environment 工具栏。

步骤 **02**　选择 Environment 工具栏中的 Supports（约束）→Fixed Support（固定约束）命令，此时在分析树中会出现 Fixed Support 选项，如图 4-47 所示。

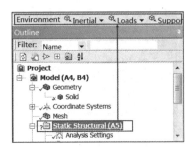

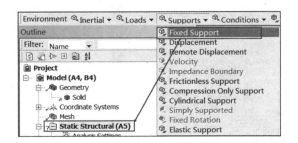

图 4-46　Environment 工具栏　　　　　　　　图 4-47　添加固定约束

步骤 03 选中 Fixed Support，选择需要施加固定约束的面，单击"Details of 'Fixed Support'"中 Geometry 选项下的 Apply 按钮，即可在选中面上施加固定约束，如图 4-48 所示。

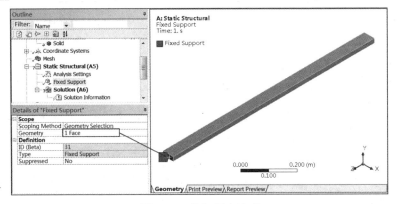

图 4-48　施加固定约束

步骤 04 选择 Environment 工具栏中的 Loads（载荷）→Pressure（压力载荷）命令，在分析树中会出现 Pressure 选项，如图 4-49 所示。

步骤 05 选中 Force，选择需要施加固定约束的面，单击"Details of 'Pressure'"中 Geometry 选项下的 Apply 按钮，即可在选中面上施加固定约束，如图 4-50 所示。在 Magnitude 栏中输入 1.e+009 Pa，其余默认即可。

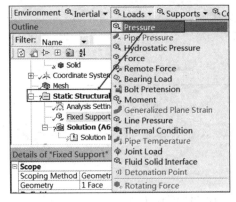

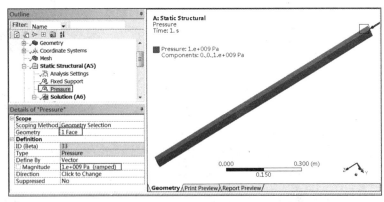

图 4-49　添加固定约束　　　　　　　　　　图 4-50　施加载荷

步骤 06 在 Outline（分析树）中的 Static Structural（A5）选项上单击鼠标右键，从弹出的快捷菜单中选择 Solve 命令。

步骤 **07** 在后处理中添加 Total Deformation 命令，并进行后处理运算，云图如图 4-51 所示。

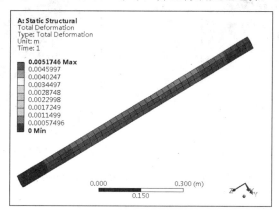

图 4-51　求解

4.4.8　模态分析

在 Outline（分析树）中的 Modal（B5）选项上单击鼠标右键，从弹出的快捷菜单中选择 Solve 命令，如图 4-52 所示。

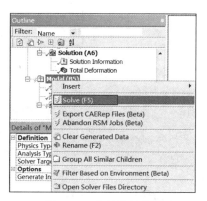

图 4-52　右键快捷菜单

计算时间与网格疏密程度、计算机性能等有关。

4.4.9　后处理

步骤 **01** 选择 Solution（B6）工具栏中的 Deformation（变形）→Total 命令，如图 4-53 所示，在分析树中会出现 Total Deformation（总变形）选项。

步骤 **02** 在 Outline（分析树）中的 Solution（B6）选项上单击鼠标右键，在弹出的快捷菜单中选择 Equivalent All Results 命令，如图 4-54 所示。此时，会弹出进度显示条，表示正在求解，当求解完成后进度条自动消失。

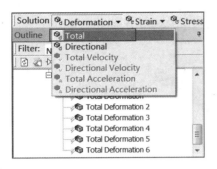

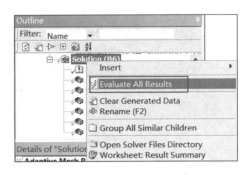

图 4-53　添加变形选项　　　　　　　　　　图 4-54　右键快捷菜单

步骤 03 选择 Outline（分析树）中 Solution 下的 Total Deformation（总变形）选项，会出现如图 4-55 所示的一阶模态总变形分析云图。

步骤 04 如图 4-56 所示为二阶模态总变形分析云图。

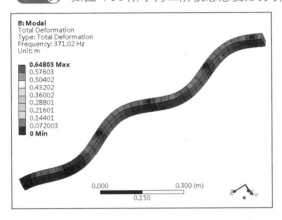

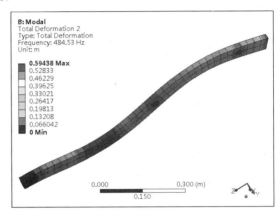

图 4-55　一阶预拉应力振型　　　　　　　　图 4-56　二阶预拉应力振型

步骤 05 如图 4-57 所示为三阶模态总变形分析云图。

步骤 06 如图 4-58 所示为四阶模态总变形分析云图。

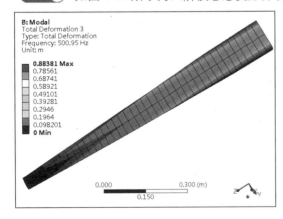

图 4-57　三阶预拉应力振型　　　　　　　　图 4-58　四阶预拉应力振型

步骤 07 如图 4-59 所示为五阶模态总变形分析云图。

步骤 08 如图 4-60 所示为六阶模态总变形分析云图。

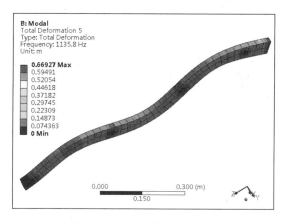

图 4-59　五阶预拉应力振型

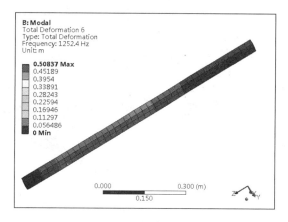

图 4-60　六阶预拉应力振型

步骤 09　如图 4-61 所示为模型前 6 阶模态频率，Workbench 模态计算时的默认模态数量为 6。

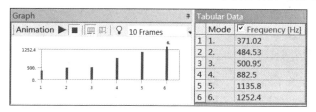

图 4-61　各阶模态频率

4.4.10　保存与退出

步骤 01　单击 Mechanical 界面右上角的 ✕ （关闭）按钮，退出 Mechanical 返回到 Workbench 主界面。

步骤 02　在 Workbench 主界面中单击常用工具栏中的 💾 （保存）按钮，保存文件名为 model_compression.wbpj。

步骤 03　单击右上角的 ✕ （关闭）按钮，退出 Workbench 主界面，完成项目分析。

4.5　模态分析实例3——有预应力模态分析

本节主要介绍ANSYS Workbench 18.0 的模态分析模块，计算方板在有预应力下的模态。

学习目标：熟练掌握ANSYS Workbench有预应力模态分析的方法及过程。

模型文件	无
结果文件	下载资源\Chapter04\char04-3\ model_extension.wbpj

4.5.1　问题描述

如图 4-62 所示的模型，请用ANSYS Workbench分析分别计算同一零件在有拉力工况下的固有频率。

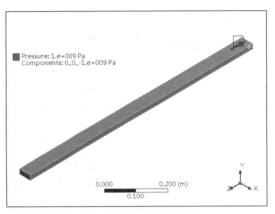

图 4-62　计算模型

4.5.2　修改外载荷数据

步骤**01**　复制实例 2 的文件到 一个新文件夹中，双击 model_compression 文件进入工程管理平台。

步骤**02**　双击 A7（Results）进入到分析环境，修改载荷方向，然后保存工程文件到 model_extension 文件名。

步骤**03**　在 Outline（分析树）中的 Static Structural（A5）选项上单击鼠标右键，从弹出的快捷菜单中选择 Solve 命令。

步骤**04**　在后处理中添加 Total Deformation 命令，并进行后处理运算，云图如图 4-63 所示。

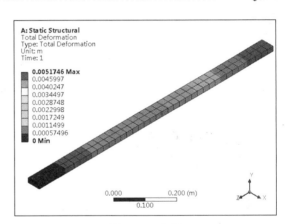

图 4-63　求解

4.5.3　模态分析

在Outline（分析树）中的Modal（B5）选项上单击鼠标右键，从弹出的快捷菜单中选择 Solve命令。

4.5.4　后处理

步骤**01**　选择 Solution（B6）工具栏中的 Deformation（变形）→Total 命令，在分析树中会出现 Total Deformation（总变形）选项。

步骤**02**　在 Outline（分析树）中的 Solution（B6）选项上单击鼠标右键，从弹出的快捷菜单中选择 Equivalent All Results 命令。

步骤**03**　选择 Outline（分析树）中 Solution 下的 Total Deformation（总变形），会出现如图 4-64 所示的一阶模态总变形分析云图。

步骤 04 如图 4-65 所示为二阶模态总变形分析云图。

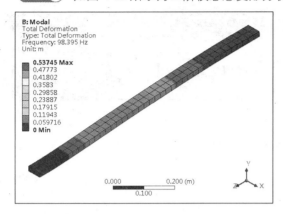

图 4-64 一阶预拉应力振型

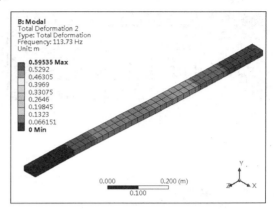

图 4-65 二阶预拉应力振型

步骤 05 如图 4-66 所示为三阶模态总变形分析云图。

步骤 06 如图 4-67 所示为四阶模态总变形分析云图。

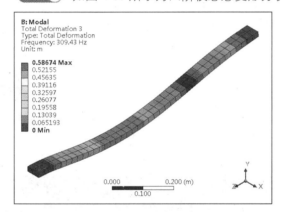

图 4-66 三阶预拉应力振型

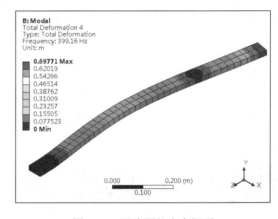

图 4-67 四阶预拉应力振型

步骤 07 如图 4-68 所示为五阶模态总变形分析云图。

步骤 08 如图 4-69 所示为六阶模态总变形分析云图。

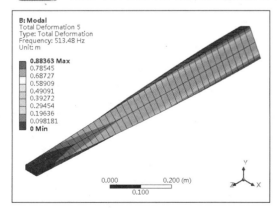

图 4-68 五阶预拉应力振型

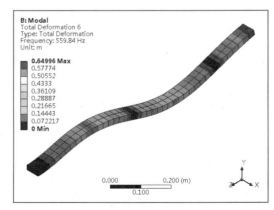

图 4-69 六阶预拉应力振型

步骤 09 如图 4-70 所示为模型前 6 阶模态频率，Workbench 模态计算时的默认模态数量为 6。

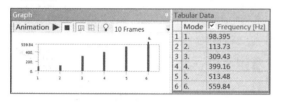

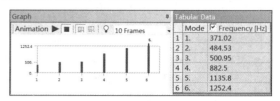

（a）拉力模态　　　　　　　　　　　　　　　　（b）压力模态

图 4-70　模态比较

4.5.5　保存与退出

步骤 01 单击 Mechanical 界面右上角的 ✖ （关闭）按钮，退出 Mechanical，返回到 Workbench 主界面。

步骤 02 在 Workbench 主界面中单击常用工具栏中的 💾 （保存）按钮，保存文件名为 model_compression.wbpj。

步骤 03 单击右上角的 ✖ （关闭）按钮，退出 Workbench 主界面，完成项目分析。

4.5.6　结论

从以上分析可以看出，当零件单纯受压或受拉时的自振频率相差较多，对于第一阶自振频率而言，受拉时的值为 98.395Hz，受压的值为 371.02Hz，压力在一定范围内，受拉时的模态值比受压小。

4.6　本章小结

本章通过简单的例子介绍了模态分析的方法及操作过程，读者完成本章的实例后，应该熟练掌握零件模态分析的基本方法，了解模态分析的应用，同时掌握模态分析的分析方法。

另外，请读者参考帮助文档，对含有阻尼系数的零件进行模态分析，并对比有无阻尼系数对零件变形的影响。

第5章

谐响应分析案例详解

 导言

　　本章主要讲解ANSYS Workbench软件的谐响应分析模块，并通过典型应用对各种分析的一般步骤进行详细讲解，包括几何建模（外部几何数据的导入）、材料赋予、网格设置与划分、边界条件的设置及后处理操作。

 学习目标

　　★ 熟练掌握ANSYS Workbench软件谐响应分析的过程
　　★ 掌握谐响应分析的应用场合。

5.1　谐响应分析简介

5.1.1　谐响应分析

　　谐响应分析也称为频率响应分析或扫频分析，用于确定结构在已知频率和幅值的正弦载荷作用下的稳态响应。

　　如图5-1所示，谐响应分析是一种时域分析，计算结构响应的时间历程，但是局限于载荷是简谐变化的情况，只计算结构的稳态受迫振动，而不考虑激励开始时的瞬态振动。

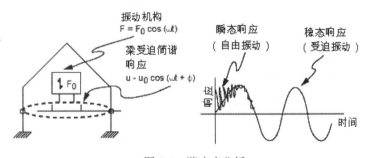

图 5-1　谐响应分析

　　谐响应分析可以进行扫频分析，分析结构在不同频率和幅值的简谐载荷作用下的响应，从而探测共振，指导设计人员避免结构发生共振（如借助阻尼器来避免共振），确保一个给定的结构能够经受住不同频率的各种简谐载荷（如不同速度转动的发动机）。

谐响应分析的应用非常广泛。例如，旋转机械的偏心转动力将产生简谐载荷，因此旋转设备（如压缩机、发动机、泵、涡轮机械等）的支座、固定装置和部件等经常需要应用谐响应分析来分析它们在各种不同频率和幅值的偏心简谐载荷作用下的刚强度。另外，流体的漩涡运动也会产生简谐载荷，谐响应分析也经常被用于分析受涡流影响的结构，如涡轮业片、飞机机翼、桥、塔等。

5.1.2　谐响应分析的载荷与输出

谐响应分析的载荷是随时间正弦变化的简谐载荷，这种类型的载荷可以用频率和幅值来描述。谐响应分析可以同时计算一系列不同频率和幅值的载荷引起的结构的响应，这就是所谓的频率扫描（扫频）分析。

简谐载荷可以是加速度或力。载荷可以作用于指定节点或基础（所有约束节点），而且同时作用的多个激励载荷可以有不同的频率及相位。

简谐载荷有两种描述方法：一种是采用频率、幅值、相位角来描述；另一种是通过频率、实部和虚部来描述。

谐响应分析的计算结果包括结构任意点的位移或应力的实部、虚部、幅值及等值图，实部和虚部反映了结构响应的相位角。如果定义了非零的阻尼，则响应会与输入载荷之间有相位差。

5.1.3　谐响应分析通用方程

根据经典力学理论可知，物体的动力学通用方程是：

$$[M]\{\overset{..}{x}\}+[C]\{\overset{.}{x}\}+[K]\{x\}=\{F(t)\} \tag{5-1}$$

式中：$[M]$ 是质量矩阵；$[C]$ 是阻尼矩阵；$[K]$ 是刚度矩阵；$\{x\}$ 是位移矢量；$\{F(t)\}$ 是力矢量；$\{\overset{.}{x}\}$ 是速度矢量；$\{\overset{..}{x}\}$ 是加速度矢量。

而谐响应分析中，上式右侧为 $F=F_0\cos(\omega t)$。

5.2　谐响应分析实例1——梁单元谐响应分析 ▶

本节主要介绍ANSYS Workbench 18.0 的谐响应分析模块，对板单元模型进行谐响应分析。

学习目标：熟练掌握ANSYS Workbench谐响应分析的方法及过程。

模型文件	下载资源\Chapter05\char05-1\beam.agdb
结果文件	下载资源\Chapter05\char05-1\beam _Response.wbpj

5.2.1　问题描述

如图 5-2 所示的板单元模型，计算在两个简谐力作用下，板单元的响应。

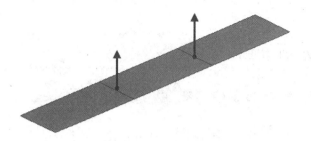

图 5-2　板单元模型

5.2.2　启动 Workbench 并建立分析项目

步骤01　在 Windows 系统下执行开始→所有程序→ANSYS 18.0→Workbench 18.0 命令，启动 ANSYS Workbench 18.0，进入主界面。

步骤02　单击 Toolbox→Component Systems→Geometry 命令，此时会在工程管理窗口中出现项目 A（Geometry）流程表，如图 5-3 所示，在 A2（Geometry）上单击鼠标右键，从弹出的快捷菜单中选择 Import Geometry…→Browse…命令。

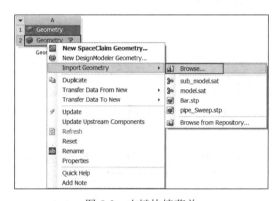

步骤03　在弹出的"打开"对话框中做如下设置：

在文件类型中选择 agdb 格式，即*.agdb；

选择 beam.agdb 文件并单击"打开"按钮。

图 5-3　右键快捷菜单

步骤04　如图 5-4 所示，双击项目 A 中的 A2（Geometry），此时会加载 DesignModeler 平台。

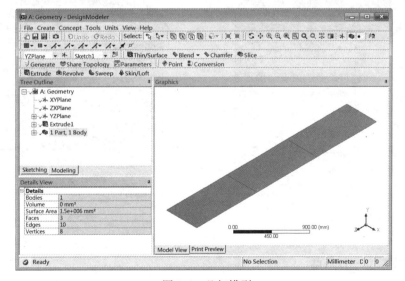

图 5-4　几何模型

步骤05　单击 **X** 按钮关闭 DesignModeler 平台。

5.2.3　创建模态分析项目

步骤01　如图 5-5 所示，将 Toolbox（工具箱）中的 Modal（模态分析）命令直接拖动到项目 A（几何）的 A2（Geometry）中。

步骤02　如图 5-6 所示，此时项目 A 的几何数据将共享在项目 B 中。

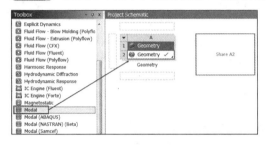

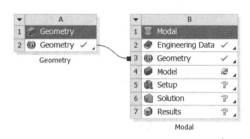

图 5-5　创建模态分析　　　　　　　　　　　　　　图 5-6　工程数据共享

5.2.4　材料选择

步骤01　双击项目 B 中的 B2（Engineering Data），弹出如图 5-7 所示的工程材料库，在工具栏中单击 按钮，此时弹出工程材料数据选择库。

步骤02　在材料库中选择如图 5-8 所示的 Aluminum Alloy 材料，此时会在 C8 栏中出现 图标，表示此材料被选中，返回 Workbench 主窗口。

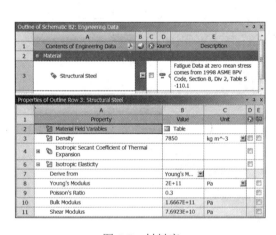

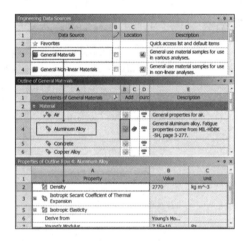

图 5-7　材料库　　　　　　　　　　　　　　　　图 5-8　材料选择

5.2.5　施加载荷与约束

步骤01　双击项目 B 中的 B4（Model）命令，进入如图 5-9 所示 Mechanical 界面，在该界面下即可进行网格的划分、分析设置、结果观察等操作。

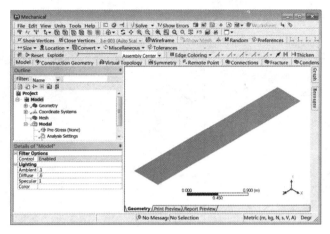

图 5-9　Mechanical 界面

步骤 **02**　如图 5-10 所示，选择 Outline（分析树）中的 Model（B4）→Geometry→Surface Body 选项，在下面出现的"Details of 'Surface Body'"面板中的 Material→Assignment 栏中选择 Aluminum Alloy。

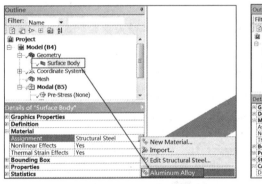

图 5-10　选择材料

步骤 **03**　选择 Mechanical 界面左侧 Outline（分析树）中的 Model（B4）→Mesh 选项，如图 5-11 所示，在出现的"Details of 'Mesh'"面板中的 Relevance 栏中移动滑块到 100。

步骤 **04**　如图 5-12 所示，选择 Mesh 并单击鼠标右键，从弹出的快捷菜单中选择 Generate Mesh 命令，划分网格。

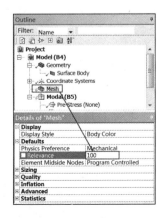

图 5-11　网格设置　　　　　　　　　　　　　图 5-12　快捷菜单

步骤 **05** 划分完的几何网格模型，如图 5-13 所示。

步骤 **06** 固定梁单元的两侧，如图 5-14 所示。

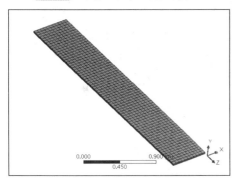

图 5-13 几何网格模型

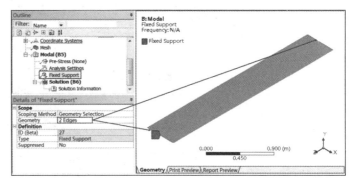

图 5-14 约束

5.2.6 模态分析

选择 Modal（B5）并单击鼠标右键，弹出如图 5-15 所示的快捷菜单。选择 Solve 命令，进行模态分析，此时默认的阶数为 6 阶。

图 5-15 选择 solve 命令

5.2.7 后处理

步骤 **01** 选择 Solution 并单击鼠标右键，如图 5-16 所示，从弹出的快捷菜单中依次选择 Insert→Deformation→Total 命令。

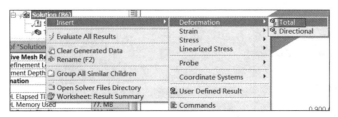

图 5-16 添加变形选项

步骤 **02** 选择 Solution（B6）并单击鼠标右键，从弹出的快捷菜单中选择 Evaluate All Results 命令。

步骤**03** 计算完成后，选择 Total Deformation 命令，如图 5-17 所示，此时在图形操作区显示位移响应云图，在"Details of 'Total Deformation'"面板中 Mode 栏的数值为 1，表示是第一阶模态的位移响应。

步骤**04** 前 6 阶固有频率如图 5-18 所示。

步骤**05** 如图 5-19 所示，选中 Graph 栏中的所有模态柱状图并单击右键，从弹出的快捷菜单中选择 Create Mode Shape Results 选项。

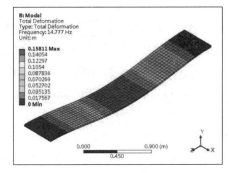

图 5-17　计算位移

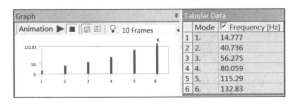

图 5-18　前 6 阶固有频率

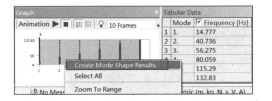

图 5-19　快捷菜单

步骤**06** 如图 5-20 所示，在 Solution 选项下面自动创建 6 个后处理选项，分别显示不同频率下的总变形。

步骤**07** 计算完成后的各阶模态变形云图如图 5-21 所示。

步骤**08** 单击 ✖ 按钮关闭 Mechanical 界面。

图 5-20　后处理

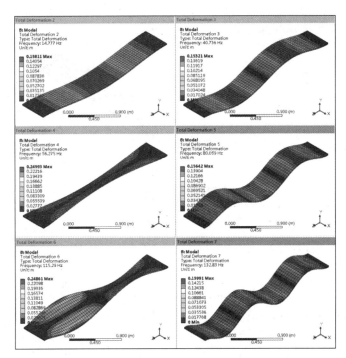

图 5-21　各阶模态变形云图

5.2.8　创建谐响应分析项目

步骤 01　如图 5-22 所示，将 Toolbox（工具箱）中的 Harmonic Response（谐响应分析）命令直接拖动到项目 B（模态分析）的 B6Solution 中。

步骤 02　如图 5-23 所示，项目 B 的所有前处理数据已经全部导入项目 C 中，此时如果双击项目 C 中的 C5Setup 命令，则可直接进入 Mechanical 界面。

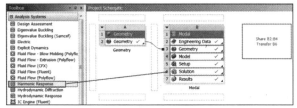

图 5-22　创建谐响应分析

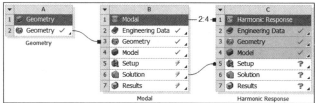

图 5-23　工程数据共享

5.2.9　施加载荷与约束

步骤 01　双击主界面项目管理区项目 C 中的 C5 栏 Setup 项，进入如图 5-24 所示 Mechanical 界面，在该界面下即可进行网格的划分、分析设置、结果观察等操作。

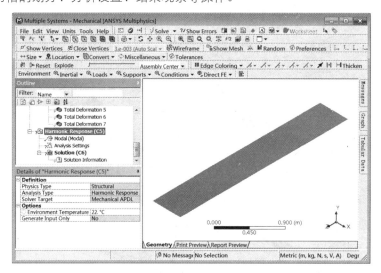

图 5-24　Mechanical 界面

步骤 02　在 Outline（分析树）中的 Modal（B5）选项上单击鼠标右键，从弹出的快捷菜单中选择 Solve 命令。

步骤 03　如图 5-25 所示，在 Outline（分析树）中的 Harmonic Response（C5）→Analysis Settings 选项上单击，在下面出现的"Details of 'Analysis Settings'"面板的 Options 中作如下更改：

在 Range Minimum 中输入 0Hz；

在 Range Maximum 中输入 50Hz；

在 Solution Interval 中输入 50。

步骤 **04** 选择 Mechanical 界面左侧 Outline（分析树）中的 Harmonic Response（C5）选项，如图 5-26 所示。选择 Environment 工具栏中的 Loads（载荷）→Force（力）命令，此时在分析树中会出现 Force 选项。

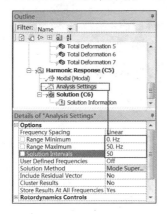

图 5-25　频率设置

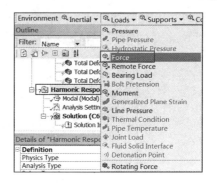

图 5-26　施加外力

步骤 **05** 如图 5-27 所示，选中 Force，在"Details of'Force'"面板中 Scope→Geometry 栏中选择中间两条线，在 Define By 栏中选择 Components 选项，在 Magnitude 栏中输入 300N，在 Phase Angle 栏中输入 0°，完成力的设置。

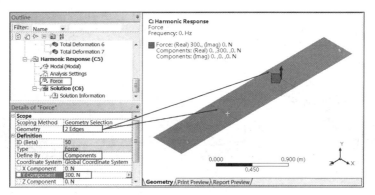

图 5-27　数值设置

5.2.10　谐响应计算

如图 5-28 所示，选择 Harmonic Response（C5）并单击鼠标右键，从弹出的快捷菜单中选择 Solve 命令。

图 5-28　求解

5.2.11 结果后处理

步骤01 在 Outline（分析树）中的 Solution（C6）选项上单击鼠标右键，从弹出的快捷菜单中选择 Insert →Deformation→Total 命令，如图 5-29 所示。在后处理器中添加位移响应命令。

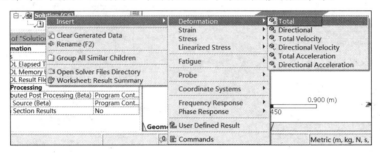

图 5-29 添加位移响应

步骤02 如图 5-30 所示为频率为 50Hz，相角为 0°时的位移响应云图。

步骤03 如图 5-31 所示，在 Solution 工具栏中选择 Frequency Response→Deformation 命令，此时在分析树中会出现 Total Deformation（总变形）选项，在变形选项卡中进行如下操作：

在 Geometry 栏中保证 3 个几何平面被选中；

在 Orientation 栏中选择 Y Axis 选项，其余保持默认即可。

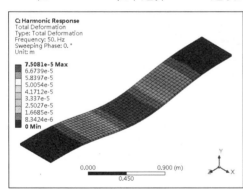

图 5-30 位移响应云图

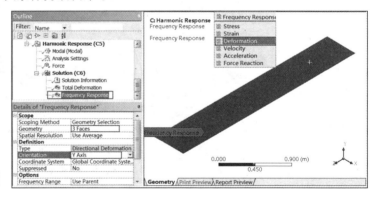

图 5-31 添加变形选项

步骤04 选择 Solution 工具栏中的 Frequency Response 并单击鼠标右键，从弹出如图 5-32 所示的快捷菜单中选择 Evaluate All Results 命令。

步骤05 选择 Outline（分析树）中 Solution（C6）下的 Frequency Response，此时会出现如图 5-33 所示的节点随频率变化曲线。

步骤06 如图 5-34 所示为梁单元各阶响应频率及相角。

步骤07 如图 5-35 所示，选择圆面，然后在 Solution 工具栏中选择 Phase Response→Deformation 命令，此时在分析树中会出现 Total Deformation（总变形）选项，在变形选项卡中进行如下操作：

在 Geometry 栏中保证 3 个几何平面被选中；

在 Frequency 栏中输入 50Hz，其余保持默认即可。

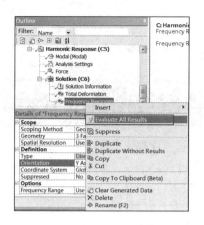

图 5-32　计算位移

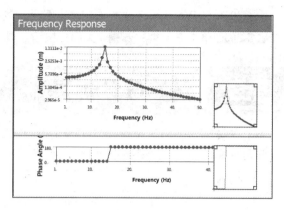

图 5-33　变化曲线

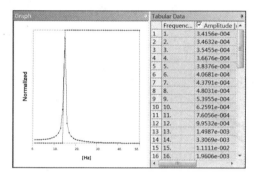

图 5-34　各阶响应频率

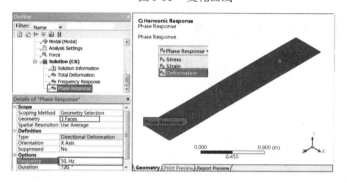

图 5-35　添加变形选项

步骤 08　如图 5-36 所示为梁单元各阶响应角及变形。

步骤 09　如图 5-37 所示为梁单元应力分布云图。

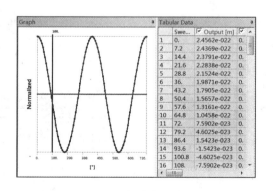

图 5-36　各阶变形响应

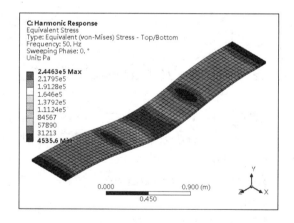

图 5-37　应力分布云图

5.2.12　保存与退出

步骤 01　单击 Mechanical 界面右上角的 █ （关闭）按钮，退出 Mechanical 返回到 Workbench 主界面。此时，主界面的项目管理区中显示的分析项目均已完成。

步骤 **02** 在 Workbench 主界面中单击常用工具栏中的 （保存）按钮，保存为 beam_Response。

步骤 **03** 单击右上角的 ✕ （关闭）按钮，退出 Workbench 主界面，完成项目分析。

5.3 谐响应分析实例2——实体模型谐响应分析

本节主要介绍ANSYS Workbench 18.0 的谐响应分析模块，对实体单元模型进行谐响应分析。

学习目标：熟练掌握ANSYS Workbench谐响应分析的方法及过程。

模型文件	无
结果文件	下载资源\Chapter05\char05-2\ Response.wbpj

5.3.1 问题描述

如图 5-38 所示的实体模型，计算一端在力作用下，实体结构的响应。

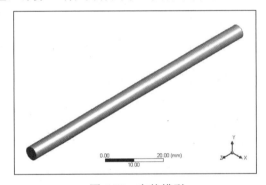

图 5-38 实体模型

5.3.2 启动 Workbench 并建立分析项目

步骤 **01** 在 Windows 系统下执行开始→所有程序→ANSYS 18.0 → Workbench 18.0 命令，启动 ANSYS Workbench 18.0，进入主界面。

步骤 **02** 在工程管理窗口中创建如图 5-39 所示的相关流程分析图。

步骤 **03** 双击 A3 进入到几何建模平台。

步骤 **04** 如图 5-40 所示，绘制直径为 5mm，长度为 100mm 的圆柱体。

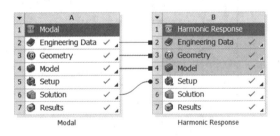

图 5-39 流程图

 在单位设置对话框中选择mm为单位。

步骤 **05** 单击 ✕ 按钮关闭 DesignModeler 平台。

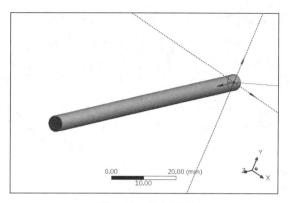

图 5-40　几何模型

5.3.3　材料选择

步骤01 双击项目 A 中的 A2（Engineering Data），弹出如图 5-41 所示的工程材料库。在工具栏中单击▉按钮，此时弹出工程材料数据选择库。

步骤02 在材料库中选择如图 5-42 所示的 Aluminum Alloy 材料，此时会在 C5 栏中出现📖图标，表示此材料被选中，返回 Workbench 主窗口。

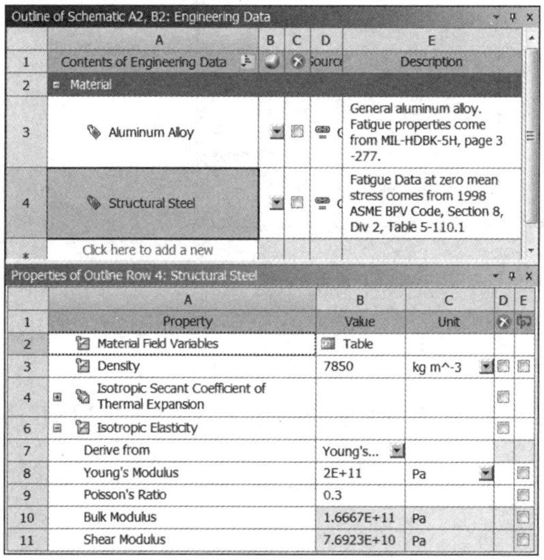

图 5-41　材料库

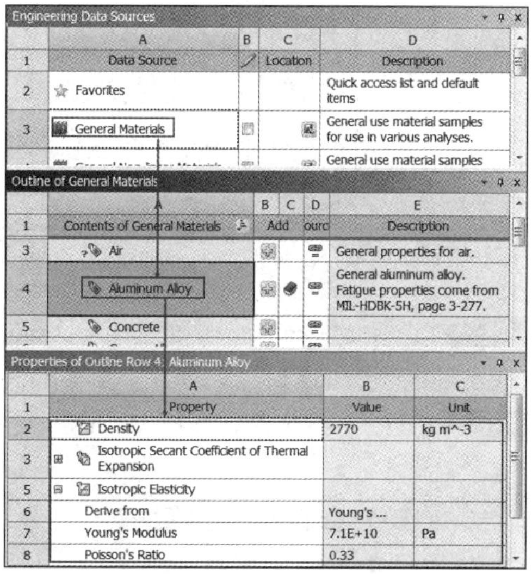

图 5-42　材料选择

5.3.4　施加载荷与约束

步骤01 双击项目 A 中的 A4（Model）命令，进入如图 5-43 所示 Mechanical 界面，在该界面下即可进行网格的划分、分析设置、结果观察等操作。

步骤02 如图 5-44 所示，选择 Outline（分析树）中的 Model（A4，B4）→Geometry→Solid 选项，在下面出现的 "Details of 'Solid'" 面板的 Material→Assignment 栏中选择 Aluminum Alloy。

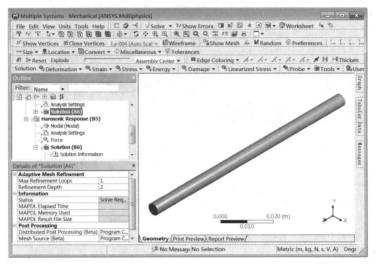

图 5-43　Mechanical 界面

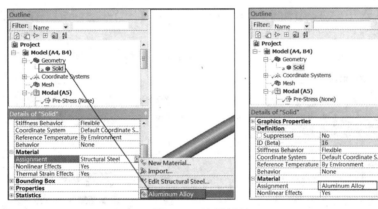

图 5-44　选择材料

步骤 03 选择 Mechanical 界面左侧 Outline（分析树）中的 Model（A4，B4）→Mesh 选项，如图 5-45 所示，在出现的 "Details of 'Mesh'" 面板的 Relevance 栏中移动滑块到 100。

步骤 04 如图 5-46 所示，选择 Mesh 并单击鼠标右键，从弹出的快捷菜单中选择 Generate Mesh 命令，划分网格。

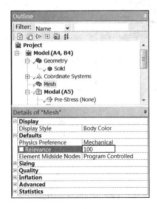

图 5-45　网格设置

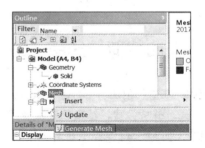

图 5-46　右键快捷菜单

步骤 05 划分完成的几何网格模型如图 5-47 所示。

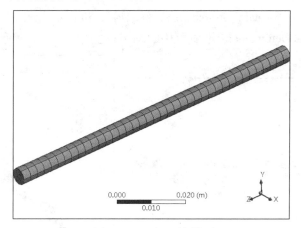

图 5-47 几何网格模型

技巧提示 因为本案例的重点不是网格划分，所以并未对网格进行详细介绍，请读者参考网格划分章节进行网格设置。

步骤 06 固定梁单元的两侧，如图 5-48 所示。

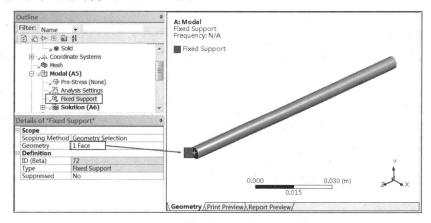

图 5-48 约束

5.3.5 模态分析

选择Modal（A5）并单击鼠标右键，从弹出的快捷菜单中选择Solve命令，进行模态分析，此时默认的阶数为 6 阶。

5.3.6 后处理

步骤 01 选择 Solution 并单击鼠标右键，如图 5-49 所示，从弹出的快捷菜单中依次选择 Insert→Deformation→Total 命令。

步骤 02 选择 Solution（A6）并单击鼠标右键，从弹出的快捷菜单中选择 Evaluate All Results 命令。

步骤 03 计算完成后，选择 Total Deformation 命令，如图 5-50 所示，此时在图形操作区显示位移响应云图，在下面"Details of'Total Deformation'"面板中的 Mode 栏的数值为 1，表示是第一阶模态的位移响应。

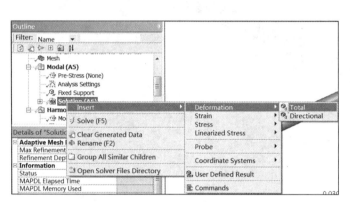

图 5-49　添加变形选项

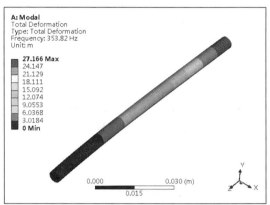

图 5-50　计算位移

步骤 04 前 6 阶固有频率如图 5-51 所示。

步骤 05 如图 5-52 所示，选中 Graph 栏中的所有模态柱状图并单击鼠标右键，从弹出的快捷菜单中选择 Create Mode Shape Results 命令。

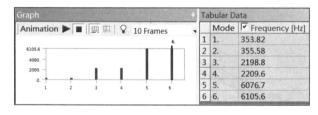

图 5-51　前 6 阶固有频率

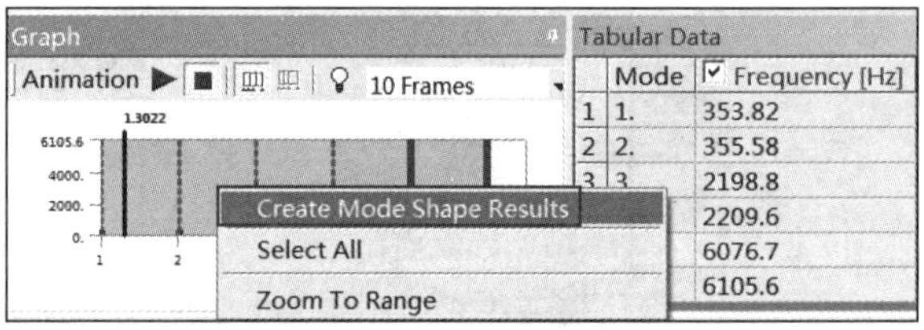

图 5-52　右键快捷菜单

步骤 06 如图 5-53 所示，此时在 Solution 选项下面自动创建 6 个后处理选项，分别显示不同频率下的总变形。

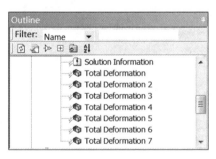

图 5-53　后处理

步骤 07 计算完成后的各阶模态变形云图如图 5-54 所示。

步骤 08 单击 **X** 按钮关闭 Mechanical 界面。

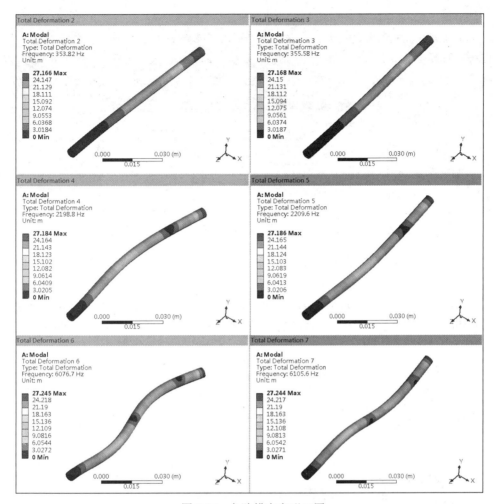

图 5-54　各阶模态变形云图

5.3.7　谐响应分析设置和求解

步骤 01　单击 Harmonic Response（B5）选项，此时可以进行谐响应分析的设置和求解。

步骤 02　如图 5-55 所示，在 Outline（分析树）中的 Harmonic Response（B5）→Analysis Settings 选项上单击，在下面出现的 "Details of 'Analysis Settings'" 选项的 Options 中作如下更改：

在 Range Minimum 中输入 0Hz；

在 Range Maximum 中输入 4000Hz；

在 Solution Interval 中输入 40。

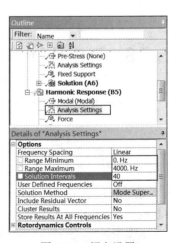

图 5-55　频率设置

Range Maximum中输入的最大值应该比模态计算出来的最大值（第六阶自振频率）小 1.5 倍。因为，计算出的最大自振频率为 6106，所以输入的谐响应最大频段应为 6106/1.5=4070，这里输入 4000 即可。如果输入的频率大于自振频率值，则会出现如图 5-56 所示的警告提示。

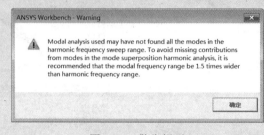

图 5-56　警告提示

步骤 **03**　选择 Mechanical 界面左侧 Outline（分析树）中的 Harmonic Response（B5）选项，选择 Environment 工具栏中的 Loads（载荷）→Force（力）命令，此时在分析树中会出现 Force 选项。

步骤 **04**　如图 5-57 所示，选中 Force，在"Details of 'Force'"面板的 Scope→Geometry 栏中选择中间两条线，在 Define By 栏中选择 Components 选项，在 Magnitude 栏中输入 300N，在 Phase Angle 栏中输入 30°，完成力的设置。

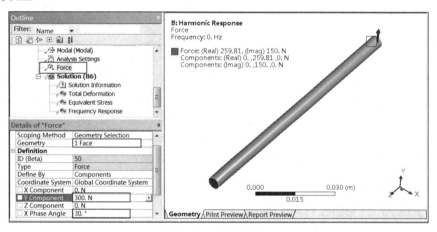

图 5-57　数值设置

5.3.8　谐响应计算

选择 Harmonic Response（B5）并单击鼠标右键，从弹出的快捷菜单中选择 Solve 命令。

5.3.9　结果后处理

步骤 **01**　在 Outline（分析树）中的 Solution（B6）选项上单击鼠标右键，从弹出的快捷菜单中选择 Insert →Deformation→Total 命令，在后处理器中添加位移响应命令。

步骤 **02**　如图 5-58 所示为频率为 4000Hz，相角为 0°时的位移响应云图。

步骤 **03** 在 Solution 工具栏中选择 Frequency Response→Deformation 命令，此时在分析树中会出现 Total Deformation（总变形）选项，在变形选项卡中进行如下操作：

在 Geometry 栏中保证几何被选中；

在 Orientation 栏中选择 Y Axis 选项，其余保持默认即可。

步骤 **04** 在 Solution 工具栏中的 Frequency Response 上单击鼠标右键，从弹出来的快捷菜单中选择 Evaluate All Results 命令。

步骤 **05** 选择 Outline（分析树）中 Solution（B6）下的 Frequency Response，此时会出现如图 5-59 所示的圆柱面随频率变化曲线。

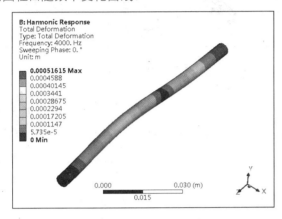

图 5-58　位移响应云图

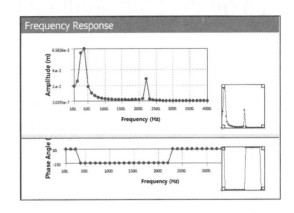

图 5-59　变化曲线

步骤 **06** 如图 5-60 所示为单元各阶响应频率及相角。

步骤 **07** 在后处理中添加应力后处理选项，如图 5-61 所示为圆柱应力分布云图。

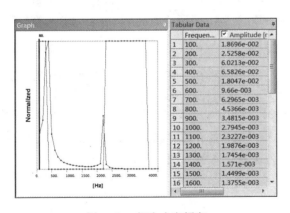

图 5-60　各阶响应频率

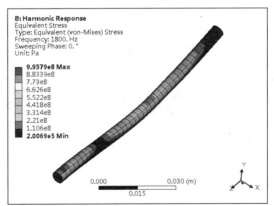

图 5-61　应力分布云图

步骤 **08** 在 Graph 窗口中的柱状图上任选一个频率下的竖条，单击鼠标右键，从弹出如图 5-62 所示的快捷菜单中选择 Retrieve This Results 选项。

本案例中选择的频次为 18 次，在柱状图上侧有显示。

步骤 **09** 经过程序自动计算后，如图 5-63 所示的 19 次频率下应力分布云图。

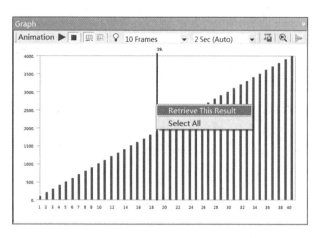

图 5-62　右键快捷菜单

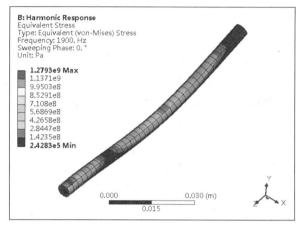

图 5-63　应力分布云图

5.3.10　保存与退出

步骤01　单击 Mechanical 界面右上角的 **✕**（关闭）按钮，退出 Mechanical 返回到 Workbench 主界面。此时，主界面的项目管理区中显示的分析项目均已完成。

步骤02　在 Workbench 主界面中单击常用工具栏中的 **🖫**（保存）按钮，保存为 Response 文件名。

步骤03　单击右上角的 **✕**（关闭）按钮，退出 Workbench 主界面，完成项目分析。

谐响应分析之前需要对结构进行模态分析，谐响应分析时需要读者引起重视，也是常常容易忽略的地方是设置上限频率限值，此值应为模态分析时的最大模态频率值除以 1.5。如果计算出来的最大模态频率值为 6000Hz，则在谐响应分析时的最大上限频率值应为 6000/1.5=4000Hz；如果输入的数值小于 40000Hz，则计算没有问题；如果输入的数值大于 4000Hz，则软件会弹出如图 5-56 所示的提示，这就表明输入的上限频率不是模态分析的最大频率除以 1.5 倍。

5.4　本章小结

本章用了两个简单的实例对谐响应分析的操作方法进行了简单的介绍。读者通过实例的学习，应该学会如何进行谐响应分析并正确判断共振的发生，从而对深入地避开共振的结构设计打下一定的基础。

第 6 章
响应谱分析案例详解

 导言

本章主要讲解ANSYS Workbench软件的响应谱分析模块,并通过典型应用对各种分析的一般步骤进行详细讲解,包括几何建模（外部几何数据的导入）、材料赋予、网格设置与划分、边界条件的设置及后处理操作。

学习目标

★ 熟练掌握ANSYS Workbench软件响应谱分析的过程
★ 掌握结构响应谱分析的应用场合

6.1 响应谱分析简介

响应谱分析是一种频域分析,其输入载荷为振动载荷的频谱,如地震响应谱,常用的频谱是加速度频谱,也可以是速度频谱和位移频谱等。响应谱分析从频域的角度计算结构的峰值响应。

载荷频谱被定义为响应幅值与频率的关系曲线,响应谱分析计算结构各阶振型在给定的载荷频谱下的最大响应,这一最大响应是响应系数和振型的乘积,这些振型最大响应组合在一起就给出了结构的总体响应。因此响应谱分析需要先计算结构的固有频率和振型,必须在模态分析之后进行。

响应谱分析的一个替代方法是瞬态分析,瞬态分析可以得到结构响应随时间的变化,当然也可以得到结构的峰值响应,瞬态分析结果更精确,但需要花费更多的时间。响应谱分析忽略了一些信息（如相位、时间历程等）,但能够快速找到结构的最大响应,满足了很多动力设计的要求。

响应谱分析的应用非常广泛,最典型的应用是土木行业的地震响应谱分析。响应谱分析是地震分析的标准分析方法,被应用到各种结构的地震分析中,如核电站、大坝、建筑、桥梁等。任何受到地震或其他振动载荷的结构或部件都可以用响应谱分析来进行校核。

6.1.1 频谱的定义

频谱是用来描述理想化振动系统在动力载荷激励作用下响应的曲线,通常为位移或者加速度响应,也称为响应谱。

频谱是许多单自由度系统在给定激励下响应最大值的包络线,响应谱分析的频谱数据包括频谱曲线和激励方向。

我们可以通过如图 6-1（a）来进一步说明，考虑安装于振动台的 4 个单自由度弹簧质量系统，频率分别为 $u-f$ f_1、f_2、f_3、f_4，且有 $f_1 < f_2 < f_3 < f_4$。给振动台施加一种振动载荷激励，记录下每个单自由度系统的最大响应 u，可以得到 $u-f$ 关系曲线，如图 6-1（b）所示，此曲线就是给定激励的频谱（响应谱）曲线。

频率和周期具有倒数关系，频谱通常以响应值-周期的关系曲线的形式给出。

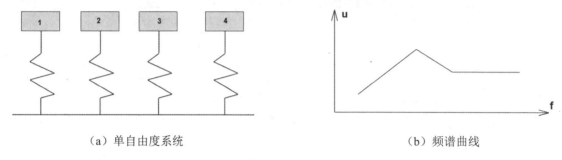

（a）单自由度系统　　　　　　　　　　　　　　（b）频谱曲线

图 6-1　频谱响应值-周期的关系曲线

6.1.2　响应谱分析的基本概念

响应谱分析首先要进行模态分析，模态分析提取主要被激活振型的频率和振型，模态提取的频率应该位于频谱曲线频率范围内。

为了保证计算能够考虑所有影响显著的振型，通常频谱曲线频率范围不应太小，应该一直延伸到谱值较小的区域，模态分析提取的频率也应该延伸到谱值较小的频率区（但仍然位于频谱曲线范围内）。

谱分析（除了响应谱分析以外，还有随机振动分析）涉及参与系数、模态系数、模态有效质量及模态组合几个概念。程序内部计算这些系数或进行相应的操作，用户并不需要直接面对这些概念，但了解这些概念将有助于更好的理解谱分析。

1. 参与系数

参与系数用于衡量模态振型在激励方向上对变形的影响程度（进而影响应力），参与系数是振型和激励方向的函数，对于结构的每一阶模态 i，程序需要计算该模态在激励方向上的参与系数 γ_i。

参与系数的计算公式如下：

$$\gamma_i = \{u\}_i^T [M]\{D\} \tag{6-1}$$

其中：u_i 是第 i 阶模态按照 $\{u\}_i^T [M]\{u\} = 1$ 式归一化的振型位移向量；$[M]$ 为质量矩阵；$\{D\}$ 为描述激励方向的向量。

参与系数的物理意义很好理解，如图 6-2 所示的悬臂梁。若在Y方向施加激励，则模态 1 的参与系数最大，模态 2 的参与系数次之，模态 3 的参与系数为 0；若在X方向施加激励，则模态 1 和模态 2 的参与系数都为 0，模态 3 的参与系数反而最大。

2. 模态系数

模态系数是与振型相乘的一个比例因子，从二者的乘积可以得到模态最大响应。

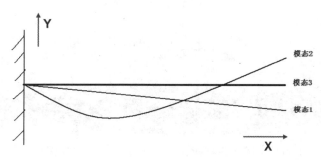

图 6-2   模态参与系数

根据频谱类型的不同，模态系数的计算公式不同，模态 i 在位移频谱、速度频谱、加速度频谱下的模态系数 A_i 的计算公式分别如式（6-2）、式（6-3）、式（6-4）所示。

$$A_i = S_{ui}\gamma_i \tag{6-2}$$

$$A_i = \frac{S_{vi}\gamma_i}{\omega_i} \tag{6-3}$$

$$A_i = \frac{S_{ai}\gamma_i}{\omega_i^2} \tag{6-4}$$

其中：S_{ui}、S_{vi}、S_{ai} 分别为第 i 阶模态频率对应的位移频谱、速度频谱、加速度频谱值；ω_i 为第 i 阶模态的圆频率；γ_i 为模态参与系数。

模态的最大位移响应可计算如下：

$$\{u\}_{iMax} = A_i\{u\}_i \tag{6-5}$$

3. 模态有效质量

模态 i 的有效质量可计算如下：

$$M_{ei} = \frac{\gamma_i^2}{\{u\}_i^T[M]\{u\}_i} \tag{6-6}$$

由于模态位移满足质量归一化条件 $\{u\}_i^T[M]\{u\} = 1$，因此 $M_{ei} = \gamma_i^2$。

4. 模态组合

得到每个模态在给定频谱下的最大响应后，将这些响应以某种方式进行组合就可以得到总影响。

ANSYS Workbench 18.0 软件提供了 3 种模态组合方法，即 SRSS（平方根法）、CQC（完全平方组合法）、ROSE（倍和组合法），这 3 种组合方式的公式如式（6-7）、式（6-8）、式（6-9）所示。

$$\{R\} = \left(\sum_{i=1}^{N}\{R\}_i^2\right)^{\frac{1}{2}} \tag{6-7}$$

$$\{R\} = \left(\left|\sum_{i=1}^{N}\sum_{j=1}^{N}k\varepsilon_{ij}\{R\}_i\{R\}_j\right|\right)^{\frac{1}{2}} \tag{6-8}$$

$$\{R\} = \left(\sum_{i=1}^{N} \sum_{j=1}^{N} k\varepsilon_{ij} \{R\}_i \{R\}_j \right)^{\frac{1}{2}} \qquad\qquad (6-9)$$

6.2　响应谱分析实例1——简单桥梁响应谱分析

本节主要介绍ANSYS Workbench 18.0 的响应谱分析模块，计算简单梁单元的桥梁模型在给定加速度频谱下得响应。

学习目标：熟练掌握ANSYS Workbench响应谱分析的方法及过程。

注：由于数据结果文件较大，在提供的源文件中去除了file.rst、file.esav文件，但不影响读者查看云图，如果想要得到file.rst文件，则只需重新运行一遍源文件即可。

模型文件	下载资源\ Chapter06\char06-1\ simple_bridge.agdb
结果文件	下载资源\Chapter06\char06-1\simple_bridge_Spectrum.wbpj

6.2.1　问题描述

如图 6-3 所示的桥梁模型，请用ANSYS Workbench分析计算桥梁在给定加速度频谱下的响应情况。加速度谱数据如表 6-1 所示。

图 6-3　桥梁模型

表 6-1　加速度谱值/g

自振周期/s	振动频率/Hz	水平地震谱值	自振周期/s	振动频率/Hz	水平地震谱值
0.10	0.002	1.00	0.070	6.67	0.200
0.11	0.003	1.11	0.088	10.00	0.165
0.13	0.003	1.25	0.105	11.11	0.153
0.14	0.005	1.43	0.110	12.50	0.140
0.17	0.006	1.67	0.130	14.29	0.131
0.20	0.006	2.00	0.150	16.67	0.121
0.25	0.010	2.50	0.200	18.00	0.111
0.33	0.021	3.33	0.255	25.00	0.100
0.50	0.032	4.00	0.265	50.00	0.100
0.67	0.047	5.00	0.255		

6.2.2 启动 Workbench 并建立分析项目

步骤 **01** 在 Windows 系统下执行开始→所有程序→ANSYS 18.0→Workbench 18.0 命令，启动 ANSYS Workbench 18.0，进入主界面。

步骤 **02** 在工程管理窗口中建立如图 6-4 所示的项目分析流程表。

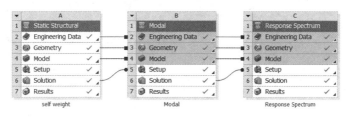

图 6-4　创建分析项目 A

 建立这样流程表的目的是：先由静态力学分析添加重力加速度作为内部载荷，在模态分析中作为预应力分析，最后进行响应谱分析。

6.2.3 导入几何体模型

步骤 **01** 在 A2 Geometry 上单击鼠标右键，从弹出的快捷菜单中选择 Import Geometry→Browse 命令。

步骤 **02** 在弹出的"打开"对话框中选择文件路径，导入 simple_bridge.agdb 几何体文件，如图 6-5 所示。此时，A2Geometry 后的 ❓ 变为 ✔，表示实体模型已经存在。

步骤 **03** 双击项目 A 中的 A2 Geometry，进入到 DesignModeler 界面，在 DesignModeler 软件绘图区域会显示几何模型，如图 6-6 所示。

步骤 **04** 单击工具栏上的 按钮保存文件，弹出"另存为"对话框，输入文件名为 simple_bridge_Spectrum，单击"保存"按钮。

步骤 **05** 回到 DesignModeler 界面并单击右上角的 （关闭）按钮，退出 DesignModeler，返回到 Workbench 主界面。

图 6-5　导入几何体

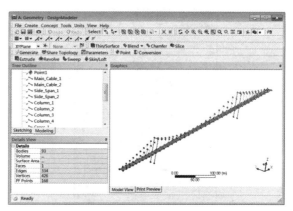

图 6-6　进入 DesignModeler 界面

6.2.4 静态力学分析

双击A4进入Mechanical分析平台，如图6-7所示。选择菜单中的View→Cross Section Solids（Geometry）选项，显示几何模型。

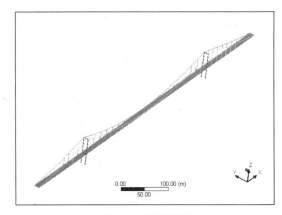

图 6-7 桥梁模型

6.2.5 添加材料库

本实例选择的材料为Structural Steel（结构钢），因此材料为ANSYS Workbench 18.0默认被选中的材料，故不需要设置。

6.2.6 划分网格

步骤 **01** 选择 Mechanical 界面左侧 Outline（分析树）中的 Mesh 选项，此时可在"Details of 'Mesh'"（参数列表）中修改网格参数，如图6-8所示，在 Sizing→Relevance Center 栏中选择 Fine 选项，其余采用默认设置。

步骤 **02** 选择 Mesh 并单击鼠标右键，从弹出的快捷菜单中依次选择 Insert→Sizing 选项，如图6-9所示在选项中进行如下设置。

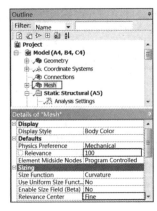

图 6-8 设置网格大小

图 6-9 设置数量

在 Geometry 栏中选中尺寸最小的 6 个梁单元和与这 6 个梁单元链接的 8 个梁单元，如图 6-10 所示方块选中的单元；

> 如果使用默认的网格划分，则会导致无法计算。因为梁的最小尺寸比默认的最小单元尺寸要小，软件提示错误，请读者自己调试一下。

在 Type 栏中选择 Number of Divisions 选项；

在 Number of Divisions 栏中输入划分数量为 20，其余保持默认即可。

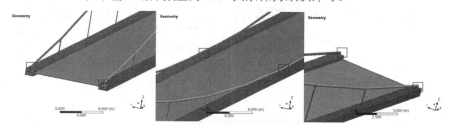

图 6-10　细化单元选择

步骤 03　在 Outline（分析树）中的 Mesh 选项上单击鼠标右键，从弹出的快捷菜单中选择 Generate Mesh 命令，最终的网格效果如图 6-11 所示。

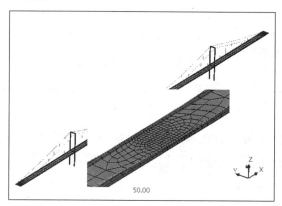

图 6-11　网格效果及局部放大

6.2.7　施加约束

步骤 01　选择 Environment 工具栏中的 Supports（约束）→Fixed Support（固定约束）命令。

步骤 02　单击工具栏中的（选择点）按钮，然后选择工具栏中的按钮中的，使其变成（框选择）按钮，选中 Fixed Support，选择桥梁基础的下端 4 个节点，单击"Details of 'Fixed Support'"中 Geometry 选项下的 Apply 按钮，即可在选中面上施加固定约束，如图 6-12 所示。

步骤 03　选择 Environment 工具栏中的 Inertial（惯性）→Standard Earth Gravity（标准重力加速度效应）命令，添加如图 6-13 所示的重力加速度效应。

> 这里的重力加速度方向沿着 Z 轴负方向。

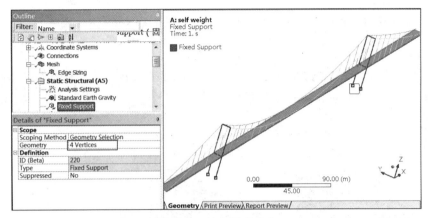

图 6-12　施加固定约束

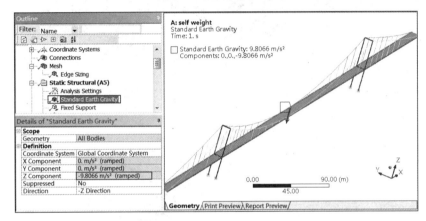

图 6-13　重力加速度效应

步骤 04 将桥梁左右两侧共计 6 个梁单元的 Y 和 Z 两方向进行固定约束，如图 6-14 所示。

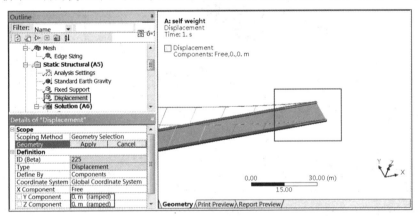

图 6-14　位移约束

步骤 05 选择 Static Structural（A5）选项并单击鼠标右键，从弹出的快捷菜单中选择 Solve 命令进行计算。

步骤 06 选择 Solution（A6）选项并单击鼠标右键，从弹出的快捷菜单中依次选择 Insert→Deformation→Total 命令，位移云图如图 6-15 所示。

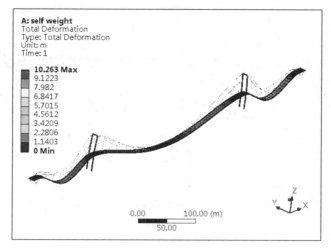

图 6-15　位移云图

6.2.8　模态分析

选择 Modal（B5）选项并单击鼠标右键，从弹出的快捷菜单中选择 Solve 命令，进行模态计算。

6.2.9　结果后处理

步骤 01　选择 Solution 工具栏中的 Deformation（变形）→Total 命令，如图 6-16 所示。此时，在分析树中会出现 Total Deformation（总变形）选项。

步骤 02　在 Outline（分析树）中的 Solution（B6）选项上单击鼠标右键，从弹出的快捷菜单中选择 Equivalent All Results 命令。

步骤 03　选择 Outline（分析树）中 Solution（B6）下的 Total Deformation（总变形），会出现如图 6-17 和图 6-18 所示的一阶模态总变形及二阶模态总变形分析云图。

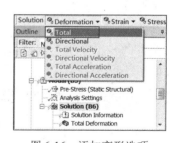

图 6-16　添加变形选项

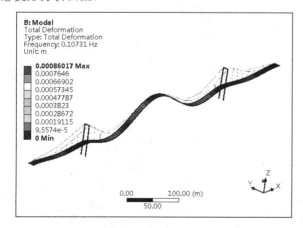

图 6-17　一阶变形

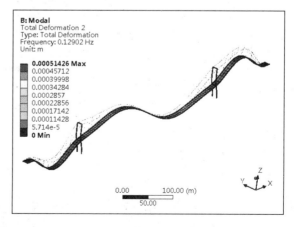

图 6-18　二阶变形

步骤**04** 单击工具栏中的□图表，在下拉菜单中选择⊞ Four Viewports命令，此时，在绘图窗口中同时出现4个窗口，在窗口中同时可以显示如图6-19所示的三到六阶模态变形。

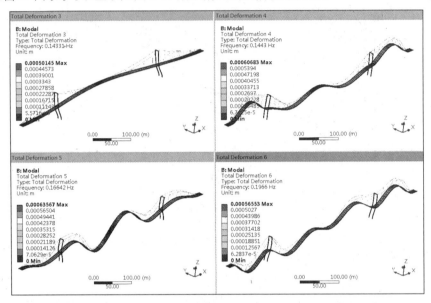

图6-19 三到六阶变形

步骤**05** 如图6-20所示为桥梁前6阶模态频率。

步骤**06** ANSYS Workbench 18.0默认的模态阶数为6阶。选择Outline（分析树）中Modal（B5）下的Analysis Settings（分析设置）选项，在如图6-21所示的"Details of'Analysis Settings'"下面的Options中有Max Modes to Find选项，在此选项中可以修改模态数量。

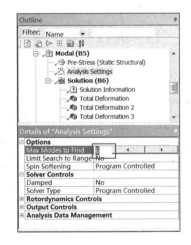

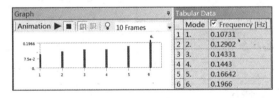

图6-20 各阶模态频率

图6-21 修改模态数量选项

6.2.10 响应谱分析

单击Response Spectrum（C5）选项，进入到响应谱分析项目中，出现如图6-22所示的Environment工具栏。

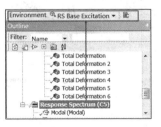

图6-22 Environment 工具栏

6.2.11 添加加速度谱

步骤 **01** 选择 Environment 工具栏中的 RS Base Excitation（基础激励响应分析）→RS Acceleration（加速度谱激励）命令，如图 6-23 所示，此时在分析树中会出现 RS Acceleration 选项。

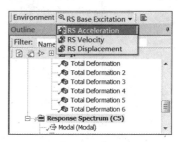

步骤 **02** 选择 Mechanical 界面左侧 Outline（分析树）中的 ResponseSpectrum（C5）→RS Acceleration（加速度谱激励）选项，在下面出现的如图 6-24 所示的 "Details of 'RS Acceleration'" 面板中作如下更改：

图 6-23　添加激励

在 Scope→Boundary Condition 中选择 All BC Supports；

在 Definition→Load Data 中选择 Tabular Data 选项，在右侧的 Tabular Data 表格中输入表 6-1 中的数据；

在 Direction 栏中选择 X Axis，其余保持默认即可。

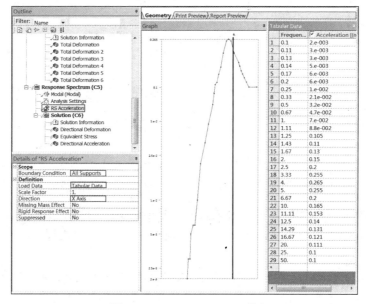

图 6-24　RS Acceleration 面板

步骤 **03** 在 Outline（分析树）中的 ResponseSpectrum（C5）选项上单击鼠标右键，从弹出的快捷菜单中选择 Solve 命令。

6.2.12 后处理

步骤 **01** 选择 Mechanical 界面左侧 Outline（分析树）中的 Solution（C6）选项，出现如图 6-25 所示的 Solution 工具栏。

步骤 **02** 选择 Solution 工具栏中的 Deformation（变形）→Directional 命令，如图 6-26 所示，在分析树中会出现 Directional Deformation 选项。

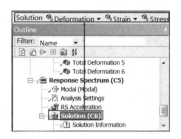

图 6-25　Solution 工具栏

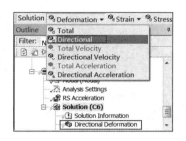

图 6-26　添加变形选项

步骤 03 在 Outline（分析树）中的 Solution（C6）选项上单击鼠标右键，从弹出的快捷菜单中选择 Equivalent All Results 命令，如图 6-27 所示。

步骤 04 选择 Outline（分析树）中 Solution（C6）下的 Directional Deformation，会出现如图 6-28 所示的变形分析云图。

图 6-27　右键快捷菜单

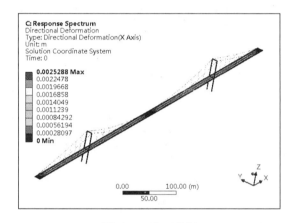

图 6-28　变形分析

步骤 05 单击 Outline（模型树）中的 **Response Spectrum (C5)** 下面的 Analysis Settings 命令，在出现如图 6-29 所示的"Details of 'Analysis Settings'"面板中进行模态组合类型选择，默认的为 SRSS，同时可以设置阻尼比。

步骤 06 在如图 6-29 所示的组合类型中选择 CQC，设置阻尼比为 0.06，重新计算，得到的变形云图如图 6-30 所示。

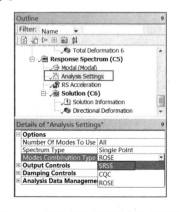

图 6-29　模态组合类型控制和阻尼比

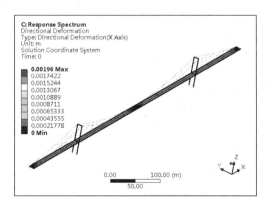

图 6-30　变形云图

步骤 07 同样选择 ROSE，设置阻尼比为 0.06，重新计算，得到的变形云图如图 6-31 所示。

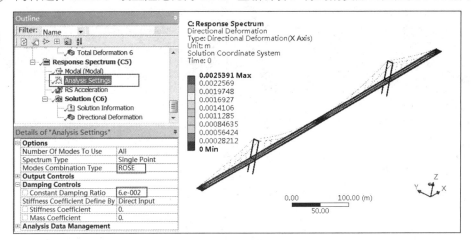

图 6-31　变形云图

6.2.13　保存与退出

步骤 01 单击 Mechanical 界面右上角的 ▣（关闭）按钮，退出 Mechanical 返回到 Workbench 主界面。

步骤 02 在 Workbench 主界面中单击常用工具栏中的 ▣（保存）按钮。

步骤 03 单击右上角的 ▣（关闭）按钮，退出 Workbench 主界面，完成项目分析。

6.3 响应谱分析实例2——建筑物框架响应谱分析 ▶

本节主要介绍ANSYS Workbench 18.0 的响应谱分析模块，计算简单梁单元的建筑物框架模型在给定加速度频谱下得响应。

学习目标： 熟练掌握ANSYS Workbench响应谱分析的方法及过程。

注： 由于数据结果文件较大，在提供的源文件中去除了file.rst、file.esav文件，但不影响读者查看云图，如果想要得到file.rst文件，则只需重新运行一遍源文件即可。

模型文件	下载资源\Chapter06\char06-2\building.agdb
结果文件	下载资源\Chapter06\char06-2\ building _Spectrum.wbpj

6.3.1　问题描述

如图 6-32 所示的钢构架模型，请用ANSYS Workbench分析计算建筑物框架在给定竖直加速度频谱下的响应情况。竖直加速度谱数据如表 6-2 所示。

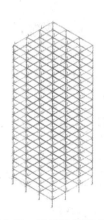

图 6-32　建筑物框架模型

表 6-2　水平加速度谱值/g

自振周期/s	振动频率/Hz	竖直地震谱值	自振周期/s	振动频率/Hz	竖直地震谱值
0.05	18.0	0.1813	0.40	2.5	0.1930
0.1	10.0	0.25	0.425	2.3529	0.1827
0.20	6.0	0.25	0.45	2.2222	0.1736
0.225	4.4444	0.25	0.475	2.1053	0.1653
0.25	4.0	0.25	0.50	2.0	0.1579
0.275	3.6364	0.25	0.60	1.6667	0.1340
0.30	3.3333	0.25	0.80	1.25	0.1034
0.325	3.0769	0.2326	1.0	1.0	0.0846
0.35	2.8571	0.2176	2.0	0.5	0.0453
0.375	2.6667	0.2045	3.0	0.3333	0.0315

6.3.2　启动 Workbench 并建立分析项目

步骤01　在 Windows 系统下执行开始→所有程序→ANSYS 18.0→Workbench 18.0 命令，启动 ANSYS Workbench 18.0，进入主界面。

步骤02　双击主界面 Toolbox（工具箱）中的 Custom Systems→Pre-stress Modal（几何）选项，即可在 Project Schematic（项目管理区）中创建分析项目 A，如图 6-33 所示。

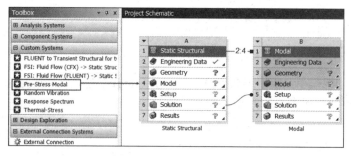

图 6-33　创建分析项目 A

6.3.3　导入几何体模型

步骤01　在 A2 Geometry 上单击鼠标右键，从弹出的快捷菜单中选择 Import Geometry→Browse 命令，在弹出的"打开"对话框中选择文件路径，导入 building.agdb 几何体文件。此时，A2Geometry 后的 ❓ 变为 ✔，表示实体模型已经存在。

步骤02　双击项目 A 中的 A2 Geometry，进入到 DesignModeler 界面，在 DesignModeler 软件绘图区域会显示几何模型，如图 6-34 所示。

步骤03　单击工具栏上的 🖫 按钮保存文件，弹出"另存为"对话框，输入文件名为 building _Spectrum，单击"保存"按钮。

步骤04　回到 DesignModeler 界面并单击右上角的 ❌（关闭）按钮，退出 DesignModeler，返回到 Workbench 主界面。

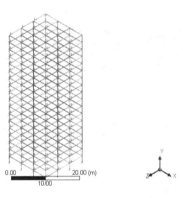

图 6-34　进入 DesignModeler 界面

6.3.4　静态力学分析

双击A4 进入Mechanical分析平台，如图 6-35 所示，选择菜单栏中的View→Cross Section Solids（Geometry）选项，显示几何模型。

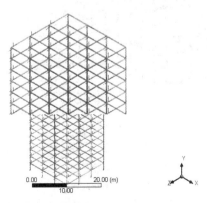

图 6-35　建筑物框架模型及放大

6.3.5 添加材料库

本实例选择的材料为Structural Steel（结构钢），因为此材料为ANSYS Workbench 18.0默认被选中的材料，故不需要设置。

6.3.6 划分网格

步骤 **01** 选择 Mesh 并单击鼠标右键，从弹出的快捷菜单中依次选择 Insert→Sizing 命令，如图 6-36 所示，在选项中进行如下设置：

在 Geometry 栏中选中所有梁单元；

在 Type 栏中选择 Number of Divisions 选项；

在 Number of Divisions 栏中输入划分数量为 10，其余保持默认即可。

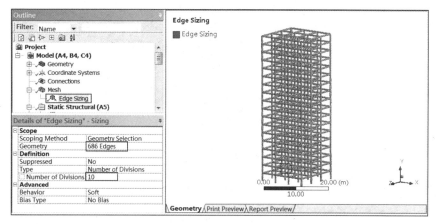

图 6-36　设置数量

步骤 **02** 在 Outline（分析树）中的 Mesh 选项上单击鼠标右键，从弹出的快捷菜单中选择 Generate Mesh 命令，最终的网格效果如图 6-37 所示。

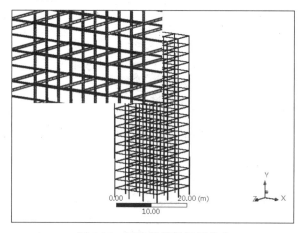

图 6-37　网格效果及局部放大

6.3.7 施加约束

步骤01 选择 Environment 工具栏中的 Supports（约束）→Fixed Support（固定约束）命令。

步骤02 单击工具栏中的 （选择点）按钮，然后单击工具栏中的 按钮中的·，使其变成 （框选择）按钮，选中 Fixed Support，选择建筑物框架基础的下端 16 个节点，单击 "Details of 'Fixed Support'" 中 Geometry 选项下的 **Apply** 按钮，即可在选中面上施加固定约束，如图 6-38 所示。

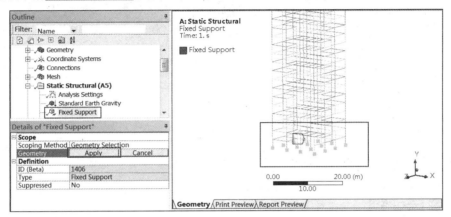

图 6-38　施加固定约束

步骤03 选择 Environment 工具栏中的 Inertial（惯性）→Standard Earth Gravity（标准重力加速度效应）命令，添加如图 6-39 所示的重力加速度效应。

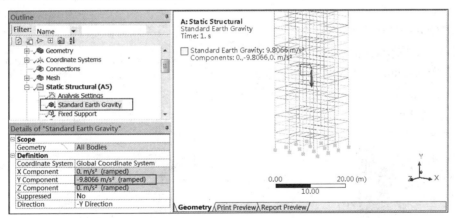

图 6-39　重力加速度效应

 这里的重力加速度方向沿着Y轴负方向。

步骤04 选择 Static Structural（A5）选项并单击鼠标右键，从弹出的快捷菜单中选择 Solve 命令，进行计算。

步骤05 选择 Solution（A6）选项并单击鼠标右键，从弹出的快捷菜单中依次选择 Insert→Deformation →Total 选项，位移云图如图 6-40 所示。

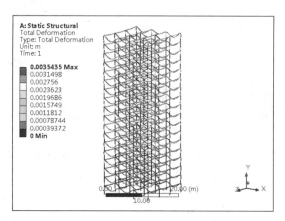

图 6-40   位移云图

6.3.8   模态分析

选择Modal（B5）选项并单击鼠标右键，从弹出的快捷菜单中选择Solve命令，进行模态分析。

6.3.9   结果后处理

步骤01   选择 Solution 工具栏中的 Deformation（变形）→Total 命令，如图 6-41 所示。此时，在分析树中会出现 Total Deformation（总变形）选项。

步骤02   在 Outline（分析树）中的 Solution（B6）选项上单击鼠标右键，从弹出的快捷菜单中选择 Equivalent All Results 命令。

步骤03   选择 Outline（分析树）中 Solution（B6）下的 Total Deformation（总变形），出现如图 6-42 和图 6-43 所示的一阶模态总变形及二阶模态总变形分析云图。

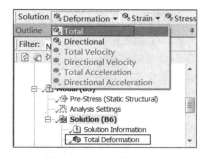

图 6-41   添加变形选项

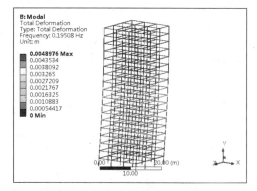

图 6-42   一阶变形

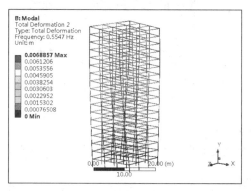

图 6-43   二阶变形

步骤04   单击工具栏中的 图表，在下拉菜单中选择 Four Viewports 命令，在绘图窗口中同时出现 4 个窗口，可以显示如图 6-44 所示的三到六阶模态总变形分析云图。

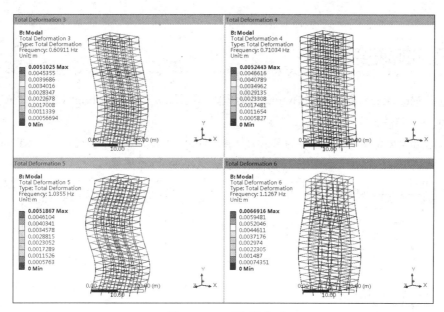

图 6-44 三到六阶变形

步骤 **05** 如图 6-45 所示为建筑物框架前六阶模态频率。

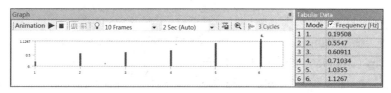

图 6-45 各阶模态频率

步骤 **06** 单击 Mechanical 界面右上角的 （关闭）按钮，退出 Mechanical 返回到 Workbench 主界面。

6.3.10 响应谱分析

步骤 **01** 回到 Workbench 主界面，如图 6-46 所示。单击并按住 Toolbox（工具箱）中的 Analysis Systems →ResponseSpectrum（响应谱分析）选项不放，直接拖动到项目 B（Modal）的 B6 中。

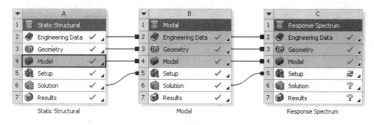

图 6-46 响应谱分析

步骤 **02** 双击项目 C 的 C5（Setup）命令，进入 Mechanical 界面。

步骤 **03** 在 Outline（分析树）中的 Modal（B5）选项上单击鼠标右键，从弹出的快捷菜单中选择 Solve 命令。

6.3.11　添加加速度谱

步骤 01　选择 Mechanical 界面左侧 Outline（分析树）中的 ResponseSpectrum（C5）选项，出现如图 6-47 所示的 Environment 工具栏。

步骤 02　选择 Environment 工具栏中的 RS Base Excitation（基础激励响应分析）→RS Acceleration（加速度谱激励）命令，如图 6-48 所示，在分析树中出现 RS Acceleration 选项。

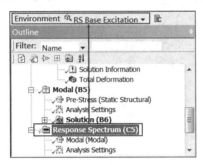

图 6-47　Environment 工具栏

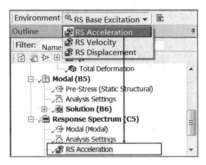

图 6-48　添加激励

步骤 03　选择 Mechanical 界面左侧 Outline（分析树）中的 ResponseSpectrum（C5）→RS Acceleration（加速度谱激励）选项，在下面出现的如图 6-49 所示的"Details of 'RS Acceleration'"面板中作如下更改：

在 Scope→Boundary Condition 中选择 All BC Supports；

在 Definition→Load Data 中选择 Tabular Data 选项，然后在右侧的"Tabular Data"表格中输入表 6-2 中的数据；

在 Direction 栏中选择 Y Axis，即竖直方向，其余保持默认即可。

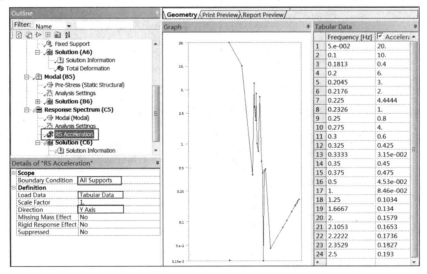

图 6-49　RS Acceleration 面板

步骤 04　在 Outline（分析树）中的 ResponseSpectrum（C5）选项上单击鼠标右键，从弹出的快捷菜单中选择 Solve 命令，如图 6-50 所示。

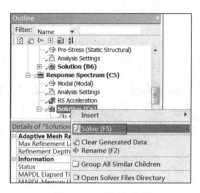

图 6-50　计算求解

6.3.12　后处理

步骤 01　选择 Mechanical 界面左侧 Outline（分析树）中的 Solution（C6）选项，出现如图 6-51 所示的 Solution 工具栏。

步骤 02　选择 Solution 工具栏中的 Deformation（变形）→Directional 命令，如图 6-52 所示，在分析树中会出现 Directional Deformation 选项，并选择 Y 方向进行计算。

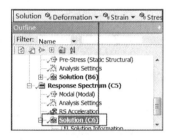

图 6-51　Solution 工具栏

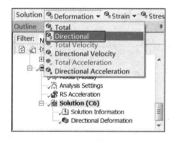

图 6-52　添加变形选项

步骤 03　在 Outline（分析树）中的 Solution（C6）选项上单击鼠标右键，从弹出的快捷菜单中选择 Equivalent All Results 命令。

步骤 04　选择 Outline（分析树）中 Solution（C6）下的 Directional Deformation，会出现如图 6-53 所示的变形分析云图。

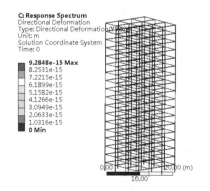

图 6-53　变形分析云图

6.3.13　保存与退出

步骤01　单击 Mechanical 界面右上角的 **×**（关闭）按钮，退出 Mechanical 返回到 Workbench 主界面。

步骤02　在 Workbench 主界面中单击常用工具栏中的 **□**（保存）按钮。

步骤03　单击右上角的 **×**（关闭）按钮，退出 Workbench 主界面，完成项目分析。

响应谱分析一般作为结构的抗震分析，在得知当地的地震响应谱曲线后，根据结构进行抗震计算，计算结构在指定的地震加速度曲线下是否存在较大的应力、弯矩及位移，从而通过对结构进行局部加强来增加结构的稳定性。

6.4　本章小结

本章通过两个简单的实例对响应谱分析进行详细讲解。响应谱适用于随时间或随频率变化的载荷对物体的作用现象的分析，请读者参考帮助文档深入学习。

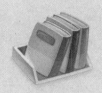

第7章

随机振动分析案例详解

导言

本章主要讲解ANSYS Workbench软件的随机振动分析模块，并通过典型应用对各种分析的一般步骤进行详细讲解，包括几何建模（外部几何数据的导入）、材料赋予、网格设置与划分、边界条件的设置及后处理操作。

学习目标

★ 熟练掌握ANSYS Workbench软件随机振动分析的过程
★ 掌握结构随机振动分析的应用场合

7.1 随机振动分析简介

随机振动分析也称为功率谱密度分析，是一种基于概率统计学理论的谱分析技术。现实中有很多情况下载荷是不确定的，如火箭每次发射会产生不同时间历程的振动载荷，汽车在路上行驶时每次的振动载荷也会有所不同，由于时间历程的不确定性，这种情况不能选择瞬态分析进行模拟计算，因此从概率统计学角度出发，将时间历程的统计样本转变为功率谱密度函数（PSD）——随机载荷时间历程的统计响应，在功率谱密度函数的基础上进行随机振动分析，得到响应的概率统计值。随机振动分析是一种频域分析，需要先进行模态分析。

功率谱密度函数（PSD）是随机变量自相关函数的频域描述，能够反映随机载荷的频率成分。历程为a(t)，则其自相关函数可以表述为：

$$R(\tau) = \lim_{\tau \to \infty} \frac{1}{T} \int_0^T a(t)a(t+\tau)dt \tag{7-1}$$

当 $\tau = 0$ 时，自相关函数等于随机载荷的均方值： $R(0) = E(a^2(t))$ 。

自相关函数是一个实偶函数，它在 $R(\tau) \sim \tau$ 图形上的频率反映了随机载荷的频率成分，而且具有如下性质： $\lim_{\tau \to \infty} R(\tau) = 0$ ，因此它符合傅里叶变换的条件： $\int_{-\infty}^{\infty} R(\tau)d\tau < \infty$ 。可以进一步用傅里叶变换描述随机载荷的具体的频率成分：

$$R(\tau) = \int_{-\infty}^{\infty} F(f)e^{2\pi f\tau}df \tag{7-2}$$

其中： f 表示圆频率； $F(f) = \int_{-\infty}^{\infty} R(\tau)e^{2\pi f\tau}d\tau$ 称为 $R(\tau)$ 的傅里叶变换，也就是随机载荷 $a(t)$ 的功率谱密度函数，也称为PSD谱。

功率谱密度曲线为功率谱密度值 $F(f)$ 与频率 f 的关系曲线，f 通常被转化为Hz的形式给出。加速度PSD的单位是"加速度 ^{2}/Hz"，速度PSD的单位是"速度 ^{2}/Hz"，位移PSD的单位是"位移 ^{2}/Hz"。

如果 $\tau = 0$，则可得到 $R(0) = \int_{-\infty}^{\infty} F(f)df = E(a^2(t))$，这就是功率谱密度的特性，即功率谱密度曲线下面的面积等于随机载荷的均方值。

结构在随机载荷的作用下其响应也是随机的，随机振动分析的结果量的概论统计值，其输出结果为结果量（位移、应力等）的标准差。如果结果量符合正态分布，则这就是结果量的 1σ 值，即结果量位于 $-1\sigma \sim 1\sigma$ 之间的概率为 68.3%，位于 $-2\sigma \sim 2\sigma$ 之间的概率为 97.4%，位于 $-3\sigma \sim 3\sigma$ 之间的概率为 99.7%。

进行随机振动分析，首先要进行模态分析，在模态分析的基础上进行随机振动分析。

模态分析应该提取主要被激活振型的频率和振型，提取出来的频谱应该位于PSD曲线频率范围之内，为了保证计算考虑所有影响显著地振型，通常PSD曲线的频谱范围不要太小，应该一直延伸到谱值较小的区域，而且模态提取的频率也应该延伸到谱值较小的频率区（较小的频率区仍然位于频谱曲线范围之内）。

在随机振动分析中，载荷为PSD谱，作用在基础上，也就是作用在所有约束位置。

7.2　随机振动分析实例1——简单桥梁随机振动分析 ▶

本节主要介绍ANSYS Workbench 18.0 的随机振动分析模块，计算简单梁单元的桥梁模型在给定加速度频谱下的响应。

学习目标：熟练掌握ANSYS Workbench随机振动分析的方法及过程。

注：由于数据结果文件较大，在提供的源文件中去除了file.rst、file.esav文件，但不影响读者查看云图，如果想要得到file.rst文件，则只需重新运行一遍源文件即可。

模型文件	下载资源\Chapter07\char07-1\ simple_bridge.agdb
结果文件	下载资源\Chapter07\char07-1\simple_bridge_Random.wbpj

7.2.1　问题描述

如图 7-1 所示的桥梁模型，请用ANSYS Workbench分析计算桥梁在给定加速度频谱下的随机振动情况。加速度谱数据如表 7-1 所示。

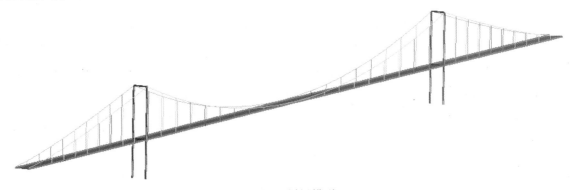

图 7-1　桥梁模型

表 7-1 加速度值表

	Frequency（频率）[Hz]	Acceleration（加速度）[m/s^2]		Frequency（频率）[Hz]	Acceleration（加速度）[m/s^2]
1	18.0	0.1813	5	2.5	0.1930
2	10.0	0.25	6	2.0	0.1579
3	5.0	0.25	7	1.0	0.0846
4	4.0	0.25	8	0.5	0.0453

7.2.2 启动 Workbench 并建立分析项目

步骤 **01** 在 Windows 系统下执行开始→所有程序→ANSYS 18.0→Workbench 18.0 命令，启动 ANSYS Workbench 18.0，进入主界面。

步骤 **02** 在工程管理窗口中建立如图 7-2 所示的项目分析流程表。

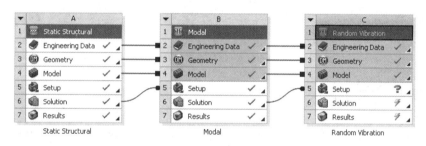

图 7-2 创建分析项目 A

建立这样的流程表的目的是，先由静态力学分析添加重力加速度作为内部载荷，在模态分析中作为预应力分析，最后进行随机振动分析。

7.2.3 导入几何体模型

步骤 **01** 在 A2 Geometry 上单击鼠标右键，从弹出的快捷菜单中选择 Import Geometry→Browse 命令。

步骤 **02** 在弹出的"打开"对话框中选择文件路径，导入 simple_bridge.agdb 几何体文件，如图 7-3 所示。此时，A2 Geometry 后的 ❓ 变为 ✔，表示实体模型已经存在。

步骤 **03** 双击项目 A 中的 A2 Geometry，进入 DesignModeler 界面，在 DesignModeler 软件绘图区域会显示几何模型，如图 7-4 所示。

步骤 **04** 单击工具栏上的 🖫 按钮保存文件，弹出"另存为"对话框，输入文件名为 simple_bridge_Spectrum，单击"保存"按钮。

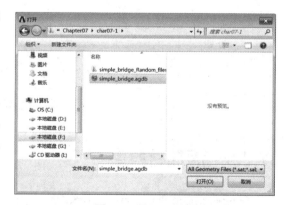

图 7-3 导入几何体

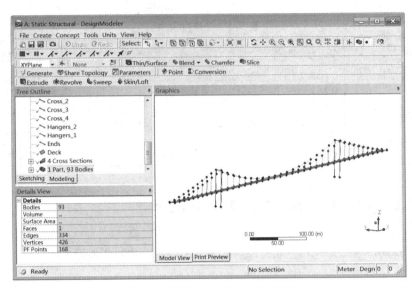

图 7-4　进入 DesignModeler 界面

步骤 05 回到 DesignModeler 界面并单击右上角的 █✕█ （关闭）按钮，退出 DesignModeler，返回到 Workbench 主界面。

7.2.4　静态力学分析

双击A4 进入Mechanical分析平台，如图 7-5 所示。选择菜单中的View→Cross Section Solids（Geometry）选项，显示几何模型。

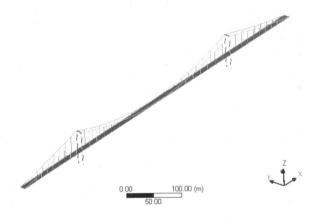

图 7-5　桥梁模型

7.2.5　添加材料库

本实例选择的材料为Structural Steel（结构钢），因此材料为ANSYS Workbench 18.0 默认被选中的材料，故不需要设置。

7.2.6　划分网格

步骤01　选择 Mechanical 界面左侧 Outline（分析树）中的 Mesh 选项，可在"Details of 'Mesh'"（参数列表）中修改网格参数，如图 7-6 所示，在 Sizing→Relevance Center 栏中选择 Fine 选项，其余采用默认设置。

步骤02　选择 Mesh 并单击鼠标右键，从弹出的快捷菜单中依次选择 Insert→Sizing 选项，如图 7-7 所示，在选项中进行如下设置：

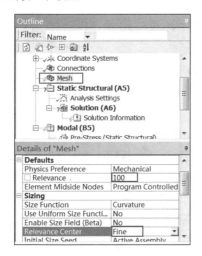

图 7-6　设置网格大小

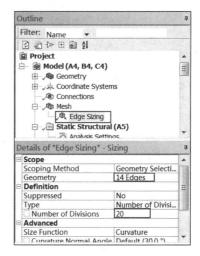

图 7-7　设置数量

在 Geometry 栏中选中尺寸最小的 6 个梁单元和与这 6 个梁单元链接的 8 个梁单元，如图 7-8 所示方块选中的单元；

在 Type 栏中选择 Number of Divisions 选项；

在 Number of Divisions 栏中输入划分数量为 20，其余保持默认即可。

　如果使用默认的网格划分，则会导致无法计算。因为梁的最小尺寸比默认的最小单元尺寸要小，软件提示错误，请读者自己调试一下。

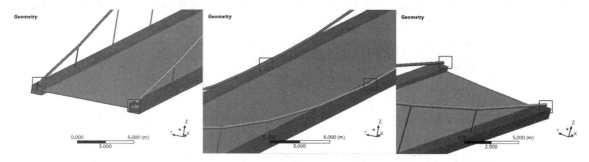

图 7-8　细化单元选择

步骤03　在 Outline（分析树）中的 Mesh 选项上单击鼠标右键，从弹出的快捷菜单中选择 Generate Mesh 命令，最终的网格效果如图 7-9 所示。

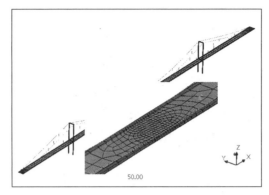

图 7-9　网格效果及局部放大

7.2.7　施加约束

步骤 **01**　选择 Environment 工具栏中的 Supports（约束）→Fixed Support（固定约束）命令。

步骤 **02**　单击工具栏中的 ⬚（选择点）按钮，然后选择工具栏中的 ⬚▾ 按钮中的 ▾，使其变成 ⬚▾（框选择）按钮，选中 Fixed Support，选择桥梁基础的下端 4 个节点，单击 "Details of 'Fixed Support' " 中 Geometry 选项下的 ▊ Apply ▊ 按钮，即可在选中面上施加固定约束，如图 7-10 所示。

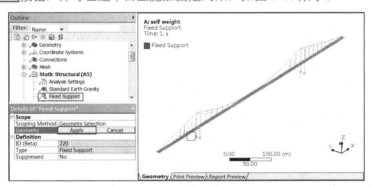

图 7-10　施加固定约束

步骤 **03**　选择 Environment 工具栏中的 Inertial（惯性）→Standard Earth Gravity（标准重力加速度效应）命令，添加如图 7-11 所示的重力加速度效应。

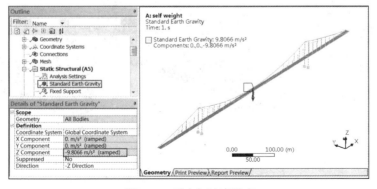

图 7-11　重力加速度效应

 技巧提示 这里的重力加速度方向沿着Z轴负方向。

步骤 04 将桥梁左右两侧共计 6 个梁单元的 Y 和 Z 两方向进行固定约束，如图 7-12 所示。

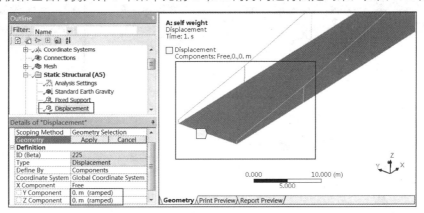

图 7-12　位移约束

步骤 05 选择 Static Structural（A5）选项并单击鼠标右键，从弹出的快捷菜单中选择 Solve 命令，进行计算。

步骤 06 选择 Solution（A6）选项并单击鼠标右键，从弹出的快捷菜单中依次选择 Insert→Deformation →Total 选项，位移云图如图 7-13 所示。

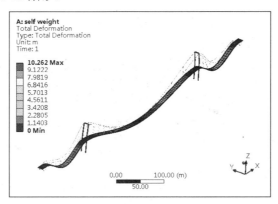

图 7-13　位移云图

7.2.8　模态分析

选择Modal（B5）选项并单击鼠标右键，从弹出的快捷菜单中选择Solve命令，进行模态计算。

7.2.9　结果后处理

步骤 01 选择 Solution 工具栏中的 Deformation（变形）→Total 命令，如图 7-14 所示。此时，在分析树中会出现 Total Deformation（总变形）选项。

步骤 **02** 在 Outline（分析树）中的 Solution（B6）选项上单击鼠标右键，从弹出的快捷菜单中选择 ⚡Equivalent All Results 命令。

步骤 **03** 选择 Outline（分析树）中 Solution（B6）下的 Total Deformation（总变形）选项，出现如图 7-15 和图 7-16 所示的一阶模态总变形及二阶模态总变形分析云图。

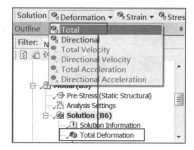

图 7-14　添加变形选项

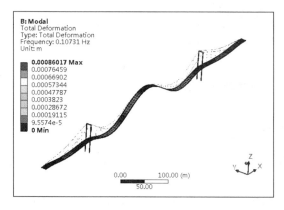

图 7-15　一阶变形

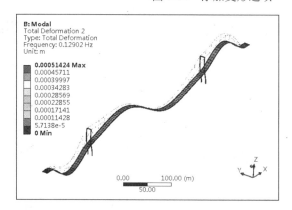

图 7-16　二阶变形

步骤 **04** 单击工具栏中的 ▢ 图表，在下拉菜单中选择 ▦ Four Viewports 命令，在绘图窗口中同时出现 4 个窗口，显示如图 7-17 所示的三到六阶模态总变形。

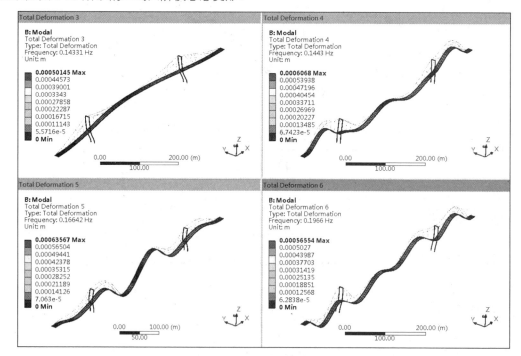

图 7-17　三到六阶变形

步骤 05 如图 7-18 所示为桥梁前六阶模态频率。

步骤 06 ANSYS Workbench 18.0 默认的模态阶数为六阶，选择 Outline（分析树）中 Modal（B5）下的 Analysis Settings（分析设置）选项，在如图 7-19 所示的"Details of 'Analysis Settings'"下面的 Options 中有 Max Modes to Find 选项，在此选项中可以修改模态数量。

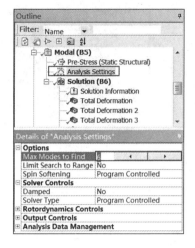

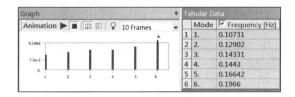

图 7-18　各阶模态频率

图 7-19　修改模态数量选项

7.2.10　随机振动分析

单击 Random Vibration（C5）选项，进入到随机振动分析项目中，出现如图 7-20 所示的 Environment 工具栏。

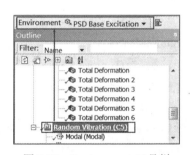

图 7-20　Environment 工具栏

7.2.11　添加加速度谱

步骤 01 选择 Environment 工具栏中的 PSD Base Excitation（随机振动激励）→PSD Acceleration（加速度谱激励）命令，如图 7-21 所示。此时，在分析树中会出现 PSD Acceleration 选项。

步骤 02 选择 Mechanical 界面左侧 Outline（分析树）中的 Random Vibration (C5)→PSD Acceleration（加速度谱激励）选项，在下面出现的如图 7-22 所示的"Details of 'PSD Acceleration'"面板中作如下更改：

在 Scope→Boundary Condition 中选择 Fixed Support；

在 Definition→Load Data 中选择 Tabular Data 选项，然后在右侧的 Tabular Data 表格中输入表 7-1 中的数据；

在 Direction 栏中选择 Z Axis，其余保持默认即可。

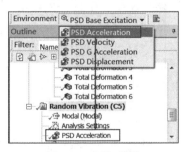

图 7-21　添加激励

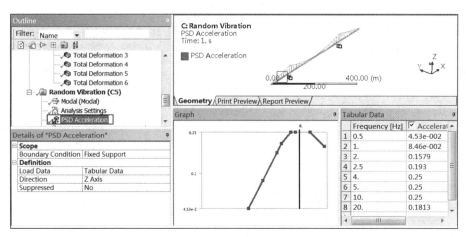

图 7-22　PSD Acceleration 面板

步骤 03　在 Outline（分析树）中的 Random Vibration（C5）选项上单击鼠标右键，从弹出的快捷菜单中选择 Solve 命令。

7.2.12　后处理

步骤 01　选择 Mechanical 界面左侧 Outline（分析树）中的 Solution（C6）选项，出现如图 7-23 所示的 Solution 工具栏。

步骤 02　选择 Solution 工具栏中的 Deformation（变形）→Directional 命令，如图 7-24 所示。此时，在分析树中会出现 Directional Deformation 选项。

步骤 03　在 Outline（分析树）中的 Solution（C6）选项上单击鼠标右键，从弹出的快捷菜单中选择 Evaluate All Results 命令，如图 7-25 所示。

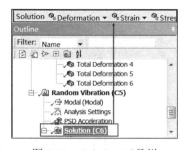

图 7-23　Solution 工具栏

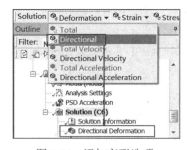

图 7-24　添加变形选项

图 7-25　右键快捷菜单

步骤 04　选择 Outline（分析树）中 Solution（C6）下的 Directional Deformation，出现如图 7-26 所示的变形分析云图。

步骤 05　如图 7-27 所示为桥梁模型的速度谱。

步骤 06　如图 7-28 所示为桥梁模型的加速度谱。

步骤 **07** 桥梁应力谱云图如图 7-29 所示。

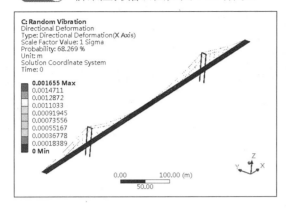

图 7-26 变形分析

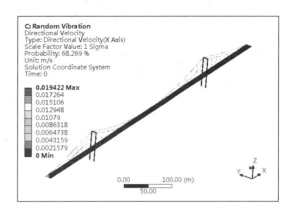

图 7-27 速度谱云图

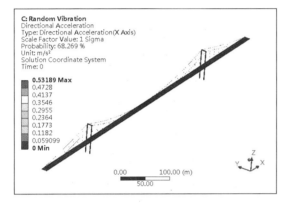

图 7-28 加速度谱云图

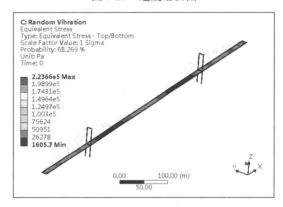

图 7-29 应力谱云图

 以上分析的云图均为 1sigma 时后的值，通过调整可以显示 2sigma 和 3sigma 云图。

7.2.13 保存与退出

步骤 **01** 单击 Mechanical 界面右上角的 ✖ （关闭）按钮，退出 Mechanical 返回到 Workbench 主界面。

步骤 **02** 在 Workbench 主界面中单击常用工具栏中的 📙 （保存）按钮。

步骤 **03** 单击右上角的 ✖ （关闭）按钮，退出 Workbench 主界面，完成项目分析。

7.3 随机振动分析实例2——建筑物框架随机振动分析

本节主要介绍ANSYS Workbench 18.0 的随机振动分析模块，计算简单梁单元的建筑物框架模型在给定加速度频谱下的响应。

学习目标：熟练掌握ANSYS Workbench随机振动分析的方法及过程。

注： 由于数据结果文件较大，在提供的源文件中去除了file.rst、file.esav文件，但不影响读者查看云图，如果想要得到file.rst文件，则只需重新运行一遍源文件即可。

模型文件	下载资源\ Chapter07\char07-2\building.agdb
结果文件	下载资源\Chapter07\char07-2\ building _ Random.wbpj

7.3.1　问题描述

如图 7-30 所示的钢构架模型，请用ANSYS Workbench分析计算建筑物框架在给定竖直加速度频谱下的响应情况。竖直加速度谱数据如表 7-2 所示。

表 7-2　竖直加速度谱数据表

	Frequency [Hz]	✔ Acceleration [(mm/s²)²/Hz]
1	0.5	45300
2	1.	84600
3	2.	1.579e+005
4	2.5	1.93e+005
5	4.	2.5e+005
6	5.	2.5e+005
7	10.	2.5e+005
8	20.	1.813e+005

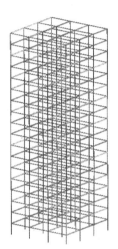

图 7-30　建筑物框架模型

7.3.2　启动 Workbench 并建立分析项目

步骤01 在 Windows 系统下执行开始→所有程序→ANSYS 18.0→Workbench 18.0 命令，启动 ANSYS Workbench 18.0，进入主界面。

步骤02 双击主界面 Toolbox（工具箱）中的 Custom Systems→Pre-stress Modal（几何）选项，即可在 Project Schematic（项目管理区）创建分析项目 A，如图 7-31 所示。

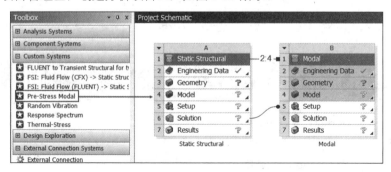

图 7-31　创建分析项目 A

7.3.3　导入几何体模型

步骤01 在 A2 Geometry 上单击鼠标右键，从弹出的快捷菜单中选择 Import Geometry→Browse 命令，在弹出的"打开"对话框中选择文件路径，导入 building.agdb 几何体文件。此时，A2 Geometry 后的 ❓ 变为 ✔，表示实体模型已经存在。

步骤02 双击项目 A 中的 A2 Geometry，进入到 DesignModeler 界面，在 DesignModeler 软件绘图区域会显示几何模型，如图 7-32 所示。

步骤03 单击工具栏上的 💾 按钮保存文件，弹出的"另存为"对话框，输入文件名为 building _Spectrum，单击"保存"按钮。

步骤04 回到 DesignModeler 界面并单击右上角的 ❌ （关闭）按钮，退出 DesignModeler，返回到 Workbench 主界面。

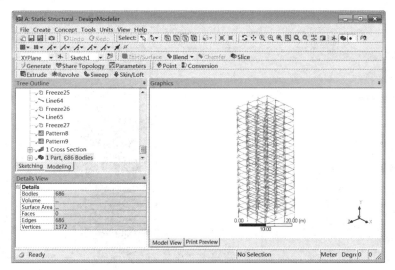

图 7-32　进入 DesignModeler 界面

7.3.4　静态力学分析

双击 A4 进入 Mechanical 分析平台，如图 7-33 所示。选择菜单栏中的 View→Cross Section Solids（Geometry）选项，显示几何模型。

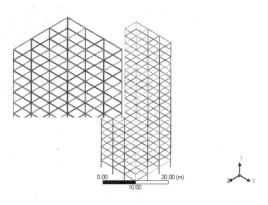

图 7-33　建筑物框架模型及放大

7.3.5　添加材料库

本实例选择的材料为Structural Steel（结构钢），因为此材料为ANSYS Workbench 18.0默认被选中的材料，故不需要设置。

7.3.6　划分网格

步骤 01　选择 Mesh 并单击鼠标右键，从弹出的快捷菜单中依次选择 Insert→Sizing 选项，如图 7-34 所示，在选项中进行如下设置：

在 Geometry 栏中选中所有梁单元；

在 Type 栏中选择 Number of Divisions 选项；

在 Number of Divisions 栏中输入划分数量为 10，其余保持默认即可。

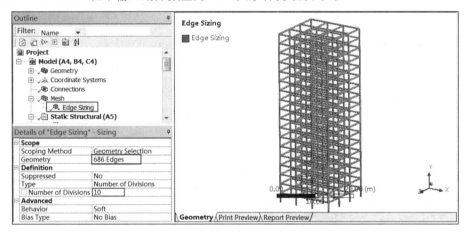

图 7-34　设置数量

步骤 02　在 Outline（分析树）中的 Mesh 选项上单击鼠标右键，从弹出的快捷菜单中选择 Generate Mesh 命令，最终的网格效果如图 7-35 所示。

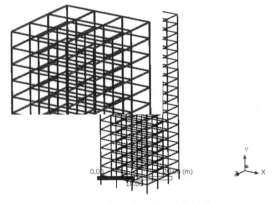

图 7-35　网格效果及局部放大

7.3.7 施加约束

步骤01 选择 Environment 工具栏中的 Supports（约束）→Fixed Support（固定约束）命令。

步骤02 单击工具栏中的 🔲（选择点）按钮，然后选择工具栏中的 ⬚▾ 按钮中的 ▾，使其变成 ⬚▾（框选择）按钮，选中 Fixed Support，选择建筑物框架基础的下端 16 个节点，单击 "Details of 'Fixed Support'" 中 Geometry 选项下的 ⬚ Apply ⬚ 按钮，即可在选中面上施加固定约束，如图 7-36 所示。

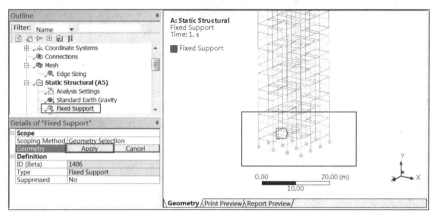

图 7-36　施加固定约束

步骤03 选择 Environment 工具栏中的 Inertial（惯性）→Standard Earth Gravity（标准重力加速度效应）命令，添加如图 7-37 所示的重力加速度效应。

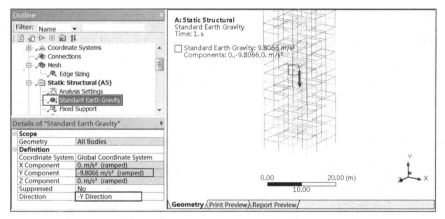

图 7-37　重力加速度效应

 这里的重力加速度方向沿着 Y 轴负方向。

步骤04 选择 Static Structural（A5）选项并单击鼠标右键，从弹出的快捷菜单中选择 Solve 命令进行计算。

步骤05 选择 Solution（A6）选项并单击鼠标右键，从弹出的快捷菜单中依次选择 Insert→Deformation →Total 命令，位移云图如图 7-38 所示。

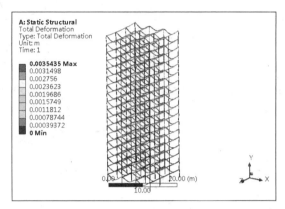

图 7-38　位移云图

7.3.8　模态分析

选择Modal（B5）选项并单击鼠标右键，从弹出的快捷菜单中选择Solve命令进行模态计算。

7.3.9　结果后处理

步骤01　选择 Solution 工具栏中的 Deformation（变形）→Total 命令，如图 7-39 所示。此时，在分析树中会出现 Total Deformation（总变形）选项。

步骤02　在 Outline（分析树）中的 Solution（B6）选项上单击鼠标右键，从弹出的快捷菜单中选择 Equivalent All Results 命令。

步骤03　选择 Outline（分析树）中 Solution（B6）下的 Total Deformation（总变形）选项，会出现如图 7-40 和图 7-41 所示的一阶模态总变形及二阶模态总变形分析云图。

图 7-39　添加变形选项

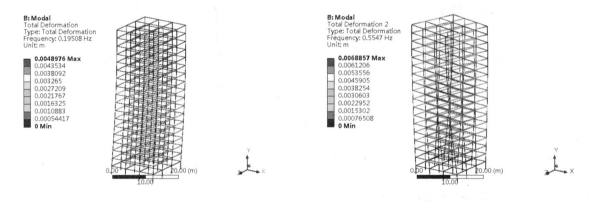

图 7-40　一阶变形　　　　　　　　　　　　　　图 7-41　二阶变形

步骤04　单击工具栏中的 图表，在下拉菜单中选择 Four Viewports 命令，在绘图窗口中同时出现 4 个窗口，显示如图 7-42 所示的三到六阶模态总变形。

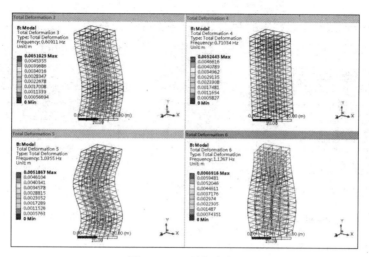

图 7-42　三到六阶变形

步骤 05　如图 7-43 所示为建筑物框架前 6 阶模态频率。

步骤 06　单击 Mechanical 界面右上角的 ✖（关闭）按钮，退出 Mechanical 返回到 Workbench 主界面。

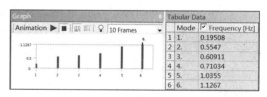

图 7-43　各阶模态频率

7.3.10　随机振动分析

步骤 01　回到 Workbench 主界面，如图 7-44 所示，单击 Toolbox（工具箱）中的 Analysis Systems→Random Vibration（随机振动分析）选项不放，直接拖动到项目 B（Modal）的 B6 中。

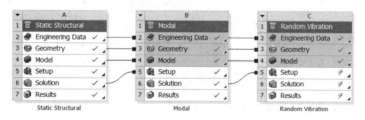

图 7-44　随机振动分析

步骤 02　双击项目 C 的 C5（Setup）命令，进入 Mechanical 界面。

步骤 03　在 Outline（分析树）中的 Modal（B5）选项上单击鼠标右键，从弹出的快捷菜单中选择 Solve 命令。

7.3.11　添加加速度谱

步骤 01　选择 Mechanical 界面左侧 Outline（分析树）中的 Random Vibration（C5）选项，出现如图 7-45 所示的 Environment 工具栏。

步骤02 选择 Environment 工具栏中的 PSD Base Excitation（基础激励响应分析）→PSD Acceleration（加速度谱激励）命令，如图 7-46 所示。此时，在分析树中会出现 PSD Acceleration 选项。

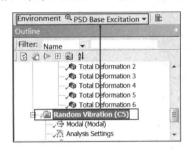

图 7-45　Environment 工具栏

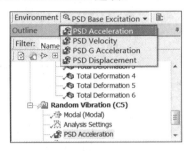

图 7-46　添加激励

步骤03 选择 Mechanical 界面左侧 Outline（分析树）中的 Random Vibration（C5）→PSD Acceleration（加速度谱激励）选项，在下面出现的如图 7-47 所示的"Details of 'PSD Acceleration'"面板中作如下更改：

在 Scope→Boundary Condition 中选择 Fixed Support；

在 Definition→Load Data 中选择 Tabular Data 选项，然后在右侧的 Tabular Data 表格中输入表 7-1 中的数据；

在 Direction 栏中选择 Y Axis，即竖直方向，其余保持默认即可。

步骤04 在 Outline（分析树）中的 Random Vibration（C5）选项上单击鼠标右键，从弹出的快捷菜单中选择 Solve 命令，如图 7-48 所示。

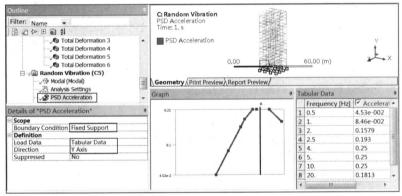

图 7-47　PSD Acceleration 面板

图 7-48　计算求解

7.3.12　后处理

步骤01 选择 Mechanical 界面左侧 Outline（分析树）中的 Solution（C6）选项，出现如图 7-49 所示的 Solution 工具栏。

步骤02 选择 Solution 工具栏中的 Deformation（变形）→Directional 命令，如图 7-50 所示。此时，在分析树中会出现 Directional Deformation 选项，并选择 Y 方向进行计算。

步骤03 在 Outline（分析树）中的 Solution（C6）选项上单击鼠标右键，从弹出的快捷菜单中选择 Equivalent All Results 命令。

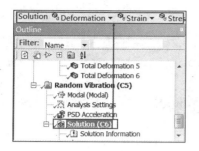

图 7-49 Solution 工具栏

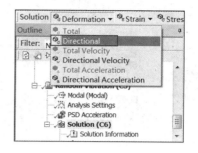

图 7-50 添加变形选项

步骤 04 选择 Outline（分析树）中 Solution（C6）下的 Directional Deformation，出现如图 7-51 所示的变形分析云图。

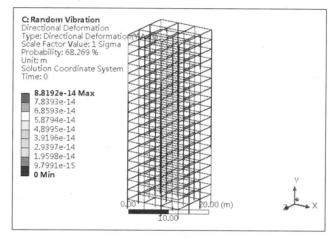

图 7-51 变形分析

7.3.13 保存与退出

步骤 01 单击 Mechanical 界面右上角的 ❌（关闭）按钮，退出 Mechanical 返回到 Workbench 主界面。

步骤 02 在 Workbench 主界面中单击常用工具栏中的 💾（保存）按钮。

步骤 03 单击右上角的 ❌（关闭）按钮，退出 Workbench 主界面，完成项目分析。

7.4 本章小结

本章通过两个简单的实例对随机振动分析进行详细的讲解，随机振动适用于随时间或者随频率变化的载荷对物体的作用现象的分析，请读者参考帮助文档深入学习。

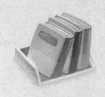

第8章

瞬态动力学分析案例详解

导言

本章将对ANSYS Workbench软件的瞬态动力学分析模块进行讲解，并通过典型案例对各种分析的一般步骤进行详细讲解，包括几何建模（外部几何数据的导入）、材料赋予、网格设置与划分、边界条件的设置及后处理操作。

学习目标

- ★ 熟练掌握ANSYS Workbench软件瞬态动力学分析的过程
- ★ 了解结构瞬态动力学分析与结构静力学分析的不同之处
- ★ 掌握瞬态动力学分析的应用场合

8.1　瞬态动力学分析简介

8.1.1　瞬态动力学分析

瞬态动力学分析是时域分析，是分析结构在随时间任意变化的载荷作用下动力响应过程的技术。其输入数据是作为时间函数的载荷，而输出数据是随时间变化的位移或其他输出量，如应力应变等。

瞬态动力学分析具有广泛的应用。对于承受各种冲击载荷的结构，如汽车的门、缓冲器、车架、悬挂系统等；承受各种随时间变化的载荷的结构，如桥梁、建筑物等；以及承受撞击和颠簸的家庭和设备，如电话、电脑、真空吸尘器等，都可以用瞬态动力学分析来对它们的动力响应过程中的刚度、强度进行计算模拟。

瞬态动力学分析包括线性瞬态动力学分析和非线性瞬态动力学分析两种分析类型。

所谓线性瞬态动力学分析，是指模型中不包括任何非线性行为，适用于线性材料、小位移、小应变、刚度不变的结构瞬态动力学分析，其算法有两种，即直接法和模态叠加法。

非线性瞬态动力学分析具有更广泛的应用，可以考虑各种非线性行为，如材料非线性、大变形、大位移、接触、碰撞等，本节主要介绍线性瞬态动力学分析。

8.1.2　瞬态动力学分析基本公式

根据经典力学理论可知，物体的动力学通用方程是：

$$[M]\{x^{''}\}+[C]\{x^{'}\}+[K]\{x\}=\{F(t)\}$$

式中：$[M]$ 是质量矩阵；$[C]$ 是阻尼矩阵；$[K]$ 是刚度矩阵；$\{x\}$ 是位移矢量；$\{F(t)\}$ 是力矢量；$\{x^{'}\}$ 是速度矢量；$\{x^{''}\}$ 是加速度矢量。

8.2　瞬态动力学分析实例1——蜗轮蜗杆传动分析

本节主要介绍 ANSYS Workbench 18.0 的瞬态动力学分析模块，对蜗轮蜗杆传动进行瞬态动力学分析。

学习目标：熟练掌握 ANSYS Workbench 瞬态动力学分析的方法及过程。

模型文件	下载资源\ Chapter08\char08-1\ wolunwogan.sat
结果文件	下载资源\Chapter08\char08-1\wolunwogan.wbpj

8.2.1　问题描述

如图 8-1 所示涡轮蜗杆传动模型，当蜗杆以 20rad/s 的角速度旋转时，蜗轮的速度及应力情况。

图 8-1　蜗轮蜗杆传动模型

8.2.2　启动 Workbench 并建立分析项目

步骤 01　在 Windows 系统下执行开始→所有程序→ANSYS 18.0→Workbench 18.0 命令，启动 ANSYS Workbench 18.0，进入主界面。

步骤 02　双击主界面 Toolbox（工具箱）中的 Analysis Systems→Transient Structural（瞬态动力学）选项，即可在 Project Schematic（项目管理区）创建分析项目 A，如图 8-2 所示。

	A
1	🔲 Transient Structural
2	⬦ Engineering Data　✓
3	📦 Geometry　　？
4	📦 Model　　　？
5	📦 Setup　　　？
6	📦 Solution　　？
7	📦 Results　　　？

Transient Structural

图 8-2　创建分析项目 A

8.2.3 导入几何体模型

步骤01 双击项目 A 中的 A3（Geometry）进入几何编辑界面，如图 8-3 所示。

 笔者使用的是ANSYS SpaceClaim软件作为默认的几何建模平台，也可以使用DesignModeler作为几何建模平台，操作步骤一样。

步骤02 在 ANSYS SpaceClaim 软件中依次选择文件→打开命令，在弹出的对话框中选择文件类型为 sat 格式，并导入 wolunwogan.sat 几何文件。

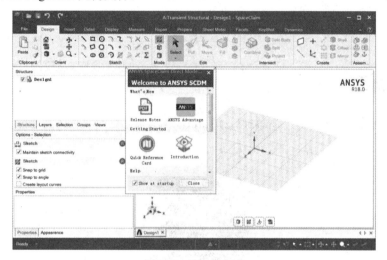

图 8-3 导入几何体

步骤03 经过一段时间的计算，成功加载如图 8-4 所示的几何文件，软件自动将相邻的两个几何渲染成不同颜色加以区分。

步骤04 单击工具栏上的 ▦ 按钮，弹出"另存为"对话框，输入文件名为 wolunwogan，单击"保存"按钮。

步骤05 回到 DesignModeler 界面并单击右上角的 ✖ （关闭）按钮，退出 ANSYS SpaceClaim 软件，返回到 Workbench 主界面。

图 8-4 几何模型

8.2.4 瞬态动力学分析参数设置

步骤01 双击项目 A 中的 A4（Model）进入 Mechanical 有限元分析平台。

步骤02 在 Outline 中依次选择 Project→Model（A4）→Connections→Contacts→Contact Region 命令，在 "Details of 'Contact Region'" 设置面板中将接触类型由默认的 Bonded 修改为 Frictionless，然后在 Target 栏中选择蜗杆螺纹的所有接触面，在 Contact 栏中选择蜗轮的所有齿轮面，如图 8-5 所示。

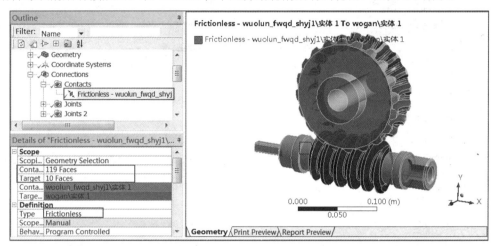

图 8-5 蜗轮蜗杆接触面设置

步骤03 设置驱动轴的转速。单击 Connections 选项，在工具栏中依次选择 Body-Ground→Revolute 命令，弹出 Revolute 选项，在选项中进行如下设置：

在 Mobile→Scope 栏中选中蜗杆的圆柱端面，并确认以保证此面处于加亮状态，如图 8-6 所示。

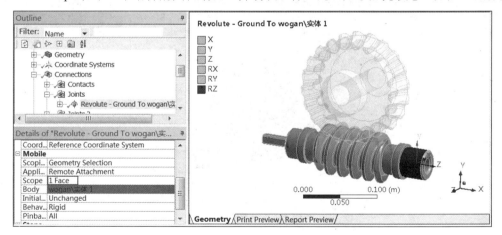

图 8-6 设置固定

步骤04 设置从动轮旋转属性。单击 Connections 选项，在工具栏中依次选择 Body-Ground→Revolute 命令，弹出 Revolute 选项，在选项中进行如下设置：

在 Mobile→Scope 栏中选中蜗杆的圆柱端面，并确认以保证此面处于加亮状态，如图 8-7 所示。

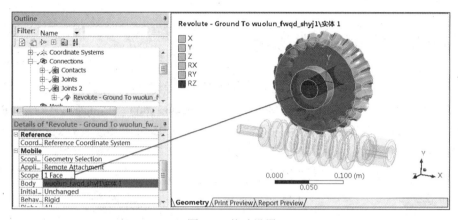

图 8-7　从动设置

8.2.5　添加材料库

本实例选择的材料为Structural Steel（结构钢），因为此材料为ANSYS Workbench 18.0默认被选中的材料，故不需要设置。

8.2.6　划分网格

选择Mesh并单击鼠标右键，从弹出的快捷菜单中选择Generate Mesh命令，划分完成后的网格如图 8-8 所示。

由于瞬态动力学计算耗时比较多，为了降低计算量，这里采用默认网格，划分的网格比较粗糙，读者可以自行设置网格划分，这里不对网格划分做详细介绍。

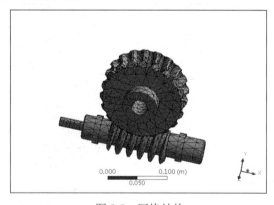

图 8-8　网格结构

8.2.7　施加约束

步骤01 选择 Transient（A5）选项，然后依次选择工具栏中的 Loads→Joint Load 命令，在弹出的 Joint 选项的设置窗口中做如图 8-9 所示的设置：

在 Joint 栏中选择 Revolute - Ground To wogan\实体 1 选项；

在 Type 栏中选择 Rotational Velocity；

在 Magnitude 栏中输入驱动轮转速为 20rad/s。

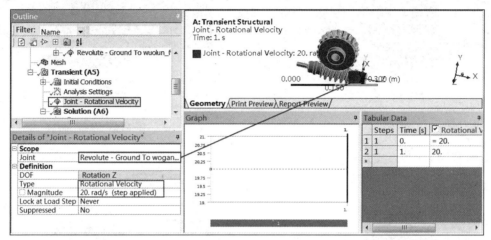

图 8-9　驱动速度设置

步骤 02　单击 Analysis Settings 选项，在弹出的设置窗口中做如图 8-10 所示的设置：

在 Step End Time 栏中输入 1s；

在 Auto Time Stepping 栏中选择 Off 选项；

在 Define By 栏中选择 Substeps 选项；

在 Number of Substeps 栏中输入 200，其余保持默认即可。

步骤 03　在 Outline（分析树）中的 Transient（A5）选项上单击鼠标右键，从弹出的快捷菜单中选择 Solve 命令，此时开始计算。由于计算模型较大，计算时间比较长，请读者耐心等待。

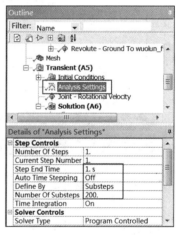

图 8-10　分析设置

8.2.8　结果后处理

步骤 01　选择 Solution 工具栏中的 Deformation（变形）→Total 命令。

步骤 02　在 Outline（分析树）中的 Solution（A6）选项上单击鼠标右键，从弹出的快捷菜单中选择 Equivalent All Results 命令，如图 8-11 所示为总位移云图。

步骤 03　选择 Solution 工具栏中的 Deformation（变形）→Total Acceleration 命令，此时，在分析树中会出现 Total Acceleration（总加速度）选项。

步骤 04　选择 Outline（分析树）中 Solution（A6）下的 Total Acceleration（总加速度）选项，出现如图 8-12 所示的加速度云图。

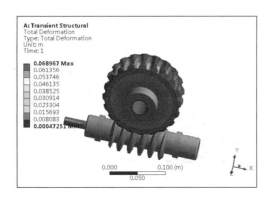

图 8-11　总位移云图

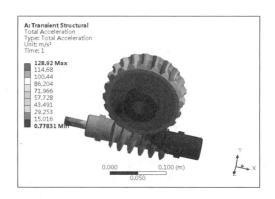

图 8-12　总加速度

步骤 05 同样添加速度及应力命令,如图 8-13 所示为蜗轮速度变化云图,如图 8-14 所示为应力变化云图。

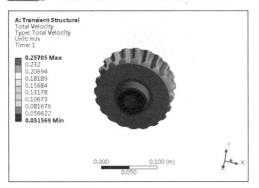

图 8-13　速度变化云图

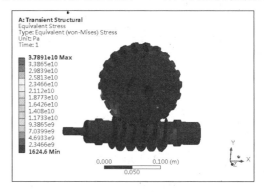

图 8-14　应力变化云图

步骤 06 如图 8-15 所示为以上 4 个变量的曲线变化图。

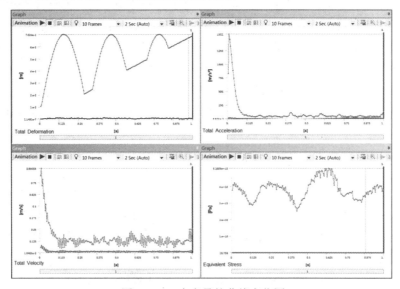

图 8-15　4 个变量的曲线变化图

步骤 07 单击如图 8-16 所示的图标,可以播放相应后处理的动画。单击 图标,可以输出动画,动画的格式为 avi。

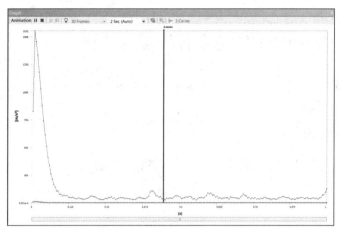

图 8-16 　 动态显示及动画输出

8.2.9　保存与退出

步骤 **01**　单击 Mechanical 界面右上角的 ❌ （关闭）按钮，退出 Mechanical 返回到 Workbench 主界面。

步骤 **02**　在 Workbench 主界面中单击常用工具栏中的 💾 （保存）按钮。

步骤 **03**　单击右上角的 ❌ （关闭）按钮，退出 Workbench 主界面，完成项目分析。

8.3　瞬态动力学分析实例2——活塞运动分析

本节主要介绍ANSYS Workbench 18.0 的瞬态动力学分析模块，对活塞运动进行瞬态动力学分析。

学习目标：熟练掌握ANSYS Workbench瞬态动力学分析的方法及过程。

模型文件	下载资源\ Chapter08\char08-2\ piston_dy.sab
结果文件	下载资源\Chapter08\char08-2\piston_dy.wbpj

8.3.1　问题描述

如图 8-17 所示的活塞模型，当活塞下面的凸轮以 25rad/s的角速度旋转时，计算活塞的运动情况。

图 8-17 　 活塞模型

8.3.2　启动 Workbench 并建立分析项目

步骤 01　在 Windows 系统下执行开始→所有程序→ANSYS 18.0→Workbench 18.0 命令，启动 ANSYS Workbench 18.0，进入主界面。

步骤 02　从项目管理区中建立如图 8-18 所示的分析项目流程。

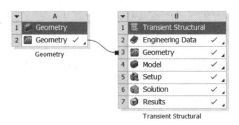

图 8-18　创建分析项目

8.3.3　导入几何体模型

步骤 01　双击项目 A 中的 A2（Geometry），此时进入几何编辑界面，如图 8-19 所示。

　笔者使用的是ANSYS SpaceClaim软件作为默认的几何建模平台，也可以使用DesignModeler作为几何建模平台，操作步骤一样。

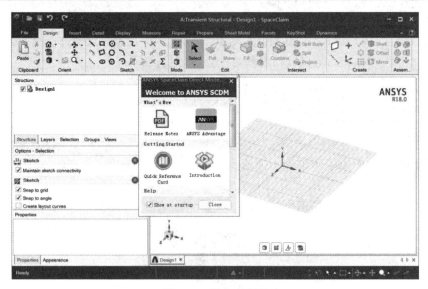

图 8-19　导入几何体

步骤 02　在 ANSYS SpaceClaim 软件中依次选择文件→打开命令，在弹出的对话框中选择文件类型为 sat 格式，并导入 wolunwogan.sat 几何文件。

步骤 03　经过一段时间的计算，成功加载如图 8-20 所示的几何文件，软件自动将相邻的两个几何渲染成不同颜色加以区分。

步骤 **04** 单击工具栏上的 按钮，弹出"另存为"对话框，输入文件名为 piston_dy，单击"保存"按钮。

步骤 **05** 回到 DesignModeler 界面并单击右上角的 （关闭）按钮，退出 ANSYS SpaceClaim 软件，返回到 Workbench 主界面。

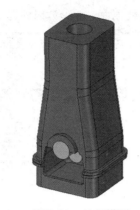

图 8-20 几何模型

8.3.4 瞬态动力学分析属性设置

步骤 **01** 双击项目 A 中的 A4（Model）进入 Mechanical 有限元分析平台。

步骤 **02** 在 Outline 中依次选择 Project→Model（B4）→Geometry 命令，展开 Geometry 下面有 5 个零件，将名称为"block\实体 1"和"base\实体 1"两个几何设置为刚体，如图 8-21 所示。选择两个几何，在"Details of 'Multiple Selection'"详细设置面板的 Stiffness Behavior 栏中选择 Rigid 选项。

步骤 **03** 删除 Connections→Contact 下所有接触设置。

步骤 **04** 设置驱动轴的转速。单击 Connections 选项，然后在工具栏中依次选择 Body-Ground→Revolute 命令，弹出 Revolute 选项，在选项中进行如下设置：

在 Mobile→Scope 栏中选中凸轮的圆柱端面，并确认以保证此面处于加亮状态，如图 8-22 所示。

图 8-21 刚体化设置

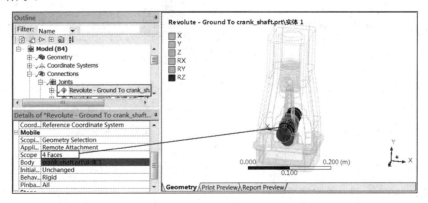

图 8-22 设置固定

步骤 05 转动属性。单击 Connections 选项，然后在工具栏中依次选择 Body-Body→Revolute 命令，弹出 Revolute 选项，在选项中进行如下设置：

在 Reference→Scope 栏中选择联轴器的内圆面，并确认以保证此面处于加亮状态；

在 Mobile→Scope 栏中选中凸轮的外圆柱端面，并确认以保证此面处于加亮状态，如图 8-23 所示。

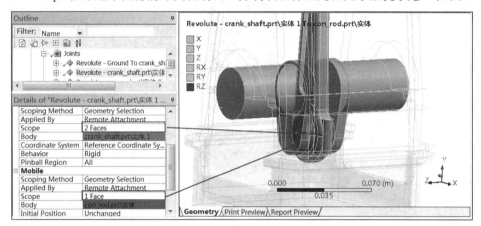

图 8-23　连接设置

步骤 06 转动属性。单击 Connections 选项，然后在工具栏中依次选择 Body-Body→Revolute 命令，弹出 Revolute 选项，在选项中进行如下设置：

在 Reference→Scope 栏中选择联轴器的上端接头内圆面，并确认以保证此面处于加亮状态；

在 Mobile→Scope 栏中选中活塞的内圆柱端面，并确认以保证此面处于加亮状态，如图 8-24 所示。

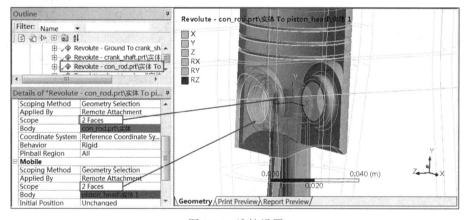

图 8-24　连接设置

步骤 07 移动属性。单击 Connections 选项，然后在工具栏中依次选择 Body-Body→Translational 命令，弹出 Translational 选项，在选项中进行如下设置：

在 Reference→Scope 栏中选择活塞外圆面，并确认以保证此面处于加亮状态；

在 Mobile→Scope 栏中选中伤壳体的内圆柱端面，并确认以保证此面处于加亮状态，如图 8-25 所示。

步骤 08 设置驱动轴的转速。单击 Connections 选项，然后在工具栏中依次选择 Body-Ground→Revolute 命令，此时弹出 Revolute 选项，在选项中进行如下设置：

在 Mobile→Scope 栏中选中活塞机构地面，并确认以保证此面处于加亮状态，如图 8-26 所示。

步骤 09 同样操作设置活塞机构顶面为固定约束面，如图 8-27 所示。

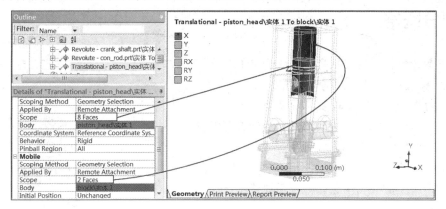

图 8-25　移动设置

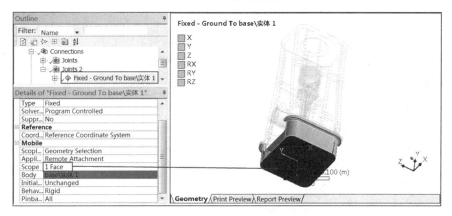

图 8-26　驱动轴的转速设置

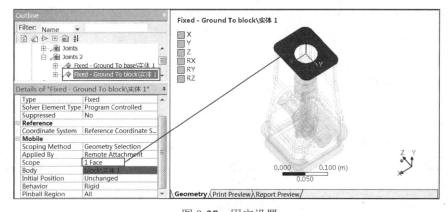

图 8-27　固定设置

8.3.5　添加材料库

本实例选择的材料为Structural Steel（结构钢），因为此材料为ANSYS Workbench 18.0 默认被选中的材料，故不需要设置。

8.3.6 划分网格

选择Mesh并单击鼠标右键，从弹出的快捷菜单中选择 Generate Mesh命令，划分完成后的网格如图 8-28 所示。

由于瞬态动力学计算耗时比较多，所以为了降低计算量，这里采用默认网格，划分的网格比较粗糙，读者可以自行设置网格划分，这里不对网格划分做详细介绍。

另外，从图中可以发现，设置为刚体的几何，ANSYS Workbench平台是不进行网格划分的，此处需要读者记住。

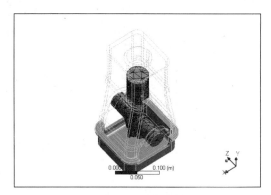

图 8-28　网格结构

8.3.7 施加约束

步骤01 选择 Transient（B5）选项，然后依次选择 Loads→Joint Load 命令，在 Joint 选项的设置面板中做如图 8-29 所示的设置：

在 Joint 栏中选择 Revolute - Ground To crank_shaft.prt\实体 1 选项；

在 Type 栏中选择 Rotational Velocity；

在 Magnitude 栏中输入驱动轴转速为 25rad/s。

步骤02 单击 Analysis Settings 选项，在设置面板中做如图 8-30 所示的设置：

在 Step End Time 栏中输入 0.5s；

在 Auto Time Stepping 栏中选择 Off 选项；

在 Define By 栏中选择 Substeps 选项；

在 Number of Substeps 栏中输入 200，其余保持默认即可。

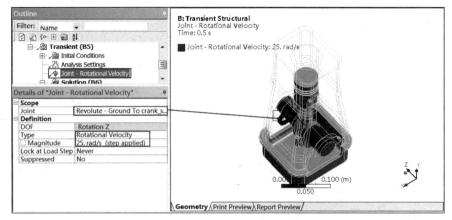

图 8-29　驱动速度设置

图 8-30　分析设置

步骤 03 在 Outline（分析树）中的 Transient（B5）选项上单击鼠标右键，从弹出的快捷菜单中选择 Solve 命令，此时开始计算。由于计算模型较大，所以计算时间比较长，请读者耐心等待。

8.3.8 结果后处理

步骤 01 选择 Solution 工具栏中的 Deformation（变形）→Total 命令。

步骤 02 在 Outline（分析树）中的 Solution（B6）选项上单击鼠标右键，从弹出的快捷菜单中选择 Equivalent All Results 命令，如图 8-31 所示为总位移云图。

步骤 03 选择 Solution 工具栏中的 Deformation（变形）→Total Acceleration 命令，在分析树中会出现 Total Acceleration（总加速度）选项。

步骤 04 选择 Outline（分析树）中 Solution（B6）下的 Total Acceleration（总加速度）选项，会出现如图 8-32 所示的加速度云图。

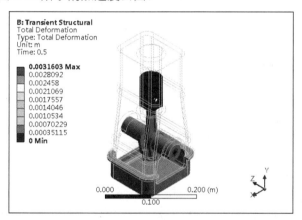

图 8-31　总位移

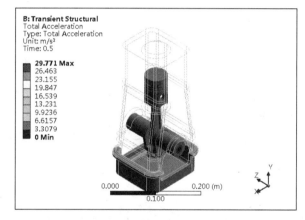

图 8-32　总加速度

步骤 05 同样添加速度及应力命令，如图 8-33 所示为蜗轮速度变化云图，如图 8-34 所示为应力变化云图。

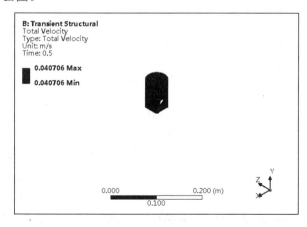

图 8-33　速度变化云图

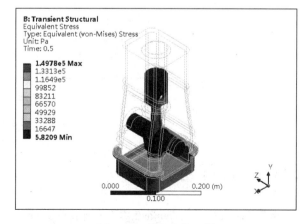

图 8-34　应力变化云图

步骤 06 如图 8-35 所示为以上 4 个变量的曲线变化图。

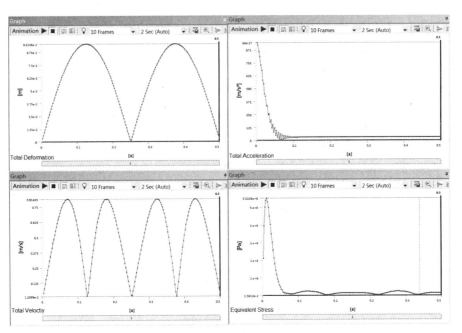

图 8-35　曲线图

步骤07　单击如图 8-36 所示的图标可以播放相应后处理的动画。单击 图标，可以输出动画，动画的格式为 avi。

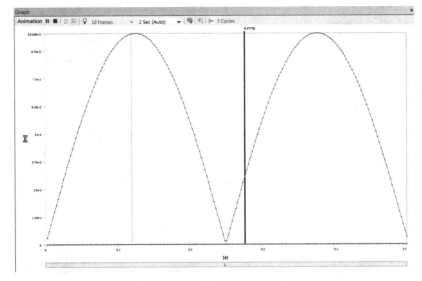

图 8-36　动态显示及动画输出

8.3.9　保存与退出

步骤01　单击 Mechanical 界面右上角的 （关闭）按钮，退出 Mechanical 返回到 Workbench 主界面。

步骤02　在 Workbench 主界面中单击常用工具栏中的 （保存）按钮。

步骤03　单击右上角的 （关闭）按钮，退出 Workbench 主界面，完成项目分析。

8.4 活塞运动优化分析

前面两节简单介绍了蜗轮蜗杆及活塞运动的瞬态仿真分析，下面以活塞运动分析为例，简单讲解一下优化分析的基本过程，请读者通过帮助文档深入学习本小节的内容。

学习目标： 熟练掌握ANSYS Workbench瞬态动力学分析优化设置的基本方法及分析方法。

模型文件	无
结果文件	下载资源\Chapter08\char08-3\piston_dy_Opt.wbpj

步骤01 启动软件并加载上节计算文件。

步骤02 双击 Results 命令进入到 Mechanical 界面，在界面中进行如下设置：

选择 Transient（B5）→Joint-Rotational Velocity 选项，在详细设置面板中设置角速度为参数，即在 Magnitude 前面的□中出现 P 字样，表示已经参数化，如图 8-37 所示。

步骤03 利用同样的操作对输出的最大速度值进行参数化输出，如图 8-38 所示。

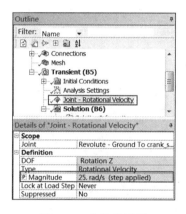

图 8-37　参数化设置

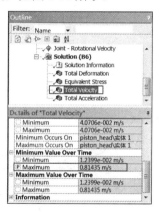

图 8-38　参数化设置

步骤04 关闭 Mechanical 窗口。此时，Workbench 平台变成如图 8-39 所示的结构。

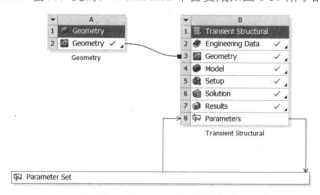

图 8-39　Workbench 平台

步骤05 双击 Parameter Set 栏，弹出如图 8-40 所示的参数设置结构图，从图中可以明显地看到输入/输出已经被参数化设置，右侧窗口中显示出已经计算好的初始值。

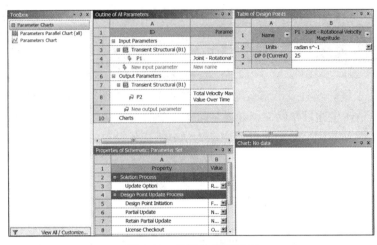

图 8-40　参数化详细信息

步骤06 如图 8-41 所示为添加一个响应曲面分析模块，进行优化分析。

步骤07 单击工具栏中 *Update All Design Points* 命令，进行优化分析。

步骤08 经过较长时间的计算，完成后双击 C2 并查看程序自动布置的关键点及最大速度值，如图 8-42 所示。

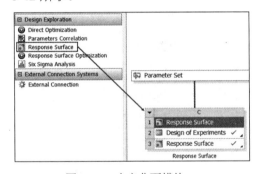

图 8-41　响应曲面模块

	A	B	C
1	Name	P1 - Joint - Rotational Velocity Magnitude (radian s^-1)	P2 - Total Velocity Maximum Minimum Value Over Time (m s^-1)
2	1 DP 0	25	0.81435
3	2	22.5	0.73287
4	3	27.5	0.89609
5	4	23.75	0.77369
6	5	26.25	0.8551

图 8-42　种子数

步骤09 添加 Parameters Correlation 模块，如图 8-43 所示。

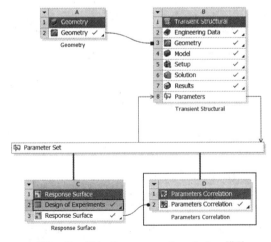

图 8-43　添加 Parameters Correlation 模块

步骤⑩ 双击 Parameters Correlation 模块的 D2，进入如图 8-44 所示的详细后处理表格中，在表格中可以添加一些后处理命令。

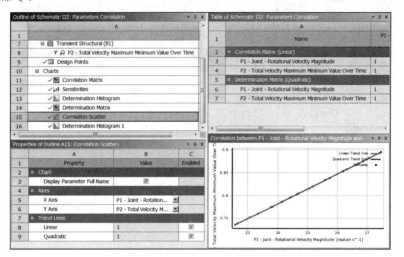

图 8-44 后处理表格显示

步骤⑪ 单击 Mechanical 界面右上角的 ✖（关闭）按钮，退出 Mechanical 返回到 Workbench 主界面。

步骤⑫ 在 Workbench 主界面中单击常用工具栏中的 🖫（保存）按钮。

步骤⑬ 单击右上角的 ✖（关闭）按钮，退出 Workbench 主界面，完成项目分析。

注：本优化案例并未对优化分析进行展开讲解，请读者参看帮助文档进行学习。

8.5 本章小结

本章通过 3 个典型案例介绍了瞬态动力学分析的一般过程，包括材料导入与建模、材料选择与材料属性赋予、有限元网格的划分、对模型施加边界条件与外载荷及结构后处理等。同时也通过一个简单操作，介绍了瞬态动力学分析优化设计的方法与一般步骤，请读者参考帮助文档详细学习。

通过本章的学习，读者应对 ANSYS Workbench 结构动力学分析模块及操作步骤有详细的了解，同时熟料掌握操作步骤与分析方法。

第9章

接触分析案例详解

 导言

本章将对ANSYS Workbench软件的接触分析模块进行详细讲解，并通过几个典型案例对接触分析的一般步骤进行详细讲解，包括几何建模（外部几何数据的导入）、材料赋予、网格设置与划分、边界条件的设置及后处理操作。

学习目标

★ 熟练掌握ANSYS Workbench软件接触分析的过程
★ 了解接触分析与其他分析的不同之处

9.1 接触分析简介

两个独立表面相互接触并相切称之为接触。一般物理意义上，接触的表面包含如下特征：

- 不会渗透。
- 可传递法向压缩力和切向摩擦力。
- 通常不传递法向拉伸力，即可自由分离和互相移动。

 接触是状态改变非线性。也就是说，系统刚度取决于接触状态，即零件间使接触或分离。

因为从物理意义上来说，接触体间不相互渗透，所以程序必须建立两表面间的相互关系以阻止分析中的相互穿透。程序阻止渗透称为强制接触协调性。

ANSYS Workbench 18.0 接触公式总结如表 9-1 所示。

表 9-1　接触公式

控制方程	法向	切向	法向刚度	切向刚度	类型
Augmented Lagrange	Augmented Lagrange	Penalty	Yes	Yes[1]	Any
Pure Penalty	Penalty	Penalty	Yes	Yes[1]	Any
MPC	MPC	MPC	–	–	Bonded.No Separation
Nomal Lagrange	Lagrange Multiplier	Penalty	–	Yes[1]	Any

说明：1 表示切向接触刚度不能由用户直接输入。

Workbench Mechanical提供了几种不同的接触公式来在接触截面强制协调性。

对非线性实体表接触，可以使用罚函数或增强拉格朗日公式。

（1）两种方法都是基于罚函数方程：$F_{normal} = k_{mormal} * x_{penetration}$。

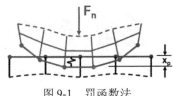

（2）这里对于一个有限的接触力 F_{normal}，存在一个接触刚度的 k_{normal} 的概念，接触刚度越高，穿透量 $x_{penetration}$ 越小，如图 9-1 所示。

图 9-1　罚函数法

（3）对于理想无限大的 k_{normal}，零穿透，但对于罚函数法，这在数值计算中是不可能的，只要 $x_{penetration}$ 足够小或者可忽略，求解的结果就是精确的。

Pure Penalty 和 Augmented Lagrange 方法的区别就是后者加大了接触力（压力）的计算。

罚函数法：$F_{normal} = k_{mormal} * x_{penetration}$

增强拉格朗日法：$F_{normal} = k_{mormal} * x_{penetration} + \lambda$

因为额外因子 λ，所以增强的拉格朗日法对于罚刚度 k_{normal} 的值变得不敏感。

拉格朗日乘子公式：增强拉格朗日方法增加了额外的自由度（接触压力）来满足接触协调性。因此，接触力（接触压力）作为一额外自由度直接求解，而不通过接触刚度和穿透计算得到。此方法可以得到 0 或接近 0 的穿透量，也不需要压力自由度法向接触刚度（零弹性滑动），但是需要直接求解器，这样要消耗更多的计算代价。

使用 Normal Lagrange 方法会出现接触扰动，如果不允许渗透（见图 9-2），在 Gap 为 0 处，则无法判断接触状态是开放或闭合（如阶跃函数）。有时这导致收敛变得更加困难，因为接触点总是在 open/closed 中间来回震荡，这就成为接触扰动（chattering），但是如果允许一个微小的渗透（见图 9-3），则收敛变得更加容易，因为接触状态不再是一个阶跃变化。

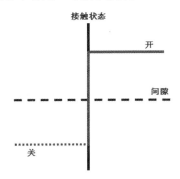

图 9-2　法向拉格朗日法

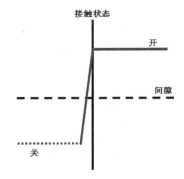

图 9-3　罚函数法

另外，值得一提的是算法不同，接触探测也不同。Pure Penalty 和 Augmented Lagrange 公式使用积分点探测，这导致更多的探测点，如图 9-4 所示为 10 个探测点。Normal Lagrange 和 MPC 公式使用节点探测（目标法向），这导致更少的探测点，如图 9-5 所示为 6 个探测点。点探测在处理边接触时会稍微好一些，但是通过局部网格细化，积分点探测也会达到同样的效果。

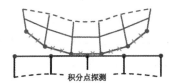

图 9-4　Pure Penalty 和 Augmented Lagrange 法

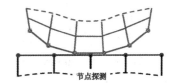

图 9-5　Normal Lagrange 和 MPC 法

9.2 静态接触分析实例——铝合金板孔受力分析

本章主要介绍ANSYS Workbench 18.0 的接触分析功能，计算含有直径为 32mm 圆孔的铝合金板在孔位值处的受力情况。

学习目标：熟练掌握ANSYS Workbench接触设置及求解的方法及过程。

模型文件	无
结果文件	下载资源\Chapter09\char09-1 \ contact.wbpj

9.2.1 问题描述

如图 9-6 所示的模型，作用在圆柱上面的 75000N拉力，使得铝合金板的圆孔变形，通过计算分析铝合金板空位置处的变形及应力大小。

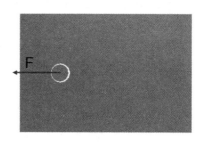

图 9-6　滑块模型

9.2.2 启动 Workbench 并建立分析项目

步骤 01　在 Windows 系统下执行开始→所有程序→ANSYS 18.0→Workbench 18.0 命令，启动 ANSYS Workbench 18.0，进入主界面。

步骤 02　双击主界面 Toolbox（工具箱）中的 Component Systems→Static Structural（静态分析）选项，在 Project Schematic（项目管理区）创建分析项目 A。

9.2.3 建立几何体模型

步骤 01　在 A2 Geometry 上单击鼠标右键，从弹出的快捷菜单中选择 Edit Geometry 命令，进入几何建模平台。

步骤 02　绘制如图 9-7 所示的几何模型，并对几何进行标注：D4=32mm、H3=300mm、L2=102mm、L5=70mm、V1=204mm。

步骤 03　依次选择菜单栏中的 Create→Extrude 命令，在 Details View 设置面板中设置 FD1,Depth(>0)为 25mm。单击工具栏中的 ⅔Generate 按钮完成铝合金板几何模型的建立，如图 9-8 所示。

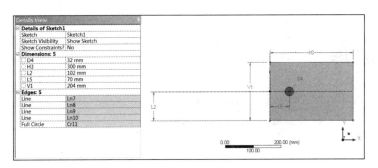

图 9-7　草绘及标注

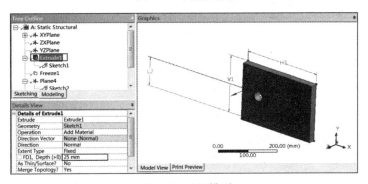

图 9-8　几何模型

步骤04　依次选择菜单栏中的 Tools→Freeze 命令，单击工具栏中的 ⚡Generate 按钮，将建立的几何体进行冻结。冻结的目的是为了在后续建立圆柱体作为独立的几何模型出现。

步骤05　建立圆柱体几何模型。在 XY 平面上新建立一个坐标平面 Plane4，如图 9-9 所示。

步骤06　在 Plane4 上建立如图 9-10 所示的圆柱体几何，标注 D1=30mm、H2=69mm。

步骤07　依次选择菜单栏中的 Create→Extrude 命令，在 Details View 设置面板中设置 FD1,Depth(>0)为 25mm。单击工具栏中的 ⚡Generate 按钮完成圆柱几何模型的建立。

图 9-9　建立平面

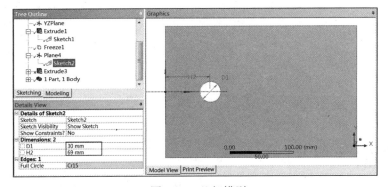

图 9-10　几何模型

步骤08　几何命名。将铝合金板命名为铝牌，圆柱几何命名为 Q235，关闭 DesignModeler 平台。

9.2.4　添加材料库

步骤01　双击项目 A 中的 A2Engineering Data 项,进入材料库选择界面,在材料库中选择 Aluminum Alloy 材料,ANSYS Workbench 平台将 Structural Steel 设置为默认材料。

步骤02　单击工具栏中的 ⌐田 Project ⌐ 按钮,返回到 Workbench 主界面,材料库添加完毕。

9.2.5　添加模型材料属性

步骤01　双击主界面项目管理区项目 A 中的 A4 栏 Model 项进入 Mechanical 界面,在该界面下即可进行网格的划分、分析设置、结果观察等操作。

步骤02　选择 Mechanical 界面左侧 Outline(分析树)中 Geometry 选项下的铝牌几何,在"Details of'铝牌'"(参数列表)中选择 Aluminium Alloy,如图 9-11 所示。

步骤03　Q235 材料为默认的 Structural Steel。

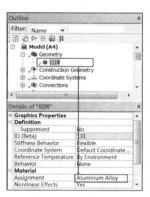

图 9-11　设置材料

9.2.6　创建接触

选择 Outline(分析树)中 Connections→Contacts→No Separation - 铝牌 To Q235 命令,如图 9-12 所示,在下面出现的"Details of'No Separation - 铝牌 To Q235'"面板中的 Definition→Type 栏中选择 No Separation 选项,表示不分离。

图 9-12　添加接触设置

9.2.7　划分网格

步骤01　选择 Mechanical 界面左侧 Outline(分析树)中的 Mesh 选项并单击鼠标右键,从弹出的快捷菜单中依次选择 Insert→Method 命令,如图 9-13 所示。

步骤 **02** 如图 9-14 所示，在 "Details of 'Sweep Method-Method'" 中的 Geometry 中做如下设置：

确定铝牌几何选中，并单击 Apply 按钮；

在 Method 栏中选择 Sweep 选项；

在 Src/Trg Selection 栏中选择 Manual Source 选项；

在 Source 栏中选择铝牌几何（此时选择面）；

在 Free Face Mesh Type 栏中选择 Quad/Tri 选项；

在 Sweep Num Divs 栏中输入 10。

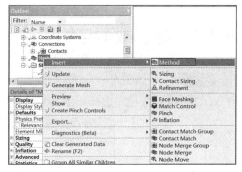

图 9-13　添加网格控制

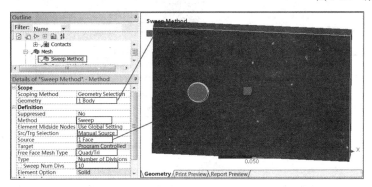

图 9-14　网格大小设置

步骤 **03** 同样设置，在 Sweep Num Divs 栏中保持默认即可，如图 9-15 所示。

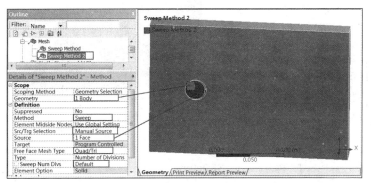

图 9-15　网格大小设置

步骤 **04** 在 Outline（分析树）中的 Mesh 选项上单击鼠标右键，从弹出的快捷菜单中选择 Generate Mesh 命令，最终的网格效果如图 9-16 所示。

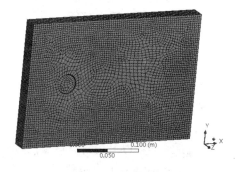

图 9-16　网格模型

9.2.8 施加载荷与约束

步骤 01 添加固定约束。单击 Outline（分析树）中的 Static Structural（A5）选项，在工具栏中选择 Supports →Fixed Support 选项，选择如图 9-17 所示的几何平面作为固定面。

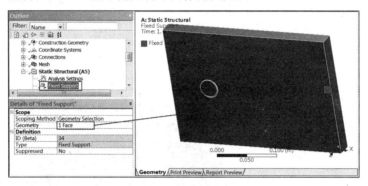

图 9-17 固定约束

步骤 02 添加载荷。单击 Outline（分析树）中的 Static Structural（A5）选项，在工具栏中选择 Loads →Force 选项，选择如图 9-18 所示的圆柱体的外表面作为载荷施加面。

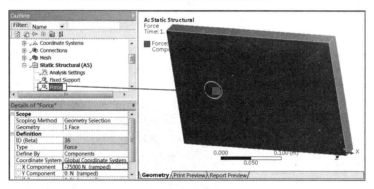

图 9-18 施加载荷

步骤 03 在 Outline（分析树）中的 Static Structural（A5）选项上单击鼠标右键，从弹出的快捷菜单中选择 Solve 命令。

9.2.9 结果后处理

步骤 01 选择 Mechanical 界面左侧 Outline（分析树）中的 Solution（A6）选项，在工具栏中依次选择 Deformation（变形）→Total 命令。

步骤 02 利用同样的操作，添加 Equivalent Stress（等效应力）、圆柱体的 Equivalent Stress、铝牌的 Equivalent Stress 3 个命令。

步骤 03 在 Outline（分析树）中的 Solution（A6）选项上单击鼠标右键，从弹出的快捷菜单中选择 Equivalent All Results 命令。

步骤 **04** 如图 9-19 所示，选择 Outline（分析树）中 Solution（A6）下的 Total Deformation（总变形）选项。

步骤 **05** 利用同样的操作方法查看应力分布云图，如图 9-20 所示。

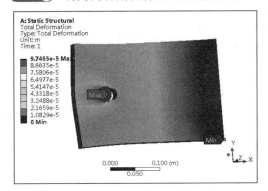

图 9-19　总变形

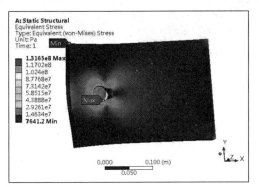

图 9-20　应力分布云图

步骤 **06** 单击 Outline（分析树）中的 Model（A4），在工具栏中选择 Construction Geometry 命令并单击鼠标右键，从弹出的快捷菜单中选择 Path，在"Details of'Path'"面板中输入坐标为：

Start 坐标为（0.07m，0.102m，0）；

End 坐标为（0.07m，-0.102m，0），如图 9-21 所示。

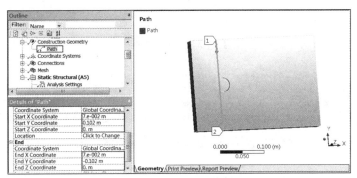

图 9-21　Path 坐标

步骤 **07** 如图 9-22 所示，选择 Solution 命令并单击鼠标右键，从弹出的快捷菜单中依次选择 Insert→Linearized Stress→Equivalent（Von-Mises）命令。

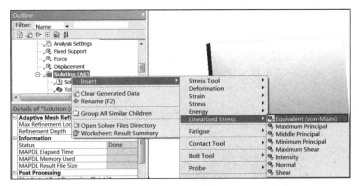

图 9-22　添加后处理

步骤 **08** 如图 9-23 所示，显示了 Path 路径的应力变化云图。

步骤 **09** 如图 9-24 所示，显示了应力随 Path 路径的变化曲线图。

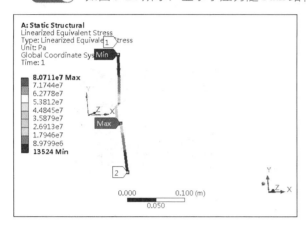

图 9-23 应力变化云图

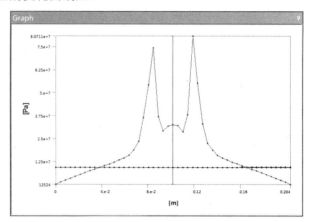

图 9-24 变化曲线图

9.2.10 保存与退出

步骤 **01** 单击 Mechanical 界面右上角的 （关闭）按钮，退出 Mechanical 返回到 Workbench 主界面。

步骤 **02** 在 Workbench 主界面中单击常用工具栏中的 （保存）按钮，保存包含有分析结果的文件。

步骤 **03** 单击右上角的 ⊠ （关闭）按钮，退出 Workbench 主界面，完成项目分析。

9.3 本章小结 ▶

本章通过一个简单的接触分析实例介绍了接触设置的一般步骤，读者通过本章的学习应该基本了解 4 种接触的应用范围。

接触分析适合如在起吊过程中吊钩与被吊物体之间的受力情况，如果物体的重量较重，则需要对其进行接触分析，以保证起吊强度。

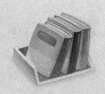

第10章

显示动力学分析案例详解

 导言

ANSYS Workbench 18.0 版有限元分析平台已经将LS-DYNA的显示动力学分析作为一个单独的模块。本章将对ANSYS Workbench平台自带的 3 个显示动力学分析模块进行实例讲解，介绍显示动力学分析的一般步骤，包括几何建模（外部几何数据的导入）、材料赋予、网格设置与划分、边界条件的设置及后处理操作。

学习目标

★ 熟练掌握ANSYS Workbench软件显示动力学分析的过程
★ 了解显示动力学分析与其他分析的不同之处
★ 了解显示动力学分析的应用场合

10.1 显示动力学分析简介

当数值仿真问题涉及瞬态、大应变、大变形、材料的破坏、材料的完全失效或伴随复杂接触的结构问题时，通过ANSYS显示动力学求解可以满足客户的需求。

ANSYS显示动力学分析模块包括Explicit Dynamics、ANSYS AUTODYN及Workbench LS-DYNA 3 种。此外，还有一个显示动力学输出LS-DYNA分析模块Explicit Dynamics (LS-DYNA Export)。

1. Explicit Dynamics

基于ANSYS AUTODYN分析程序的稳定、成熟的拉格朗日（结构）求解器的ANSYS Explicit STR软件已经完成集成到统一的ANSYS Workbench环境中。在ANSYS Workbench平台环境中，可以方便、无缝地完成多物理场分析，包括电磁、热、结构和计算流体动力学（CFD）的分析。

ANSYS Explicit STR扩展了功能强大的ANSYS mechanical系列软件分析问题的范围，这些问题往往涉及复杂的载荷工况、复杂的接触方式。比如：

● 抗冲击设计、跌落试验（电子和消费产品）。
● 低速-高速的碰撞问题分析（从运动器件分析到航空航天应用）。
● 高度非线性塑性变形分析（制造加工）。
● 复杂材料失效分析应用（国防和安全应用）。
● 破坏接触，如胶粘或焊接（电子和汽车工业）。

2. ANSYS AUTODYN

ANSYS AUTODYN是一个功能强大的用来解决固体、流体、气体及相互作用的高度非线性动力学问题的显示分析模块。该软件不仅计算稳健、使用方便，而且还提供很多高级功能。

与其他显示动力学软件相比，ANSYS AUTODYN软件具有易学、易用、直观、方便、交互式图形界面的特性。

采用ANSYS AUTODYN进行仿真分析可以大大降低工作量，提高工作效率和降低劳动成本。通过自动定义接触和流固耦合界面，以及缺省的参数可以大大节约时间和降低工作量。

ANSYS AUTODYN提供如下求解技术：

- 有限元法，用于计算结构动力学（FE）。
- 有限体积法，用于快速瞬态计算流体动力学（CFD）。
- 无网格粒子法，用于高速、大变形和碎裂（SPH）。
- 多求解器耦合，用于多种物理现象耦合情况下的求解。
- 丰富的材料模型，包括材料本构响应和热力学计算。
- 串行计算和共享内存式和分布式并行计算。

ANSYS Workbench平台提供了一个有效的仿真驱动产品开发环境：

- CAD 双向驱动。
- 显式分析网格的自动生成。
- 自动接触面探测。
- 参数驱动优化。
- 仿真计算报告的全面生成。
- 通过 ANSYS DesignModeler 实现几何建模、修复和清理。

3. ANSYS LS-DYNA

ANSYS LS-DYNA 软件为功能成熟、输入要求复杂的程序，提供方便、实用的接口技术来连接有多年应用实践的显式动力学求解器。1996 年一经推出，ANSYS LS-DYNA就帮助众多行业的客户解决了诸多复杂的设计问题。

在经典的ANSYS参数化设计语言（APDL）环境中，ANSYS Mechanical软件的用户早已可以进行显示分析求解。

最近，采用ANSYS Workbench强大和完整的CAD双向驱动工具、几何清理工具、自动划分与丰富的网格划分工具来完成ANSYS LS-DYNA分析中初始条件、边界条件的方便快速定义。

显示动力学计算充分利用ANSYS Workbench功能特点，生成ANSYS LS-DYNA求解计算用的关键字输入文件（.k）。另外，安装程序中包含LS-PrePost，提供对显示动力学仿真结果进行专业的后处理功能。

10.2 显示动力学分析实例1——钢球撞击金属网分析

本案例主要对Workbench LS-DYNA模块进行实例讲解，计算一个空心钢球撞击金属网的一般步骤。

学习目的： 熟练掌握Workbench LS-DYNA显示动力学分析的方法及过程。

模型文件	下载资源\Chapter10\char10-1\Model_Ly.agdb
结果文件	下载资源\Chapter10\char10-1\Impicit.wbpj

10.2.1　问题描述

如图 10-1 所示的模型，利用Workbench LS-DYNA来分析撞击的过程模拟。

技巧提示 Workbench LS-DYNA模块需要在ANSYS Workbench 18.0 安装完成后，单独安装。

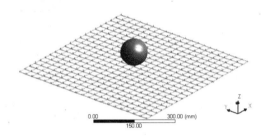

图 10-1　模型

10.2.2　启动 Workbench 并建立分析项目

步骤 01 在 Windows 系统下执行开始→所有程序→ANSYS 18.0→Workbench 18.0 命令，启动 ANSYS Workbench 18.0，进入主界面。

步骤 02 双击主界面 Toolbox（工具箱）中的 Component Systems→Geometry（几何）选项，即可在 Project Schematic（项目管理区）创建分析项目 A，如图 10-2 所示。

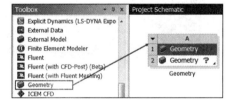

步骤 03 选择项目 A 中的 A2 并单击鼠标右键，在弹出如图 10-3 所示的快捷菜单中依次选择 Import Geometry→Browse 命令。

图 10-2　创建项目 A

步骤 04 在弹出如图 10-4 所示的"打开"对话框中选择文件路径，导入 Model_Ly.agdb 几何体文件。此时，A2Geometry 后的 ❓ 变为 ✓，表示实体模型已经存在。

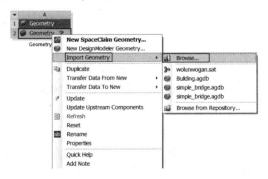

图 10-3　右键快捷菜单

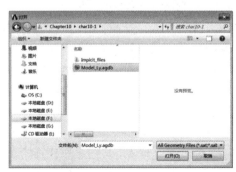

图 10-4　导入几何文件

步骤 05 添加 Workbench LS-DYNA 显示动力学分析模块。Workbench 平台默认时，启动不加载 Workbench LS-DYNA 显示动力学分析模块，此时需要单独启动。在 ANSYS Workbench 平台中，依次选择菜单栏中的 Extensions→Manage Extensions 命令，在弹出如图 10-5 所示的对话框中选择 LSDYNA 选项，并单击 Close 按钮。

步骤 06 此时，Workbench LS-DYNA 模块成功地被添加到了左侧的工具箱中，如图 10-6 所示。

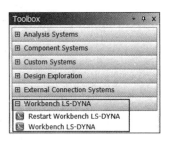

图 10-5 程序模块管理器   图 10-6 工具箱

10.2.3 启动 Workbench LS-DYNA 建立项目

步骤 01 单击 Workbench LS-DYNA 模块并将其直接拖动到项目 A 的 A2 栏中，如图 10-7 所示。

步骤 02 此时建立了 Workbench LS-DYNA 分析流程表，如图 10-8 所示。

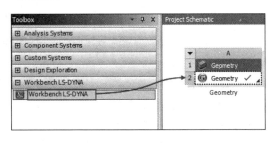
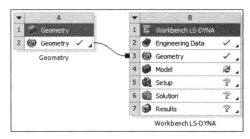

图 10-7 创建项目 A   图 10-8 创建项目 B

10.2.4 材料选择与赋予

步骤 01 双击项目 B 中的 B2（Engineering Data）工程数据，此时在弹出工程数据管理器的工具栏中单击 按钮，如图 10-9 所示。在 Engineering Data Sources（工程数据源）中选择 General Materials（通用材料库），然后单击 Outline of General Materials（通用材料列表）中 Aluminum Alloy 和 Structural Steel 两种材料后面的 按钮，选中两种材料。

  如果材料被选中，则在响应的材料名称后面出现一个 的图标。

步骤 02 单击工具栏中的 Project 按钮，退出材料库。

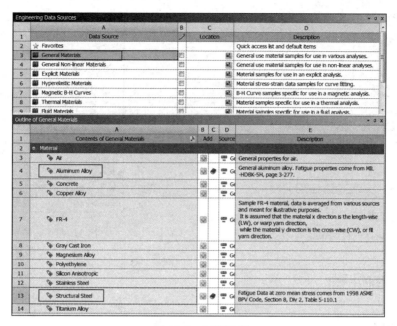

图 10-9　材料选择

10.2.5　建立项目分析

步骤01　双击项目 B 中的 B4（Mesh）项进入如图 10-10 所示的 Mechanical 平台，在该界面下即可进行材料赋予、网格划分，模型计算与后处理等工作。

在 Workbench LS-DYNA 的 Mechanical 分析平台中，可以看到添加一些 LS-DYNA 专用的程序命令。

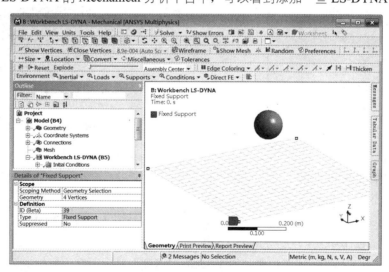

图 10-10　Mechanical 平台

步骤02　如图 10-11 所示，在 Outline（分析树）中选择 Model（B4）→Geometry→Line Body，在"Details of'Line Body'"面板中的 Material→Assignment 中选择 Aluminum Alloy 材料。

步骤03　如图 10-12 所示，按上述步骤将 Structural Steel 材料赋予 Solid 几何。

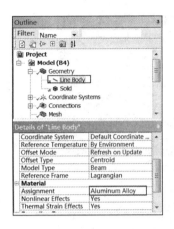

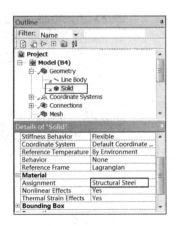

图 10-11　材料赋予　　　　　　　　　　　　　　　　　图 10-12　材料赋予

10.2.6　分析前处理

步骤01　如图 10-13 所示，两个几何实体已经被程序自动设置好连接，本例按默认即可。

步骤02　在 Outline（分析树）中的 Mesh 选项上单击鼠标右键，从弹出的快捷菜单中选择 Generate Mesh 命令，进行网格划分，划分完成后的网格效果如图 10-14 所示。

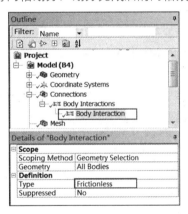

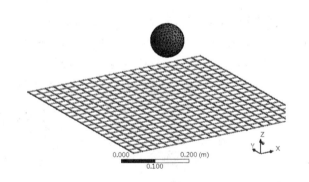

图 10-13　接触设置　　　　　　　　　　　　　　　　　图 10-14　网格效果

10.2.7　施加载荷

步骤01　选择 Mechanical 界面左侧 Outline（分析树）中 Workbench LS-DYNA（B5）下面的 Initial Conditions 选项，出现如图 10-15 所示的 Initial Conditions 工具栏。

步骤02　选择 Initial Conditions 工具栏中的 Velocity（速度）命令，在分析树中会出现 Velocity 选项，如图 10-16 所示。

步骤03　单击工具栏中的 ▣（选择体）按钮，选择球几何模型，单击"Details of 'Velocity'"中 Geometry 选项下的 　Apply　 按钮，在 Define By 栏中选择 Components 选项，在 X Component 与 Y Component 栏中输入 0m/s，在 Z Component 栏中输入-240m/s，如图 10-17 所示。

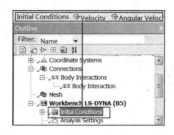

图 10-15　Initial Conditions 工具栏

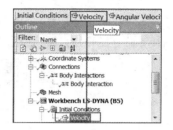

图 10-16　添加速度

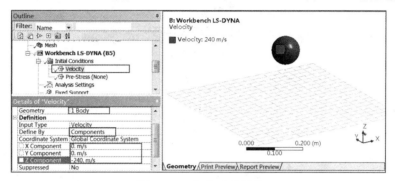

图 10-17　施加速度载荷

步骤 04　单击 Workbench LS-DYNA（B5）→Analysis Settings，在出现的"Details of 'Analysis Settings'"面板中的 End Time 栏中输入 5e-2，其他保持默认即可。

步骤 05　选择 Mechanical 界面左侧 Outline（分析树）中的 Workbench LS-DYNA（B5）选项，在出现的 Environment 工具栏中选择如图 10-18 所示的 Fixed Support 命令。

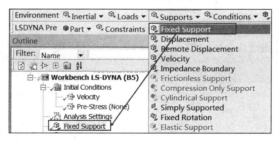

图 10-18　添加约束命令

步骤 06　单击工具栏中的 （选择点）按钮，然后选择钢网的 4 个角点，操作如图 10-19 所示。

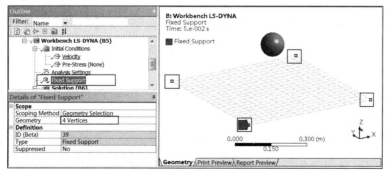

图 10-19　设置约束

步骤**07** 在 Outline（分析树）中的 Workbench LS-DYNA（B5）选项上单击鼠标右键，从弹出的快捷菜单中选择 Solve 命令，开始计算，如图 10-20 所示。

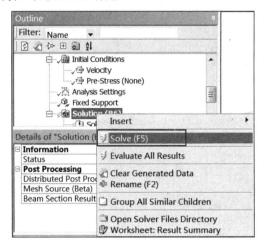

图 10-20 求解

10.2.8 结果后处理

步骤**01** 选择 Mechanical 界面左侧 Outline（分析树）中的 Solution（B6）选项，出现如图 10-21 所示的 Solution 工具栏。

步骤**02** 选择 Solution 工具栏中的 Deformation（变形）→Total 命令，如图 10-22 所示。此时，在分析树中会出现 Total Deformation（总变形）选项。

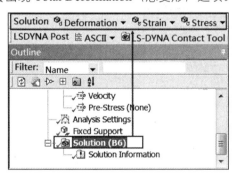

图 10-21 Solution 工具栏

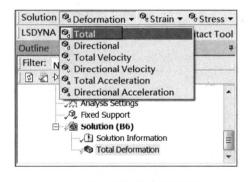

图 10-22 添加总变形选项

步骤**03** 在 Outline（分析树）中的 Solution（B6）选项上单击鼠标右键，从弹出的快捷菜单中选择 Equivalent All Results 命令，进行后处理。

步骤**04** 选择 Outline（分析树）中 Solution（B6）下的 Total Deformation（总变形）选项，出现如图 10-23 所示的一阶模态总变形分析云图。

步骤**05** 类似操作，显示钢网变形云图如图 10-24 所示。

步骤**06** 变形曲线如图 10-25 所示，单击上面的三角形可以显示碰撞的动画过程。

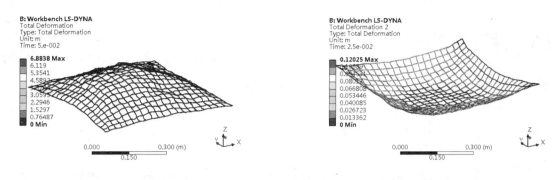

图 10-23　总变形分析云图　　　　　　　　　　　　　　图 10-24　钢网变形云图

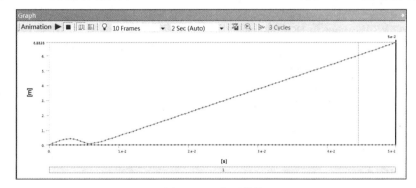

图 10-25　变形曲线

步骤 07　如图 10-26 所示显示网格变化过程中的曲线。单击 图标，将保存为动画格式，如图 10-27 所示。

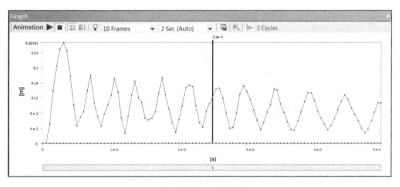

图 10-26　后处理

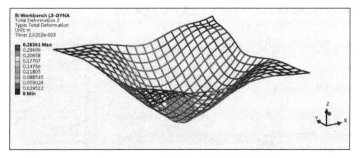

图 10-27　球撞击金属网动画截图

10.2.9 保存与退出

步骤01 在 Workbench 主界面中单击常用工具栏中的 ■（保存）按钮，在弹出的"另存为"对话框中输入文件名为 Implicit。

步骤02 单击右上角的 ✖（关闭）按钮，退出 Workbench 主界面，完成项目分析。

10.3　显示动力学分析实例2——金属块穿透钢板分析

本节主要介绍ANSYS Workbench 18.0 的显示动力学分析模块,计算金属块冲击钢板时钢板的受力情况。

学习目标： 熟练掌握ANSYS Workbench显示动力学分析的方法及过程；

熟练掌握在SpaceClaim软件中建模的方法。

模型文件	下载资源\Chapter10\char10-2\chongji.scdoc
结果文件	下载资源\Chapter10\char10-2\autodyn_ex.wbpj

10.3.1　问题描述

如图 10-28 所示的板型材和模具几何模型，请利用ANSYS Workbench分析板型材被模具挤压成型的过程。

 SpaceClaim软件中建模需要单独的模块支持，几何模型文件已经保存为stp格式。

图 10-28　几何模型

10.3.2　启动 Workbench 并建立分析项目

步骤01 在 Windows 系统下执行开始→所有程序→ANSYS 18.0 →Workbench 18.0 命令，启动 ANSYS Workbench 18.0，进入主界面。

步骤02 双击主界面 Toolbox（工具箱）中的 Analysis Systems →Explicit Dynamic（显示动力学分析）选项，即可在 Project Schematic（项目管理区）中创建分析项目 A，如图 10-29 所示。

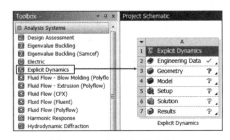

图 10-29　创建分析项目 A

10.3.3 绘制几何模型

步骤01 在 A2 Geometry 上单击鼠标右键，从弹出的快捷菜单中选择 New SpaceClaim Direct Modeler Geometry 命令，如图 10-30 所示。

步骤02 此时启动如图 10-31 所示的 SpaceClaim 软件几何建模对话框，单击"关闭"按钮，关闭欢迎窗口。

图 10-30 右键快捷菜单

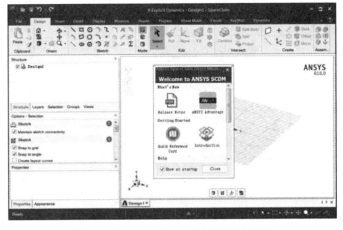

图 10-31 SpaceClaim 几何模型对话框

步骤03 选择 Design（设计）选项卡中的 ⬜ 命令，绘制如图 10-32 所示的正方形，正方形的边长为 50mm，距离坐标中心为 50mm。

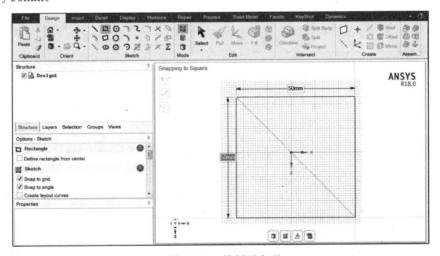

图 10-32 绘制正方形

步骤04 选择 Design（设计）选项卡中的 命令，在正方形上出现一个箭头，表示拉伸方向，按住鼠标左键不放直接向上移动，将正方形拉伸成实体，输入拉伸厚度为 8mm，如图 10-33 所示。

步骤05 创建平面。单击几何上表面，在 Design（设计）选项卡中选择 ⬜ 命令，创建如图 10-34 所示的平面。

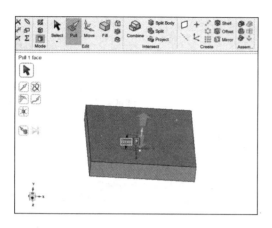

图 10-33　拉伸实体

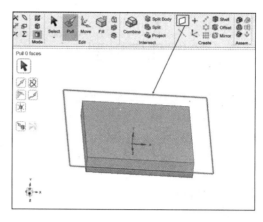

图 10-34　创建平面

步骤06 移动平面。选中平面，选择 Design（设计）选项卡中的 命令，移动平面，如图 10-35 所示。

步骤07 此时，在平面上显示出一个坐标轴，单击 z 轴（图中框选的坐标轴），按住鼠标不放向上移动，在弹出的尺寸输入框中输入 8mm，按 Enter 键确认，如图 10-36 所示。

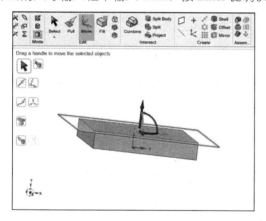

图 10-35　移动平面

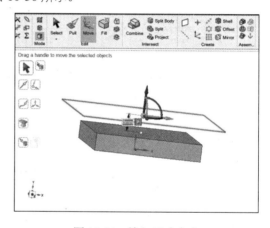

图 10-36　输入尺寸大小

步骤08 与上述操作相同，在平面上绘制如图 10-37 所示的圆形，圆心在坐标中心，圆形的半径为 8mm。

步骤09 拉伸圆形到圆柱体，拉伸长度为 8mm，如图 10-38 所示。

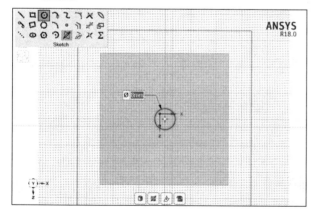

图 10-37　创建圆形

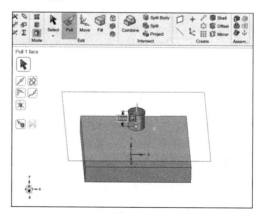

图 10-38　拉伸圆柱

步骤10 单击圆柱下原边界线，按住鼠标不放向上滑动鼠标，在弹出的输入框中输入倒圆角半径为4mm，如图 10-39 所示。

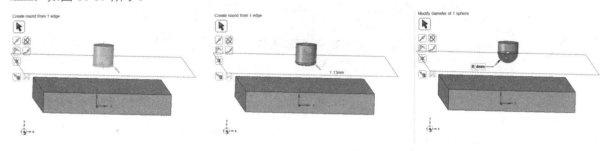

图 10-39　创建圆角

步骤11 几何命名。选择左侧结构模型树中的实体并单击鼠标右键，在弹出如图 10-40 所示的快捷菜单中选择 Rename 命令，此时 "实体" 将处于可修改状态，在对话框中输入 1，按 Enter 键确认。

步骤12 移动到新部件。选择左侧结构模型树中的实体并单击鼠标右键，在弹出如图 10-40 所示的快捷菜单中选择 Move to New Component 命令，此时"1"几何将被移动到新部件中，命名新部件名称为 Component1，如图 10-41 所示。

步骤13 对圆柱体几何进行同样的操作，完成后如图 10-42 所示。

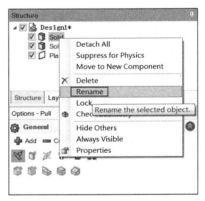
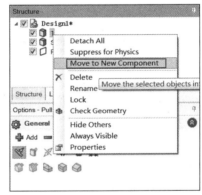
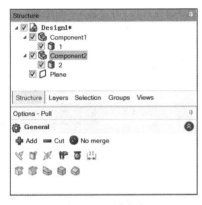

图 10-40　重命名　　　　　　　图 10-41　移到新部件　　　　　　图 10-42　重命名

步骤14 完成几何创建后，单击 ■（保存）按钮，并选择 SpaceClaim 软件菜单栏中的文件（F）→关闭命令 ▢ Close，退出建模平台。

10.3.4　材料选择

步骤01 双击项目 A 中的 A2（Engineering Data），出现如图 10-43 所示的材料列表。

步骤02 单击工具栏中的 ■ 按钮，进入如图 10-44 所示的材料库，在材料库中列举了应用与不同领域及分析方向的材料库，其中部分材料需要单独添加。

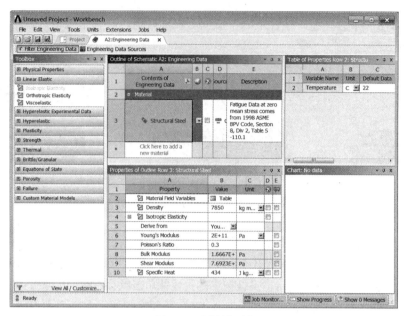

图 10-43　材料列表

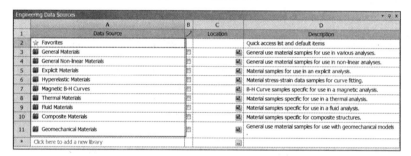

图 10-44　材料库

步骤03 如图 10-45 所示，在材料库中选择 Explicit Material（显示分析材料库），在 Outline of Explicit Materials 中选择 STEEL 1006 和 IRON-ARMCO 两种材料。

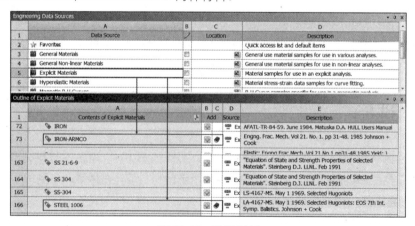

图 10-45　选择材料

步骤04 选择完成后，单击工具栏中的 Project 按钮，返回 Workbench 主界面。

10.3.5　显示动力学分析前处理

步骤 01　双击项目 A 中的 A4（Model）进入 Mechanical 界面，如图 10-46 所示。

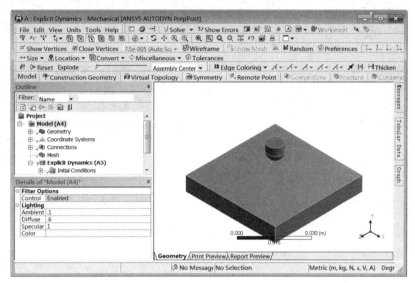

图 10-46　Mechanical 界面

步骤 02　选择 Mechanical 界面左侧 Outline（分析树）中的 Geometry→Component1\1 选项，在如图 10-47 所示的"Details of 'Component1\1'"面板中进行如下设置：

在 Stiffness Behavior 中选择 Flexible 选项（默认即可）；

在 Material→Assignment 中选择 STEEL 1006 材料；

设置 Component2\2 为 IRON-ARMCO；

在 Stiffness Behavior 中选择 Rigid 选项。

步骤 03　选择 Mesh 并单击鼠标右键，从弹出的快捷菜单中选择 Generate 命令，剖分网格。

步骤 04　如图 10-48 所示为划分好的网格模型。

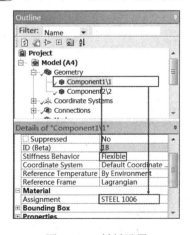

图 10-47　材料设置

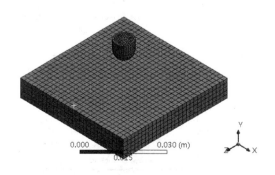

图 10-48　网格模型效果

10.3.6 施加约束

步骤 01 选择 Mechanical 界面左侧 Outline（分析树）中的 Explicit Dynamic（A5）选项，出现如图 10-49 所示的 Environment 工具栏。

步骤 02 选择 Environment 工具栏中的 Supports（约束）→Fixed Support（固定约束）命令，在分析树中会出现 Fixed Support 选项，如图 10-50 所示。

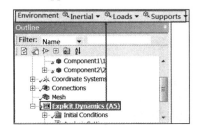

图 10-49　Environment 工具栏

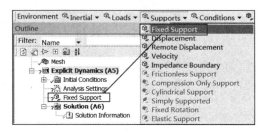

图 10-50　添加固定约束

步骤 03 单击工具栏中的 （选择线条）按钮，选择 Component1\1 几何的所有线条，如图 10-51 所示。单击"Details of 'Fixed Support'"中 Geometry 选项下的 Apply 按钮，即可在选中线条上施加固定约束。

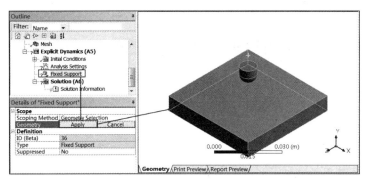

图 10-51　施加固定约束

步骤 04 冉次选择 Mechanical 界面左侧 Outline（分析树）中的 Explicit Dynamic（A5）选项，出现如图 10-52 所示的 Environment 工具栏。

步骤 05 选择 Environment 工具栏中的 Supports（约束）→Velocity（速度）命令，在分析树中会出现 Velocity 选项，如图 10-53 所示。

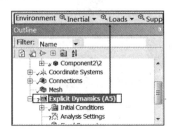

图 10-52　Environment 工具栏

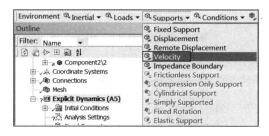

图 10-53　速度约束

步骤 **06** 单击工具栏中的 （选择实体）按钮，选择 Component2\2 几何实体，如图 10-54 所示。单击 "Details of 'Velocity'" 中 Geometry 选项下的 Apply 按钮，在 Y Component 栏中输入 Y Component 为-200m/s，即可在选中实体上施加速度约束。

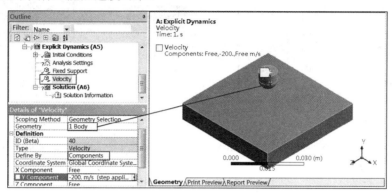

图 10-54 施加速度约束

步骤 **07** 单击 Outline（分析树）中的 Explicit Dynamic（A5）→Analysis Settings，如图 10-55 所示，在 "Details of 'Analysis Settings'" 面板中的 End Time 中输入截止时间为 0.2s，在 Maximum Number of Recycle 栏中输入 7000，其余保持默认即可。

步骤 **08** 在 Outline（分析树）中的 Explicit Dynamic（A5）选项上单击鼠标右键，从弹出的快捷菜单中选择 Solve 命令。

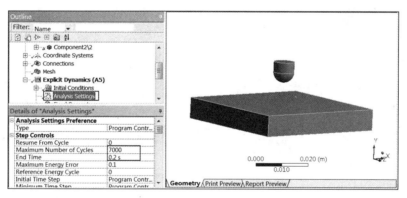

图 10-55 分析设置

10.3.7 结果后处理

步骤 **01** 选择 Mechanical 界面左侧 Outline（分析树）中的 Solution（A6）选项，会出现如图 10-56 所示的 Solution 工具栏。

步骤 **02** 选择 Solution 工具栏中的 Deformation（变形）→Total 命令和 Stress→Equivalent（von-Mises）命令，如图 10-57 所示。此时，在分析树中会出现 Total Deformation（总变形）和 Equivalent Stress（等效应力）选项。

步骤 **03** 在 Outline（分析树）中的 Solution（A6）选项上单击鼠标右键，从弹出的快捷菜单中选择 Solve (F5) 命令。

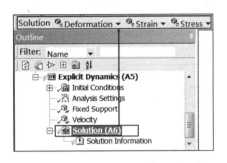 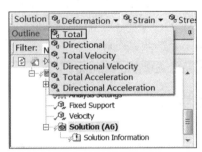 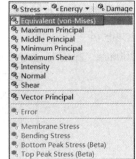

图 10-56　Solution 工具栏　　　　　　　　　　　图 10-57　添加选项

步骤 04 选择 Outline（分析树）中 Solution（A6）下的 Total Deformation（总变形）选项，出现如图 10-58 所示的总变形分析云图。

步骤 05 等效应力云图如图 10-59 所示。

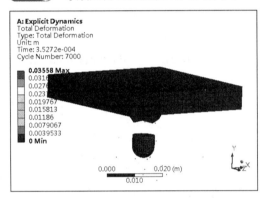 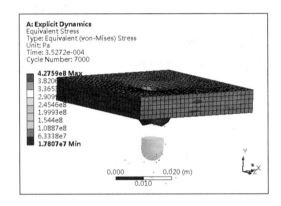

图 10-58　总变形分析云图　　　　　　　　　　图 10-59　等效应力云图

步骤 06 单击如图 10-60 所示的图标可以播放动画。

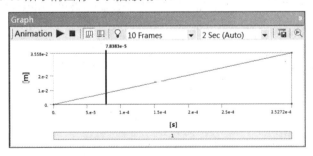

图 10-60　播放动画

步骤 07 单击 Mechanical 界面右上角的 ✖（关闭）按钮，退出 Mechanical 返回到 Workbench 主界面。

10.3.8　启动 AUTODYN 软件

步骤 01 如图 10-61 所示，单击工具箱中 Component System→AUTODYN 命令，直接拖动到项目 A 的 A5（Setup）栏中，此时在项目管理中出现项目 B。

步骤 02 双击项目 A 中的 A5 栏进行计算，计算完成后如图 10-62 所示。双击项目 B 的 B2 项，即可启动 AUTODYN 软件。

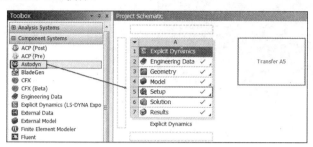

图 10-61　AUTODYN

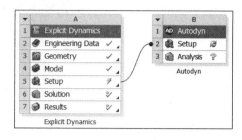

图 10-62　数据共享

步骤 03 如图 10-63 所示为 AUTODYN 界面，此时几何文件的所有数据均已经被读入到 AUTODYN 软件中，在软件中只需单击 **Run** 按钮执行计算即可。

步骤 04 如图 10-64 所示为 AUTODYN 计算过程数据显示。

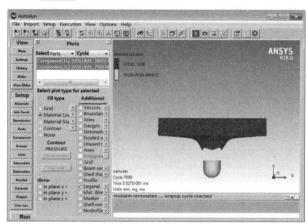

图 10-63　AUTODYN 界面

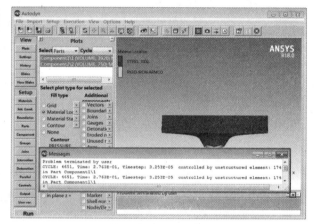

图 10-64　AUTODYN 界计算数据显示

步骤 05 选择 View→Plots 命令，将显示如图 10-65 所示的 AUTODYN 计算 PRESSURE 分布云图。

步骤 06 单击 Change variable 按钮，在弹出的如图 10-66 所示的 Select Contour variable 对话框中的 variable 栏中选择 MIS.STRESS 选项，单击 ✓ 按钮。

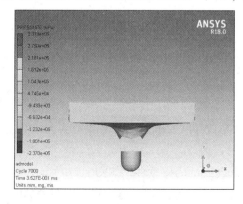

图 10-65　等效应力分布云图

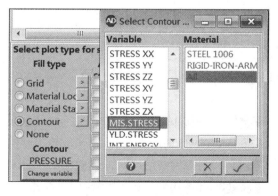

图 10-66　设置参数

步骤 **07** 出现如图 10-67 所示的应力分布云图。

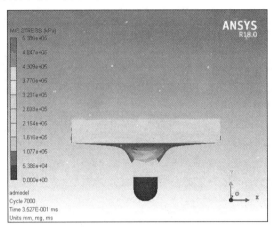

图 10-67　应力分布云图

步骤 **08** 如图 10-68 所示，依次选择 View→History→X momentum，弹出曲线图。

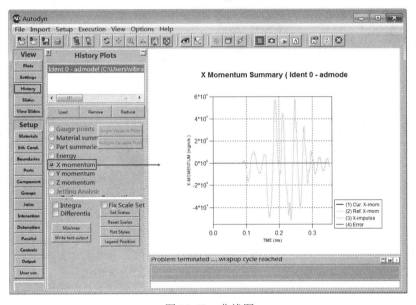

图 10-68　曲线图

步骤 **09** 关闭 Autodyn 窗口。

10.3.9　LS-DYNA 计算

步骤 **01** 如图 10-69 所示，可以添加 Explicit Dynamic（LS-DYNA Export）到项目 A 的 A4 中，此时直接双击项目 C 的 C5 即可执行相关计算处理。

步骤 **02** 计算完成后启动 ANSYS Mechanical APDL Product Launcher 软件，如图 10-70 所示。

步骤 **03** 如图 10-71 所示为 LS-DYNA 进行计算的 LOG 文件。若读者感兴趣，则可以参考 ANSYS 经典版相关书籍，这里不详细讲解。

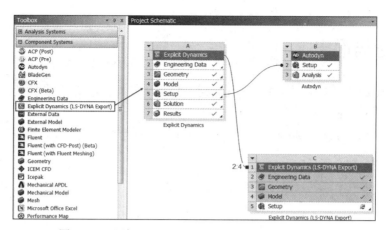

图 10-69　添加 Explicit Dynamic（LS-DYNA Export）

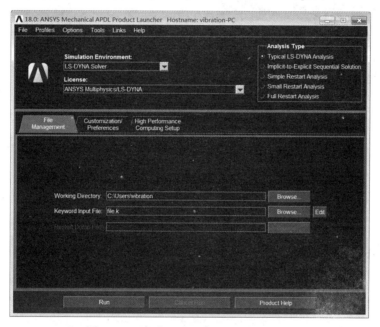

图 10-70　启动 ANSYS Mechanical APDL

图 10-71　log 文件

10.3.10 保存与退出

步骤 01 在 Workbench 主界面中单击常用工具栏中的 （保存）按钮，在弹出的"另存为"对话框中输入文件名为 autodyn_ex.wbpj。

步骤 02 单击右上角的 **X**（关闭）按钮，退出 Workbench 主界面，完成项目分析。

本章通过两个实例分别介绍了 Workbench LS-DYNA模块与AUTODYN模块的计算方法，读者通过对显示动力学分析的学习，可以掌握其设置与求解时间步的设置方法。另外，Workbench LS-DYNA模块需要单独安装。

10.4 本章小结

本章详细介绍了ANSYS Workbench 18.0 软件内置的显示动力学分析功能，包括几何导入、网格划分、边界条件设置、后处理等操作。同时，还简单介绍了AUTODYN和LS-DYNA两款软件的数据导出与启动方法。

通过本章的学习，读者应该对显示动力学分析的过程有详细的了解。

第11章

复合材料分析案例详解

📥 导言

本章将对ANSYS Workbench软件复合材料分析模块ACP进行简单讲解，并通过一个典型案例对ACP模块复合材料分析的一般步骤进行详细讲解，包括几何建模（外部几何数据的导入）、材料赋予、网格设置与划分、边界条件的设置及后处理操作。

📥 学习目标

★ 熟练掌握ANSYS ACP模块复合材料分析的过程
★ 了解复合材料分析的定义方法
★ 了解复合材料分析的应用场合

11.1　复合材料概论

复合材料（Composite materials）是由两种或两种以上不同性质的材料，通过物理或化学的方法在宏观上组成具有新性能的材料。各种材料在性能上互相取长补短，产生协同效应，使复合材料的综合性能优于原组成材料而满足各种不同的要求。

复合材料的基体材料分为金属和非金属两大类。金属基体常用的有铝、镁、铜、钛及其合金。非金属基体主要有合成树脂、橡胶、陶瓷、石墨、碳等。增强材料主要有玻璃纤维、碳纤维、硼纤维、芳纶纤维、碳化硅纤维、石棉纤维、晶须、金属丝和硬质细粒等。

复合材料是一种混合物，在很多领域都发挥了很大的作用，代替了很多传统的材料。复合材料按其组成分为金属与金属复合材料、非金属与金属复合材料、非金属与非金属复合材料。按其结构特点又分为：

- 纤维增强复合材料。将各种纤维增强体置于基体材料内复合而成，如纤维增强塑料、纤维增强金属等。
- 夹层复合材料。由性质不同的表面材料和芯材组合而成。通常面材强度高、薄；芯材质轻、强度低，但具有一定刚度和厚度。分为实心夹层和蜂窝夹层两种。
- 细粒复合材料。将硬质细粒均匀分布于基体中，如弥散强化合金、金属陶瓷等。
- 混杂复合材料。由两种或两种以上增强相材料混杂于一种基体相材料中构成。与普通单增强相复合材料比，其冲击强度、疲劳强度和断裂韧性显著提高，并具有特殊的热膨胀性能。分为层内混杂、层间混杂、夹芯混杂、层内/层间混杂和超混杂复合材料。

复合材料的主要应用领域有：

- 航空航天领域。由于复合材料热稳定性好，比强度、比刚度高，因此可用于制造飞机机翼和前机身、卫星天线及其支撑结构、太阳能电池翼和外壳、大型运载火箭的壳体、发动机壳体、航天飞机结构件等。

- 汽车工业。由于复合材料具有特殊的振动阻尼特性，可减振和降低噪声、抗疲劳性能好，损伤后易修理，便于整体成形，因此可用于制造汽车车身、受力构件、传动轴、发动机架及其内部构件。

- 化工、纺织和机械制造领域。有良好耐蚀性的碳纤维与树脂基体复合而成的材料，可用于制造化工设备、纺织机、造纸机、复印机、高速机床、精密仪器等。

- 医学领域。碳纤维复合材料具有优异的力学性能和不吸收 X 射线特性，可用于制造医用 X 光机和矫形支架等。碳纤维复合材料还具有生物组织相容性和血液相容性，生物环境下稳定性好，也用作生物医学材料。

此外，复合材料还用于制造体育运动器件和用作建筑材料等。

11.2　ANSYS ACP模块功能概述

ANSYS Composite PrepPost（ACP）是集成于ANSYS Workbench平台的全新的复合材料前/后处理模块，可以与ANSYS其他模块实现数据的无缝连接。该模块在处理层压复合材料结构方面具有强大的功能。

步骤01 ACP 与 ANSYS 其他模块实现数据无缝传递，如图 11-1 所示。

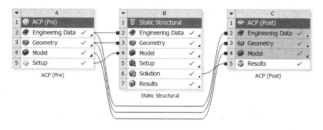

图 11-1　ACP 与 ANSYS 其他模块数据传递

步骤02 ACP 集成于 Workbench 平台，人性化的操作界面，有利于分析人员进行高效率的复合材料建模，如图 11-2 所示。

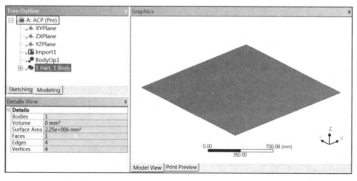

图 11-2　ACP 集成于 ANSYS Workbench 平台

步骤 03 ACP 提供了详细的复合材料的材料属性定义方式，如图 11-3 所示。

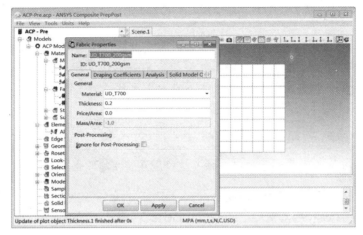

图 11-3　ACP 复合材料定义方式

步骤 04 在 ACP 模块中，可以直观地定义复合材料铺层信息，如铺层顺序、铺层材料属性、铺层厚度、铺层方向角等，同时提供了铺层截面信息的检查和校对功能，如图 11-4 所示。

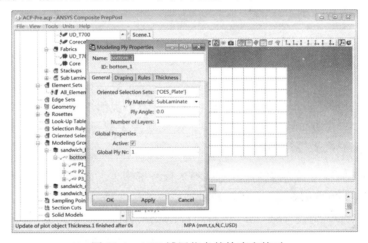

图 11-4　ACP 铺层信息的检查和校对

步骤 05 针对复杂的、形状多变的结构，ACP 还提供了 OES（Oriented Element Set）功能，可以精确、方便地解决复合材料铺层方向角的问题，如图 11-5 所示。

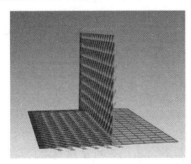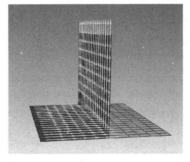

图 11-5　ACP 铺层方向角

在处理复合材料失效问题上，ACP模块中提供了多种失效准则，以下是 3 种常用的失效准则。

（1）失效模式无关的失效准则

- 最大应力准则：单向复合材料最大应力准则认为，当材料在复杂应力状态下由线弹性状态进入破坏，是由于其中某个应力分量达到了材料相应的基本强度值。
- 最大应变准则：复合材料在复杂应力状态下进入破坏状态的主要原因是，材料各正轴方向的应变值达到了材料各基本强度所对应的应变值。

（2）多项式失效模式准则

- Tsai-Hill（蔡-希尔）准则：对于材料主轴方向拉压强度相等的正交异性材料而言，满足以下公式。

$$F(\sigma_x - \sigma_y)^2 + G(\sigma_y - \sigma_z)^2 + H(\sigma_z - \sigma_x)^2 + 2L\tau_{yz}^2 + 2M\tau_{zx}^2 + 2N\tau_{xy}^2 = 1$$

$$(F+H)\sigma_x^2 + (F+G)\sigma_y^2 (H+G)\sigma_z^2 - 2H\sigma_x\sigma_z - 2G\sigma_y\sigma_z - 2F\sigma_x\sigma_y + 2L\tau_{yz}^2 + 2M\tau_{zx}^2 + 2N\tau_{xy}^2 = 1$$

式中，F、G、H、L、M、N 称为各向异性系数。

- Tsai-Wu（蔡-吴）准则：蔡-吴准则的一般形式为 $f(\sigma) = F_i\sigma_i + F_{ij}\sigma_{ij}\,(i,j=1,2,6)$。

  式中，F_i 和 F_{ij} 是表征材料强度性能的参数，为对称张量。

（3）失效模式相关的失效准则

- Hashin 准则：基于材料的参数退化准则，并考虑单层板的累计损伤。
- Puck 准则：Puck 准则认为只要以下 5 个破坏形式中的任何一个条件成立，就认为单层板出现破坏，它们是轴向拉伸破坏、轴向压缩破坏、横向拉伸破坏、横向受压剪切破坏及斜面剪切破坏。
- LaRC 准则：用于判定基体开裂和纤维断裂两种失效形式的准则。LaRC 失效准则是直接与失效机理相关的，并与失效包络有很好的吻合，该准则考虑到拉伸和压缩两种载荷，分别对基体开裂和纤维断裂两种形式进行分析。

ACP模块还具有强大的结果后处理功能，可获得各种分析结果，如层间应力、应力、应变、最危险的是小区域等。分析结果既可以整体查看，也可以针对每一层进行查看，同时分析人员也可以很方便地实现多方案分析，如改变材料属性/几何尺寸等，分别如图 11-6 和图 11-7 所示。

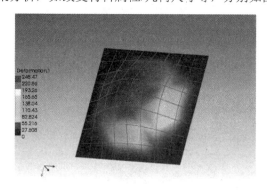

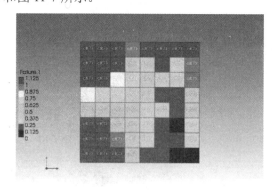

图 11-6　ACP 模型整体结果　　　　　　图 11-7　ACP 失效准则结果显示

ACP模块还提供了"Draping and flat-wrap"功能，针对分析结果可以对复合材料进行"覆盖-展开"操作，这将非常有利于复合材料的加工制造，如图 11-8 所示。

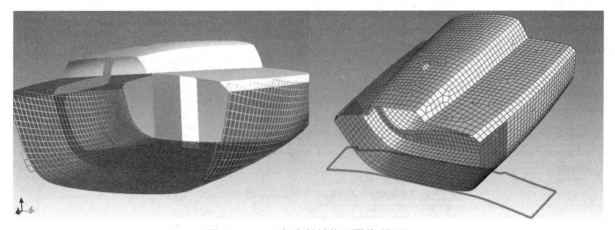

图 11-8　ACP 复合材料的"覆盖-展开"

11.3　复合材料静力学分析实例——复合板受力分析

　　本节将通过一个简单的案例介绍ANSYS Workbench 18.0 平台的ACP复合材料分析模块对复合板进行应力及失效准则的计算，计算复合板在静压力作用下各层的失效情况。

　　学习目标：熟练掌握ANSYS Workbench平台的ACP模块的操作方法及求解过程。

模型文件	无
结果文件	下载资源\Chapter11\Composite.wbpj

11.3.1　问题描述

　　如图 11-9 所示的复合板模型，请利用ANSYS Workbench分析复合板在压力P=0.1MPa作用下，四周固定时的变形情况，同时计算应力分布及各层的失效云图。

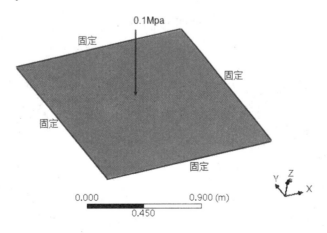

图 11-9　复合板模型

11.3.2 启动 Workbench 软件

步骤01 在 Windows 系统下执行开始→所有程序→ANSYS 18.0→Workbench 18.0 命令，启动 ANSYS Workbench 18.0，进入主界面。

步骤02 单击 File 菜单中的 Restore Archive 命令，读取已备份的工程文件，在弹出如图 11-10 所示的 Select Archive to Restore 对话框中选择工程文件名为 Composite.wbpz 的文件，并单击"打开"按钮。

步骤03 在弹出的"另存为"对话框中输入文件名为 Composite，单击"保存"按钮，完成工程的保存。

图 11-10 导入工程文件

11.3.3 静力分析项目

步骤01 双击项目 A 中的 A7（Results），此时将加载如图 11-11 所示的静力分析界面显示的两个云图。

 在静力分析界面中，读者可以查看边界条件、网格尺寸及后处理等各种操作，这里不再赘述，请读者自己完成。

步骤02 关闭静力分析平台，回到 Workbench 平台。

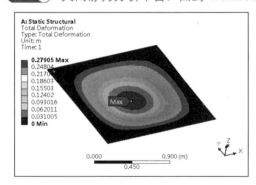

（a）位移云图

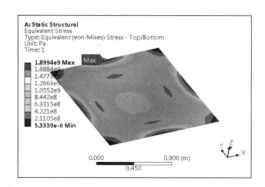

（b）应力云图

图 11-11 静力分析界面

步骤 **03** 选择 A4（Model）并单击鼠标右键，在弹出如图 11-12 所示的快捷菜单中依次选择 Transfer Data From New→ACP（Pre）命令，此时工程变成如图 11-13 所示的样式。

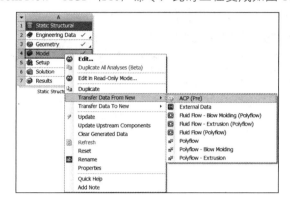

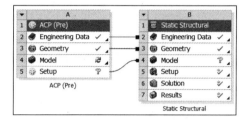

图 11-12 右键快捷菜单 　　　　　　图 11-13 插入 ACP

11.3.4 定义复合材料数据

步骤 **01** 双击 A2（Engineering Data），在弹出如图 11-14 所示的对话框中进行材料数据的定义，具体定义如下：

在 Outline of Schematic A2，B2：Engineering Data 栏中输入材料名称为 UD_T700；

将 Toolbox 中的 Linear Elastic→Orthotropic 命令拖动到 Properties of Outline Row4：UD_T700 栏的 A1（Property）中；

在 Young's Modules X direction 栏中输入 1.15E+05；

在 Young's Modules Y direction 栏中输入 6430；

在 Young's Modules Z direction 栏中输入 6430；

在 Poisson's Ratio XY 栏中输入 0.28；

在 Poisson's Ratio YZ 栏中输入 0.34；

在 Poisson's Ratio XZ 栏中输入 0.28；

在 Shear Modules XY 栏中输入 6000；

在 Shear Modules YZ 栏中输入 6000；

在 Shear Modules XZ 栏中输入 6000；

将 Toolbox 中的 Strength→Orthotropic Stress Limits 命令拖动到 Properties of Outline Row4：UD_T700 栏的 A1（Property）中；

在 Tensile X direction 栏中输入 1500；

在 Tensile Y direction 栏中输入 30；

在 Tensile Z direction 栏中输入 30；

在 Compressive X direction 栏中输入-700；

在 Compressive Y direction 栏中输入-100；

在 Compressive Z direction 栏中输入-100；

在 Shear XY 栏中输入 60；

在 Shear YZ 栏中输入 30；

在 Shear XZ 栏中输入 60；

注：输入数值前，应先将表 C 中的所有单位改成 MPa（如果单位不是 MPa）。

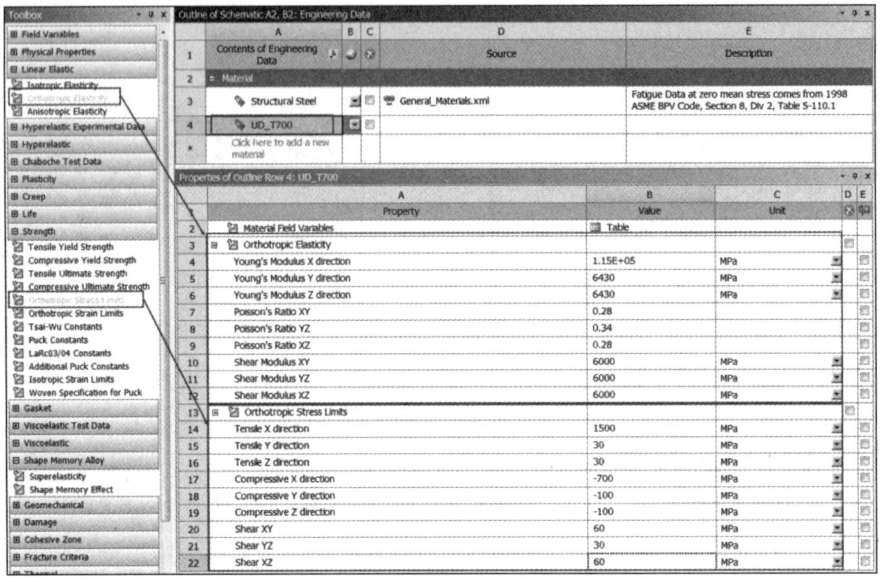

图 11-14　自定义材料

步骤 **02**　利用同样的操作方法定义材料名称为 Corecell_A550，在弹出如图 11-15 所示的对话框中进行材料数据定义，具体定义如下：

在 Outline of Schematic A2，B2：Engineering Data 栏中输入材料名称为 Corecell_A550；

将 Toolbox 中的 Linear Elastic→Isotropic 命令拖动到 Properties of Outline Row5：Corecell_A550 栏的 A1（Property）中；

在 Derive from 栏中选择 Young's Modules and Poisson's Ratio 选项；

在 Young's Modules 栏中输入 85；

在 Poisson's Ratio 栏中输入 0.3；

将 Toolbox 中的 Strength→Orthotropic Strain Limits 命令拖动到 Properties of Outline Row5：Corecell_A550 栏的 A1（Property）中；

在 Tensile X direction 栏中输入 0；

在 Tensile Y direction 栏中输入 0；

在 Tensile Z direction 栏中输入 1.6；

在 Compressive X direction 栏中输入 0；

在 Compressive Y direction 栏中输入 0；

在 Compressive Z direction 栏中输入 0；

在 Shear XY 栏中输入 0；

在 Shear YZ 栏中输入 1；

在 Shear XZ 栏中输入 1；

注：输入数值前，应先将表 C 中的所有单位改成 MPa（如果单位不是 MPa）。

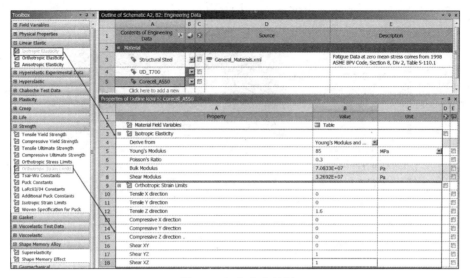

图 11-15　自定义材料

步骤 **03**　返回到 Workbench 平台工程界面。

11.3.5　数据更新

步骤 **01**　如图 11-16 所示，选择项目 A 中的 A4（Model）并单击鼠标右键，在弹出的快捷菜单中选择 Update 命令，更新数据。

步骤 **02**　如图 11-17 所示，选择项目 A 中的 A5（Setup）并单击鼠标右键，在弹出的快捷菜单中选择 Refresh 命令，刷新输入数据。

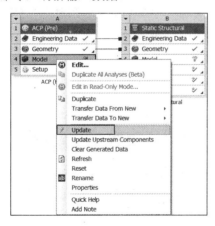

图 11-16　更新数据

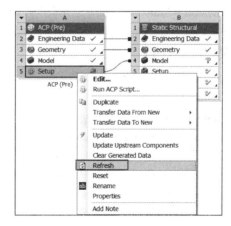

图 11-17　刷新数据

步骤 **03**　双击项目 A 中的 A5（Setup），启动如图 11-18 所示的 ACP（Pre）平台界面，在 ACP 平台中能完成复合材料的定义工作。

由于篇幅限制，本实例不对 ACP（Pre）平台界面进行详细介绍。

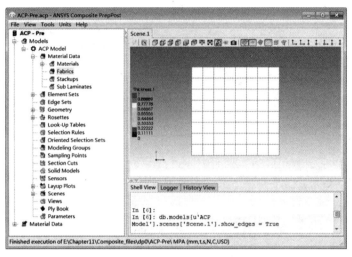

图 11-18　ACP 平台界面

11.3.6　ACP 复合材料定义

步骤 01　依次选择 ACP-Pre→Models→ACP Model→Material Data→Fabrics 命令，如图 11-19 所示，并在 Fabrics 命令上单击鼠标右键，在弹出的快捷菜单中选择 Create Fabric…命令。

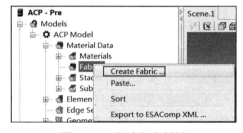

步骤 02　在弹出如图 11-20 所示的 Fabric Properties 对话框进行复合材料设置：

在 Name 栏中输入材料名称为 UD_T700_200gsm；

在 General→Material 选项中选择 UD_T700 选项；

图 11-19　创建复合材料

在 General→Thickness 栏中输入厚度为 0.2，其余保持默认并单击 OK 按钮。

步骤 03　利用同样的操作方法定义如图 11-21 所示的 Core 材料：

在 Name 栏中输入材料名称为 Core；

在 General→Material 选项中选择 Corecell_A550 选项；

在 General →Thickness 栏中输入厚度为 15，其余保持默认并单击 OK 按钮。

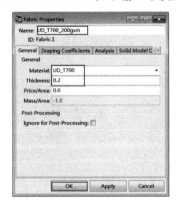

图 11-20　材料参数定义

图 11-21　材料参数定义

步骤 **04** 依次选择 ACP-Pre→Models→ACP Model→Material Data→Stackups 命令，如图 11-22 所示，并在 Stackups 命令上单击鼠标右键，从弹出的快捷菜单中选择 Create Stackups…命令。

步骤 **05** 在弹出如图 11-23 所示的 Stackup Properties 对话框中做如下设置：

在 Name 栏中输入名称为 Biax_Carbon_UD；

在 Fabrics→Fabric 栏中选择 UD_T700_200gsm 选项，在 Angle 栏中输入 45°；

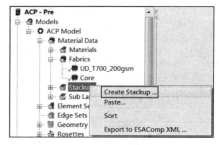

图 11-22　右键快捷菜单

在下一个 Fabric 栏中选择 UD_T700_200gsm 选项，在 Angle 栏中输入-45°，其余保持默认并单击 OK 按钮；

单击 Analysis 选项卡，选中 Layup→Analysis Plies（AP）选项；

选中 Text→Angle 选项；

选中 Polar→E1、E2、G12 3 个选项，并单击 Apply 按钮，如图 11-24 所示。

图 11-23　材料参数定义

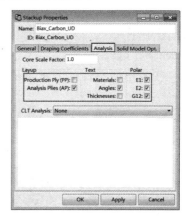

图 11-24　材料分析定义

步骤 **06** 依次选择 ACP-Pre→Models→ACP Model→Material Data→SubLaminate 命令，如图 11-25 所示，并在 SubLaminate 命令上单击鼠标右键，从弹出的快捷菜单中选择 Create SubLaminate…命令。

步骤 **07** 在弹出如图 11-26 所示的 SubLaminate Properties 对话框中做如下设置：

在 Name 栏中输入名称为 SubLaminate；

在 Fabrics→Fabric 栏中选择 Biax_Carbon_UD 选项，在 Angle 栏中输入 0；

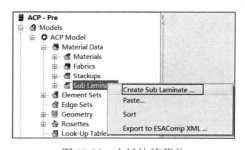

图 11-25　右键快捷菜单

在下一个 Fabric 栏中选择 UD_T700_200gsm 选项，在 Angle 栏中输入 90；

在第 3 个 Fabric 栏中选择 Biax_Carbon_UD 选项，在 Angle 栏中输入 0；

其余保持默认并单击 Apply 按钮；

单击 Analysis 选项卡，选中 Layup→Analysis Plies（AP）选项；

选中 Text→Angle 选项；

选中 Polar→E1、E2、G12 3 个选项，并单击 Apply 按钮，出现如图 11-27 所示的极坐标属性。

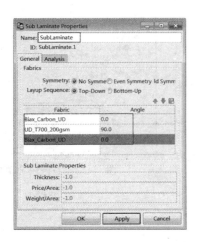

图 11-26　材料参数定义　　　　　图 11-27　材料分析定义

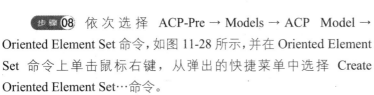

步骤 08 依次选择 ACP-Pre → Models → ACP Model → Oriented Element Set 命令，如图 11-28 所示，并在 Oriented Element Set 命令上单击鼠标右键，从弹出的快捷菜单中选择 Create Oriented Element Set…命令。

步骤 09 在弹出如图 11-29 所示的 Oriented Element Set Properties 对话框中做如下设置：

在 Name 栏中输入名称为 OES_Plate。

在 General 选项卡中进行如下设置：

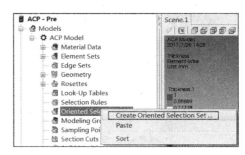

图 11-28　快捷菜单

选中 Orientation→All Elements 栏中[]，然后选择 ACP-Pre→Models→ACP Model→Element Sets→All_Elements 命令，此时[]将变成['All_Elements']；

在 Orientation Point 栏中选中内容，然后单击几何图形的任意一点，此时坐标点将输入进去；

在 Rosettes 栏中选择 ACP-Pre→Models→ACP Model→Material Data→Rosette 命令，此时[]将变成['Rosette']；

单击 Apply 按钮确定输入。

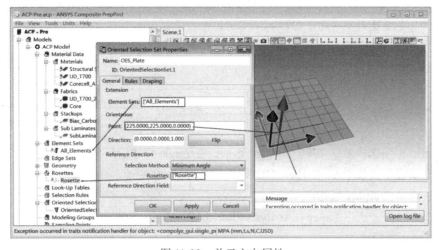

图 11-29　单元方向属性

步骤⑩ 在 Rosettes 栏中单击鼠标右键，从弹出的快捷菜单中选择 Update 命令。

步骤⑪ 在工具栏中单击 ↳ 图标，几何将显示材料方向如图 11-30 所示。

步骤⑫ 在工具栏中单击 ↕ 图标，几何将显示材料方向如图 11-31 所示。

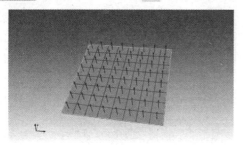

图 11-30　单元方向属性　　　　　　　　图 11-31　单元方向属性

步骤⑬ 依次选择 ACP-Pre → Models → ACP Model → Modeling Groups 命令，如图 11-32 所示，并在 Modeling Groups 命令上单击鼠标右键，从弹出的快捷菜单中选择 Create Modeling Group…命令。

步骤⑭ 在弹出如图 11-33 所示的 Ply Group Properties 对话框中进行如下设置：

在 Name 栏中输入名字为 sandwich_bottom；

单击 OK 按钮确定输入。

步骤⑮ 同样操作，添加其他两项名称分别为 sandwich_core 及 sandwich_top，如图 11-34 和图 11-35 所示。

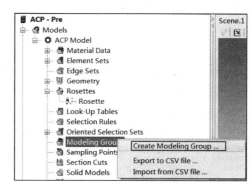

图 11-32　右键快捷菜单

图 11-33　输入 sandwich_bottom　　　图 11-34　输入 sandwich_core　　　图 11-35　输入 sandwich_top

步骤⑯ 依次选择 ACP-Pre → Models → ACP Model → Modeling Groups→sandwich_bottom 命令，如图 11-36 所示，并在 sandwich_bottom 命令上单击鼠标右键，从弹出的快捷菜单中选择 Create Ply…命令。

步骤⑰ 在弹出如图 11-37 所示的 Modeling Ply Properties 对话框中进行如下设置：

在 Name 栏中输入名字为 bottom_1。

在 General 选项卡中进行如下设置：

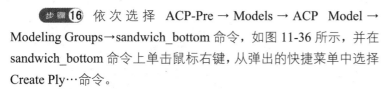

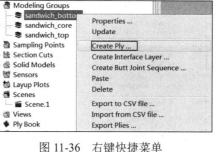

图 11-36　右键快捷菜单

选中 Orientation→Element Sets 栏中[]，然后依次选择 ACP-Pre→Models→ACP Model→Oriented Selection Sets→OES_Plate 命令，此时[]将变成['OES_plate']；

在 Ply Material 栏中选 SubLaminate 选项；

其余选项默认即可，单击 OK 按钮确定输入。

步骤18 依次选择 ACP-Pre→Models→ACP Model→Modeling Groups→sandwich_core 命令，如图 11-38 所示，并在 sandwich_core 命令上单击鼠标右键，从弹出的快捷菜单中选择 Create Ply…命令。

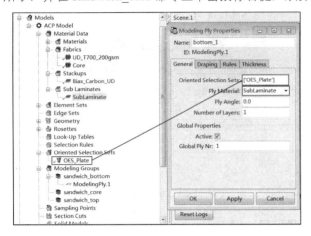

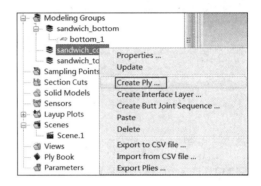

图 11-37　单元属性　　　　　　　　　　　　图 11-38　右键快捷菜单

步骤19 在弹出如图 11-39 所示的 Modeling Ply Properties 对话框中进行如下设置：

在 Name 栏中输入名字为 bottom_2。

在 General 选项卡中进行如下设置：

选中 Orientation→Element Sets 栏中[]，然后选择 ACP-Pre→Models→ACP Model→Oriented Selection Sets →OES_Plate 命令，此时[]将变成['OES_plate']；

在 Ply Material 栏中选择 Core 选项；

其余选项默认即可，单击 OK 按钮确定输入。

步骤20 依次选择 ACP-Pre→Models→ACP Model→Modeling Groups→sandwich_top 命令，如图 11-40 所示，并在 sandwich_top 命令上单击鼠标右键，从弹出的快捷菜单中选择 Create Ply…命令。

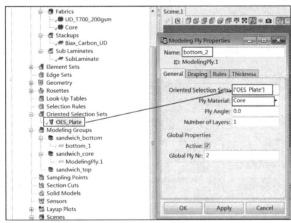

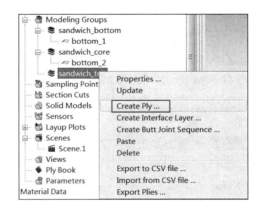

图 11-39　单元属性　　　　　　　　　　　　图 11-40　右键快捷菜单

步骤21 在弹出如图 11-41 所示的 Modeling Ply Properties 对话框中进行如下设置：

在 Name 栏中输入名字为 bottom_3。

在 General 选项卡中进行如下设置：

选中 Orientation→Element Sets 栏中[]，然后选择 ACP-Pre→Models→ACP Model→Oriented Selection Sets →OES_Plate 命令，此时[]将变成['OES_plate']；

在 Ply Material 栏中选择 Biax_Carbon_UD 选项；

在 Ply Angle 栏中输入 90；

在 Number of Layers 栏中输入 3；

其余选项默认即可，单击 OK 按钮确定输入。

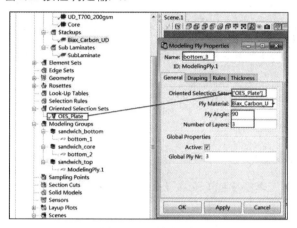

图 11-41 单元属性

步骤 22 选择 sandwich_bottom 并单击鼠标右键，选择 Update 刷新数据后，Modeling Ply Groups 选项变成如图 11-42 所示的内容。

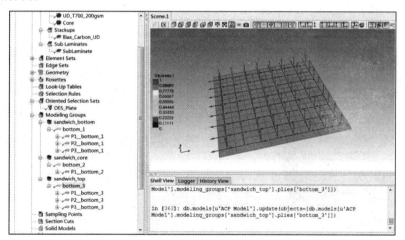

图 11-42 复合材料层数据

步骤 23 选择 File 菜单中的 Save Project 命令，关闭 ACP（Pre）平台，返回到 Workbench 主界面。

11.3.7 有限元计算

步骤 01 选择项目 A 中的 A5（Setup）并单击鼠标右键，在如图 11-43 所示的快捷菜单中选择 Update 命令，更新数据。

步骤 02 选择项目 B 中的 B5（Section Data）并单击鼠标右键，从如图 11-44 所示的快捷菜单中选择
Refresh 命令，更新输入数据。

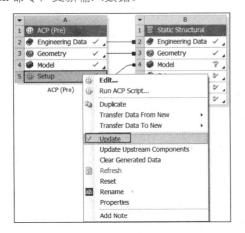

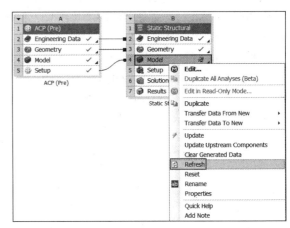

图 11-43　更新数据　　　　　　　　　　　　图 11-44　更新输入数据

步骤 03 单击 Workbench 工具栏中的 Update Project 命令计算其他数据。

11.3.8　后处理

步骤 01 双击项目 B 中的 B8（Result）进入后处理界面，如图 11-45 所示为复合材料变形云图。

步骤 02 如图 11-46 所示的应力分布云图。

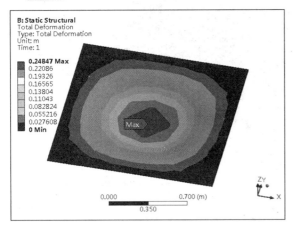

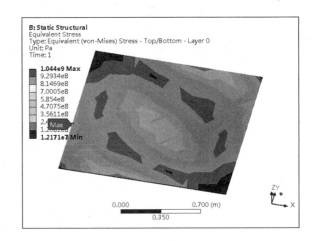

图 11-45　复合材料变形云图　　　　　　　　　图 11-46　应力分布云图

11.3.9　ACP 专业后处理工具

步骤 01 如图 11-47 所示，在 Toolbox→Component System 中单击 ACP（Post）直接拖动到 A4（Model）
栏中。

步骤 02 将 B6 直接拖动到 C5 中，完成后如图 11-48 所示。

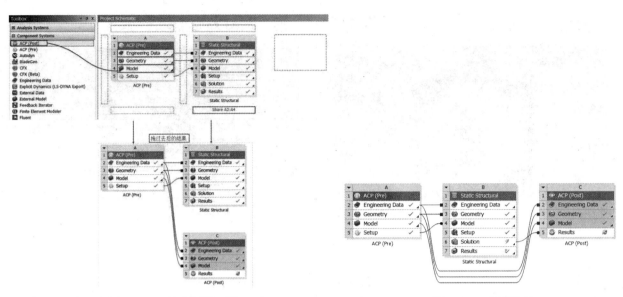

图 11-47　ACP 后处理工具　　　　　　　　　　图 11-48　传递载荷

步骤 03 单击 Workbench 工具栏中的 Update Project 命令计算其他数据。

步骤 04 双击项目 C 中的 C5（Results）命令，进入 ACP（post）后处理平台界面，如图 11-49 所示。

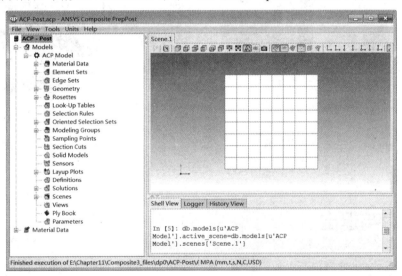

图 11-49　ACP 后处理

步骤 05 分别双击左侧树形菜单中的 Solution、Deformation 和 3D Stress 3 个命令。

步骤 06 双击左侧树形菜单中的 Scene 命令，在弹出的对话框中进行如下设置：

在 Name：选项中的名称为 Scene.1 选项；

在 Title：选项中的名称为 Scene.1 选项；

单击 OK 按钮，如图 11-50 所示。

步骤 07 如图 11-51 所示为复合材料变形云图。

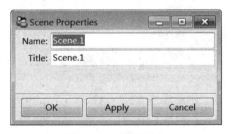

图 11-50　设置输出

步骤08 与以上操作相似，读者可以查看应力分布云图，如图 11-52 所示。

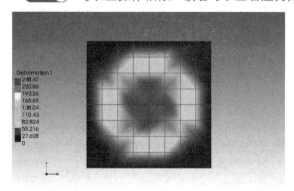

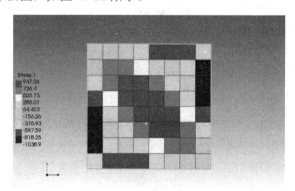

图 11-51　变形云图　　　　　　　　图 11-52　P1L1_bottom_1 层应力分布云图

步骤09 同样的操作，可以查看各层应力云图，如图 11-53 所示。

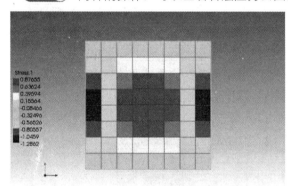

（a）P1L1_bottom_2 层应力分布云图　　　　　　　（b）P1L1_bottom_3 层应力分布云图

图 11-53　各层应力云图

11.3.10　保存与退出

步骤01 单击 Mechanical 界面右上角的 █✕ （关闭）按钮，退出 Mechanical 返回到 Workbench 主界面

步骤02 在 Workbench 主界面中单击常用工具栏中的 █ （保存）按钮，保存包含有分析结果的文件。

步骤03 单击右上角的 █✕ （关闭）按钮，退出 Workbench 主界面，完成项目分析。

11.4　本章小结 　▶

本章详细介绍了ANSYS Workbench 18.0 软件复合材料模块ACP的前处理及后处理分析功能，包括几何导入、网格划分、层设置、边界条件设置、后处理等操作。

通过本章节的学习，读者应该对简单的层压板复合材料分析的过程有详细的了解。

第12章
疲劳分析案例详解

 导言

结构失效的一种常见原因是疲劳，其造成破坏与重复加载有关，如长期转动的齿轮，叶轮等，都会存在不同程度的疲劳破坏，轻则是零件损坏，重则会出现人身生命危险，为了在设计阶段研究零件的预期疲劳程度，通过有限元的方式对零件进行疲劳分析。本章主要介绍ANSYS Workbench Fatigue Tool工具的疲劳分析使用方法，讲解疲劳分析的计算过程。另外，ANSYS nCode模块也具有疲劳分析功能，但需要单独安装，读者如有兴趣可自行学习，在这里不再介绍。

 学习目标

- ★ 熟练掌握ANSYS Workbench的Fatigue Tool工具疲劳分析的应用场合
- ★ 熟练掌握ANSYS Workbench的Fatigue Tool工具疲劳分析的方法及过程

12.1 疲劳分析简介

疲劳失效是一种常见的失效形式，本章将通过一个简单的实例讲解疲劳分析的详细过程和方法。

1．疲劳概述

疲劳通常分为两类：高周疲劳是当载荷的循环（重复）次数高（如 1e4 -1e9）的情况下产生的。

应力通常比材料的极限强度低。应力疲劳（Stress-based）用于高周疲劳；低周疲劳是在循环次数相对较低时发生的。

塑性变形常常伴随低周疲劳，其阐明了短疲劳寿命。一般认为应变疲劳（strain-based）应该用于低周疲劳计算。

在设计仿真中，疲劳模块拓展程序（Fatigue Module add-on）采用的是基于应力疲劳（stress-based）理论，它适用于高周疲劳。接下来，将对基于应力疲劳理论的处理方法进行讨论。

2．恒定振幅载荷

在前面曾提到，疲劳是由于重复加载引起。当最大和最小的应力水平恒定时，称为恒定振幅载荷，将针对这种最简单的形式，首先进行讨论。否则，则称为变化振幅或非恒定振幅载荷。

3．成比例载荷

载荷可以是比例载荷，也可以是非比例载荷。比例载荷是指主应力的比例是恒定的，并且主应力的削减不随时间变化，这实质意味着由于载荷的增加或反作用造成的响应很容易得到计算。

相反，非比例载荷没有隐含各应力之间相互的关系。典型情况包括：

- σ1/σ2=constant。
- 在两个不同载荷工况间的交替变化。
- 交变载荷叠加在静载荷上。
- 非线性边界条件。

4．应力定义

考虑在最大最小应力值σmin和σmax作用下的比例载荷、恒定振幅的情况：

- 应力范围 Δσ 定义为（σmax-σmin）。
- 平均应力 σm 定义为（σmax+σmin）/2。
- 应力幅或交变应力 σa 是 Δσ/2。
- 应力比 R 是 σmin/σmax。

当施加的是大小相等且方向相反的载荷时，发生的是对称循环载荷，这就是σm=0，R=-1 的情况。当施加载荷后又撤除该载荷，将发生脉动循环载荷，这就是σm=σmax/2，R=0 的情况。

5．应力－寿命曲线

载荷与疲劳失效的关系，采用应力－寿命曲线或S-N曲线来表示。

（1）若某一部件在承受循环载荷，经过一定的循环次数后，该部件裂纹或破坏将会发展，而且有可能导致失效。

（2）如果同个部件作用在更高的载荷下，则导致失效的载荷循环次数将减少。

（3）应力－寿命曲线或S-N曲线，展示出应力幅与失效循环次数的关系。

S-N曲线是通过对试件做疲劳测试得到的弯曲或轴向测试反映的是单轴的应力状态，影响S-N曲线的因素有很多，其中需要注意的有材料的延展性、材料的加工工艺、几何形状信息（包括表面光滑度、残余应力及存在的应力集中）、载荷环境（包括平均应力、温度和化学环境）。例如，压缩平均应力比零平均应力的疲劳寿命长，相反的，拉伸平均应力比零平均应力的疲劳寿命短，对压缩和拉伸平均应力，平均应力将分别提高和降低S-N曲线。因此，一个部件通常经受多轴应力状态。

如果疲劳数据（S-N 曲线）是从反映单轴应力状态的测试中得到的，则在计算寿命时就要注意：

- 设计仿真为用户提供了如何把结果和 S-N 曲线相关联的选择，包括多轴应力的选择。
- 双轴应力结果有助于计算在给定位置的情况。

平均应力影响疲劳寿命，并且变换在S-N曲线的上方位置与下方位置（反映出在给定应力幅下的寿命长短）：

- 对于不同的平均应力或应力比值，设计仿真允许输入多重 S-N 曲线（实验数据）。
- 如果没有太多的多重 S-N 曲线（实验数据），那么设计仿真也允许采用多种不同的平均应力修正理论。

先前曾提到影响疲劳寿命的其他因素，也可以在设计仿真中用一个修正因子来解释。

6. 总结

疲劳模块允许用户采用基于应力理论的处理方法来解决高周疲劳问题。以下情况可以用疲劳模块来处理:

- 恒定振幅,比例载荷。
- 变化振幅,比例载荷。
- 恒定振幅,非比例载荷。

需要输入的数据是材料的S-N曲线:

- S-N曲线是疲劳实验中获得,而且可能本质上是单轴的,但在实际的分析中,部件可能处于多轴应力状态。
- S-N曲线的绘制取决于许多因素,包括平均应力,在不同平均应力值作用下的S-N曲线的应力值可以直接输入,也可以通过平均应力修正理论实现。

12.2 疲劳分析实例——轴疲劳分析

本章主要介绍ANSYS Workbench 18.0 的谐响应力学分析模块的疲劳分析功能,计算模型在周期性载荷作用下的应力分布情况。

学习目标: 掌握ANSYS Workbench静力分析模块Fatigue Tool工具疲劳分析的一般方法及过程。

模型文件	下载资源\Chapter12\ fatigue_model.agdb
结果文件	下载资源\Chapter12\fatigue_model.wbpj

12.2.1 问题描述

如图 12-1 所示的模型,请利用ANSYS Workbench分析如果座椅上收到 94040Pa的压力,座椅的疲劳分布及安全性能。

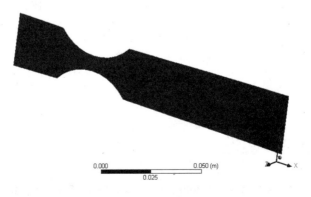

图 12-1 轴模型

12.2.2 启动 Workbench 并建立分析项目

步骤01 在 Windows 系统下执行开始→所有程序→ANSYS 18.0→Workbench 18.0 命令，启动 ANSYS Workbench 18.0，进入主界面。

步骤02 双击主界面 Toolbox（工具箱）中的 Analysis Systems→Harmonic Response（谐响应分析）选项，即可在 Project Schematic（项目管理区）创建分析项目 A，如图 12-2 所示。

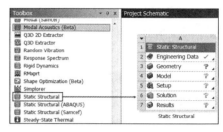

图 12-2　创建分析项目 A

12.2.3 导入几何模型

步骤01 在 A3 Geometry 上单击鼠标右键，从弹出的快捷菜单中选择 Import Geometry→Browse 命令，如图 12-3 所示，此时会弹出"打开"对话框。

步骤02 在"打开"对话框中选择文件路径，导入 vib_model.agdb 几何体文件。此时，A3 Geometry 后的 **?** 变为 **✓**，表示实体模型已经存在。

步骤03 双击项目 A 中的 A3 Geometry 进入 DesignModeler 界面，轴几何模型如图 12-4 所示。

步骤04 单击 DesignModeler 界面右上角的 **×**（关闭）按钮，退出 DesignModeler，返回到 Workbench 主界面。

图 12-3　导入几何体

图 12-4　轴几何模型

12.2.4 添加材料库

本实例材料使用Structure Steel软件默认材料。

12.2.5 添加模型材料属性

双击主界面项目管理区项目A中的A4栏Model项，进入如图12-5所示的Mechanical界面，在该界面下即可进行网格的划分、分析设置、结果观察等操作。

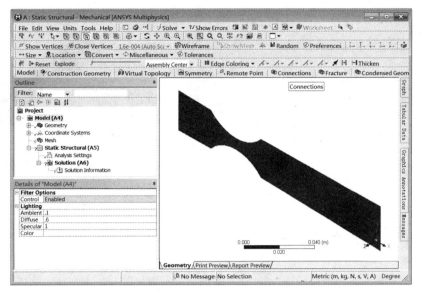

图 12-5　Mechanical 界面

12.2.6　划分网格

步骤 01　选择 Mechanical 界面左侧 Outline（分析树）中的 Mesh 选项并单击鼠标右键，在弹出的快捷菜单中选择 Insert→Method，在如图 12-6 所示的面板中进行如下设置：

在 Geometry 栏中保证几何被选中；

在 Method 栏中选择 Quadrilateral Dominant；

在 Element Midside Nodes 栏中选择 Use Global Setting；

在 Free Face Mesh Type 栏中选择 Quad/Tri 选项，其余采用默认设置。

步骤 02　选择 Mesh 选项并单击鼠标右键，在弹出的快捷菜单中选择 Insert→Sizing 命令，如图 12-7 所示，在窗口中进行如下设置：

在 Element Size 栏中输入 0.003m，其余保持默认即可。

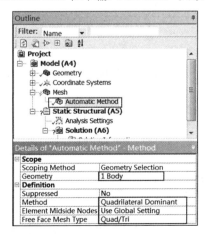

图 12-6　生成网格

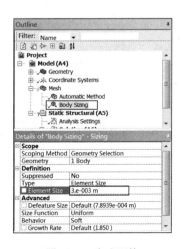

图 12-7　生成网格

步骤 **03** 在 Outline（分析树）中的 Mesh 选项上单击鼠标右键，从弹出的快捷菜单中选择 Generate Mesh 命令，最终的网格效果如图 12-8 所示。

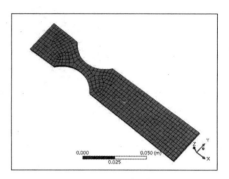

图 12-8　网格效果

12.2.7　施加载荷与约束

步骤 **01** 添加一个固定约束，如图 12-9 所示，选择加亮边线。

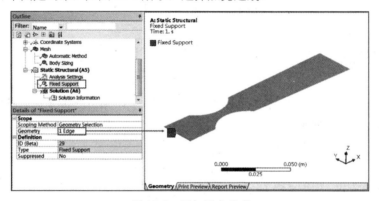

图 12-9　添加固定约束

步骤 **02** 添加一个 Force 载荷并进行如下设置，如图 12-10 所示：

在 Define By 栏中选择 Components 选项；

在 Z Component 栏中输入-500N。

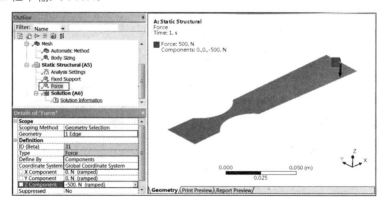

图 12-10　施加载荷

步骤 **03** 单击 Solution 选项，选择 Deformation→Total 选项，添加总体变形，如图 12-11 所示：

同样的方法，添加 Equivalent Elastic Strain；

同样的方法，添加 Equivalent Stress。

步骤 04 在 Outline（分析树）中的 Solution（A6）选项上单击鼠标右键，从弹出的快捷菜单中选择 Solve 命令，如图 12-12 所示。

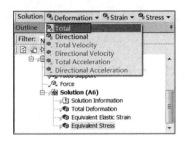

图 12-11　分析设置

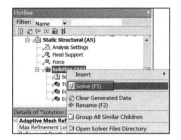

图 12-12　求解

12.2.8　结果后处理

步骤 01 单击 Solution（A6）选项下方的 Total Deformation，显示如图 12-13 所示的等效位移云图。

步骤 02 如图 12-14 所示的应力分析云图。

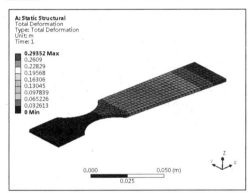

图 12-13　等效位移云图

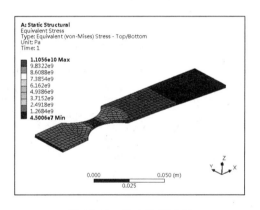

图 12-14　应力分析云图

步骤 03 如图 12-15 所示的应变分析云图。

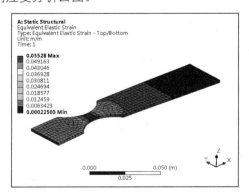

图 12-15　应变分析设置

12.2.9 添加 Fatigue Tool 工具

步骤 01 单击 Solution（A6）选项，出现如图 12-16 所示的工具栏。

Solution ✿ Deformation ▾ | ✿ Strain ▾ | ✿ Stress ▾ | ✿ Energy ▾ | ✿ Damage ▾ | ⚲ Linearized Stress ▾ | ⚲ Probe ▾ | ✿ Tools ▾ |

图 12-16　Solution 工具栏

步骤 02 在 Solution 工具栏中选择 Tools→Fatigue Tool，添加疲劳分析工具，如图 12-17 所示。

图 12-17　Tools 工具菜单

12.2.10 疲劳分析

步骤 01 单击 Fatigue Tool 选项，如图 12-18 所示，在下方的 Details of "Fatigue Tool" 面板中，设置 Loading 的 Type 为 Zero-Based，Mean Stress Theory 为 Mean Stress Curves，其他保持默认。

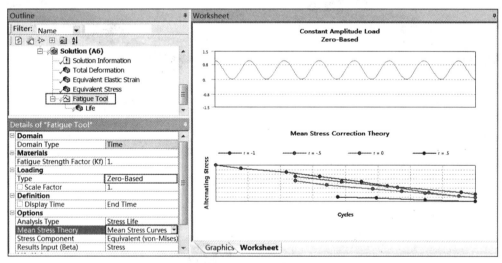

图 12-18　Fatigue Tool 设置

步骤 02 如图 12-19 所示，右键单击 Fatigue Tool 选项，从弹出的快捷菜单中依次选择 Fatigue Tool→Insert→Life 命令，添加疲劳寿命选项。

步骤 03 如图 12-20 所示，右键单击 Fatigue Tool 选项，从弹出的快捷菜单中依次选择 Fatigue Tool→Insert→Safety Factor 命令，添加安全系数选项。

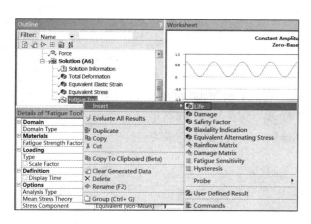

图 12-19　添加疲劳寿命 Life

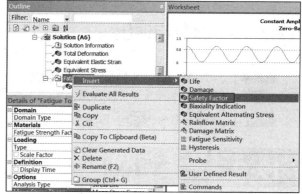

图 12-20　添加安全系数 Safety Factor

步骤 04　单击项目 Safety Factor，如图 12-21 所示，设置设计疲劳寿命为 500 次。

步骤 05　右击 Fatigue Tool 工具，如图 12-22 所示，在弹出的快捷菜单中选择 Evaluate All Results 命令。

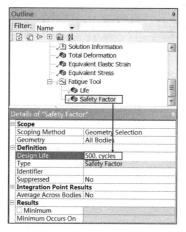

图 12-21　后处理云图

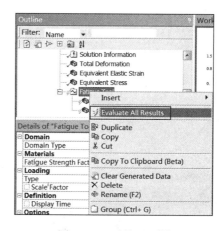

图 12-22　后处理云图

步骤 06　疲劳寿命结果，如图 12-23 所示。

步骤 07　如图 12-24 所示为安全系数 Safety Factor 云图。

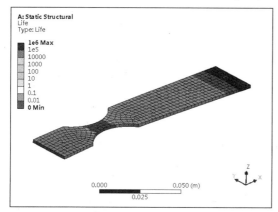

图 12-23　Life 云图

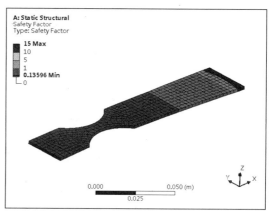

图 12-24　Safety Factor 云图

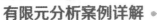

12.2.11 保存与退出

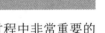

步骤01 单击 Mechanical 界面右上角的 ▤ （关闭）按钮，退出 Mechanical 返回到 Workbench 主界面。

步骤02 在 Workbench 主界面中单击常用工具栏中的 ▤ （保存）按钮。

步骤03 单击右上角的 ▤ （关闭）按钮，退出 Workbench 主界面，完成项目分析。

12.3 本章小结 ▶

　　本章通过一个简单的例子介绍了Fatigue Tool工具疲劳分析的简单过程。在疲劳分析过程中非常重要的是材料关于疲劳的属性设置，本例选用的是默认材料，读者可以自行查看材料的疲劳属性。

　　另外，本章以Workbench平台的静力学分析为依据，利用自带的Fatigue Tool软件工具的疲劳分析功能对板进行疲劳分析，分析得到了板的寿命Life分布云图及安全系数Safety Factor分布云图。在此需要说明的是，ANSYS nCode模块也具有疲劳分析功能，但需要单独安装，读者如有兴趣可自行学习，在这里不再介绍。

第13章

多体动力学分析案例详解

 导言

　　本章将对ANSYS Workbench软件的多体动力学分析模块进行详细讲解，并通过几个典型案例对多体动力学分析的一般步骤进行详细讲解，包括几何建模（外部几何数据的导入）、材料赋予、网格设置与划分、边界条件的设置、后处理操作。

 学习目标

> ★　熟练掌握ANSYS Workbench软件多体动力学分析的一般过程
> ★　了解ANSYS Workbench软件多体动力学分析的适用范围

13.1 多体动力学分析简介

　　多体动力学分析，一些教材上称为刚体动力学分析，是用于模拟如挖掘机挖掘过程中的运动仿真及其中各个关节等部件运动状况的分析程序。在分析过程中有一些计算需要读者引起注意，即关节转动不积累；输入和输出都可以是力、力矩、加速度、速度、位移等；因为所有零件都为刚体，所以没有应力应变等的结果输出；求解器的步长建议使用自动时间短，手工设置比较烦琐，不建议使用；如果需要考虑粘性阻尼，则可以使用弹簧模型进行等效。

　　机构的多体动力学分析的一般步骤为：

步骤 01 选择多体动力学分析模块，即 Rigid Dynamics 模块。

步骤 02 定义工程数据，即选择所需的材料。注意，仅需要输入密度参数即可。

步骤 03 定义几何模型，注意除了线体外，其他如壳体、面体及实体都支持。

步骤 04 定义零件行为，与瞬态动力学分析不同之处在于，多体动力学分析中的零件全部为刚体。

步骤 05 定义连接，用关节和弹簧定义连接，CAD 模型导入到 Workbench 中后，没有关节和约束条件，但是关节可以自动生成，每个关节都有局部参考坐标系，这个坐标系用于定义自由或固定自由度。

步骤 06 网格划分，由于多体动力学分析中的几何全部为刚体，故不需要划分几何网格。

步骤 07 分析设置，步长控制可以定义多步，多步可用于在不同的时间施加载荷或移除载荷，由于 Workbench 采用显示积分算法，该算法不采用迭代控制收敛，所以分析时需要定义足够小的时间步来获得准确的解。

步骤 08 定义初始条件，设置关节载荷为步进，不是渐变，如设置转动时给定角速度或给定角度。

步骤 09 定义载荷约束。

步骤 **10** 求解。

步骤 **11** 显示运动结果。

13.2 多体动力学分析实例——挖掘机臂运动分析

本节主要介绍ANSYS Workbench 18.0 的多体动力学分析模块。

学习目标：熟练掌握ANSYS Workbench多体动力学分析的方法及过程。

模型文件	下载资源\ Chapter13\ excavator.sat
结果文件	下载资源\Chapter13\ excavator.wbpj

13.2.1 问题描述

如图 13-1 所示的挖掘机模型，请利用ANSYS Workbench平台中的多体动力学分析模块对挖掘机臂运动仿真进行分析。

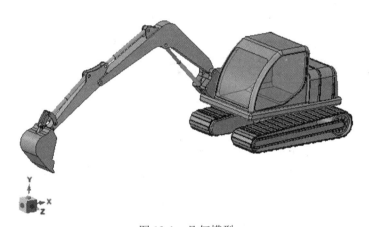

图 13-1 几何模型

13.2.2 启动 Workbench 并建立分析项目

步骤 **01** 在 Windows 系统下执行开始→所有程序→ANSYS 18.0→Workbench 18.0 命令，启动 ANSYS Workbench 18.0，进入主界面。

步骤 **02** 双击主界面 Toolbox（工具箱）中的 Component Systems→Geometry（几何）选项。

步骤 **03** 双击主界面 Toolbox（工具箱）中的 Analysis Systems→Rigid Dynamics（多体动力学）选项，即可在 Project Schematic（项目管理区）中创建分析项目，如图 13-2 所示。

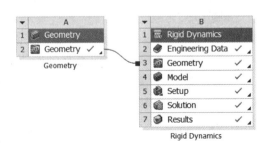

图 13-2 分析项目

13.2.3 导入几何模型

步骤 01 在 A2 Geometry 上单击鼠标右键，从弹出的快捷菜单中选择 Import Geometry→Browse 命令，此时会弹出打开对话框。

步骤 02 选择文件路径，如图 13-3 所示，选择文件 excavator.sat，并单击"打开"按钮。

图 13-3　选择文件

步骤 03 双击项目 A 中的 A2（Geometry），此时会加载 ANSYS SpaceClaim 平台，如图 13-4 所示。

步骤 04 关闭几何建模平台。

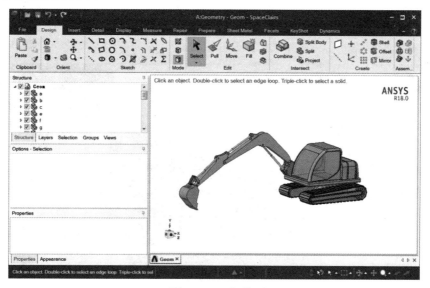

图 13-4　几何模型

13.2.4 多体动力学分析

步骤 01 双击项目 B 中的 B4（Model），进入 Mechanical 有限元分析平台。

步骤 **02** 将与分析无关的挖掘机机身等结构抑制掉，依次选择 Project→Model（A4）→Geometry 选项，并展开 Geometry，在 Geometry 下面将与分析无关的零件抑制掉，如图 13-5 所示。

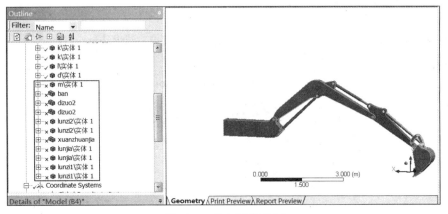

图 13-5　几何模型抑制

步骤 **03** 在 Outline 中依次选择 Project→Model（A4）→Connections→Contacts 选项，并将其抑制掉，如图 13-6 所示。

步骤 **04** 设置转动连接属性。单击 Connections 选项，然后在工具栏中依次选择 Body-Body→Revolute 命令，在 Revolute 选项设置面板中进行如下设置：

在 Reference→Scope 栏中选中 "a\实体 1" 的两个圆孔面，并确认以保证此面处于加亮状态；

在 Mobile→Scope 栏中选中 "b\实体 1" 的圆孔面，并确认以保证此面处于加亮状态，如图 13-7 所示。

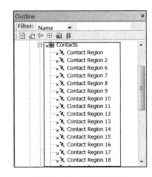

图 13-6　接触抑制

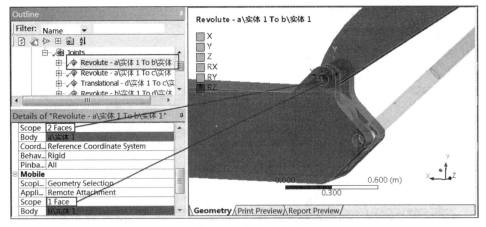

图 13-7　设置转动副

步骤 **05** 设置转动连接属性。单击 Connections 选项，然后在工具栏中依次选择 Body-Body→Revolute 命令，在 Revolute 选项的设置面板中进行如下设置：

在 Reference→Scope 栏中选中 "a\实体 1" 的两个圆孔面，并确认以保证此面处于加亮状态；

在 Mobile→Scope 栏中选中 "c\实体 1" 的圆孔面，并确认以保证此面处于加亮状态，如图 13-8 所示。

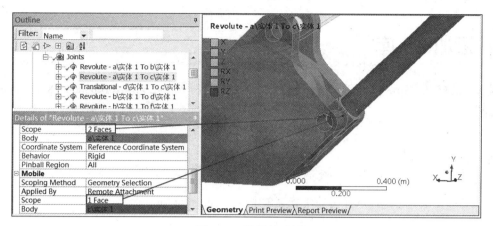

图13-8　设置转动副

步骤 06 设置移动连接属性。单击 Connections 选项，然后在工具栏中依次选择 Body-Body→Translational 命令，在 Revolute 选项，设置面板中进行如下设置：

在 Reference→Scope 栏中选中 "d\实体 1" 的两个圆孔面，并确认以保证此面处于加亮状态；

在 Mobile→Scope 栏中选中 "c\实体 1" 的圆孔面，并确认以保证此面处于加亮状态，如图 13-9 所示。

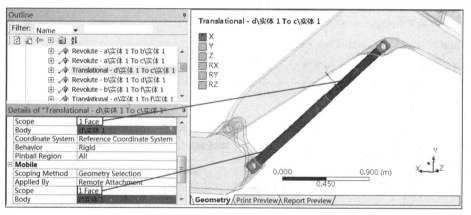

图13-9　设置移动副

步骤 07 设置其余转动移动连接属性，如图 13-10 所示。

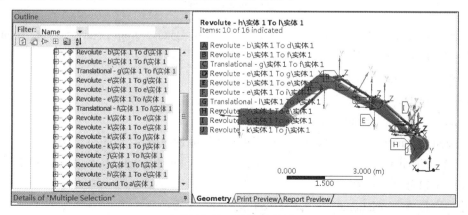

图13-10　转动移动副

13.2.5 添加材料库

本实例选择的材料为Structural Steel（结构钢），因为此材料为ANSYS Workbench 18.0默认被选中的，故不需要设置。

13.2.6 划分网格

选择Mesh并单击鼠标右键，从弹出的快捷菜单中选择Generate Mesh命令。

13.2.7 施加约束

步骤01 选择 Transient（B5），然后依次选择工具栏中的 Loads→Joint Load 命令，在 Joint 选项的设置面板中进行如图 13-11 所示的设置：

在 Joint 栏中选择"Translational - d\实体 1 To c\实体 1"选项；

在 Type 栏中选择 Displacement 选项；

在 Magnitude 栏中选择 Tabular Data 选项；

在右侧的 Tabular Data 表中的 0 时刻输入 0，20s 时输入-0.2。

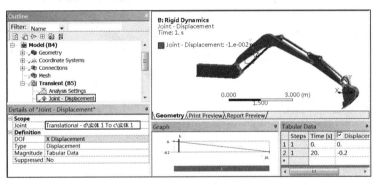

图 13-11 驱动位移设置

步骤02 选择 Transient（B5），然后依次选择工具栏中的 Loads→Joint Load 命令，在 Joint 选项的设置面板中进行如图 13-12 所示的设置：

在 Joint 栏中选择"Translational - g\实体 1 To f\实体 1"选项；

在 Type 栏中选择 Displacement 选项；

在 Magnitude 栏中选择 Tabular Data 选项；

在右侧的 Tabular Data 表中的 0 时刻输入 0，20s 时输入-0.2。

步骤03 选择 Transient（B5），然后依次选择工具栏中的 Loads→Joint Load 命令，在 Joint 选项的设置面板中进行如图 13-13 所示的设置：

在 Joint 栏中选择"Translational - l\实体 1 To i\实体 1"选项；

在 Type 栏中选择 Displacement 选项；

在 Magnitude 栏中选择 Tabular Data 选项；

在右侧的 Tabular Data 表中的 0 时刻输入 0，20s 时输入-0.15。

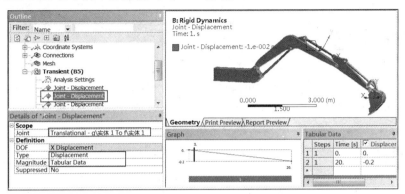

图 13-12 驱动位移设置

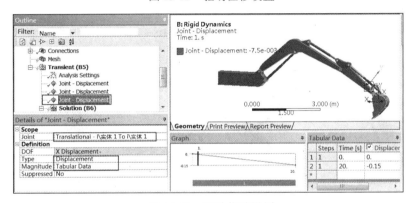

图 13-13 驱动位移设置

步骤04 单击 Analysis Settings 选项，在设置面板中进行如图 13-14 所示的设置：

在 Step End Time 栏中输入 20s；

在 Auto Time Stepping 栏中选择 On 选项；

在 Initial Time Step 栏中输入 1.e-002s；

在 Minimum Time Step 栏中输入 1.e-007s；

在 Maximum Time Step 栏中输入 1.e-002s。

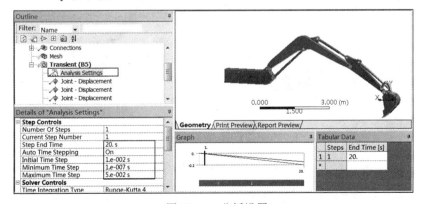

图 13-14 分析设置

步骤 05 在 Outline（分析树）中的 Transient（B5）选项上单击鼠标右键，从弹出的快捷菜单中选择 ⚡ Solve 命令，开始计算。

13.2.8 结果后处理

步骤 01 选择 Solution 工具栏中的 Deformation（变形）→Total 命令。

步骤 02 在 Outline（分析树）中的 Solution（B6）选项上单击鼠标右键，在弹出的快捷菜单中选择 ⚡ Equivalent All Results 命令，如图 13-15 所示为总位移云图。

步骤 03 选择 Solution 工具栏中的 Deformation（变形）→Total Acceleration 命令，在分析树中会出现 Total Acceleration（总加速度）选项。

步骤 04 选择 Outline（分析树）中 Solution（A6）下的 Total Acceleration（总加速度）选项，出现如图 13-16 所示的加速度云图。

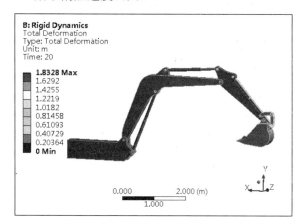

图 13-15　总位移云图

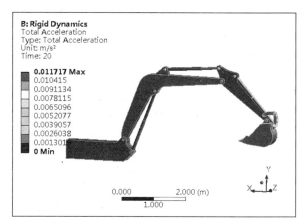

图 13-16　总加速度云图

步骤 05 同样添加速度命令，如图 13-17 所示为速度变化云图。

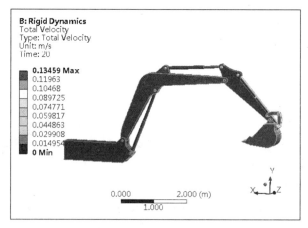

图 13-17　速度变化云图

步骤 06 如图 13-18 所示为以上 4 个变量的曲线变化图。

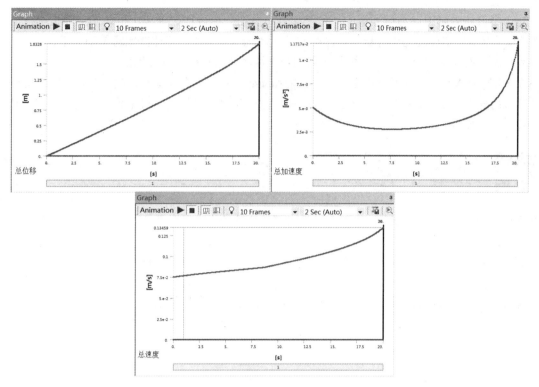

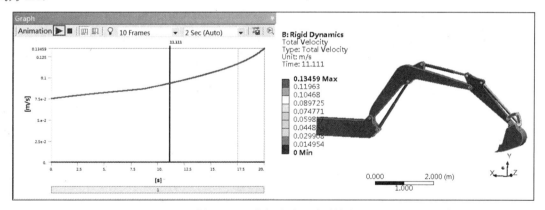

图 13-18　曲线变化图

步骤07 单击如图 13-19 所示的图标，可以播放相应后处理的动画。单击 图标可以输出动画，动画的格式为 avi。

图 13-19　动态显示及动画输出

13.2.9　保存与退出

步骤01 单击 Mechanical 界面右上角的 ✗ （关闭）按钮，退出 Mechanical 返回到 Workbench 主界面。

步骤02 在 Workbench 主界面中单击常用工具栏中的 💾 （保存）按钮。

步骤03 单击右上角的 ✗ （关闭）按钮，退出 Workbench 主界面，完成项目分析。

多体动力学分析是瞬态动力学分析的一种简化分析，在分析过程中仅考虑机构的运动情况，而不考虑各个部件的受力大小。多体动力学分析可以作为机构运动的预测，其计算速度比瞬态动力学分析快很多，可以对机构运动进行前期无应力分析，分析其运动的合理性，从而对机构进行优化。

Workbench的多体动力学分析虽然比不上专业的Adams，但是作为设计的预测工具，已经能够满足广大用户的需要。另外，Workbench的多体动力学分析操作比较简单，仅仅需要对结构进行设置即可完成分析，适合工程人员作为预测的工具。

13.3 本章小结

本章详细介绍了ANSYS Workbench 18.0软件内置的多体动力学仿真分析功能，包括几何导入、边界条件设置、后处理等操作。

ANSYS Workbench平台的多体动力学仿真分析功能不如一些专业的Adams软件功能强大，但是可以通过简单的操作，预测机构的运动，能达到提前预测机构运动路线的目的。

通过本章的学习，读者应该对多体动力学仿真分析的过程有详细的了解。

第14章
稳态热力学分析案例详解

 导言

热学是物理场中常见的一种现象，在工程分析中热学包括热传导、热对流和热辐射3种基本形式。计算热力学在工程应用中至关重要，如在高温作用下的压力容器，如果温度过高，则会导致内部气体膨胀到使压力容器爆裂刹车片，刹车制动时瞬时间产生大量热容易使刹车片产生热应力等。本章主要介绍ANSYS Workbench热学分析，讲解稳态热学计算过程。

 学习目标

★ 熟练掌握ANSYS Workbench温度场分析的方法及过程
★ 熟练掌握ANSYS Workbench稳态温度场分析的设置与后处理

14.1 热力学分析简介

在石油化工、动力、核能等许多重要部门中，在变温条件下工作的结构和部件，通常都存在温度应力问题。

在正常工况下存在稳态的温度应力，在启动或关闭过程中还会产生随时间变化的瞬态温度应力，这些应力已经占有相当的比重，甚至成为设计和运行中的控制应力。要计算稳态或瞬态应力，首先要计算稳态或瞬态温度场。

14.1.1 热力学分析目的

热力学分析的目的就是计算模型内的温度分布以及热梯度、热流密度等物理量。热载荷包括热源、热对流、热辐射、热流量、外部温度场等。

14.1.2 热力学分析

ANSYS Workbench可以进行两种热分析，即稳态热分析和瞬态热分析。

稳态热力学分析一般方程为：

$$[K]\{I\} = \{Q\} \tag{14-1}$$

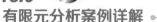

式中：$[K]$ 是传导矩阵，包括热系数、对流系数、辐射系数和形状系数；$\{I\}$ 是节点温度向量；$\{Q\}$ 是节点热流向量，包含热生成。

14.1.3 基本传热方式

基本传热方式有热传导、热对流和热辐射 3 种。

1. 热传 5BFC

当物体内部存在温差时，热量从高温部分传递到低温部分。不同温度的物体相接触时，热量从高温物体传递到低温物体，这种热量传递的方式叫热传导。

热传导遵循傅里叶定律：

$$q'' = -k\frac{dT}{dx} \tag{14-2}$$

式中：q'' 是热流密度，其单位为 W/m^2；k 是导热系数，其单位为 $W/(m\,^\circ C)$。

2. 热对流

对流是指温度不同的各个部分流体之间发生相对运动所引起的热量传递方式。高温物体表面附近的空气因受热而膨胀，密度降低而向上流动，密度较大的冷空气将下降替代原来的受热空气而引发对流现象。热对流分为自然对流和强迫对流两种。

热对流满足牛顿冷却方程：

$$q'' = h(T_s - T_b) \tag{14-3}$$

式中：h 是对流换热系数（或称膜系数）；T_s 是固体表面温度；T_b 是周围流体温度。

3. 热辐射

热辐射是指物体发射电磁能，并被其他物体吸收转变为热的热量交换过程。与热传导和热对流不同，热辐射不需要任何传热介质。

实际上，真空的热辐射效率最高。同一物体，温度不同时的热辐射能力不一样，温度相同的不同物体的热辐射能力也不一定相同。同一温度下，黑体的热辐射能力最强。

在工程中通常考虑两个或多个物体之间的辐射，系统中每个物体同时辐射并吸收热量。它们之间的净热量传递可用斯蒂芬波尔兹曼方程来计算：

$$q = \varepsilon\sigma A_1 F_{12}(T_1^4 - T_2^4) \tag{14-4}$$

式中：q 为热流率；ε 为辐射率（黑度）；σ 为黑体辐射常熟 $\sigma \approx 5.67 \times 10^{-8} W/(m^2 \cdot K^4)$；$A_1$ 为辐射面 1 的面积；F_{12} 为由辐射面 1 到辐射面 2 的形状系数；T_1 为辐射面 1 的绝对温度；T_2 为辐射面 2 的绝对温度。

从热辐射的方程可以得知，如果分析包含热辐射，则分析为高度非线性。

14.2　稳态热力学分析实例1——热传递分析

本章主要介绍ANSYS Workbench 18.0 的稳态热分析模块，计算实体模型的稳态温度分布及热流密度。

学习目标：熟练掌握ANSYS Workbench建模方法及稳态热学分析的方法及过程。

模型文件	下载资源\ Chapter14\char14-1\model.agdb
结果文件	下载资源\Chapter14\char14-1\ Conductor.wbpj

14.2.1　问题描述

如图 14-1 所示的实体模型，实体一端面是 600℃，另一端面是 20℃，请用ANSYS Workbench分析计算内部的温度场云图。

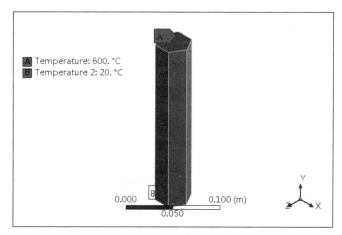

图 14-1　圆柱模型

14.2.2　启动 Workbench 并建立分析项目

步骤01 在 Windows 系统下执行开始→所有程序→ANSYS 18.0→Workbench 18.0 命令，启动 ANSYS Workbench 18.0，进入主界面。

步骤02 双击主界面 Toolbox（工具箱）中的 Component Systems→Geometry（几何）选项，即可在 Project Schematic（项目管理区）中创建分析项目 A，如图 14-2 所示。

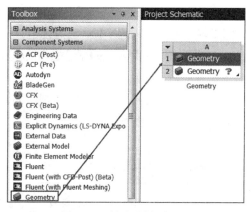

图 14-2　创建分析项目 A

14.2.3 导入几何模型

步骤01 在 A2 Geometry 上单击鼠标右键，在弹出的快捷菜单中选择 Import Geometry→Browse 命令，如图 14-3 所示，此时弹出"打开"对话框。

步骤02 在"打开"对话框中选择文件路径，导入 Cylinder.agdb 几何体文件。此时，A2 Geometry 后的 ? 变为 ✓，表示实体模型已经存在。

步骤03 双击项目 A 中的 A2 Geometry，进入 DesignModeler 界面，如图 14-4 所示。

图 14-3　导入几何体

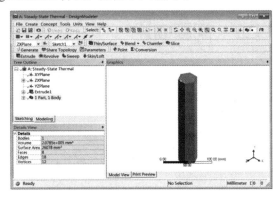

图 14-4　生成后的 DesignModeler 界面

步骤04 单击工具栏中的 图标，在弹出的"另存为"对话框的名称栏中输入 Conductor.wbpj，并单击"保存"按钮。

步骤05 回到 DesignModeler 界面中，单击右上角的 ✖ （关闭）按钮，退出 DesignModeler，返回到 Workbench 主界面。

14.2.4 创建分析项目

步骤01 如图 14-5 所示，在 Workbench 主界面的 Toolbox（工具箱）→Analysis Systerms 中单击 Steady-State Thermal（稳态热分析），并直接拖动到项目 A 的 A2（Geometry）栏中。

步骤02 此时会出现如图 14-6 所示的项目 B，同时在项目 A 的 A2（Geometry）与项目 B 的 B3（Geometry）之间出现一条蓝色的连接线，此时说明数据在项目 A 与项目 B 之间实现共享。

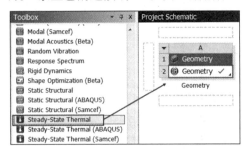

图 14-5　创建项目

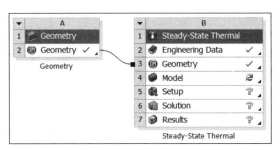

图 14-6　项目数据共享

14.2.5 添加材料库

步骤 01 双击项目 B 中的 B2 Engineering Data 项，进入如图 14-7 所示的材料参数设置界面。

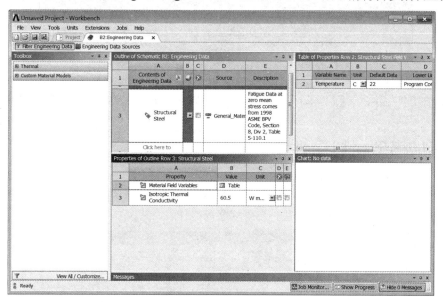

图 14-7 材料参数设置界面

步骤 02 在如图 14-8 所示的 Outline of Schematic B2:Engineering Data 表中的 A4 栏中输入新材料名称 New Material，此时新材料名称前会出现一个 ?，表示需要在新材料中添加属性。

步骤 03 在如图 14-9 所示的 Toolbox 中选择 Thermal→ Isotropic Thermal Conductivity 命令，直接拖动到 Properties of Outline Row 4:New Material 表中的 Property 栏中，此时 Isotropic Thermal Conductivity 选项被添加到了 New Material 属性中。

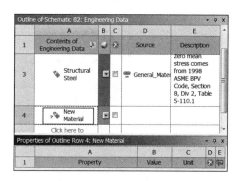

图 14-8 材料参数设置界面

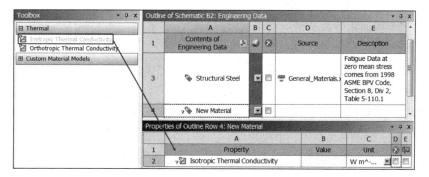

图 14-9 添加材料属性

步骤**04** 在 Isotropic Thermal Conductivity 栏的 B2 中输入 650，单位默认即可，如图 14-10 所示，材料属性添加成功。

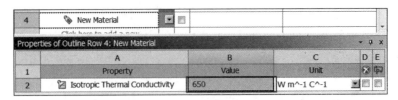

图 14-10 设置参数

步骤**05** 单击工具栏中的 Project 按钮，返回到 Workbench 主界面，材料库添加完毕。

14.2.6 添加模型材料属性

步骤**01** 双击主界面项目管理区项目 B 中的 B4 栏 Model 项，进入如图 14-11 所示的 Mechanical 界面，在该界面下即可进行网格的划分、分析设置、结果观察等操作。

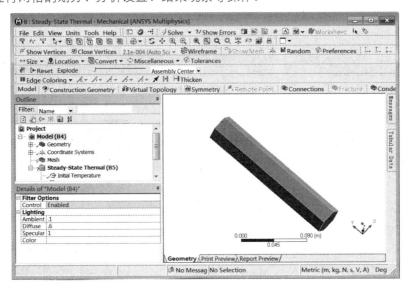

图 14-11 Mechanical 界面

步骤**02** 选择 Mechanical 界面左侧 Outline（分析树）中 Geometry 选项下的 Solid，即可在 "Details of 'Solid'"（参数列表）中给模型添加材料，如图 14-12 所示。

步骤**03** 单击参数列表中的 Material 下 Assignment 黄色区域后的 ▸，出现刚刚设置的材料 New Material，选择即可将其添加到模型中，其余模型保持默认即可。

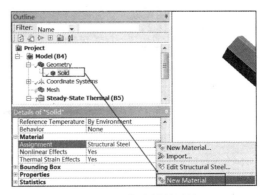

图 14-12 修改材料属性

14.2.7　划分网格

步骤 01　选择 Mechanical 界面左侧 Outline（分析树）中的 Mesh 选项，可在"Details of 'Mesh'"（参数列表）中修改网格参数，如图 14-13 所示在 Sizing 中的 Relevance Center 中设置为 Fine，其余保持默认。

步骤 02　在 Outline（分析树）中的 Mesh 选项上单击鼠标右键，从弹出的快捷菜单中选择 Generate Mesh 命令，最终的网格效果如图 14-14 所示。

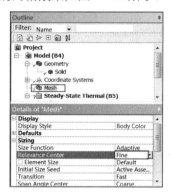

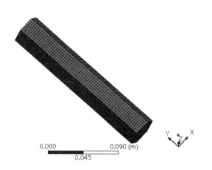

图 14-13　生成网格　　　　　　　　　　　　图 14-14　网格效果

14.2.8　施加载荷与约束

步骤 01　选择 Mechanical 界面左侧 Outline（分析树）中的 Steady-State Thermal（B5）选项，出现如图 14-15 所示的 Environment 工具栏。

步骤 02　选择 Environment 工具栏中的 Temperature（温度）命令，在分析树中出现 Temperature 选项，如图 14-16 所示。

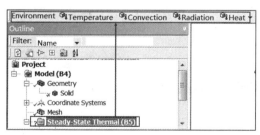

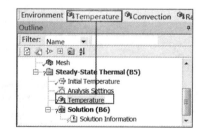

图 14-15　Environment 工具栏　　　　　　　图 14-16　添加载荷

步骤 03　选中 Temperature，选择实体底面，单击"Details of 'Temperature'"中 Geometry 选项下的 Apply 按钮，此时在 Geometry 栏中将显示如图 14-17 所示的 1Face 字样，在 Definition→Magnitude 中输入 600℃，完成一个热载荷的添加。

步骤 04　选中 Temperature 2，选择实体底面，单击"Details of 'Temperature 2'"中 Geometry 选项下的 Apply 按钮，此时在 Geometry 栏中将显示如图 14-18 所示的 1Face 字样，在 Definition→Magnitude 中输入 22℃，完成一个热载荷的添加。

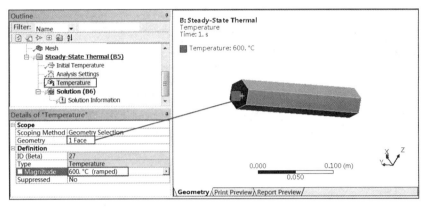

图 14-17　施加载荷

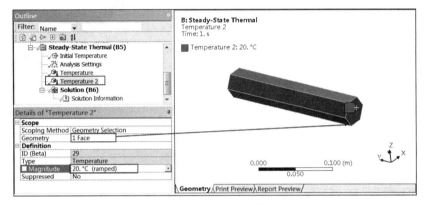

图 14-18　温度载荷

步骤 **05**　在 Outline（分析树）中的 Steady-State Thermal（B5）选项上单击鼠标右键，从弹出的快捷菜单中选择 Solve 命令，如图 14-19 所示。

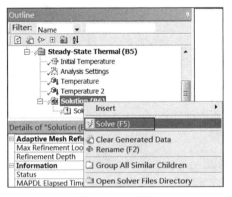

图 14-19　求解

14.2.9　结果后处理

步骤 **01**　选择 Mechanical 界面左侧 Outline（分析树）中的 Solution（B6）选项，出现如图 14-20 所示的 Solution 工具栏。

步骤02 选择 Solution 工具栏中的 Thermal（热）→Temperature 命令，如图 14-21 所示，在分析树中会出现 Temperature（温度）选项。

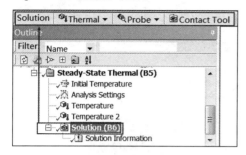

图 14-20 Solution 工具栏

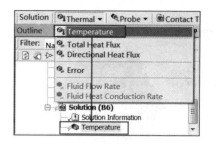

图 14-21 添加温度选项

步骤03 在 Outline（分析树）中的 Solution（B6）选项上单击鼠标右键，从弹出的快捷菜单中选择 Equivalent All Results 命令，如图 14-22 所示。此时会弹出进度显示条，表示正在求解，当求解完成后进度条自动消失。

步骤04 选择 Outline（分析树）中 Solution（B6）下的 Temperature（温度）选项，如图 14-23 所示。

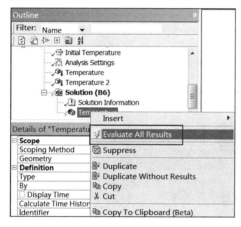

图 14-22 右键快捷菜单

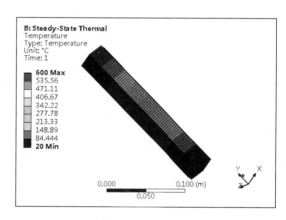

图 14-23 温度分布

步骤05 利用同样的操作方法查看热流量，如图 14-24 所示。

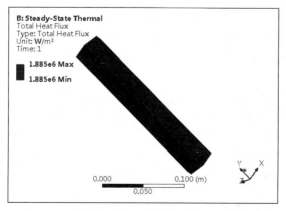

图 14-24 热流量云图

步骤 **06** 在绘图区域中单击 Y 轴，使图形 Y 轴垂直于绘图平面，如图 14-25 所示。

步骤 **07** 单击工具栏中的 图标，然后在绘图区域中从右侧向左侧绘一条直线，如图 14-26 所示的箭头方向。

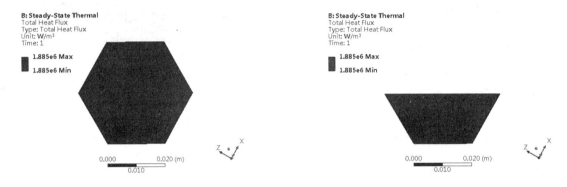

图 14-25 垂直绘图平面   图 14-26 创建剖面线

步骤 **08** 旋转视图，如图 14-27 所示为温度场在圆柱体内部的分布情况。

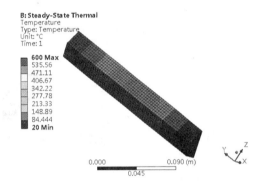

图 14-27 实体内部温度场分布

14.2.10 保存与退出

步骤 **01** 单击 Mechanical 界面右上角的 ✕ （关闭）按钮，退出 Mechanical 返回到 Workbench 主界面。

步骤 **02** 在 Workbench 主界面中单击常用工具栏中的 （保存）按钮，保存包含有分析结果的文件。

步骤 **03** 单击右上角的 ✕ （关闭）按钮，退出 Workbench 主界面，完成项目分析。

14.3 稳态热力学分析实例2——热对流分析 ▶

本章主要介绍ANSYS Workbench 18.0 的稳态热分析模块，计算实体模型的稳态温度分布及热流密度。

学习目标：熟练掌握ANSYS Workbench建模方法及稳态热学分析的方法及过程。

模型文件	下载资源\ Chapter14\char14-2\ sanrepian.sat
结果文件	下载资源\ Chapter14\char14-2\sanrepian_Thermal.wbpj

14.3.1 问题描述

如图 14-28 所示的铝制散热片模型，请利用ANSYS Workbench确定温度沿着散热片的分布。

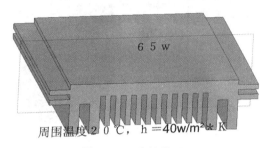

6 5 w

周围温度20℃，h＝40w/m²＊K

图 14-28 实体模型

14.3.2 启动 Workbench 并建立分析项目

步骤 **01** 在 Windows 系统下执行开始→所有程序→ANSYS 18.0→Workbench 18.0 命令，启动 ANSYS Workbench 18.0，进入主界面。

步骤 **02** 双击主界面 Toolbox（工具箱）中的 Component Systems→Geometry（几何）选项，即可在 Project Schematic（项目管理区）中创建分析项目 A，如图 14-29 所示。

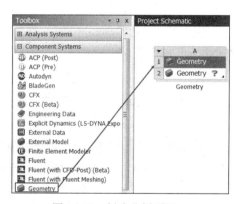

图 14-29 创建分析项目 A

14.3.3 导入几何模型

步骤 **01** 在 A2 Geometry 上单击鼠标右键，从弹出的快捷菜单中选择 Import Geometry→Browse 命令，如图 14-30 所示，弹出"打开"对话框。

步骤 **02** 在"打开"对话框中选择文件路径，导入 model.agdb 几何体文件。此时，A2 Geometry 后的 ❓ 变为 ✔，表示实体模型已经存在。

步骤 **03** 双击项目 A 中的 A2 Geometry，设置单位为 m，单击 OK 按钮。在工具栏中单击 Generate 按钮，进入 DesignModeler 界面，如图 14-31 所示。

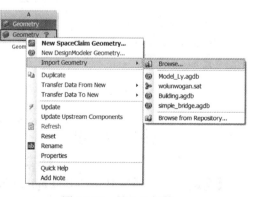

图 14-30 导入几何体

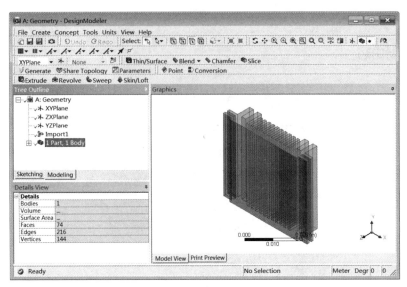

图 14-31　生成后的 DesignModeler 界面

步骤 04　单击工具栏中的 📁 图标，在弹出的"另存为"对话框的名称栏中输入 Model_Steady_State_Thermal，并单击"保存"按钮。

步骤 05　回到 DesignModeler 界面中，单击右上角的 ❌ （关闭）按钮，退出 DesignModeler，返回到 Workbench 主界面。

14.3.4　创建分析项目

步骤 01　如图 14-32 所示，在 Workbench 主界面的 Toolbox（工具箱）→Analysis Systerms 中单击 Steady-State Thermal（稳态热分析），并直接拖动到项目 A 的 A2（Geometry）栏中。

步骤 02　此时出现如图 14-33 所示的项目 B，同时在项目 A 的 A2（Geometry）与项目 B 的 B3（Geometry）之间出现一条蓝色的连接线，此时说明数据在项目 A 与项目 B 之间实现共享。

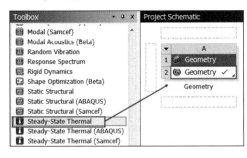

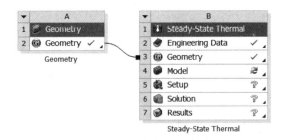

图 14-32　创建项目　　　　　　　　　　　图 14-33　项目数据共享

14.3.5　添加材料库

步骤 01　双击项目 B 中的 B2 Engineering Data 项，进入如图 14-34 所示的材料参数设置界面。

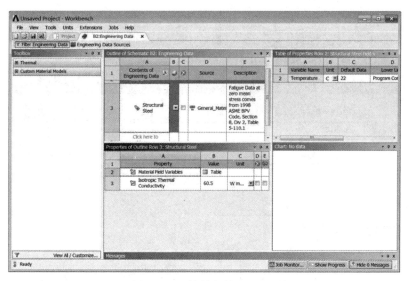

图 14-34　材料参数设置界面

步骤02　在如图 14-35 所示的 Outline of Schematic B2:Engineering Data 表中的 A4 栏中输入新材料名称 sanrepian_Material，此时新材料名称前会出现一个 **?**，表示需要在新材料中添加属性。

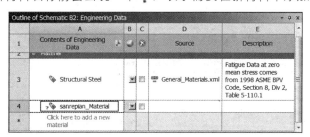

图 14-35　材料参数设置界面

步骤03　在如图 14-36 所示的 Toolbox 中选择 Thermal→Isotropic Thermal Conductivity 命令，直接拖动到 Properties of Outline Row 4:sanrepian_Material 表中的 Property 栏中，此时 Isotropic Thermal Conductivity 选项被添加到了 sanrepian_Material 属性中。

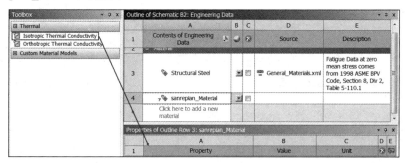

图 14-36　添加材料属性

步骤04　在 Isotropic Thermal Conductivity 栏的 B2 中输入 170，单位默认即可，如图 14-37 所示。

步骤05　同理添加 Density 密度属性值为 2700，Specific Heat 属性值为 900。

步骤06　单击工具栏中的 ┌ 🔲 Project ┐ 按钮，返回到 Workbench 主界面，材料库添加完毕。

	A	B	C	D	E
1	Contents of Engineering Data			Source	Description
2	⊟ Material				
3	🏷 sanrepian_Material	▼	☑	💾 F:\Setup Copy\ansys1	
					Fatigue Data at zero

Properties of Outline Row 3: sanrepian_Material ▼ ⊕ ✕

	A	B	C	D	E
1	Property	Value	Unit	⊗	⊕
2	📈 Density	2700	kg m^-3	▼	
3	📈 Isotropic Thermal Conductivity	170	W m^-1 C^-1	▼	
4	📈 Specific Heat	900	J kg^-1 C^-1	▼	

图 14-37　设置参数

14.3.6　添加模型材料属性

步骤01 双击主界面项目管理区项目 B 中的 B4 栏 Model 项，进入如图 14-38 所示 Mechanical 界面，在该界面下即可进行网格的划分、分析设置、结果观察等操作。

步骤02 选择 Mechanical 界面左侧 Outline（分析树）中 Geometry 选项下的"实体"，即可在"Details of '实体'"（参数列表）中给模型添加材料，如图 14-39 所示。

步骤03 单击参数列表中的 Material 下 Assignment 黄色区域后的 ▶，出现刚刚设置的材料 sanrepian_Material，选择即可将其添加到模型中。

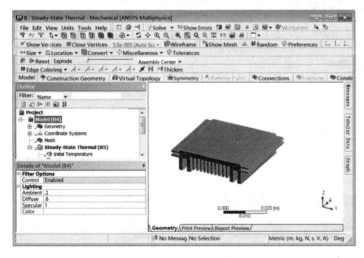

图 14-38　Mechanical 界面

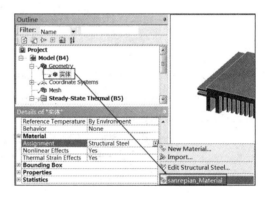

图 14-39　修改材料属性

14.3.7　划分网格

步骤01 选择 Mechanical 界面左侧 Outline（分析树）中的 Mesh 选项，可在"Details of 'Mesh'"（参数列表）中修改网格参数，如图 14-40 所示，在 Sizing 中的 Relevance Center 中设置为 Fine，其余保持默认即可。

步骤02 在 Outline（分析树）中的 Mesh 选项上单击鼠标右键，从弹出的快捷菜单中选择 Generate Mesh 命令，划分完成的网格效果如图 14-41 所示。

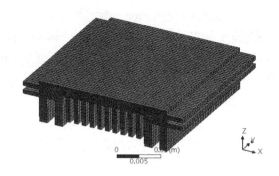

图 14-40　生成网格　　　　　　　　　　　图 14-41　网格效果

14.3.8　施加载荷与约束

步骤01　选择 Mechanical 界面左侧 Outline（分析树）中的 Steady-State Thermal（B5）选项，出现如图 14-42 所示的 Environment 工具栏。

步骤02　选择 Environment 工具栏中的 Heat Flow（热流）命令，在分析树中会出现 Heat Flow 选项，如图 14-43 所示。

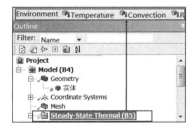

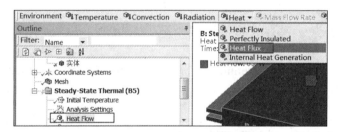

图 14-42　Environment 工具栏　　　　　　　图 14-43　添加载荷

步骤03　选中 Heat Flow，选择圆柱底面，单击"Details of'Heat Flow'"中 Geometry 选项下的 按钮，此时在 Geometry 栏中将显示如图 14-44 所示的 1Face 字样，在 Definition→Magnitude 中输入 70W，完成一个热载荷的添加。

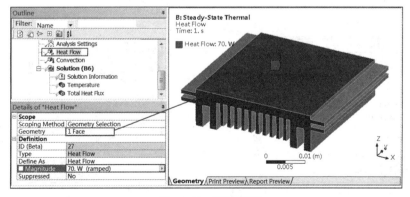

图 14-44　施加载荷

步骤**04** 选择 Environment 工具栏中的 Convection（对流）命令，在分析树中会出现 Convection 选项，如图 14-45 所示。

步骤**05** 如图 14-46 所示，选中 Convection，选择模型顶面，单击"Details of 'Convection'"中 Geometry 选项下的 ⬚Apply⬚ 按钮，在 Definition→Film Coefficient 栏中输入 45，在 Ambient Temperature 栏中输入 20℃，完成一个对流的添加。

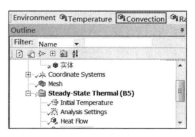

图 14-45 添加对流

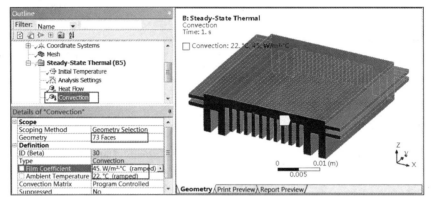

图 14-46 对流面

 此处的面为除了热源以外的所有面。

步骤**06** 在 Outline（分析树）中的 Steady-State Thermal（B5）选项上单击鼠标右键，从弹出的快捷菜单中选择 ⚡Solve 命令。

14.3.9 结果后处理

步骤**01** 选择 Mechanical 界面左侧 Outline（分析树）中的 Solution（B6）选项，出现如图 14-47 所示的 Solution 工具栏。

步骤**02** 选择 Solution 工具栏中的 Thermal（热）→Temperature 命令，如图 14-48 所示，在分析树中会出现 Temperature（温度）选项。

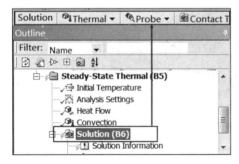

图 14-47 Solution 工具栏

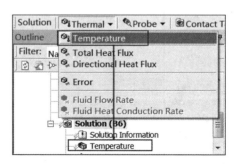

图 14-48 添加温度选项

步骤 **03** 在 Outline（分析树）中的 Solution（B6）选项上单击鼠标右键，从弹出的快捷菜单中选择 Equivalent All Results 命令，如图 14-49 所示。此时会弹出进度显示条，表示正在求解，当求解完成后进度条会自动消失。

步骤 **04** 选择 Outline（分析树）中 Solution（B6）下的 Temperature（温度），如图 14-50 所示。

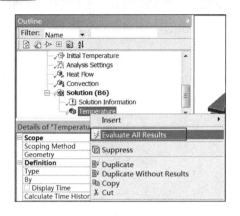
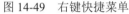

图 14-49　右键快捷菜单

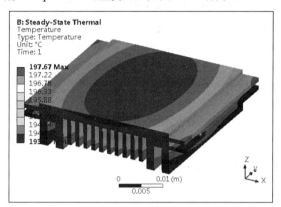

图 14-50　温度分布

步骤 **05** 利用同样的操作方法查看热流量，点击 可查看矢量图，如图 14-51 所示。

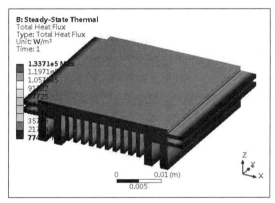
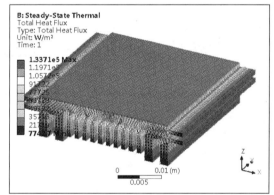

图 14-51　热流量云图及矢量图

14.3.10　保存与退出

步骤 **01** 单击 Mechanical 界面右上角的 ✕ （关闭）按钮，退出 Mechanical 返回到 Workbench 主界面。

步骤 **02** 在 Workbench 主界面中单击常用工具栏中的 🖫 （保存）按钮，保存包含有分析结果的文件。

步骤 **03** 单击右上角的 ✕ （关闭）按钮，退出 Workbench 主界面，完成项目分析。

14.3.11　读者演练

参考前面章节所讲的操作方法，请读者完成热流密度的后处理云图操作，并通过使用Probe命令查看关键节点上的温度值。

14.4 稳态热力学分析实例3——热辐射分析

该案例是使用ANSYS Workbench热分析模块功能进行演示,来学习Workbench平台中进行热辐射分析的一般步骤。

学习目标:熟练掌握ANSYS Workbench热辐射分析的一般步骤;

掌握ANSYS Workbench的APDL命令插入的方法。

模型文件	下载资源\ Chapter14\char14-3\ Geom.x_t
结果文件	下载资源\ Chapter14\char14-3\ radia.wbpj

14.4.1 案例介绍

上面摆放有加热丝的平板,加热丝的功率为1000w,试分析平板的热分布情况。

 本实例由于是采用的ANSYS SpaceClaim平台建模,在这里不详细对建模进行介绍,请读者参考前面章节的内容进行学习建模方法。

14.4.2 启动 Workbench 并建立分析项目

打开ANSYS Workbench 18.0 软件,在项目工程管理窗口中建立如图 14-52 所示的项目流程表。

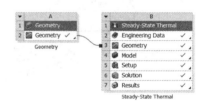

图 14-52　项目工程管理

14.4.3 定义材料参数

步骤01 双击 A2 项目（Engineering Data）,首先对模型的材料属性进行定义。

步骤02 在 B2 栏中输入材料名称为 MINE,在下面的 Properties of Outline Row 3: MINE 中添加 Isotropic Thermal Conductivity 选项,并输入数值为 1.7367E-07,单位默认即可,如图 14-53 所示。

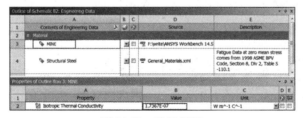

图 14-53　选择材料

步骤 **03** 材料选择完成后单击 / ⊞ Project \ （回到项目管理区）按钮。

14.4.4 导入模型

步骤 **01** 双击项目 A2 项 Geometry（模型）中，进入 ANSYS SpaceClaim 模块来建立几何模型，如图 14-54 所示。读者也可以直接使用 Geom.x_t 文件。

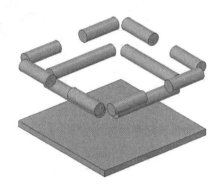

图 14-54 几何模型

步骤 **02** 关闭 ANSYS SpaceClaim 几何建模平台。

14.4.5 划分网格

步骤 **01** 双击项目文件 A4 项 Model（网格），打开的模型如图 14-55 所示。

步骤 **02** 依次选择 Model（B4）→Geometry→Geom，在 Assignment 栏中选择 MINE 材料属性，如图 14-56 所示。

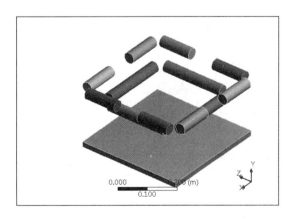

图 14-55 模型

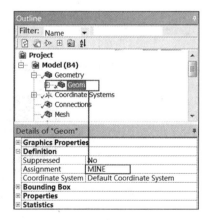

图 14-56 材料属性

步骤 **03** 依次选择 Model（B4）→Mesh，在如图 14-57 所示的 Element Size 栏中输入 6.e-003m。

步骤 **04** 选择 Mesh 并单击鼠标右键，在弹出的快捷菜单中选择 Generate Mesh 命令，经过一段时间，划分完的网格如图 14-58 所示。

图 14-57　网格大小

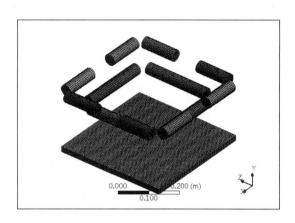

图 14-58　划分网格效果

步骤 05　继续查看 Details of "Mesh"（网格的详细信息），在其最下面的 Statistics（统计）中可以看出节点数量为 206325 个，单元数为 44655 个及网格扭曲因子，如图 14-59 所示。

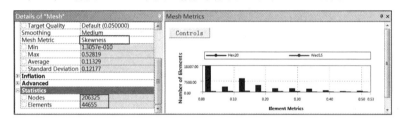

图 14-59　网格数量及扭曲因子

步骤 06　选择其中的一个圆柱外表圆柱面并单击鼠标右键，在弹出的快捷菜单中选择 Create Named Selection 选项，在对话框中输入 SURF1，单击工具栏中的 Generate 按钮，如图 14-60 所示。

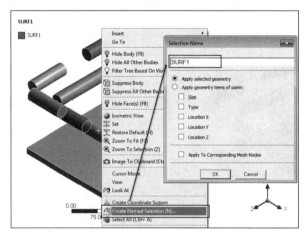

图 14-60　命名

步骤 07　依次对剩下的 11 个圆柱外表面和 1 个平面进行命名操作，如图 14-61 所示。

　命名的目的是为了在后面插入命令时方便选取面，请读者在完成后面分析后，体会一下本操作的用处。

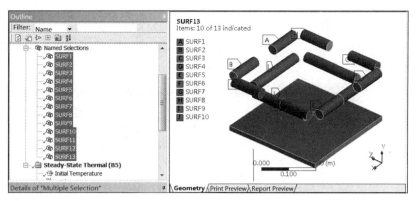

图 14-61　命名

14.4.6　定义荷载

步骤 01　单击 Steady-State Thermal（稳态热分析）A5→Temperature（温度），在 Geometry 栏中保证模型地面被选中，输入 Magnitude 为 20℃，如图 14-62 所示。

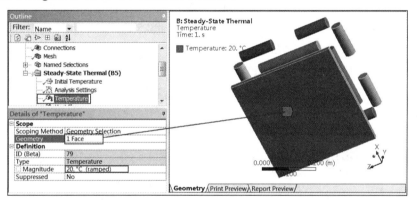

图 14-62　定义温度

步骤 02　定义功率。选择工具栏中的 Heat→Heat Flow 命令，如图 14-63 所示，选择 12 个圆柱体的外表面。

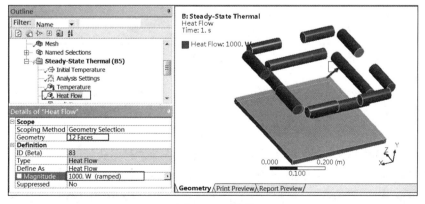

图 14-63　载荷

步骤 03 插入命令。这部分是本节介绍的重点内容。

选择 Steady State Thermal (B5) 并单击鼠标右键，在弹出的快捷菜单中依次选择 Insert→Commands 命令，插入一个命令选项，如图 14-64 所示。

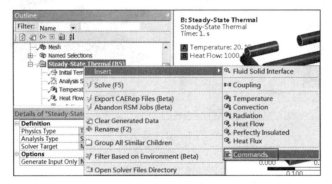

图 14-64 插入命令

步骤 04 在命令选项中进行如下输入，如图 14-65 所示：

sf,SURF1,rdsf,0.7,1；sf,SURF2,rdsf,0.7,1；sf,SURF3,rdsf,0.7,1；sf,SURF4,rdsf,0.7,1；sf,SURF5,rdsf,0.7,1；sf,SURF6,rdsf,0.7,1；sf,SURF7,rdsf,0.7,1；sf,SURF8,rdsf,0.7,1；sf,SURF9,rdsf,0.7,1；sf,SURF10,rdsf,0.7,1；sf,SURF11,rdsf,0.7,1；sf,SURF12,rdsf,0.7,1；sf,SURF13,rdsf,0.5,1；spctemp,1,100；stef,5.67e-8；radopt,0.9,1.E-5,0,1000,0.1,0.9；toff,273。

在输入命令前，请确保单位制为国际单位制。

图 14-65 命令

14.4.7 后处理

步骤 01 确认输入参数都正确后单击 Solve ▼ （求解）按钮，开始执行此次稳态热分析的求解。

步骤 02 结果后处理。单击 Thermal（热分析）→Temperature（温度）/Total Heat Flux（全部的热流量），如图 14-66 所示。然后单击 Solve ▼ （求解）按钮，需要稍等几分钟，所有实体温度云图如图 14-67 所示。

步骤 03 如图 14-68 所示为热流的结果。

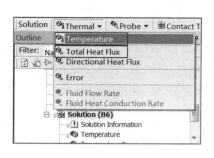

图 14-66 选择后处理项目

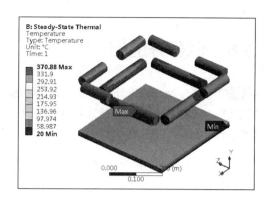

图 14-67 所有实体温度云图

步骤 04 如图 14-69 所示平板上面的温度分布云图，从图中可以看出 4 个角点位置的温度比较低，总体的温度分布范围在 134~183 之间，温度差约为 49°。为了使温度分布均匀，需要重新布置热丝的位置，这里不再讲述。

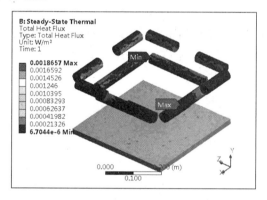

图 14-68 热流云图

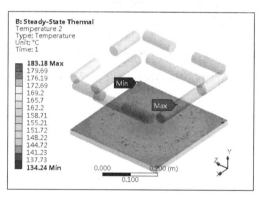

图 14-69 温度云图

步骤 05 如图 14-70 所示为 4 个窗口显示了不同部位的温度云图。

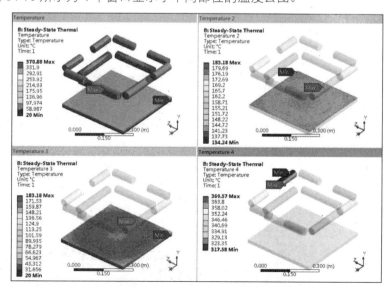

图 14-70 不同部位的温度云图

14.4.8　保存并退出

步骤01　单击 Mechanical 界面右上角的 ❌ （关闭）按钮，退出 Mechanical 返回到 Workbench 主界面。

步骤02　在 Workbench 主界面中单击常用工具栏中的 💾 （保存）按钮，保存包含有分析结果的文件。

步骤03　单击右上角的 ❌ （关闭）按钮，退出 Workbench 主界面，完成项目分析。

热辐射分析在热分析中属于高度非线性分析，在Workbench平台中没有直接的操作进行热辐射分析，需要读者对APDL有一定的了解。

热辐射分析应用领域比较广泛，可以应用在 3D打印机中分析加热器对堆积物的辐射加热分析，也可以分析太阳能加热器加热水壶的分析。

14.5　本章小结

本章通过 3 个典型实例分别介绍了稳态热传递、热对流和热辐射的操作过程，在分析过程中考虑了与周围空气的对流换热边界，在后处理工程中得到了温度分布云图及热流密度分布云图。通过本章的学习，读者应该对ANSYS Workbench平台的简单热力学分析的过程有详细的了解。

第15章
瞬态热力学分析案例详解

 导言

　　热力学分析包括稳态热力学分析和瞬态热力学分析两个方面。本章主要介绍ANSYS Workbench热学分析，讲解瞬态热学的计算过程。

 学习目标

　　★ 掌握ANSYS Workbench瞬态温度场分析的时间设置方法
　　★ 掌握零件热点处的瞬态温升曲线的处理方法

15.1 热力学分析简介

　　在石油化工、动力、核能等许多重要部门中，当结构中的温度分布和热流量随时间变化，则要对结构进行瞬态热学分析，而在瞬态热学分析中需要结构的比热常数和材料密度。

15.1.1 瞬态热力学分析目的

　　瞬态热学分析的目的是为了分析在热力学模型中温度、热流率及系统内能随时间变化的规律，从而为设计优化及结构优化做指导。

15.1.2 瞬态热力学分析

　　瞬态热力学分析一般方程为：

$$[C]\{\dot{T}\}+[K]\{T\}=\{Q\} \tag{15-1}$$

　　式中：$[K]$是传导矩阵，包括热系数、对流系数、辐射系数和形状系数；$[C]$是比热矩阵，考虑系统内能的增加；$\{T\}$是节点温度向量；$\{\dot{T}\}$是节点温度对时间的导数；$\{Q\}$是节点热流向量，包含热生成。

15.2 瞬态热力学分析实例1——散热片瞬态热学分析

本章主要介绍ANSYS Workbench 18.0的瞬态热学分析模块，计算铝制散热片的暂态温度场分布。

学习目标：熟练掌握ANSYS Workbench瞬态热学分析的方法及过程。

模型文件	无
结果文件	下载资源\Chapter15\char15-1\ sanrepian_Transient_Thermal.wbpj

15.2.1 问题描述

如图 15-1 所示的铝制散热片模型，请用ANSYS Workbench分析计算内部的温度场云图。

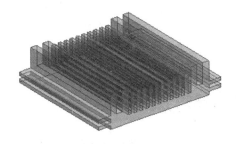

图 15-1 散热片模型

15.2.2 启动 Workbench 并建立分析项目

步骤01 在 Windows 系统下执行开始→所有程序→ANSYS 18.0→Workbench 18.0 命令，启动 ANSYS Workbench 18.0，进入主界面。

步骤02 加载第 14 章的 sanrepian_Thermal 工程文件，如图 15-2 所示。

步骤03 保存文件，文件名为 sanrepian_Transient_Thermal。

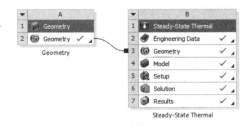

图 15-2 加载工程文件

15.2.3 创建瞬态热分析

步骤01 如图 15-3 所示，在 Workbench 主界面的 Toolbox（工具箱）→Analysis Systerms 中单击 Transient Thermal（瞬态热分析），并直接拖动到项目 B 的 B6（Solution）栏中。

步骤02 此时会出现项目 C，同时项目 B 与项目 C 之间的材料属性及几何数据进行共享。此外，B6 中的结果数据将作为 C5 中的激励条件。

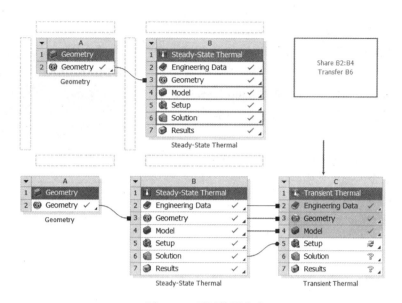

图 15-3　项目数据共享

15.2.4　施加载荷与约束

步骤01　单击并按住 Steady-State Thermal（B5）→Convection 不放，将其直接拖动到 Transient Thermal（C5）下面，如图 15-4 所示，完成边界条件的设置。

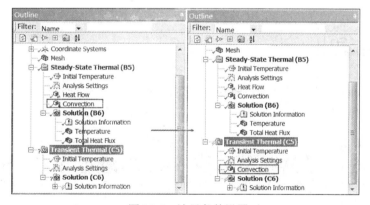

图 15-4　边界条件设置

步骤02　单击 Analysis Settings，在 End Step Time 栏中输入 100s。

步骤03　在 Outline（分析树）中的 Steady-State Thermal（B5）选项上单击鼠标右键，从弹出的快捷菜单中选择 Solve 命令。

15.2.5　后处理

步骤01　选择 Mechanical 界面左侧 Outline（分析树）中的 Solution（C6）选项，选择 Solution 工具栏中的 Thermal（热）→Temperature 命令。

步骤 **02** 在 Outline（分析树）中的 Solution（B6）选项上单击鼠标右键，从弹出的快捷菜单中选择 Equivalent All Results 命令。

步骤 **03** 选择 Outline（分析树）中 Solution（B6）下的 Temperature（温度），此时绘图区域将显示如图 15-5 所示的温度分布云图。

步骤 **04** 选择 Transient Thermal（C5）→Insert→Probe→Temperature（温度）命令，选择其中的一个点。

步骤 **05** 查看节点温度变化曲线，如图 15-6 所示。

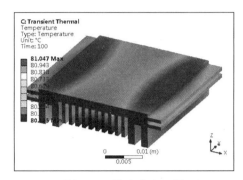

图 15-5　温度分布云图

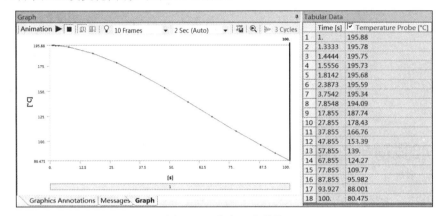

图 15-6　节点温度曲线

15.2.6　保存与退出

步骤 **01** 单击 Mechanical 界面右上角的 （关闭）按钮，退出 Mechanical 返回到 Workbench 主界面。

步骤 **02** 单击右上角的 ✕（关闭）按钮，退出 Workbench 主界面，完成项目分析。

15.3　瞬态热学分析实例2——高温钢球瞬态热学分析

本章主要介绍ANSYS Workbench 18.0的瞬态热学分析模块，计算高温钢球置入水中过程的瞬态温度场分布。

学习目标：熟练掌握ANSYS Workbench瞬态热学分析的方法及过程。

模型文件	下载资源\Chapter15\char15-2\Geom.x_t
结果文件	下载资源\Chapter15\char15-2\Transient.wbpj

15.3.1　问题描述

如图 15-7 所示的钢球与水的模型，请利用ANSYS Workbench分析计算内部的温度场云图。

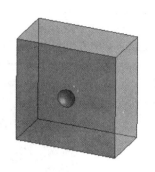

图 15-7　模型

15.3.2　启动 Workbench 并建立分析项目

步骤 01　在 Windows 系统下执行开始→所有程序→ANSYS 18.0→Workbench 18.0 命令，启动 ANSYS Workbench 18.0，进入主界面。

步骤 02　建立如图 15-8 所示的瞬态热分析流程表。

步骤 03　选择 A3 项并单击鼠标右键，在弹出的快捷菜单中选择 Insert→Browse 命令，在弹出的"打开"对话框中选择几何文件为 Geom.x_t。

步骤 04　双击 A3 项进入几何建模平台中，设置单位为 m。单击工具栏中的 Generate 命令，生成几何模型。

步骤 05　关闭几何建模平台，返回到 Workbench 平台。

图 15-8　瞬态热分析流程

15.3.3　创建瞬态热分析

步骤 01　双击 A2 项，进入到材料库窗口，输入自定义材料名称分别为 qiu 和 box，材料属性如图 15-9 所示：

box 的密度为 1000；

导热系数为 0.6；

比热为 4000；

qiu 的密度为 7800；

导热系数为 70；

比热为 450；

以上均为国际单位制。

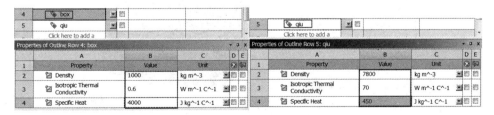

图 15-9　设置材料属性

步骤 **02** 退出材料库，双击 A4 项进入 Mechanical 平台。

步骤 **03** 将 box 材料属性赋予 Component1，几何如图 15-10 所示。

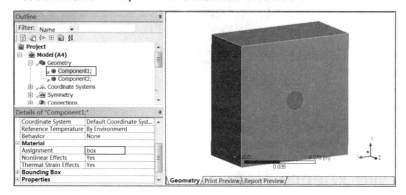

图 15-10　赋予材料

步骤 **04** 将 qiu 材料属性赋予 Component2，几何如图 15-11 所示。

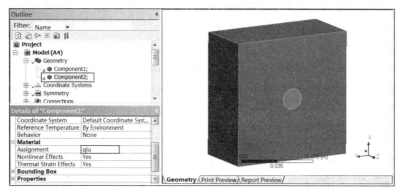

图 15-11　赋予材料

15.3.4　施加载荷与约束

步骤 **01** 设置对称属性。单击 Model（A4）项，在工具栏中选择 Symmetry 命令，选择 Symmetry 并单击鼠标右键，从弹出的快捷菜单中选择 Symmetry Region，选择绘图窗口中的对称平面，如图 15-12 所示。

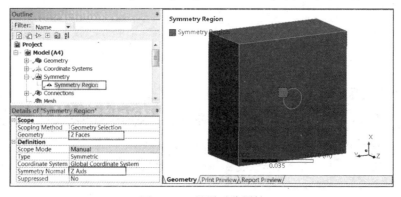

图 15-12　设置对称属性

步骤 02 划分网格。单击 Mesh 选项，在下面设置面板中的 Element Size 栏中输入 6.e-003m，划分网格，划分完成后的网格如图 15-13 所示。

步骤 03 单击 Transient Thermal（A5）→Analysis Settings，设置 Step End Time 为 500s。

步骤 04 单击 Transient Thermal（A5）→Temperature，选择中心部分的半球，设置初始温度为 100°，最终温度为环境温度 20°，如图 15-14 所示。

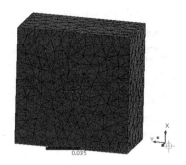

图 15-13　划分网格

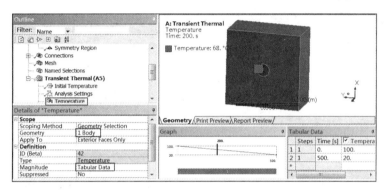

图 15-14　设置温度

步骤 05 单击 Transient Thermal（A5）→Temperature，选择长方体的 5 个外表面，除了设置对称边界的表面外，如图 15-15 所示，设置对流系数为 5，环境温度为 22°。

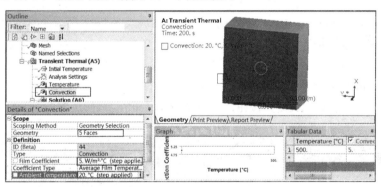

图 15-15　设置温度

步骤 06 在 Outline（分析树）中的 Steady-State Thermal（B5）选项上单击鼠标右键，从弹出的快捷菜单中选择 Solve 命令。

15.3.5　后处理

步骤 01 选择 Mechanical 界面左侧 Outline（分析树）中的 Solution（C6）选项，选择 Solution 工具栏中的 Thermal（热）→Temperature 命令。

步骤 02 在 Outline（分析树）中的 Solution（B6）选项上单击鼠标右键，在弹出的快捷菜单中选择 ⚡Equivalent All Results 命令。

步骤 03 选择 Outline（分析树）中 Solution（B6）下的 Temperature（温度），如图 15-16 所示。

步骤 04 选择 Transient Thermal （C5） → Insert → Probe → Temperature（温度）命令，选择其中的一个点。

步骤 05 查看节点温度变化曲线，如图 15-17 所示。

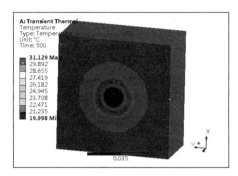

图 15-16　温度分布

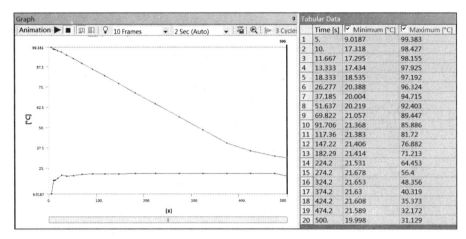

	Time [s]	☑ Minimum [°C]	☑ Maximum [°C]
1	5.	9.0187	99.383
2	10.	17.318	98.427
3	11.667	17.295	98.155
4	13.333	17.434	97.925
5	18.333	18.535	97.192
6	26.277	20.388	96.324
7	37.185	20.004	94.715
8	51.637	20.219	92.403
9	69.822	21.057	89.447
10	91.706	21.368	85.886
11	117.36	21.383	81.72
12	147.22	21.406	76.882
13	182.29	21.414	71.213
14	224.2	21.531	64.453
15	274.2	21.678	56.4
16	324.2	21.653	48.356
17	374.2	21.63	40.319
18	424.2	21.608	35.373
19	474.2	21.589	32.172
20	500.	19.998	31.129

图 15-17　节点温度变化曲线

15.3.6　保存与退出

步骤 01 单击 Mechanical 界面右上角的 ✖ （关闭）按钮，退出 Mechanical 返回到 Workbench 主界面。

步骤 02 单击右上角的 ✖ （关闭）按钮，退出 Workbench 主界面，完成项目分析。

15.4　本章小结

瞬态热分析可以预测对物体进行加热或高温物体冷却分析，分析随着时间的推移物体各位置的温度变化曲线。

读者通过对本章的学习，了解瞬态热分析的一般步骤和时间步的设置，以及从计算结果中分析出时间温度曲线，从而对物体的温升及降温曲线进行优化。

第16章

流体动力学分析案例详解

 导言

ANSYS Workbench软件的计算流体动力学分析程序有ANSYS CFX和ANSYS FLUENT两种，两种计算流体力学软件各有优点。

本章将主要讲解ANSYS CFX及ANSYS LUENT软件的流体动力学分析流程，包括几何导入、网格划分、前处理、求解、后处理等。

 学习目标

★ 熟练掌握ANSYS CFX内流场分析的方法及过程
★ 熟练掌握ANSYS LUENT流场分析的方法及过程

16.1 流体动力学分析简介

计算流体动力学（Computational Fluid Dynamics，CFD）是流体力学的一个分支，它通过计算机模拟获得某种流体在特定条件下的有关信息，实现用计算机代替试验装置完成"计算试验"，为工程技术人员提供了实际工况模拟仿真的操作平台，已广泛应用于航空航天、热能动力、土木水利、汽车工程、铁道、船舶工业、化学工程、流体机械、环境工程等领域。

本章将介绍CFD一些重要的基础知识，帮助读者熟悉CFD的基本理论和基本概念，为计算时设置边界条件、对计算结果进行分析与整理提供参考。

16.1.1 流体动力学分析

1. 计算流体动力学介绍

计算流体动力学是通过计算机数值计算和图像显示，对包含有流体流动和热传导等相关物理现象的系统所做的分析。

CFD的基本思想是把原来在时间域及空间域上连续的物理量的场，如速度场和压力场，用一系列有限个离散点上的变量值的集合来代替，通过一定的原则和方式建立起关于这些离散点上场变量之间关系的代数方程组，然后求解代数方程组获得场变量的近似值。CFD可以看作是在流动基本方程（质量守恒方程、动量守恒方程、能量守恒方程）控制下对流动的数值模拟。

通过这种数值模拟，可以得到极其复杂问题的流场内各个位置上的基本物理量（如速度、压力、温度、浓度等）的分布，以及这些物理量随时间的变化情况，确定旋涡分布特性、空化特性、脱流区等。

另外，还可据此算出相关的其他物理量，如旋转式流体机械的转矩、水力损失和效率等。与CAD联合，还可以进行结构优化设计等。CFD方法与传统的理论分析方法、实验测量方法组成了研究流体流动问题的完整体系。

图 16-1 给出了表征三者之间关系的"三维"流体力学示意图。理论分析方法的优点在于所得结果具有普遍性，各种影响因素清晰可见，是指导实验研究和验证新的数值计算方法的理论基础，但是其往往要求对计算对象进行抽象和简化，才有可能得出理论解。对于非线性情况，只有少数流动才能给出解析结果。

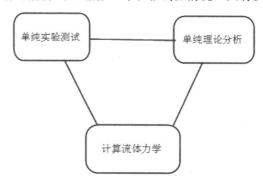

图 16-1 "三维"流体力学示意图

实验测量方法所得到的实验结果真实可信，它是理论分析和数值方法的基础，其重要性不容低估。然而，实验往往受到模型尺寸、流场扰动、人身安全和测量精度的限制，有时可能很难通过试验力一法得到结果。此外，实验还会遇到经费投入、人力和物力的巨大耗费、周期长等许多困难。

而CFD方法恰好克服了前面两种方法的弱点，在计算机上实现一个特定的计算，就好像在计算机上做一次物理实验。例如，机翼的绕流，通过计算并将其结果在屏幕上显示，就可以看到流场的各种细节（如激波的运动、强度，涡的生成与传播，流动的分离、表面的压力分布、受力大小、随时间的变化等）。数值模拟可以形象地再现流动情景，与做实验没有什么区别。

2. 计算流体动力学的特点

CFD的长处是适应性强、应用面广。首先，流动问题的控制方程，一般是非线性的，自变量多，计算域的几何形状和边界条件复杂，很难求得解析解，而用CFD方法则有可能找出满足工程需要的数值解。其次，可利用计算机进行各种数值试验，如选择不同流动参数进行物理方程中各项有效性和敏感性试验，从而进行方案比较。再者，它不受物理模型和实验模型的限制，省钱省时，有较多的灵活性，能给出详细和完整的资料，很容易模拟特殊尺寸、高温、有毒、易燃等真实条件和实验中只能接近而无法达到的理想条件。

CFD也存在一定的局限性。首先，数值解法是一种离散近似的计算方法，依赖于物理上合理、数学上适用、适合于在计算机上进行计算的离散的有限数学模型，且最终结果不能提供任何形式的解析表达式，只是有限个离散点上的数值解，并有一定的计算误差；第二，它不像物理模型实验一开始就能给出流动现象并定性地描述，往往需要由原体观测或物理模型试验提供某些流动参数，并需要对建立的数学模型进行验证；第三，程序的编制及资料的收集、繁理与正确利用，在很大程度上依赖于经验与技巧。此外，因数值处理方法等原因有可能导致计算结果的不真实，如产生数值粘性和频散等伪物理效应。

当然，某些缺点或局限性可通过某种方式克服或弥补，这在本书中会有相应的介绍。此外，CFD因涉及大量数值计算，常需要较高的计算机软硬件配置。

CFD有自己的原理、方法和特点，数值计算与理论分析、实验观测相互联系、相互促进，但不能完全替代，三者各有各的适用场合。在实际工作中，需要注意三者有机的结合，争取做到取长补短。

3．计算流体动力学的应用领域

近10多年来，CFD有了很大的发展，替代了经典流体力学中的一些近似计算法和图解法。过去的一些典型教学实验，如Reynolds实验，现在完全可以借助CFD手段在计算机上实现。所有涉及流体流动、热交换、分子输运等现象的问题，凡乎都可以通过计算流体力学的方法进行分析和模拟。

CFD不仅作为一个研究工具，而且还作为设计工具在水利工程、土木工程、环境工程、食品工程、海洋结构工程、工业制造等领域发挥作用。典型的应用场合及相关的工程问题包括水轮机、风机和泵等流体机械内部的流体流动、飞机和航天飞机等飞行器的设计、汽车流线型对性能的影响、洪水波及河口潮流计算、风载荷对高层建筑物稳定性及结构性能的影响、温室及室内的空气流动及环境分析、电子元器件的冷却、换热器性能分析及换热器片形状的选取、河流中污染物的扩散、汽车尾气对街道环境的污染和食品中细菌的运移。对这些问题的处理，过去主要借助于基本的理论分析和大量的物理模型实验，而现在大多采用CFD的方式加以分析和解决，CFD技术现已发展到完全可以分析三维粘性湍流及旋涡运动等复杂问题的程度。

4．计算流体动力学的分支

经过多年的发展，CFD出现了多种数值解法，这些方法之间的主要区别在于对控制方程的离散方式。根据离散的原理不同，CFD大体上可分为有限差分法（Finite Difference Method, FDM）、有限元法（Finite Element Method, FEM）和有限体积法（Finite Volume Method, FVM）3个分支。

有限差分法是应用最早、最经典的CFD方法，它将求解域划分为差分网格，用有限个网格节点代替连续的求解域，然后将偏微分方程的导数用差商代替，推导出含有离散点上有限个未知数的差分方程组。求出差分方程组的解，就是微分方程定解问题的数值近似解。它是一种直接将微分问题变为代数问题的近似数值解法。

这种方法发展较早，比较成熟，较多地用于求解双曲型和抛物型问题。在此基础上发展起来的方法有PIC（Particle-in-Cell）法、MAC（Marker-and-cell）法，以及由美籍华人学者陈景仁提出的有限分析法（Finite Analytic Method）。

由于有限元法是20世纪80年代开始应用的一种数值解法，它吸收了有限差分法中离散处理的内核，又采用了变分计算中选择逼近函数对区域进行积分的合理方法。

有限元法因求解速度较有限差分法和有限体积法慢，因此应用不是特别广泛。在有限元法的基础上，英国C.A.Brebbia等提出了边界元法和混合元法等方法。

有限体积法是将计算区域划分为一系列控制体积，将待解微分方程对每一个控制体积积分得出离散方程。有限体积法的关键是在导出离散方程过程中，需要对界面上的被求函数本身及其导数的分布做出某种形式的假定，用有限体积法导出的离散方程可以保证具有守恒特性，而且离散方程系数物理意义明确，计算量相对较小。

1980年，S.V.Patanker在其专著《Numerical Heat Transfer and FluidFlow》中对有限体积法作了全面的阐述。此后，该方法得到了广泛应用，是目前CFD应用最广的一种方法。当然，对这种方法的研究和扩展也在不断进行，如P.Chow提出了适用于任意多边形非结构网格的扩展有限体积法等。

16.1.2 CFD 基础

1. 流体的连续介质模型

- 流体质点（fluid particle）：几何尺寸同流动空间相比是极小量，又含有大量分子的微元体。
- 连续介质（continuum/continuous medium）：质点连续地充满所占空间的流体或固体。
- 连续介质模型（continuum/continuous medium model）：把流体视为没有间隙地充满它所占据的整个空间的一种连续介质，且其所有的物理量都是空间坐标和时间的连续函数的一种假设模型，$u = u(t,x,y,z)$。

2. 流体的性质

（1）惯性

惯性（fluid inertia）指流体不受外力作用时，保持其原有运动状态的属性。惯性与质量有关，质量越大，惯性就越大。单位体积流体的质量称为密度（density），以 r 表示，单位为kg/m³。对于均质流体，设其体积为 V，质量为 m，则其密度为：

$$\rho = \frac{m}{V} \tag{16-1}$$

对于非均质流体，密度随点而异。若取包含某点在内的体积 ΔV，其中质量 Δm，则该点密度需要用极限方式表示，即：

$$\rho = \lim_{\Delta V \to 0} \frac{\Delta m}{\Delta V} \tag{16-2}$$

（2）压缩性

作用在流体上的压力变化可引起流体的体积变化或密度变化，这一现象称为流体的可压缩性。压缩性（compressibility）可用体积压缩率 k 来量度：

$$k = -\frac{\mathrm{d}V / V}{\mathrm{d}p} = \frac{\mathrm{d}\rho / \rho}{\mathrm{d}p} \tag{16-3}$$

式中，p 为外部压强。

在研究流体流动过程中，若考虑到流体的压缩性，则称为可压缩流动，相应地称流体为可压缩流体，如高速流动的气体。若不考虑流体的压缩性，则称为不可压缩流动，相应地称流体为不可压缩流体，如水、油等。

（3）黏性

黏性（viscosity）指在运动的状态下，流体所产生的抵抗剪切变形的性质。粘性大小由粘度来量度。流体的黏度是由流动流体的内聚力和分子的动量交换所引起的。黏度有动力黏度 μ 和运动黏度 ν 之分。动力黏度由牛顿内摩擦定律导出：

$$\tau = \mu \frac{\mathrm{d}u}{\mathrm{d}y} \tag{16-4}$$

式中，τ 为切应力，Pa；μ 为动力粘度，Pa·s；$\mathrm{d}u/\mathrm{d}y$ 为流体的剪切变形速率。

运动黏度与动力黏度的关系为：

$$\nu = \frac{\mu}{\rho} \tag{16-5}$$

式中，ν 为运动黏度，m^2/s。

在研究流体流动过程中，考虑流体的黏性时，称为黏性流动，相应的流体称为黏性流体；当不考虑流体的黏性时，称为理想流体的流动，相应的流体称为理想流体。

根据流体是否满足牛顿内摩擦定律，将流体分为牛顿流体和非牛顿流体。牛顿流体严格满足牛顿内摩擦定律且 μ 保持为常数。非牛顿流体的切应力与速度梯度不成正比，一般又分为塑性流体、假塑性流体和胀塑性流体 3 种。

- 塑性流体，如牙膏等，它们有一个保持不产生剪切变形的初始应力 τ_0，只有克服了这个初始应力后，其切应力才与速度梯度成正比，即：

$$\tau = \tau_0 + \mu \frac{\mathrm{d}u}{\mathrm{d}y} \tag{16-6}$$

- 假塑性流体，如泥浆等，其切应力与速度梯度的关系是：

$$\tau = \mu \left(\frac{\mathrm{d}u}{\mathrm{d}y} \right)^n, \quad n < 1 \tag{16-7}$$

- 胀塑性流体，如乳化液等，其切应力与速度梯度的关系是：

$$\tau = \mu \left(\frac{\mathrm{d}u}{\mathrm{d}y} \right)^n, \quad n > 1 \tag{16-8}$$

3．流体力学中的力与压强

（1）质量力

与流体微团质量大小有关并且集中在微团质量中心的力称为质量力（body force）。在重力场中，有重力 mg；直线运动时，有惯性力 ma。质量力是一个矢量，一般用单位质量所具有的质量力来表示，其形式如下：

$$f = f_x i + f_y j + f_z k \tag{16-9}$$

式中：f_x、f_y、f_z 为单位质量力在各轴上的投影。

（2）表面力

大小与表面面积有关而且分布作用在流体表面上的力称为表面力（surface force）。表面力按其作用方向可以分为两种：一种是沿表面内法线方向的压力，称为正压力；另一种是沿表面切向的摩擦力，称为切向力。

对于理想流体的流动，流体质点只受到正压力，没有切向力。对于黏性流体的流动，流体质点所受到的作用力既有正压力，也有切向力。

作用在静止流体上的表面力只有沿表面内法线方向的正压力。单位面积上所受到的表面力称为这一点处的静压强。静压强具有两个特征：静压强的方向垂直指向作用面；流场内一点处静压强的大小与方向无关。

（3）表面张力

在液体表面，界面上液体间的相互作用力称为张力。在液体表面有自动收缩的趋势，收缩的液面存在相互作用的与该处液面相切的拉力，称为液体的表面张力（surface tension）。正是这种力的存在，引起弯曲液面内外出现压强差、常见的毛细现象等。

试验表明，表面张力大小与液面的截线长度L成正比，即：

$$T = \sigma L \tag{16-10}$$

式中，σ 为表面张力系数，它表示液面上单位长度截线上的表面张力，其大小由物质种类决定，其单位为N/m。

（4）绝对压强、相对压强及真空度

标准大气压的压强是 101325Pa（760mm汞柱），通常用p_{atm}表示。若压强大于大气压，则以该压强为计算基准得到的压强称为相对压强（relative pressure），也称为表压强，通常用p_r表示。若压强小于大气压，则压强低于大气压的值就称为真空度（vacuum），通常用p_v表示。如以压强 0Pa为计算的基准，则这个压强就称为绝对压强（absolute pressure），通常用p_s表示。这三者的关系如下：

$$p_r = p_s - p_{atm} \tag{16-11}$$

$$p_v = p_{atm} - p_s \tag{16-12}$$

在流体力学中，压强都用符号p表示。对于液体，压强用相对压强；对于气体，特别是马赫数大于 0.1 的流动，应视为可压缩流，压强用绝对压强。

压强的单位较多，一般用Pa，也可用bar，还可以用汞柱、水柱。这些单位换算如下：

$$1Pa=1N/m^2$$
$$1bar=105Pa$$
$$1p_{atm}=760mmHg=10.33mH_2O=101325Pa$$

（5）静压、动压和总压

对于静止状态下的流体，只有静压强。对于流动状态的流体，有静压强（static pressure）、动压强（dynamic pressure）、测压管压强（manometric tube pressure）和总压强（total pressure）之分。下面从伯努利（Bernoulli）方程（也有人称其为伯努里方程）中分析它们的意义。

伯努利方程阐述一条流线上流体质点的机械能守恒，对于理想流体的不可压缩流动其表达式如下：

$$\frac{p}{\rho g} + \frac{v^2}{2g} + z = H \tag{16-13}$$

式中：$p/\rho g$ 称为压强水头，也是压能项，为静压强；$v^2/2g$ 称为速度水头，也是动能项；z 称为位置水头，也是重力势能项，这 3 项之和就是流体质点的总的机械能；H称为总的水头高。

将式（16-13）两边同时乘以ρg，则有：

$$p + \frac{1}{2}\rho v^2 + \rho g z = \rho g H \tag{16-14}$$

式中：p 称为静压强，简称静压；$\frac{1}{2}\rho v^2$ 称为动压强，简称动压；$\rho g H$ 称为总压强，简称总压。对于不考虑重力的流动，总压就是静压和动压之和。

4．流体运动的描述

（1）流体运动描述的方法

描述流体物理量有两种方法：一种是拉格朗日描述；另一种是欧拉描述。

拉格朗日（Lagrange）描述也称随体描述，它着眼于流体质点，并将流体质点的物理量认为是随流体质点及时间变化的，即把流体质点的物理量表示为拉格朗日坐标及时间的函数。设拉格朗日坐标为(a,b,c)，以此坐标表示的流体质点的物理量，如矢径、速度、压强等在任一时刻t的值，便可以写为a、b、c及t的函数。

若以f表示流体质点的某一物理量，其拉格朗日描述的数学表达式为：

$$f = f(a,b,c,t) \tag{16-15}$$

例如，设时刻t流体质点的矢径，即t时刻流体质点的位置以r表示，其拉格朗日描述为：

$$r = r(a,b,c,t) \tag{16-16}$$

同样，质点的速度的拉格朗日描述为：

$$v = v(a,b,c,t) \tag{16-17}$$

欧拉描述也称空间描述，它着眼于空间点，认为流体的物理量随空间点及时间而变化，即把流体物理量表示为欧拉坐标及时间的函数。

设欧拉坐标为(q_1,q_2,q_3)，用欧拉坐标表示的各空间点上的流体物理量如速度、压强等，在任一时刻t的值，可写为q_1、q_2、q_3及t的函数。

从数学分析知道，当某时刻一个物理量在空间的分布一旦确定，该物理量在此空间形成一个场。因此，欧拉描述实际上描述了各个物理量的场。

若以f表示流体的一个物理量，其欧拉描述的数学表达式是（设空间坐标取用直角坐标）：

$$f = F(x,y,z,t) = F(r,t) \tag{16-18}$$

如流体速度的欧拉描述是：

$$v = v(x,y,z,t) \tag{16-19}$$

（2）拉格朗日描述与欧拉描述之间的关系

拉格朗日描述着眼于流体质点，将物理量视为流体坐标与时间的函数；欧拉描述着眼于空间点，将物理量视为空间坐标与时间的函数。它们可以描述同一物理量，必定互相相关。设表达式$f = f(a,b,c,t)$，表示流体质点(a,b,c)在t时刻的物理量；表达式$f = F(x,y,z,t)$，表示空间点(x,y,z)在时刻t的同一物理量。如果流体质点(a,b,c)在t时刻恰好运动到空间点(x,y,z)上，则应有

$$\begin{cases} x = x(a,b,c,t) \\ y = y(a,b,c,t) \\ z = z(a,b,c,t) \end{cases} \tag{16-20}$$

$$F(x,y,z,t) = f(a,b,c,t) \tag{16-21}$$

事实上，将式（16-16）代入式（16-21）左端，即有：

$$F(x,y,z,t) = F[x(a,b,c,t), y(a,b,c,t), z(a,b,c,t),t]$$
$$= f(a,b,c,t) \tag{16-22}$$

或者反解式（16-16），得到：

$$\begin{cases} a = a(x,y,z,t) \\ b = b(x,y,z,t) \\ c = c(x,y,z,t) \end{cases} \tag{16-23}$$

将式（1-23）代入式（1-21）的右端，也应有：

$$f(a,b,c,t) = f[a(x,y,z,t), b(x,y,z,t), c(x,y,z,t),t]$$
$$= F(x,y,z,t) \tag{16-24}$$

由此，可以通过拉格朗日描述推出欧拉描述，同样也可以由欧拉描述推出拉格朗日描述。

（3）随体导数

流体质点物理量随时间的变化率称为随体导数（substantial derivative），或者物质导数、质点导数。

按拉格朗日描述，物理量f表示为$f = f(a,b,c,t)$，f的随体导数就是跟随质点(a,b,c)的物理量f对时间t的导数$\partial f / \partial t$。例如，速度$v(a,b,c,t)$是矢径$r(a,b,c,t)$对时间的偏导数，

$$v(a,b,c,t) = \frac{\partial r(a,b,c,t)}{\partial t} \tag{16-25}$$

即随体导数就是偏导数。

按欧拉描述，物理量f表示为$f = F(x,y,z,t)$，但$\partial F / \partial t$并不表示随体导数，它只表示物理量在空间点(x,y,z,t)上的时间变化率。而随体导数必须跟随t时刻位于(x,y,z,t)空间点上的流体质点，其物理量f的时间变化率。

由于该流体质点是运动的，即x、y、z是变的，若以a、b、c表示该流体质点的拉格朗日坐标，则x、y、z将依式（16-16）变化，从而$f=F(x,y,z,t)$的变化依连锁法则处理。因此，物理量$f=F(x,y,z,t)$的随体导数是：

$$\frac{\mathrm{D}F(x,y,z,t)}{\mathrm{D}t} = \mathrm{D}F[x(a,b,c,t), y(a,b,c,t), z(a,b,c,t),t]$$

$$= \frac{\partial F}{\partial x}\frac{\partial x}{\partial t} + \frac{\partial F}{\partial y}\frac{\partial y}{\partial t} + \frac{\partial F}{\partial z}\frac{\partial z}{\partial t} + \frac{\partial F}{\partial t}$$

$$= \frac{\partial F}{\partial x}u + \frac{\partial F}{\partial y}v + \frac{\partial F}{\partial z}w + \frac{\partial F}{\partial t} \tag{16-26}$$

$$= (v \cdot \nabla)F + \frac{\partial F}{\partial t}$$

式中，$\mathrm{D}/\mathrm{D}t$表示随体导数。

从中可以看出，对于质点物理量的随体导数，欧拉描述与拉格朗日描述大不相同。前者是两者之和，而后者是直接的偏导数。

（4）定常流动与非定常流动

根据流体流动过程及流动过程中的流体的物理参数是否与时间相关，可将流动分为定常流动（steady flow）与非定常流动（unsteady flow）。

- 定常流动：流体流动过程中各物理量均与时间无关，这种流动称为定常流动。
- 非定常流动：流体流动过程中某个或某些物理量与时间有关，则这种流动称为非定常流动。

（5）流线与迹线

常用流线和迹线来描述流体的流动。

- 迹线（track）：随着时间的变化，空间某一点处的流体质点在流动过程中所留下的痕迹称为迹线。在 $t=0$ 时刻，位于空间坐标（a,b,c）处的流体质点，其迹线方程为：

$$\begin{cases} \mathrm{d}x(a,b,c,t) = u\mathrm{d}t \\ \mathrm{d}y(a,b,c,t) = v\mathrm{d}t \\ \mathrm{d}z(a,b,c,t) = w\mathrm{d}t \end{cases} \tag{16-27}$$

式中：u、v、w 分别为流体质点速度的 3 个分量；x、y、z 为在 t 时刻此流体质点的空间位置。

- 流线（streamline）：在同一个时刻，由不同的无数多个流体质点组成的一条曲线，曲线上每一点处的切线与该质点处流体质点的运动方向平行。流场在某一时刻 t 的流线方程为：

$$\frac{\mathrm{d}x}{u(x,y,z,t)} = \frac{\mathrm{d}y}{v(x,y,z,t)} = \frac{\mathrm{d}z}{w(x,y,z,t)} \tag{16-28}$$

对于定常流动，流线的形状不随时间变化，而且流体质点的迹线与流线重合。在实际流场中除驻点或奇点外，流线不能相交，不能突然转折。

（6）流量与净通量

- 流量（flux）：单位时间内流过某一控制面的流体体积称为该控制面的流量 Q，其单位为 $\mathrm{m^3/s}$。若单位时间内流过的流体是以质量计算，则称为质量流量 Q_m。不加说明时，"流量"一词指体积流量。在曲面控制面上有：

$$Q = \iint_A v \cdot n \mathrm{d}A \tag{16-29}$$

- 净通量（net flux）：在流场中取整个封闭曲面作为控制面 A，封闭曲面内的空间称为控制体。流体经一部分控制面流入控制体，同时也有流体经另一部分控制面从控制体中流出，此时流出的流体减去流入的流体，所得出的流量称为流过全部封闭控制面 A 的净流量（或净通量）。通过式（16-30）计算：

$$q = \iint_A v \cdot n \mathrm{d}A \tag{16-30}$$

对于不可压缩流体来说，流过任意封闭控制面的净通量等于 0。

（7）有旋流动与有势流动

由速度分解定理，流体质点的运动可以分解为随同其他质点的平动、自身的旋转运动和自身的变形运动（拉伸变形和剪切变形）。

在流动过程中，若流体质点自身做无旋运动（irrotational flow），则称流动是无旋的，也就是有势的；否则就称流动是有旋流动（rotational flow）。流体质点的旋度是一个矢量，通常用 $\boldsymbol{\omega}$ 表示，其大小为：

$$\omega = \frac{1}{2} \begin{vmatrix} i & j & k \\ \dfrac{\partial}{\partial x} & \dfrac{\partial}{\partial y} & \dfrac{\partial}{\partial z} \\ u & v & w \end{vmatrix} \tag{16-31}$$

若 $\omega = 0$，则称流动为无旋流动；否则就是有旋流动。

ω 与流体的流线或迹线形状无关；黏性流动一般为有旋流动；对于无旋流动，伯努利方程适用于流场中任意两点之间；无旋流动也称为有势流动（potential flow），即存在一个势函数 $\varphi(x, y, z, t)$，满足：

$$V = \mathrm{grad}\varphi \tag{16-32}$$

即

$$u = \frac{\partial \varphi}{\partial x}, \quad v = \frac{\partial \varphi}{\partial y}, \quad w = \frac{\partial \varphi}{\partial z} \tag{16-33}$$

（8）*层流与湍流*

流体的流动分为层流流动（laminar flow）和湍流流动（turbulent flow）。从试验的角度来看，层流流动就是流体层与层之间相互没有任何干扰，层与层之间既没有质量的传递也没有动量的传递；而湍流流动中层与层之间相互有干扰，而且干扰的力度还会随着流动而加大，层与层之间既有质量的传递又有动量的传递。

判断流动是层流还是湍流，是看其雷诺数是否超过临界雷诺数。雷诺数的定义如下：

$$Re = \frac{VL}{\nu} \tag{16-34}$$

式中：V 为截面的平均速度；L 为特征长度；ν 为流体的运动黏度。

对于圆形管内流动，特征长度 L 取圆管的直径 d。一般认为临界雷诺数为 2320，即：

$$Re = \frac{vd}{\nu} \tag{16-35}$$

当 $Re < 2320$ 时，管中是层流；当 $Re > 2320$ 时，管中是湍流。

对于异型管道内的流动，特征长度取水力直径 d_{H}，则雷诺数的表达式为：

$$Re = \frac{Vd_{\mathrm{H}}}{\nu} \tag{16-36}$$

异型管道水力直径的定义如下：

$$d_{\mathrm{H}} = 4\frac{A}{S} \tag{16-37}$$

式中：A 为过流断面的面积；S 为过流断面上流体与固体接触的周长。

临界雷诺数根据形状的不同而有所差别。几种异型管道的临界雷诺数如表 16-1 所示。

表 16-1　几种异型管道的临界雷诺数

管道截面形状	正方形	正三角形	偏心缝隙
$Re = \dfrac{Vd_{\text{H}}}{\nu}$	$\dfrac{Va}{\nu}$	$\dfrac{Va}{\sqrt{3}\nu}$	$\dfrac{V}{\nu}(D-d)$
Re_c	2070	1930	1000

对于平板的外部绕流，特征长度取沿流动方向的长度，其临界雷诺数为 $5\times10^5 \sim 3\times10^6$。

16.2　流体动力学实例1——CFX内流场分析

ANSYS CFX是ANSYS公司的模拟工程实际传热与流动问题的商用程序包，是全球第一个在复杂几何、网格和求解 3 个CFD传统瓶颈问题上均获得重大突破的商用CFD软件包，其特点如下：

- 精确的数值方法。CFX 采用了基于有限元的有限体积法，保证了有限体积法的守恒特性的基础上，吸收了有限元法的数值精确性。
- 快速稳健的求解技术。CFX 是全球第一个发展和使用全隐式多网格耦合求解技术的商业化程序包，这种革命性的求解技术克服了传统算法需要"假设压力项—求解—修正压力项"的反复迭代过程，而同时求解动量方程和连续性方程。
- 丰富的物理模型。CFX 程序包拥有包括流体流动、传热、辐射、多项流、化学反应、燃烧等问题的丰富的通用物理模型；还拥有诸如气蚀、凝固、沸腾、多孔介质、相间传质、非牛顿流、喷雾干燥、动静干涉、真实气体等大量复杂现象的实用模型。
- 领先的流固耦合技术。借助于 ANSYS 在多物理场方面深厚的技术基础，及 CFX 在流体力学分析方面的领先优势，ANSYS+CFX 强强联合推出了目前世界上最优秀的流固耦合（FSI）技术，能够完成流固单向耦合及流固双向耦合分析。
- 集成环境与优化技术。ANSYS Workbench 平台提供了从分析开始到结束的统一环境，使工作效率得到了提高。在 ANSYS Workbench 平台下，所有设置都是统一的，还可以和 CAD 数据相互关联，并进行参数化传递。

本节主要介绍ANSYS Workbench 18.0 的流体动力学分析模块ANSYS CFX，计算散热器的流动特性及热流耦合特性。

学习目标：熟练掌握ANSYS CFX内流场分析的基本方法及操作过程。

模型文件	下载资源\Chapter16\char16-1\Geom_CFX.x_t
结果文件	下载资源\Chapter16\char16-1\pipe.wbpj

16.2.1　问题描述

如图 16-2 所示的散热器模型，进口流流量为 0.06667kg/s，温度为 17.25℃，出口设置为标准大气压，请用 ANSYS CFX 分析流动特性并分析热分布。

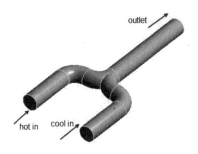

图 16-2　几何模型

16.2.2　启动 Workbench 并建立分析项目

步骤 01　在 Windows 系统下执行开始→所有程序→ANSYS 18.0→Workbench 18.0 命令，启动 ANSYS Workbench 18.0，进入主界面。

步骤 02　双击主界面 Toolbox（工具箱）中的 Analysis Systems→Fluid Flow（CFX）（CFX 流体分析）选项，即可在 Project Schematic（项目管理区）中创建分析项目 A，如图 16-3 所示。

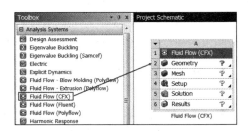

图 16-3　创建分析项目 A

16.2.3　创建几何体模型

步骤 01　在 A2 Geometry 上单击鼠标右键，在弹出的快捷菜单中选择 Import Geometry→Browse 命令，如图 16-4 所示，此时会弹出"打开"对话框。

步骤 02　在"打开"对话框中选择 Geom_CFX.x_t 文件。

步骤 03　双击 A2 项进入几何建模平台，如图 16-5 所示，选择单位为 mm。单击工具栏中的 Generate 命令，生成几何实体。

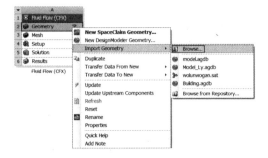

图 16-4　导入几何体

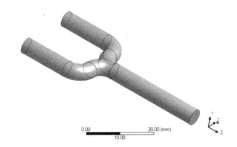

图 16-5　生成几何实体

步骤 04 单击工具栏中的 📁（保存）按钮，保存文件为 pipe。单击 DesignModeler 界面右上角的 ❌（关闭）按钮，退出 DesignModeler 返回到 Workbench 主界面。

16.2.4 网格划分

步骤 01 双击项目 A 中的 A3（Mesh），出现 Mechanical 界面，如图 16-6 所示。对几何面进行命名操作，选择其中一个圆面并单击鼠标右键，在弹出的快捷菜单中选择 Create Named Selection 命令，在对话框中输入名称为 hot_inlet。利用同样的操作方法，输入另一个名称为 cool_inlet，并将另外一侧的圆面命名为 outlet。

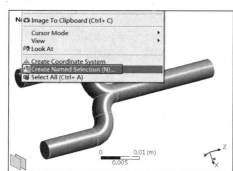
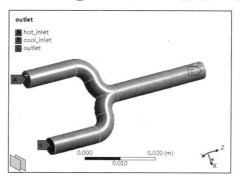

图 16-6　几何命名

步骤 02 选择 Mesh 选项并单击鼠标右键，在弹出的快捷菜单中依次选择 Insert→Inflation 命令，添加一个膨胀层选项，并在如图 16-7 所示的 Details of "Inflation" 面板中进行如下设置：

单击实体，然后在 Geometry 栏中单击 Apply 按钮，在 Geometry 栏中显示 1Body 字样；

选择圆柱外表面，然后单击 Boundary 栏中的 Apply 按钮，在 Boundary 栏中显示 7Face 字样。

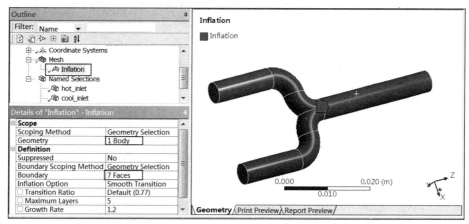

图 16-7　设置膨胀层

步骤 03 在 Outline（分析树）中的 Mesh 选项上单击鼠标右键，从弹出的快捷菜单中选择 Generate Mesh 命令，最终的网格效果如图 16-8 所示。

步骤 04 单击工具栏中的 📁（保存）按钮，单击 Mechanical 界面右上角的 ❌（关闭）按钮，退出 DesignModeler，返回到 Workbench 主界面。

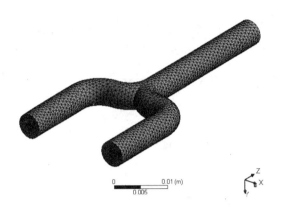

图 16-8　网格效果

16.2.5　流体动力学前处理

步骤01 双击项目 A 中的 A4（Setup）栏，此时加载如图 16-9 所示的 Fluid Flow（CFX）流体力学前处理平台。

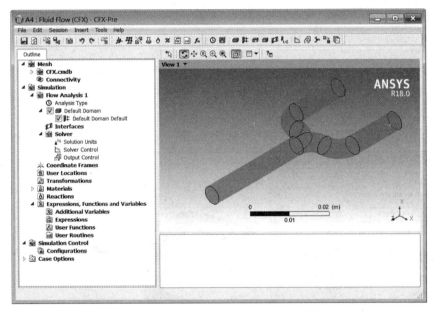

图 16-9　CFX-Pre 截面

步骤02 单击工具栏中的 ⊟ Domain 命令，默认命名，在弹出如图 16-10 所示的 Domain：Fluid 面板中的 Basic Settings 选项卡中进行如下设置：

在 Location 栏中选择 B14（即创建的流体几何）选项；

在 Domain Type 栏中选择 Fluid Domain 选项；

在 Material 栏中选择 Water 材料，单击 Apply 按钮；

在 Fluid Models 选项卡中的 Heat Transfer→Option 栏中选择 Thermal Energy 选项，然后单击 OK 按钮，完成输入。

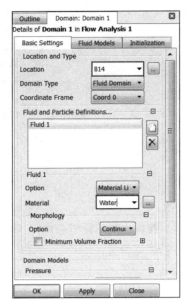 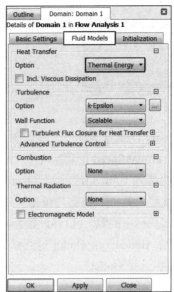

图 16-10　流体属性

步骤03 单击工具栏中的 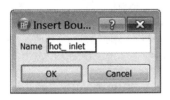（边界设置）按钮，在如图 16-11 所示的 Insert Boundary 对话框中的 Name 栏中输入 hot_ inlet，单击 OK 按钮确定。

步骤04 弹出如图 16-12 所示的 Boundary：hot_inlet 对话框，在 Basic Settings 选项卡中进行如下设置：

　　在 Boundary Type 栏中选择 Inlet；

　　在 Location 栏中选择 hot_inlet。

步骤05 单击 Boundary Details 选项卡，在如图 16-13 所示的面板中进行以下设置：

　　在 Option 栏中选择 Normal Speed 选项；

　　在 Normal Speed 栏中输入 10[m /s]；

　　在 Static Temperature 栏中输入 333[K]，单击 OK 按钮。

 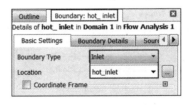

　　图 16-11　添加入口　　　　　　图 16-12　入口设置　　　　　图 16-13　入口设置

步骤06 单击工具栏中的 （边界设置）按钮，在如图 16-14 所示的 Insert Boundary 对话框中的 Name 栏中输入 cool_ inlet，单击 OK 按钮确定。

步骤07 弹出如图 16-15 所示的 Boundary：cool_ Inlet 对话框，在 Basic Settings 选项卡中进行如下设置：

　　在 Boundary Type 栏中选择 Inlet；

　　在 Location 栏中选择 cool_inlet。

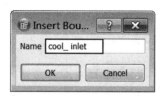

图 16-14　添加入口

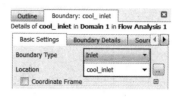

图 16-15　入口设置

步骤 08　单击 Boundary Details 选项卡，在如图 16-16 所示的面板中进行以下设置：

在 Option 栏中选择 Normal Speed 选项；

在 Normal Speed 栏中输入 10[m /s]；

在 Static Temperature 栏中输入 233[K]，单击 OK 按钮。

步骤 09　同样单击工具栏中的 **正**（边界设置）按钮，在弹出的对话框中输入 Outlet，单击 OK 按钮，在出现的如图 16-17 所示的 Boundary：Outlet 对话框中进行如下设置：

在 Boundary Type 栏中选择 Outlet；

在 Location 栏中选择 outlet。

步骤 10　单击如图 16-18 所示的 Boundary Details 选项卡，进行如下设置：

在 Option 栏中选择 Average Static Pressure 选项；

在 Relative Pressure 栏中输入 0[atm]；

在 Pres.Profile Blend 栏中输入 0.05，单击 OK 按钮。

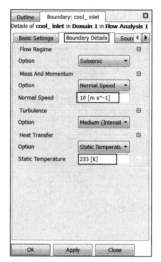

图 16-16　入口设置

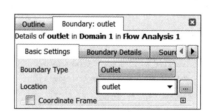

图 16-17　添加出口

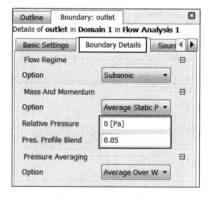

图 16-18　出口设置

步骤 11　单击工具栏中的 **日**（保存）按钮，单击 Fluid Flow（CFX）界面右上角的 **✕**（关闭）按钮，退出 Fluid Flow（CFX），返回到 Workbench 主界面。

16.2.6　流体计算

步骤 01　在 Workbench 主界面中双击项目 A 的 A5（Solution）栏，弹出如图 16-19 所示的求解器对话框，单击 Start Run 按钮，进行计算。

步骤02 此时会出现如图 16-20 所示的计算过程监察对话框,对话框左侧为残差曲线,右侧为计算过程,通过设置可以观察许多变量的虚线变化,这里不详细介绍,请读者参考其他书籍或帮助文档。

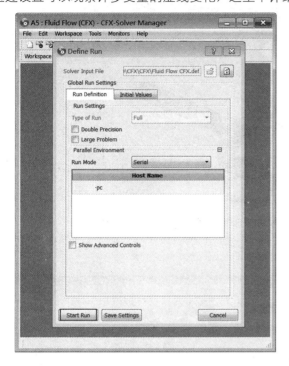

图 16-19　求解

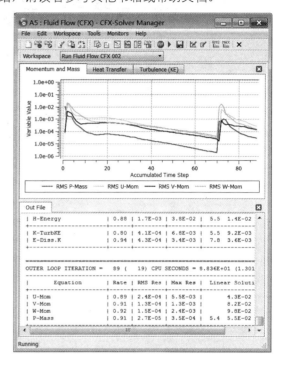

图 16-20　求解

步骤03 计算成功完成后会弹出如图 16-21 所示的对话框,单击 OK 按钮。

步骤04 单击 Fluid Flow（CFX）界面右上角的 ![X] （关闭）按钮,退出 Fluid Flow（CFX）,返回到 Workbench 主界面。

图 16-21　求解完成

16.2.7　结果后处理

步骤01 返回到 Workbench 主界面后,双击项目 A 中的 A6（Result）栏,弹出如图 16-22 所示的 CFD-Post 平台。

步骤02 在工具栏中选择 ![icon]命令,在弹出的对话框中保持名称默认,单击 OK 按钮。

步骤03 在如图 16-23 所示的 Details of Streamline 1 面板的 Start From 栏中选择 cool_inlet 和 hot_inlet,其余保持默认,单击 Apply 按钮。

步骤04 如图 16-24 所示为流体流速迹线图。

步骤05 在工具栏中选择 ![icon]命令,在弹出的对话框中保持名称默认,单击 OK 按钮。

步骤06 在如图 16-25 所示的 Details of Contour 1 面板的 Variable 栏中选择 Temperature,其余保持默认,单击 Apply 按钮。

步骤 **07** 如图 16-26 所示为流体温度场分布云图。

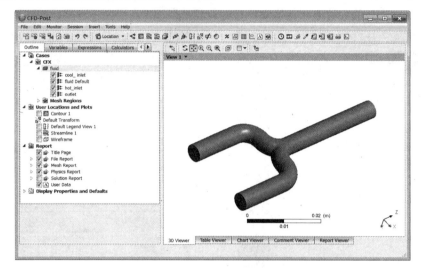

图 16-22 后处理界面

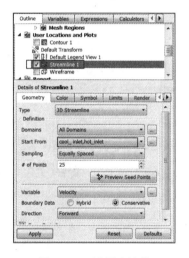

图 16-23 设置流迹线

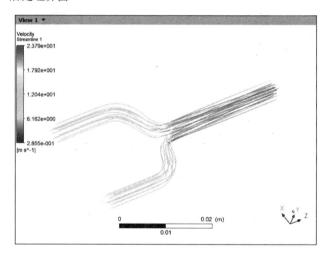

图 16-24 流迹线云图

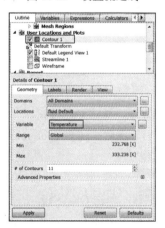

图 16-25 设置云图

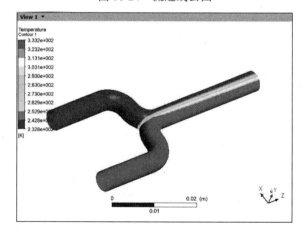

图 16-26 温度场分布云图

步骤 08 如图 16-27 所示为流体压力分布云图。

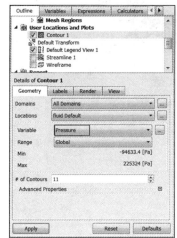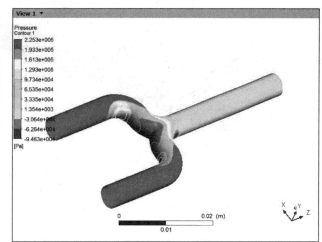

图 16-27　压力分布云图

步骤 09 读者也可以在工具栏中添加其他命令，这里不再讲述。

步骤 10 单击工具栏中的 ▣ （保存）按钮，单击 Fluid Flow （CFD-Post）界面右上角的 ✕ （关闭）按钮，退出 Fluid Flow （CFD-Post），返回到 Workbench 主界面。

16.3 流体动力学实例2——Fluent流场分析 ▶

Fluent是用于模拟具有复杂外形的流体流动及热传导的计算机程序包，它提供了完全的网格灵活性，用户可以使结构网格，如二维的三角形或四边形网格、三维的四面体或六面体或金字塔形网格来解决具有复杂外形结构的流动。

Fluent具有用非结构自适应网格模拟 2D 或 3D 流场、不可压缩或可压缩流动、定常状态或过渡分析、无粘、层流和湍流、牛顿流和非牛顿流、对流热传导，包括自然对流和强迫对流、耦合传热和对流、辐射换热传导模型等。

本节主要介绍ANSYS Workbench 18.0 的流体分析模块FLUENT的流体结构方法及求解过程，计算流场及温度分布情况。

学习目标：熟练掌握FLUENT的流体分析方法及求解过程。

模型文件	下载资源\Chapter16\char16-2\ fluid_FLUENT.x_t
结果文件	下载资源\Chapter16\char16-2\fluid_FLUENT.wbpj

16.3.1 问题描述

如图 16-28 所示的多通道管道模型,模型的热流入口流速为 20m/s,温度为 500K,冷流入口速度为 10m/s,温度为 300K，出口为自由出口。

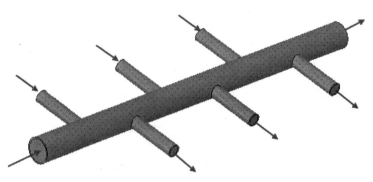

图 16-28　多通管道模型

16.3.2　软件启动与保存

步骤01 启动 Workbench 18.0 软件。

步骤02 保存工程文档。进入 Workbench 后，单击工具栏中的 按钮，将文件保存为 fluid_FLUENT，单击 Getting Started 窗口右上角的关闭按钮将其关闭。

16.3.3　导入几何数据文件

步骤01 创建几何生成器。在 Workbench 左侧 Toolbox（工具箱）的 Component Systems 中单击 Geometry 并按住鼠标不放将其拖到右侧的 Project Schematic 窗口中，此时即可创建一个如同 Excel 表格的项目 A。

步骤02 选择 A2（Geometry）并单击鼠标右键，在弹出的快捷菜单中选择 Insert→Browse 命令，选择 fluid_FLUENT.x_t 几何文件。

步骤03 双击 A2 进入几何建模环境，如图 16-29 所示。在几何建模平台中可以对几何进行修改，此案例不做修改。

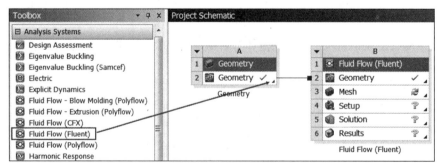

图 16-29　几何创建平台

因为笔者用的建模工具是ANSYS SpaceClaim，所以启动后会进入ANSYS SpaceClaim平台。

步骤04 关闭 ANSYS SpaceClaim 几何建模平台，返回到 Workbench 平台。

流体动力学分析案例详解

16.3.4 网格设置

步骤01 选择 Toolbox 下面 Analysis Systems→Fluid Flow（Fluent），并将其直接拖动到 A2 栏中，如图 16-30 所示创建基于 Fluent 求解器的流体分析环境。

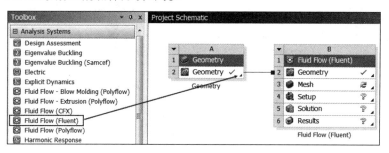

图 16-30 流体分析环境

步骤02 双击项目 B 中的 B3（Mesh）进入 Meshing 平台，进行网格划分操作。

步骤03 利用鼠标右键依次选择 Outline→Project→Model（B3）→Geometry→pipe/pipe 选项，在弹出的如图 16-31 所示的快捷菜单中选择 Suppress Body 命令，将实体几何抑制掉。

由于流体分析时，除了流体模型外其他模型不参与计算，所以做流体分析时需要将其抑制掉。

步骤04 利用鼠标右键依次选择 Outline→Project→Model（B3）→Mesh 选项，在弹出的快捷菜单中选择 Insert→Inflation 命令，如图 16-32 所示。

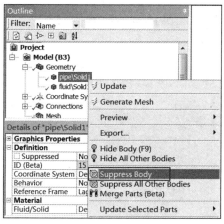

图 16-31 抑制几何

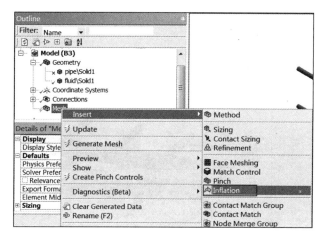

图 16-32 右键快捷菜单

做流体分析之前，需要对流体几何进行网格划分。流体网格划分一般需要设置膨胀层。

步骤05 在弹出的膨胀层设置面板中进行如下设置：

在 Geometry 栏中保证流体几何实体被选中；

在 Boundary 栏中选择流体几何外表面（此处选择的圆柱面），其余保持默认即可，如图 16-33 所示。

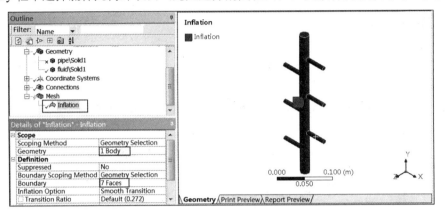

图 16-33　膨胀层设置

步骤 06　选择 Mesh 并单击鼠标右键，在弹出的快捷菜单中选择 Generate Mesh 命令，划分网格，划分完成后的网格模型如图 16-34 所示。

步骤 07　端面命名。利用鼠标右键选择 Y 方向最大位置的一个圆柱端面，在弹出的如图 16-35 所示的快捷菜单中选择 Create Named Selection 命令，在弹出的 Selection Name 对话框中输入 coolinlet，单击 OK 按钮。

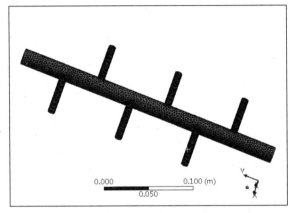

图 16-34　网格模型

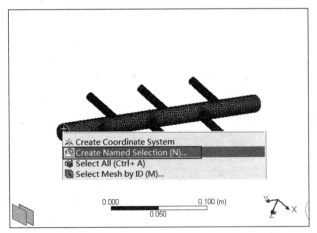

图 16-35　命名

步骤 08　端面命名。利用同样的操作方法，将其他几何端面全部命名，如图 16-36 所示。

步骤 09　网格设置完成后，关闭 Mechanical 网格划分平台，回到 Workbench 平台。选择 B3 Mesh 并单击鼠标右键，在弹出的快捷菜单中选择 Update 命令。

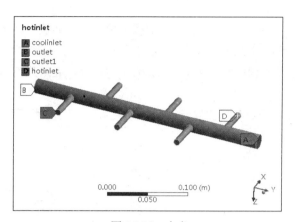

图 16-36　命名

16.3.5　进入 Fluent 平台

 步骤 01　Fluent 前处理操作。双击项目 B 中的 B4（Setup），弹出如图 16-37 所示的 Fluent 启动设置对话框，保持对话框中的所有设置为默认即可，单击 OK 按钮。

> **技巧提示**　Fluent 启动窗口中可以设置计算维度、计算精度、处理器数量等的操作，本例仅为了演示。如果读者做实际工程时需要根据实际需要进行选择，以保证计算精度、关于设置的问题，则可参考帮助文档。

步骤 02　此时出现如图 16-38 所示的 Fluent 操作界面，在此可以完成本例的计算及一些简单的后处理。

Fluent 操作界面具有强大的流体动力学分析功能，由于篇幅有限，这里仅对流体中的简单流动进行分析，让初学者对 Fluent 流体动力学分析有个初步的认识。

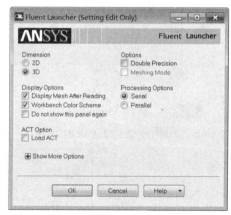

图 16-37　启动设置对话框

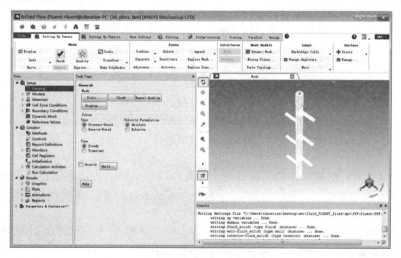

图 16-38　Fluent 界面

步骤 03 选择分析树中的 General 选项，在操作面板中单击 Check 按钮，此时在右下角的命令输入窗口中出现如图 16-39 所示的命令行，检查最小体积是否出现负数。

在网格划分时，容易出现最小体积为负值。在做流体计算时，需要对几何网格的大小进行检查，以免计算出错。

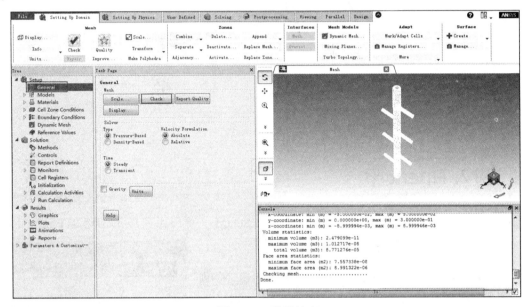

图 16-39 模型检查

步骤 04 选择 Models 选项，在 Models 面板中双击 Viscous-Laminar，在弹出如图 16-40 所示的 Viscous Models 对话框中选择 Laminar 选项，并单击 OK 按钮确认模型选择。

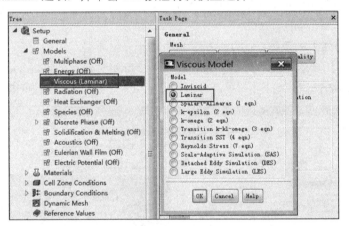

图 16-40 模型选择

在做流体分析时，根据流体的流动特性，需要选择相应的流体动力学分析模型进行模拟，这里使用最简单的层流模型。此模型不一定适合实际的工程计算，本例仅为了演示功能。

步骤 05 选择 Models 选项，在 Models 面板中双击 Energy-Off 命令，在弹出如图 16-41 所示的 Energy 对话框中选中 Energy Equation 复选框，并单击 OK 按钮确认选择。

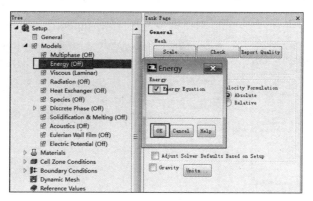

图 16-41   能量选项

16.3.6   材料选择

选择Material选项，在出现的Materials对话框中单击Create/Edit按钮，在弹出的对话框中单击Fluent Database按钮，在弹出的如图 16-42 所示的对话框中选择water-liquid选项。

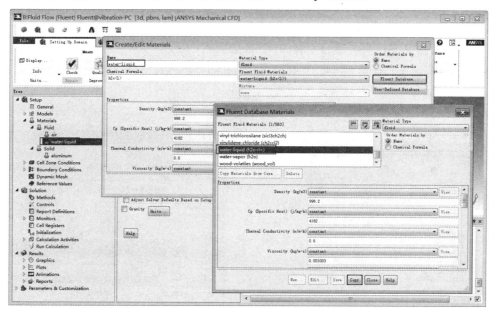

图 16-42   选择材料

此处使用液态水模拟，读者可以在材料库中选择其他流体材料进行模型。另外，读者也可以定义自己想要的材料及修改一些材料的属性。

16.3.7   设置几何属性

步骤01 设置几何属性。选择分析树中的 Cell Zone Conditions 选项，在 Cell Zone Conditions 面板的 Zone 栏中选择 fluid_solid1 几何名，单击右键，将 Type 设置为 fluid，如图 16-43 所示。

步骤 **02** 在弹出如图 16-44 所示的 Fluid 对话框中选择 water-liquid 选项，单击 OK 按钮。

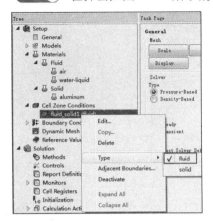

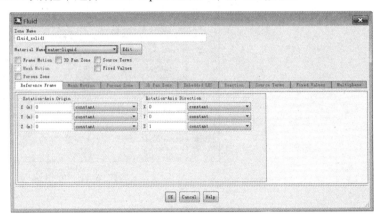

图 16-43　设置几何属性　　　　　　　　　　　　图 16-44　设置材料

16.3.8　流体边界条件

步骤 **01** 选择分析树中的 Boundary Condition 选项，在 Boundary Condition 面板的 Zone 中选择 hotinlet 选项，在如图 16-45 所示的 Type 栏中选择 velocity-inlet 选项。

步骤 **02** 设置入口速度。在弹出如图 16-46 所示的 velocity-inlet 对话框中进行如下设置：

在 velocity Magnitude（m/s）栏中输入入口流速为 30m/s；

在 Temperature 栏中输入温度为 400K，并单击 OK 按钮。

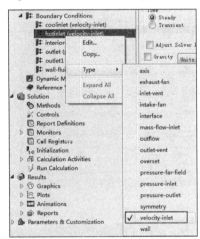

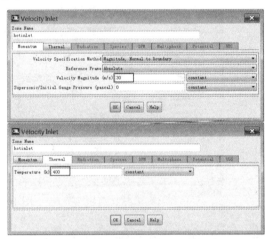

图 16-45　设置入口边界　　　　　　　　　　　　图 16-46　设置入口速度

步骤 **03** 选择分析树中的 Boundary Condition 选项，在 Boundary Condition 面板的 Zone 中选择 coolinlet 选项，在如图 16-47 所示的 Type 栏中选择 velocity-inlet 选项。

步骤 **04** 设置入口速度。在弹出如图 16-48 所示的 Velocity Inlet 对话框中进行如下设置：

在 velocity Magnitude（m/s）栏中输入入口流速为 15m/s；

在 Temperature 栏中输入温度为 300K，并单击 OK 按钮。

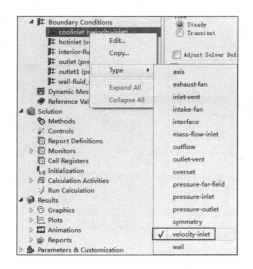

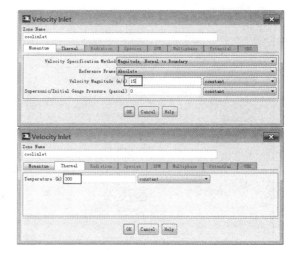

图 16-47 设置出口边界　　　　　　　　　　　图 16-48 设置入口速度

步骤 05 设置 outlet 及 outlet1 均为 pressure-outlet 属性，如图 16-49 所示，在属性框中保持所有参数为默认即可。

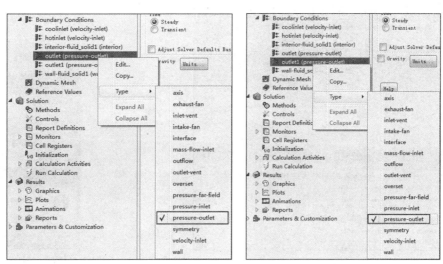

图 16-49 压力出口

16.3.9 求解器设置

步骤 01 选择分析树中的 Solution→Initialization 选项，在如图 16-50 所示的操作面板中进行如下操作：

在 Initialization Methods 栏中选择 Standard Initialization 选项；

在 Compute from 栏中选择 hotinlet 选项，其余保持默认即可，单击 Initialize 按钮。

步骤 02 选择分析树中的 Run Calculation 选项，在如图 16-51 所示的操作面板中进行如下操作：

在 Number of Iteratioins 栏中输入 500，其余保持默认即可，单击 Calculate 按钮。

步骤 03 如图 16-52 所示为 Fluent 正在计算过程，图表显示的为能量变化曲线与残差曲线，文本框像是计算时迭代的过程与迭代步数。

| 图 16-50 初始化 | 图 16-51 步长设置 |

步骤 **04** 求解完成后会弹出如图 16-53 所示的对话框，单击 OK 按钮确认。

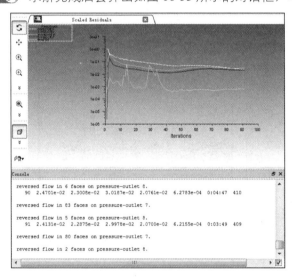

图 16-52 求解计算

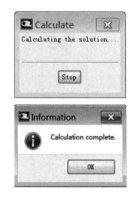

图 16-53 提示框

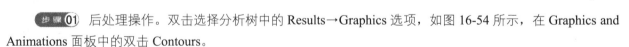

16.3.10 结果后处理

步骤 **01** 后处理操作。双击选择分析树中的 Results→Graphics 选项，如图 16-54 所示，在 Graphics and Animations 面板中的双击 Contours。

步骤 **02** 在弹出如图 16-55 所示的 Contours 对话框中进行如下设置：

在 Contours of 栏中选择 Velocity…；

在 Surfaces 栏中单击▤按钮，选择所有边界；

其余保持默认即可，单击 Display 按钮。

步骤 **03** 如图 16-56 所示为流速分布云图，从中可以看出，粗管流速的变化受到 3 个细管的影响较大。

图 16-54 后处理命令

图 16-55 后处理操作

图 16-56 流速云图

步骤 04 后处理操作。选择分析树中的 Results→Graphics and Animations 选项，如图 16-57 所示，在 Graphics and Animations 面板中双击 Vectors。

步骤 05 在如图 16-58 所示的 Vectors 对话框中进行如下设置：

在 Contours of 栏中选择 Velocity；

在 Surfaces 栏中单击▤按钮，选择所有边界；

其余保持默认即可，单击 Display 按钮。

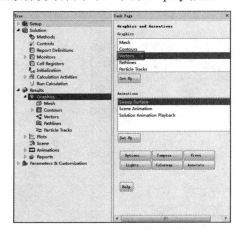

图 16-57 后处理命令

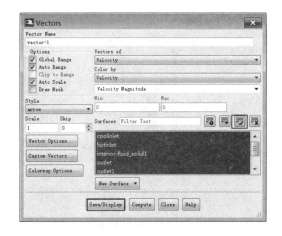

图 16-58 后处理操作

步骤 **06** 如图 16-59 所示为流速矢量云图，箭头的大小表示速度的大小。

图 16-59　流速矢量云图

步骤 **07** 重复以上操作方法，查看温度场分布云图，如图 16-60 所示。

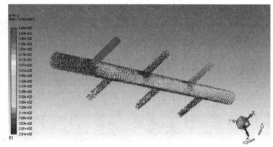

图 16-60　温度矢量云图

步骤 **08** 关闭 Fluent 平台。

16.3.11　Post 后处理

步骤 **01** 双击 B6 进入 Post 后处理平台，如图 16-61 所示。Post 后处理平台是比较专业且处理效果特别好的后处理平台，同时操作简单，对初学者来说容易上手。

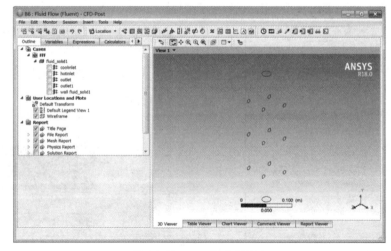

图 16-61　Post 后处理平台

步骤 **02** 在工具栏中选择 ≋ 命令，在弹出的对话框中保持名称默认，单击 OK 按钮。

步骤 **03** 在如图 16-62 所示的 Details of Streamline 1 面板的 Start From 栏中选择 hotinlet、coolinlet，其余保持默认，单击 Apply 按钮。

步骤 **04** 如图 16-63 所示为流体流速迹线图。

图 16-62　设置流迹线

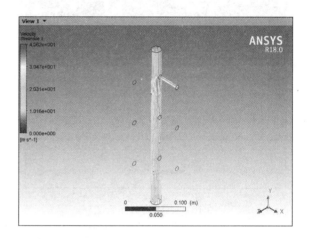

图 16-63　流迹线云图

步骤 **05** 在工具栏中选择 命令，在弹出的对话框中保持名称默认，单击 OK 按钮。

步骤 **06** 在如图 16-64 所示的 Details of Contour 1 面板的 Variable 栏中选择 Temperature，其余保持默认，单击 Apply 按钮。

步骤 **07** 如图 16-65 所示为流体温度场分布云图。

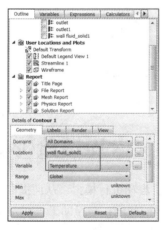

图 16-64　设置云图

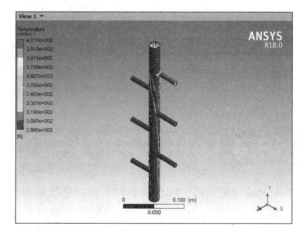

图 16-65　温度场分布云图

步骤 **08** 如图 16-66 所示为流体压力分布云图。

步骤 **09** 单击工具栏中的 Location ▾ 下面的 Location ▾ 命令，创建一个平面，保持默认即可，单击 OK 按钮。选择 Contour 选项，在细节窗口中的 Locations 栏中选择刚刚建立的平面，单击 OK 按钮，如图 16-67 所示。

步骤 **10** 此时显示如图 16-68 所示的在平面上的压力分布云图。

对比Post后处理与Fluent后处理可以看出，前者的后处理能力要强于后者，而且操作简单。

步骤 ⑪ 返回到 Workbench 界面，单击 🖫 （保存）按钮保存文件，然后单击 ❎ （关闭）按钮退出。

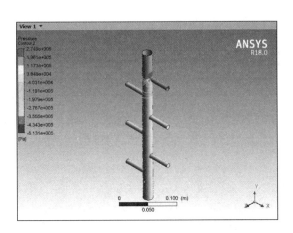

图 16-66　压力分布云图

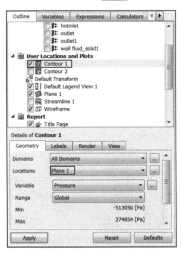

图 16-67　设置

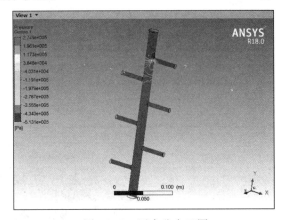

图 16-68　压力分布云图

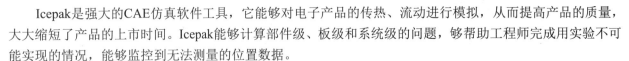

16.4　流体动力学实例3——Icepak流场分析

Icepak是强大的CAE仿真软件工具，它能够对电子产品的传热、流动进行模拟，从而提高产品的质量，大大缩短了产品的上市时间。Icepak能够计算部件级、板级和系统级的问题，够帮助工程师完成用实验不可能实现的情况，能够监控到无法测量的位置数据。

Icepak采用的是Fluent计算流体力学求解器。该求解器能够完成灵活的网格划分，能够利用非结构化网格求解复杂几何问题。多点离散求解算法能够加速求解时间。

Icepak提供了其他商用软件不具备的特点，这些特点包括非矩形设备的精确模拟、接触热阻模拟、各向异性导热率、非线性风扇曲线、集中参数散热器和辐射角系数的自动计算。

Icepak软件包含以下内容。

（1）强大的几何建模工具

Icepak软件本身具有强大的几何建模工具，其建模方式分以下几种类型：

- 基于对象的建模，主要有 cabinets 机柜、networks 网络模型、heat exchangers 热交换器、wires 线、openings 开孔、grilles 过滤网、sources 热源、printed circuit boards（PCBs）PCB 板、enclosures 腔体、plates 板、walls 壁、blocks 块、fans（with hubs）风扇、blowers 离心风机、resistances 阻尼、heat sinks 散热器、packages 封装等。
- 基于 macros 宏的建模，主要有 JEDEC test chambers（JEDEC 试验室）、printed circuit boards（PCB）、ducts 管道、compact models for heat sinks 简化的散热器等。
- 二维模型，主要有 rectangular 矩形、circular 圆形、inclined 斜板、polygon 多边形板等。
- 三维模型，主要有 prisms 四面体、cylinders 圆柱、ellipsoids 椭圆柱、prisms of polygonal and varying cross-section 多面体、ducts of arbitrary cross-section 任意形状的管道等。

除此之外，Icepak还支持从第三方几何建模软件中导入几何模型，也可以从第三方CAE软件中导入网格模型，以及中间格式如IGES、STEP、IDF、DXF等数据的直接导入。

（2）网格划分功能

Icepak采用的是自动非结构化网格，可以生成六面体、四面体、五面体及混合网格，同时也可以控制如粗网格的生成、细网格的生成、非连续网格的生成，并有强大的网格检查工具对网格进行检测。

（3）丰富的材料库

Icepak具有丰富的材料库，材料库中包含各向异性材料、属性随温度变化的材料等。

（4）丰富的物理模型

与CFX和Fluent软件一样，Icepak也具有丰富的物理模型，用于模拟不同工况的流动，包括层流/湍流模型、稳态/瞬态分析、强迫对流/自然对流/混合对流、传导、流固耦合、辐射、体积阻力、接触阻尼、非线性风扇曲线，以及集中参数的Fans、Resistances、Grilles等。其中湍流模型主要有混合长度方程（0-方程）、双方程（标准k-ε方程）、DNG k-ε、增强双方程（标准k-ε方程带有增强壁面处理）及Spalart-Allmaras湍流模型。

（5）边界条件

Icepak包括以下几种边界条件类型：

- 壁和表面边界条件，包括热流密度、温度、传热系数、辐射和对称边界条件。
- 开孔和过滤网。
- 风扇。
- 热交换器。
- 时间相关和温度相关的热源。
- 随时间变化的环境温度。

（6）强大的求解器

Icepak内核利用Fluent求解器采用有限体积的求解算法，其算法具有以下特点：

- 使用多重网格算法来缩短求解时间。
- 选择一阶迎风格式作为初始计算，再使用高阶迎风格式来提高计算精度。

（7）可视化后处理

- 3D 建模和后处理。
- 可视化速度向量，云图，粒子，网格，切面和等值面。

- 点跟踪和 XY 图表。
- 速度、温度、压力、热流密度、传热系数、热流、湍流参数等云图。
- 速度、温度、压力最大值。
- 迹线动画。
- 瞬态动画。
- 切面动画。
- 输出为 AVI、MPEG、FLI 及 GIF 格式。

Icepak具有广泛的工程应用领域，包括计算机机箱、通信设备、芯片封装和PCB板、系统模拟、散热器、数字风洞、热管模拟等领域。

本节主要介绍ANSYS Workbench 18.0 的流体分析模块Icepak的流体结构方法及求解过程；计算流场及温度分布情况。

学习目标：熟练掌握Icepak的流体分析方法及求解过程；

熟练掌握CFD-Post在Workbench平台的处理方法。

模型文件	下载资源\Chapter16\char16-3\ graphics_card_simple.stp
结果文件	下载资源\Chapter16\char16-3\ ice_wb.wbpj

16.4.1 问题描述

如图 16-69 所示的PCB板模型，板上装有电容器、存储卡等，试分析PCB板的热流云图。

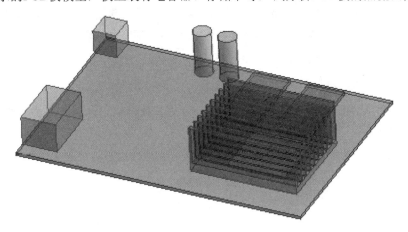

图 16-69　PCB 板模型

16.4.2 软件启动与保存

步骤 01 启动 Workbench 18.0 软件。

步骤 02 保存工程文档。进入 Workbench 后，单击工具栏中的 Save As... 按钮，将文件保存为 ice_wb.wbpj，单击 Getting Started 窗口右上角的关闭按钮将其关闭。

16.4.3　导入几何数据文件

步骤01　从工具箱中的 Components 下面添加一个 Geometry 项目到项目管理窗口中。选择 A2 栏，在弹出的对话框中依次选择 Import Geometry→Browse 命令，弹出"打开"对话框，选择 graphics_card_simple.stp 文件，如图 16-70 所示，单击"打开"按钮。

步骤02　双击 A2（Geometry）进入如图 16-71 所示的几何建模平台，在弹出的单位设置对话框中选择单位为 m，单击 OK 按钮。单击工具栏中的 Generate 命令，生成几何模型。

请读者确定几何建模平台为DesignModeler。

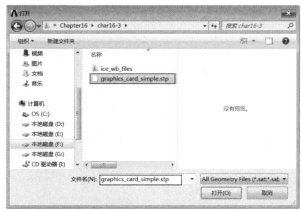

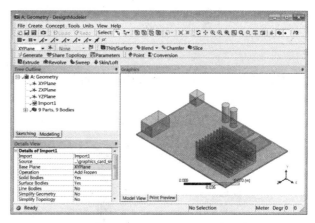

图 16-70　"打开"对话框　　　　　　　　　　图 16-71　几何建模平台

步骤03　依次选择 Tools→Electronics 命令，在如图 16-72 所示的面板中进行如下设置：

在 Simplification Type 栏中选择 Level 2 选项；

在 Select Bodies 栏中确保所有几何全部选中，单击工具栏中的 Generate 命令。

步骤04　此时几何模型如图 16-73 所示。

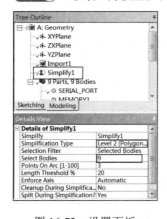

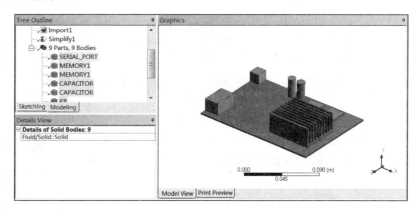

图 16-72　设置面板　　　　　　　　　　　　图 16-73　几何模型

步骤05　关闭 DesignModeler 几何建模平台，返回到 Workbench 界面。

16.4.4　添加 Icepak 模块

步骤01　选择 Toolbox 下面 Components Systems→Icepak，并将其直接拖动到 A2 栏中，如图 16-74 所示为创建基于 Icepak 求解器的流体分析环境。

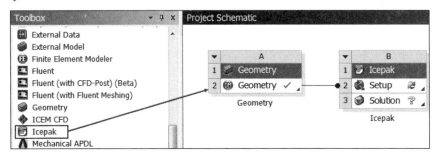

图 16-74　流体分析环境

步骤02　双击项目 B 中的 B2（Setup）进入如图 16-75 所示的 Icepak 平台，进行网格划分，材料添加、后处理等操作。

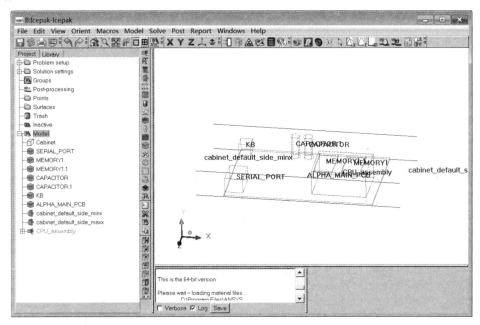

图 16-75　Icepak 窗口

步骤03　在左侧 Project 选项卡中，依次选择 Model→Cabinet 选项，在右下角出现的如图 16-76 所示的对话框中进行如下设置：

在 Geom 栏中选择 Prism 选项；

在 xS 栏中输入-0.19，单位选择 m；

在 xE 栏中输入 0.03，单位选择 m；

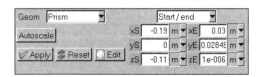

图 16-76　输入尺寸

在 zS 栏中输入-0.11，单位选择 m；

在 yE 栏中输入 0.02848，单位选择 m；

在 zE 栏中输入 1e-006，单位选择 m，并单击 Apply 按钮完成几何尺寸的输入。

注： 由于流体分析时，除了流体模型外其他模型不参与计算，因此需要将其抑制掉。

步骤04 单击 Edit 按钮，弹出如图 16-77 所示的对话框，设置 Min x 和 Max x 的 Wall type 属性为 Opening。

步骤05 单击 Max x 栏的 Edit 按钮，在弹出如图 16-78 所示的对话框中选择 Properties 选项卡，并选中 X Velocity 复选框，在后面输入速度为-0.2，单位为 m/s，单击 Update 按钮。

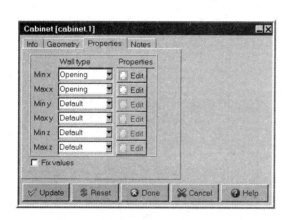

图 16-77 属性设置

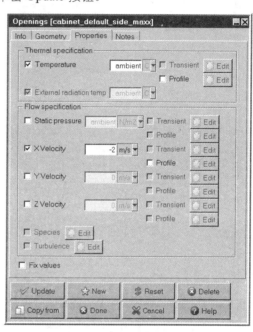

图 16-78 速度设置

步骤06 创建装配体。单击工具栏中的图表 ，在弹出窗口的 Name 栏中输入名称为 CPU_assembly，将 HEAT_SINK 和 CPU 两个几何添加到 CPU_assembly 中，单击 Apply 按钮，如图 16-79 所示。

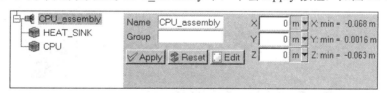

图 16-79 参数设置

步骤07 单击工具栏中的 按钮，在弹出对话框的 Settings 选项卡中进行如下设置：

在 Mesh type 栏中选择 Mesher-HD 选项，单位设置为 mm；

在 Max element size 栏中输入 X=7，Y=1，Z=3；

在 Minimum gap 栏中输入 X=1mm，Y=0.16mm，Z=1mm；

选中 Set uniform mesh params 复选框，如图 16-80 所示。

步骤08 单击 Generate 按钮进行网格划分，划分完成后选择 Display 选项卡，如图 16-81 所示，在选项卡中进行如下设置：

在最上端显示了单元数量和节点数量；

选中 Display mesh 复选框；

在 Display attributes 栏中选中前两个复选框；

在 Display options 栏中选中前两个复选框，此时模型将显示如图 16-82 所示的网格。

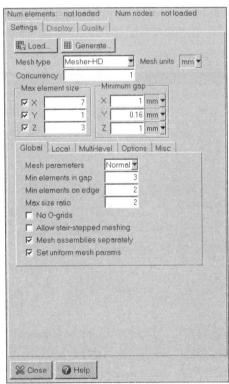

图 16-80　网格设置

图 16-81　显示网格设置

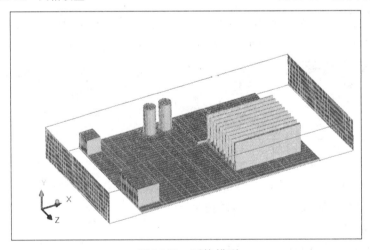

图 16-82　网格模型

步骤 09 选择 Quality 选项卡，选中 Volume 单选按钮，将出现网格体积柱状图，如图 16-83 所示。

步骤 10 选择 Quality 选项卡，选中 Skewness 单选按钮，将出现网格扭曲柱状图，如图 16-84 所示。

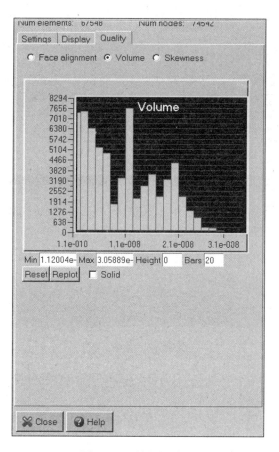

图 16-83 体积柱状图

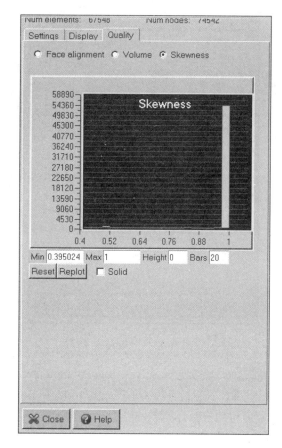

图 16-84 扭曲柱状图

16.4.5 求解分析

步骤01 在 Project 选项卡中，双击 Problem setup 下面的 Basic parameters 选项，在弹出如图 16-85 所示的设置对话框中进行如下设置：

选中 Variables solved 中的 Flow 和 Temperature 两个复选框；

确认 Radiation 为 Off；

在 Flow regime 中选中 Turbulent 单选按钮，并选择 Zero equation 选项，单击 Accept 按钮。

步骤02 在 Project 选项卡中，双击 Solution settings 下面的 Basic settings 选项，在弹出的对话框中进行如下设置：

在 Flow 栏中输入 0.001；

在 Energy 栏中输入 1e-7；

在 Joule heating 栏中输入 1e-7，并单击 Accept 按钮。

双击 Solution settings 下面的 Advanced settings 选项，在弹出的对话框中进行如下设置：

在 Pressure 栏中输入 0.3；

在 Momentum 栏中输入 0.7，单击 Accept 按钮，如图 16-86 所示。

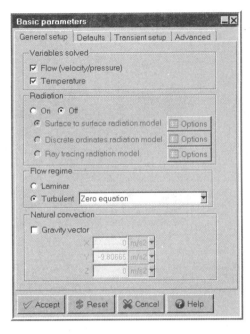

图 16-85　一般设置

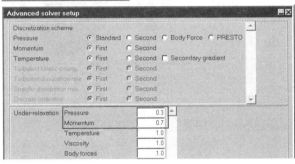

图 16-86　求解设置

步骤 03　依次选择 Solve→Run Solution 命令，弹出如图 16-87 所示的对话框，直接单击 Start solution 按钮进行计算，计算过程中将出现如图 16-88 所示的残差跟踪窗口。

在网格划分时，容易出现最小体积为负值。在做流体计算时，需要对几何网格的大小进行检查，以免计算出错。

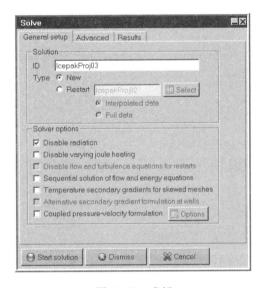

图 16-87　求解

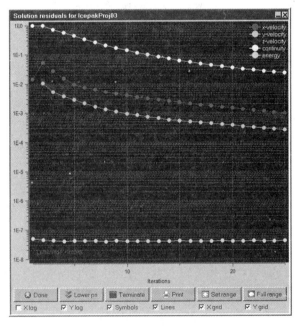

图 16-88　跟踪窗口

步骤 04　计算完成后，返回到 Workbench 平台，在平台中添加一个 Results，如图 16-89 所示。

图 16-89　添加后处理

16.4.6　Post 后处理

步骤01　双击 C2 进入 Post 后处理平台，如图 16-90 所示。

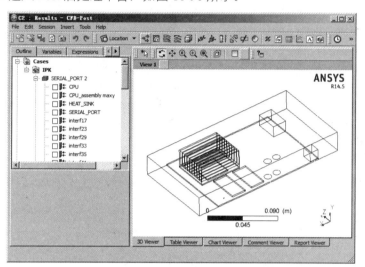

图 16-90　Post 后处理平台

步骤02　在工具栏中选择 命令，在弹出的对话框中保持名称默认，单击 OK 按钮。

步骤03　在如图 16-91 所示的 Details of Streamline 1 面板的 Start From 栏中选择 default_fluid，其余保持默认，单击 Apply 按钮。

步骤04　如图 16-92 所示为流体流速迹线图。

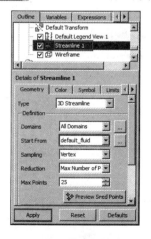

图 16-91　设置流迹线

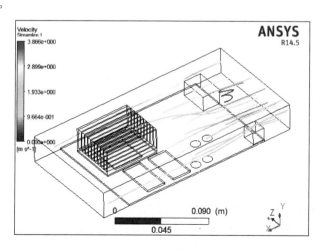

图 16-92　流迹线云图

步骤 **05** 在工具栏中选择 命令，在弹出的对话框中保持名称默认，单击 OK 按钮。

步骤 **06** 在如图 16-93 所示的 Details of Streamline 1 面板的 Start From 栏中选择 default_fluid，其余保持默认，单击 Apply 按钮。

步骤 **07** 如图 16-94 所示为压力分布云图。

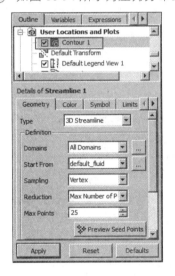

图 16-93　设置云图

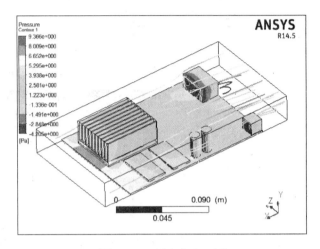

图 16-94　压力分布云图

16.4.7　静态力学分析

步骤 **01** 添加一个静态力学分析模块，如图 16-95 所示。

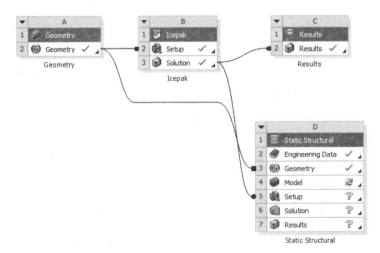

图 16-95　静力分析模块

步骤 **02** 选择 Mesh 并单击鼠标右键，进行网格划分，划分完的网格效果如图 16-96 所示。

步骤 **03** 选择 Import Load Solution 并单击鼠标右键，在弹出的快捷菜单中选择 Insert→Body Temperature 命令，如图 16-97 所示。

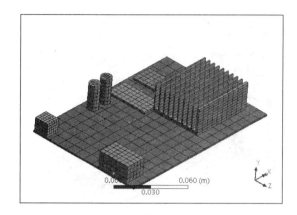

图 16-96　划分网格效果

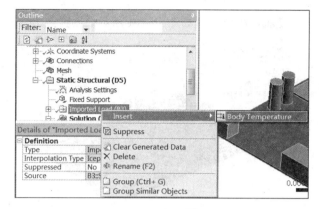

图 16-97　右键快捷菜单

步骤 04 在 Import Body Temperature 设置面板中进行如下设置：

在 Geometry 栏中选中所有几何实体；

在 Icepak Body 栏中选择 All，如图 16-98 所示。

步骤 05 单击工具栏中的 Generate 命令，此时温度分布云图如图 16-99 所示。

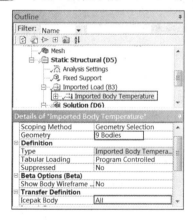

图 16-98　设置窗口

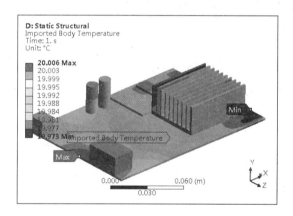

图 16-99　温度分布云图

步骤 06 将 PCB 板下端面固定，如图 16-100 所示。单击工具栏中的 Solve 命令，进行计算。

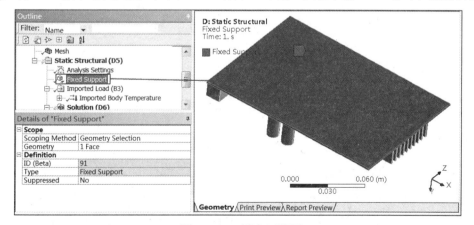

图 16-100　固定下端面

步骤 07 热变形如图 16-101 所示，热应力如图 16-102 所示。

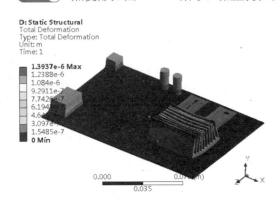

图 16-101 热变形

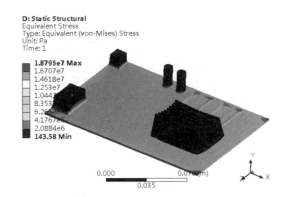

图 16-102 热应力

步骤 08 返回到 Workbench 窗口，单击 ▣（保存）按钮保存文件，然后单击 ▨（关闭）按钮退出。

16.5 本章小结

本章介绍了 ANSYS CFX、ANSYS FLUENT 及 ANSYS ICEPAK 模块的流体动力学分析功能，通过 3 个典型实例详细介绍了 ANSYS CFX、ANSYS FLUENT 及 ANSYS ICEPAK 3 种软件流体动力学分析的一般步骤，其中包括几何模型的导入、网格剖分、求解器设置、求解计算、后处理等操作方法。

第 17 章
电场分析案例详解

 导言

自 2007 年，ANSYS公司收购了ANSOFT系列软件后，ANSYS公司的电磁场分析部分已经停止研发，并将计算交由ANSOFT完成。这一章我们将通过两个简单实例，介绍集成在ANSYS Workbench平台中的Maxwell模块的启动方法及电场计算步骤。

学习目标

★ 熟练掌握ANSYS Workbench的Maxwell模块静态电场分析方法及操作基本流程
★ 熟练掌握ANSYS Workbench的Maxwell模块直流传导分析方法及操作基本流程
★ 熟练掌握在ANSYS Workbench平台中导入Maxwell工程文件的方法

17.1 电磁场基本理论

在电磁学中，电磁场是一种由带电物体产生的一种物理场。处于电磁场的带电物体会感受到电磁场的作用力。电磁场与带电物体（电荷或电流）之间的相互作用可以用麦克斯韦方程和洛伦兹力定律来描述。

电磁场是有内在联系、相互依存的电场和磁场的统一体的总称。随时间变化的电场产生磁场，随时间变化的磁场产生电场，两者互为因果，形成电磁场。

电磁场可由变速运动的带电粒子引起，也可由强弱变化的电流引起，不论原因如何，电磁场总以光速向四周传播，形成电磁波。电磁场是电磁作用的媒递物，具有能量和动量，是物质存在的一种形式。电磁场的性质、特征及其运动变化规律由麦克斯韦方程确定。

17.1.1 麦克斯韦方程

电磁场理论由一套麦克斯韦方程组描述，分析和研究电磁场的出发点就是麦克斯韦方程组的研究，包括这个方面的求解与实验验证。

麦克斯韦方程组实际上是由 4 个定律组成，它们分别是安培环路定律、法拉第电磁感应定律、高斯电通定律（简称高斯定律）和高斯磁通定律（亦称磁通连续性定律）。

1. 安培环路定律

无论介质和磁场轻度H的分布如何，磁场中的磁场强度沿任何一条闭合路径的线积分等于穿过该积分路径所确定的曲面 Ω 的电流的总和。这里的电流包括传导电流（自由电荷产生）和位移电流（电场变化产生）。

$$\oint_{\Gamma} Hdl = \iint_{\Omega} (J + \frac{\partial D}{\partial t})dS \qquad (17\text{-}1)$$

式中：J 为传导电流密度矢量（A/m^2）；$\frac{\partial D}{\partial t}$ 为位移电流密度；D 为电通密度（C/m^2）。

2. 法拉第电磁感应定律

闭合回路中的感应电动势与穿过此回路的磁通量随时间的变化率成正比。用积分表示为：

$$\oint_{\Gamma} Edl = -\iint_{\Omega} (J + \frac{\partial B}{\partial t})dS \qquad (17\text{-}2)$$

式中：E 为电场强度（V/m）；B 为磁感应强度（T或Wb/m^2）。

3. 高斯电通定律

在电场中，不管电解质与电通密度矢量的分布如何，穿出任何一个闭合曲面的电通量等于这已闭合曲面所包围的电荷量。这里指出电通量，也就是电通密度矢量对此闭合曲面的积分。用积分形式表示为：

$$\oiint_{S} DdS = \iiint_{v} \rho dv \qquad (17\text{-}3)$$

式中：ρ 为电荷体密度（C/m^3）；V 为闭合曲面 S 所围成的体积区域。

4. 高斯磁通定律

在磁场中，不论磁介质与磁通密度矢量的分布如何，穿出任何一个闭合曲面的磁通量恒等于零，这里指出磁通量即为磁通量矢量对此闭合曲面的有向积分。用积分形式表示为：

$$\oiint_{S} BdS = 0 \qquad (17\text{-}4)$$

式（17-1）～式（17-4）还分别有自己的微分形式，也就是微分形式的麦克斯韦方程组，它们分别对应式（17-5）～式（17-8）：

$$\nabla \times H = J + \frac{\partial D}{\partial t} \qquad (17\text{-}5)$$

$$\nabla \times E = \frac{\partial B}{\partial t} \qquad (17\text{-}6)$$

$$\nabla D = \rho \qquad (17\text{-}7)$$

$$\nabla B = 0 \qquad (17\text{-}8)$$

17.1.2　一般形式的电磁场微分方程

电磁场计算中，经常对上述这些偏微分进行简化，以便能够用分离变量法、格林函数等解得电磁场的解析解，其解得形式为三角函数的指数形式以及一些用特殊函数（如贝塞尔函数、勒让德多项式等）表示的形式。

但工程实践中，要精确得到问题的解析解，除了极个别情况，通常是很困难的。于是只能根据具体情况给定的边界条件和初始条件，用数值解法求其数值解，有限元法就是其中最为有效、应用最广的一种数值计算方法。

1. 矢量磁势和标量电势

对于电磁场的计算，为了使问题得到简化，通过定义两个量来把电场和磁场变量分离开来，分别形成一个独立的电场和磁场的偏微分方程，这样便有利于数值求解。这两个量一个是矢量磁势 A（亦称磁矢位），另一个是标量电势 ϕ。

矢量磁势定义为：

$$B = \nabla \times A \tag{17-9}$$

也就是说磁势的旋度等于磁通量的密度。而标量电势可定义为：

$$E = -\nabla \phi \tag{17-10}$$

2. 电磁场偏微分方程

按式（17-9）、式（17-10）定义的矢量磁势和标量电势能自动满足法拉第电磁感应定律和高斯磁通定律。然后再应用到安培环路定律和高斯电通定律中，经过推导，分别得到了磁场偏微分方程（17-11）和电场偏微分方程（17-12）：

$$\nabla^2 A - \mu\varepsilon \frac{\partial^2 A}{\partial t^2} = -\mu J \tag{17-11}$$

$$\nabla^2 \phi - \mu\varepsilon \frac{\partial^2 \phi}{\partial t^2} = -\frac{\rho}{\varepsilon} \tag{17-12}$$

μ 和 ε 分别为介质的磁导率和介电常数；∇^2 为拉普拉斯算子。

$$\nabla^2 = (\frac{\partial^2}{\partial x^2} + \frac{\partial^2}{\partial y^2} + \frac{\partial^2}{\partial z^2}) \tag{17-13}$$

很显然式（17-11）和式（17-12）具有相同的形式，是彼此对称的，这意味着求解它们的方法相同。至此，我们可以对式（17-11）和式（17-12）进行数值求解，如采用有限元法，解得磁势和电势的场分布值，然后再经过转化（即后处理）可得到电磁场的各种物理量，如磁感应强度、储能。

17.1.3 电磁场中常见边界条件

电磁场问题实际求解过程中，有各种各样的边界条件，归结起来可概括为 3 种，即狄利克莱（Dirichlet）边界条件、诺依曼（Neumann）边界条件及它们的组合。

狄利克莱边界条件表示为：

$$\phi|_\Gamma = g(\Gamma) \tag{17-14}$$

式中：Γ 为狄利克莱边界；$g(\Gamma)$ 是位置的函数，可以为常数和零，当为零时，称此狄利克莱边界为奇次边界条件，如平行板电容器的一个极板电势可假定为零，而另外一个假定为常数，为零的边界条件即为奇次边界条件。

诺依曼边界条件可表示为：

$$\frac{\delta \phi}{\delta n}\Big|_{\Gamma} + f(\Gamma)\phi\Big|_{\Gamma} = h(\Gamma) \tag{17-15}$$

其中：Γ 为诺依曼边界；n 为边界 Γ 的外法线矢量；$f(\Gamma)$ 和 $h(\Gamma)$ 为一般函数（可为常数和零），当为零时，为奇次诺依曼条件。

实际上电磁场微分方程的求解中，只有在边界条件和初始条件的限制时，电磁场才有确定解。鉴于此，我们通常称求解此类问题为边值问题和初值问题。

17.1.4　ANSYS Workbench 平台电磁分析

ANSYS Workbench除了应用原有的Emag模块进行电磁场分析外，自从收购了Ansoft公司后，将Workbench平台中的绝大部分电磁场分析功能交给了Ansoft系列软件来完成。

Ansoft系列软件可以分析计算电力发电机、磁带及磁盘驱动器、变压器、波导、螺线管传动器、谐振腔、电动机、连接器、磁成像系统、天线辐射、图像显示设备传感器、滤波器、回旋加速器等设备中的电磁场。

一般在电磁场分析中，关系的典型物理量为磁通密度、能量损耗、磁场强度、漏磁、磁力及磁矩、s-参数、阻抗、品质因数Q、电感、回波损耗、涡流、本征频率等。

17.1.5　ANSOFT 软件电磁分析

ANSOFT系列软件包括分析低频电磁场的Maxwell软件、分析高频电磁场的HFSS软件及多域机电系统设计与仿真分析软件Simplorer。除此之外，还有Designer、Nexxim、Q3D Extractor、Siwave、TPA等用于各种分析和提取不同计算结果的软件，ANSYS发展到 18.0 后，这类模块都集成于ANSYS Electronics Desktop 2017 分析软件中。

在电机、变压器等电力设备行业常用的软件为Maxwell，下面对低频电磁分析软件Maxwell软件做简要介绍。

1．Maxwell软件的边界条件

最新版的Maxwell软件的统一集成在ANSYS Electronics Desktop分析软件中，其求解电磁场问题时的边界条件，除了有上面一节介绍的狄利克莱边界条件和诺依曼边界条件外，还详细分为以下几种边界条件。

- 自然边界条件：是软件系统的默认边界条件，不需要用户指定，是不同媒质交界面场量的切向和法向边界条件。
- 对称边界条件：包括奇对称和偶对称两大类。奇对称边界可以模拟一个设备的对称面，在对称面的两侧电荷、电位及电流等满足大小相等，符号相反。偶对称边界可以模拟一个设备的对称面，在对称面的两侧电荷、电位及电流等满足大小相等，符号相同。采用对称边界条件可以减小模型的尺寸，有效节省计算资源。

- 匹配边界条件：是模拟周期性结构的对称面，使主边界和从边界场量具有相同的幅度（对于时谐量还有相位），相同或相反的方向。
- 气球边界条件：是 Maxwell 2D 求解器常见的边界条件，常指定在求解域的边界处，用于模拟绝缘系统等。

2．Maxwell 2D/3D电磁场求解器分类

（1）Maxwell 2D电磁分析模块分类

- 静态电场求解器：用于分析由直流电压源、永久极化材料、高压绝缘体中的电荷/电荷密度、套管、断路器及其他静态泄放装置所引起的静电场。材料类型包括各种绝缘体（各向异性及特性随位置变化的材料）及理想导体。该模块能自动计算力、转矩、电容及储能等参数。
- 恒定电场求解器：假定电机只在模型截面中流动，它用于分析直流电压分布，计算损耗介质中流动的电流、电纳和储能。例如，印刷线路板中电流在绝缘基板上非常薄的轨迹中流动，由于轨迹非常细，其厚度可以忽略，因此该电流可以用于一个俯视投影来建模。用户可以得到电流的分布，又可获得轨迹上电阻值。
- 交变电场求解器：除了电介质及正弦电压源的传导损耗外，该求解器与静电场求解器类似，通过计算系统的电容与电导，计算出绝缘介质的损耗。
- 瞬态求解器：用于求解某些关于运动和任意波形的电压、电流源激励的设备（如电动机、无摩擦轴承、涡流断路器），获得精确的预测性能特性。该模块能同时求解磁场、电路、运动等强耦合的方程，因而可轻而易举地解决上述装置的性能分析问题。

（2）Maxwell 3D电磁分析模块分类

三维静电场用于计算由静态电荷分布和电压引起的静电问题。它利用直接求取的电标量位，仿真器可自动计算出静电场及电通量密度。用户可根据这些基本的场量求取力、转矩、能量及电容值。在分析高压绝缘体、套管及静电设备中的电荷密度产生的电场时，静电场功能尤为适用。

17.2 Maxwell静态电场分析实例——同轴电缆电场计算

上一节简单介绍Maxwell软件的基本组成及求解功能，本节将介绍利用Maxwell软件建立并分析一个单芯的同轴电缆的电场分布情况。

学习目标：熟练掌握Maxwell静态电场分析模块的模型建立；

熟练掌握Maxwell静态电场分析边界条件及激励的添加；

熟练掌握在ANSYS Workbench平台中导入Maxwell工程文件的方法。

模型文件	下载资源\Chapter17\char17-1\Electostatic.mxwl
结果文件	下载资源\Chapter17\char17-1\Electostatic.wbpj

17.2.1 启动 Maxwell 16.0 并建立分析项目

步骤01 在 Windows 系统下执行开始→所有程序→ANSYS Electromagnetics Suite 18.0→ANSYS Electronics Desktop 2017 命令，启动画面如图 17-1 所示，启动 ANSYS Electronics Desktop 进入主界面。

步骤02 单击工具栏中的 按钮进入三维模块，进入电磁场分析环境。

图 17-1　电磁场分析环境

17.2.2 建立几何模型

步骤01 单击工具栏中的 命令，创建圆柱体模型，在右下角弹出的坐标输入框中设置，X=0、Y=0、Z=0，然后按 Enter 键，确定圆柱体的圆心坐标，如图 17-2 所示。

图 17-2　圆心坐标

步骤02 在坐标输入框中输入坐标值，dX=10、dY=0、dZ=200，按 Enter 键，如图 17-3 所示。

图 17-3　半径及高度坐标

步骤03 双击目录树中的 **CreateCylinder** 图标，此时弹出如图 17-4 所示的 Properties 几何属性对话框，在对话框中可以对几何尺寸及坐标进行修改，此案例参数保持默认即可，单击"确定"按钮。

步骤04 单击工具栏中的 按钮，将几何实体全部显示在窗口中。

步骤05 利用同样的方法，分别创建半径为 20mm、30mm 及 31mm 的 3 个圆柱体，圆柱体的中心同样在坐标原点，高度为 200mm，创建完成后如图 17-5 所示。

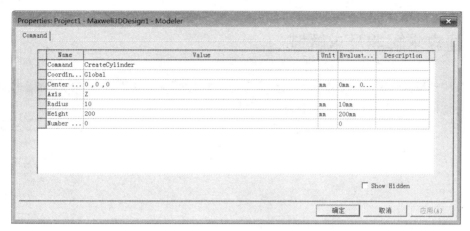

图 17-4 几何属性对话框

步骤 06 几何相减。选择 Cylinder4 和 Cylinder3，然后选择 Modeler→Boolean→Subtract 命令，或者单击工具栏中的 按钮，弹出如图 17-6 所示的对话框，在 Blank Parts 栏中选择 Cylinder4，在 Tool Parts 栏中选择 Cylinder3，选中 Clone tool objects before operation 复选框，单击 OK 按钮。

图 17-5 几何模型创建

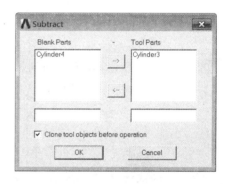

图 17-6 设置对话框

步骤 07 利用同样的操作将 Cylinder3 与 Cylinder2 相减，将 Cylinder2 与 Cylinder1 相减，并将不同几何赋予不同的材料，完成后如图 17-7 所示。

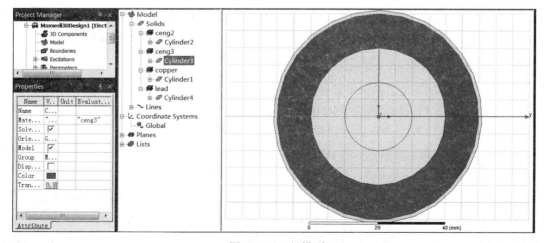

图 17-7 几何模型

17.2.3 建立求解器及求解域

选择菜单栏中的Maxwell 3D→Solution Type命令，在弹出如图 17-8 所示的求解域设置对话框中选择Electrostatic（静态电场分析）。

图 17-8　设置求解器

17.2.4 添加材料

步骤01 选择 Cylinder1 几何，使其处于加亮状态，然后单击鼠标右键，在弹出的快捷菜单中选择 Assign Material…命令，如图 17-9 所示。

步骤02 在弹出的 Select Definition 对话框中选择 Copper，单击"确定"按钮，如图 17-10 所示。

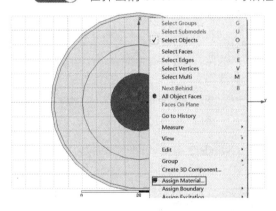

图 17-9　设置材料

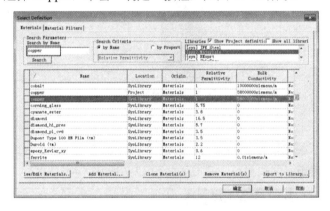

图 17-10　选择材料

步骤03 同样设置 Cylinder4 为 lead。

步骤04 选中 Cylinder2 几何并单击鼠标右键，在弹出的快捷菜单中选择 Assign Material…命令。

步骤05 在弹出如图 17-11 所示的 Selection Definition 对话框中单击 Add Material 按钮。

步骤06 在弹出如图 17-12 所示的对话框中进行如下设置：

在 Material Name 栏中输入材料名称为 ceng2；

在 Relative Permittivity 栏中输入 5，其余保持默认，单击 OK 按钮。

步骤07 同样操作设置 Cylinder3 的材料为 ceng3，在弹出如图 17-13 所示的对话框中进行如下设置：

在 Material Name 栏中输入材料名称为 ceng3；

在 Relative Permittivity 栏中输入 3，其余保持默认，单击 OK 按钮。

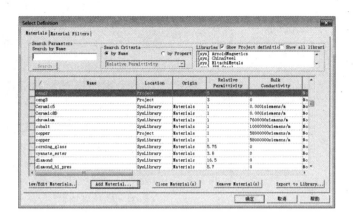

图 17-11　材料库

图 17-12　参数设置

图 17-13　参数设置

17.2.5　边界条件设置

步骤01　选择 Cylinder1 几何，然后选择菜单栏中的 Maxwell 3D→Excitations→Assign→Voltage 命令，在如图 17-14 所示对话框的 Value 栏中输入 100V，单击 OK 按钮。

步骤02　同样选择 Cylinder2 几何，然后选择菜单栏中的 Maxwell 3D→Excitations→Assign→Voltage 命令，在如图 17-15 所示对话框的 Value 栏中输入 0V，单击 OK 按钮。

图 17-14　参数设置

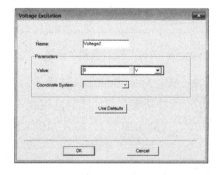

图 17-15　参数设置

步骤 **03** 依次选择菜单栏中的 Maxwell 3D→Parameters→ Assign→Matrix 命令，在如图 17-16 所示的对话框中选中 Voltage1 和 Voltage2 两个复选框，单击"确定"按钮。

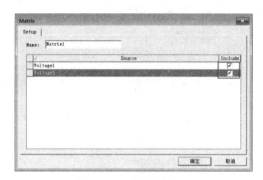

图 17-16　选择对话框

17.2.6　求解计算

步骤 **01** 依次选择菜单栏中的 Maxwell3D→Analysis Setup→Add Solution Setup 命令，在弹出的对话框中保持默认即可，单击"确定"按钮。

步骤 **02** 保存文件。单击工具栏中的 （保存）按钮，保存工程文件名为 Magnetic Force_maxwell。

步骤 **03** 模型检测。模型检测为了检查几何模型的建立，边界条件的设置是否有问题。依次选择菜单栏中的 Maxwell3D→Validation Check 命令，弹出如图 17-17 所示的对话框，如果全部项目都有✔，说明前处理操作没有问题；如果有✖弹出，则重新检查模型；如果有！出现，则不会影响计算。

步骤 **04** 计算。依次选择 Maxwell3D→Analyze All 命令，程序开始计算。

步骤 **05** 依次选择 Maxwell 3D→Results→Solution Data 命令，或者单击工具栏中的🔲按钮，在弹出如图 17-18 所示的对话框中查看求解信息数据。

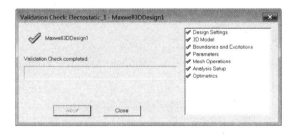

图 17-17　模型检测对话框

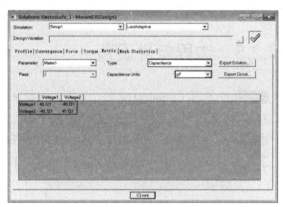

图 17-18　求解信息数据

步骤 **06** 单击 Mesh Statistics 选项卡，观察网格信息，如图 17-19 所示。

步骤 **07** 选择所有几何，此时几何处于加亮状态，然后依次选择菜单栏中的 Maxwell 3D→Fields→E→ E_Vector 命令，在弹出如图 17-20 所示的 Create Field Plot 对话框的 In Volume 栏中选择 4 个几何名称，单击 Done 按钮。

步骤 **08** 在绘图区域的几何模型中将显示如图 17-21 所示的矢量图。

步骤 **09** 类似操作可以显示如图 17-22 所示的电场分布云图。

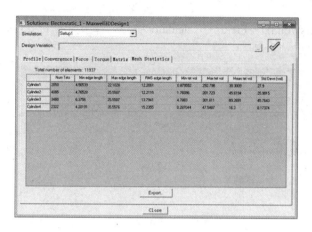

图 17-19　网格信息

图 17-20　Create Field plot 对话框

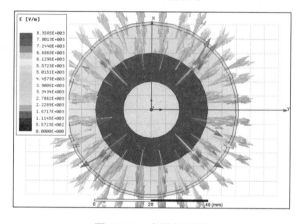

图 17-21　电场矢量图

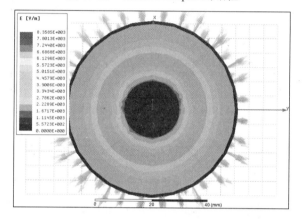

图 17-22　电场云图

17.2.7　图表显示

步骤01 依次选择菜单栏中的 Draw→Line 命令，在弹出的对话框中单击 Yes 按钮，绘制一条从圆心开始到 X=31mm 的直线。

步骤02 依次选择菜单栏中的 Maxwell 3D→Results→Create Fields Report→Rectangular Plot 命令，在弹出如图 17-23 所示的 Report 对话框中进行如下设置：

在 Geometry 栏中选择 Polyline1；

在 Points 栏中保持默认的 1001 个节点；

在 Category 栏中选中 Calculator Expressions；

在 Quantity 栏中选择 Mag_E 选项，单击 New Report 按钮。

步骤03 此时出现如图 17-24 所示的电场随距离变化的曲线图。

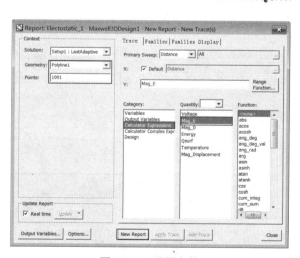

图 17-23　设置参数

步骤 04 电场能量计算，依次选择菜单栏中的 Maxwell3D→Fields→Calculator 命令，弹出如图 17-25 所示的场计算器。

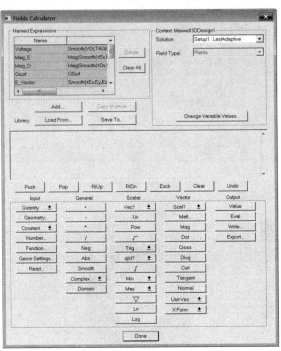

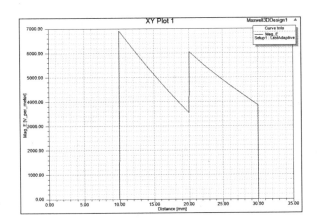

图 17-24 电场随距离变化曲线图

图 17-25 场计算器

步骤 05 在场计算器中进行如下操作：

在 Quantity 栏中选择 Energy 选项；

在 Geometry 栏中选择 Volume，并选择 AllObjects 选项；

在 Scalar 下面单击 ∫ 按钮；

单击 Eval 按钮进行计算，计算完成的能量值如图 17-26 所示。

步骤 06 此时会弹出如图 17-27 所示的力随电流大小变化的曲线。

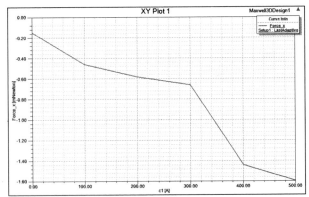

图 17-26 显示框

图 17-27 变化曲线

步骤 07 保存文件。

17.2.8　Workbench 平台中加载 Maxwell 工程文件

步骤01　启动 ANSYS Workbench 平台，选择菜单栏
中的 File→Import 命令，在弹出如图 17-28 所示的对话框
中进行如下操作：

在"文件名"后面的下拉菜单中选择 Maxwell Project
File 选项；

找到刚才完成的电场分析文件名（如 Electostatic），
单击"打开"按钮。

步骤02　此时在 Project Schematic 下出现如图 17-29
所示的工程流程图表。

步骤03　右键单击流程表中的标 A4，在弹出如图
17-30 所示的快捷菜单中选择 Update 命令，进行数据更新。

图 17-28　文件打开对话框

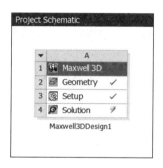

图 17-29　工程流程图表

图 17-30　数据更新

17.2.9　保存与退出

步骤01　在 Workbench 主界面中单击常用工具栏中的 🖫（保存）按钮，在弹出的"另存为"对话框中
输入文件名为 Electostatic。

步骤02　单击右上角的 ❌（关闭）按钮，退出 Workbench 主界面，完成项目分析。

17.3　Maxwell直流传导分析实例——焊接位置的电场分析

上一节简单介绍了Maxwell模块的静态磁场分析及受力计算，本节将介绍利用Maxwell模块计算在一个
通有电流的焊接铝合金导体分析。

学习目标：熟练掌握Maxwell直流传导分析模块的模型导入；
熟练掌握Maxwell直流传导分析边界条件及激励的添加。

模型文件	下载资源\Chapter17\char17-2\ conductor.stp
结果文件	下载资源\Chapter17\char17-2\ conductor.wbpj

17.3.1 启动 Workbench 并建立分析项目

步骤01 在 Windows 系统下执行开始→所有程序→ANSYS 18.0→Workbench 18.0 命令，启动 ANSYS Workbench 18.0，进入主界面。

步骤02 双击 Workbench 平台左侧的 Toolbox→Analysis Systems 中的 Maxwell 3D（Maxwell3D 电磁场分析模块），此时在 Project Schematic 窗口中出现如图 17-31 所示的电磁场分析流程图表。

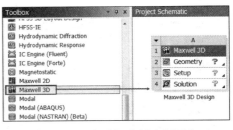

图 17-31 电磁场分析流程图表

步骤03 双击表 A 中的 A2 进入 Maxwell 软件界面，如图 17-32 所示。在 Maxwell 软件中可以完成几何建立于有限元分析的流程操作。

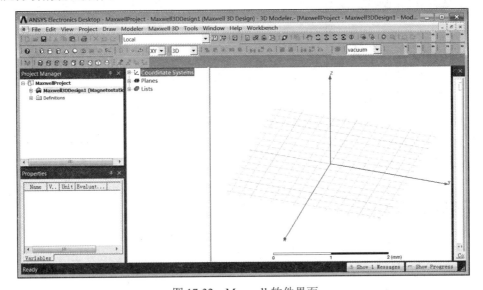

图 17-32 Maxwell 软件界面

17.3.2 几何模型导入

步骤01 依次选择菜单栏中的 Modeler→Import 命令，弹出如图 17-33 所示的 Import File 对话框，在文件类型中选择 STEP Files（*.step，*.step）选项，然后选择文件名为 conductor.stp 的文件，单击"打开"按钮。

步骤02 导入如图 17-34 所示的几何模型。

图 17-33　几何模型导入

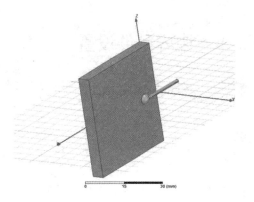

图 17-34　几何模型

17.3.3　建立求解器

选择菜单栏中的Maxwell 3D→Solution Type命令，在弹出如图 17-35 所示的求解域设置对话框中选中DC Conductor（直流传导分析）单选按钮。

图 17-35　设置求解器

17.3.4　添加材料

步骤 01 选择 al 和 cu 两个几何模型，使其处于加亮状态，然后单击鼠标右键，在弹出的快捷菜单中选择 Assign Material…命令，如图 17-36 所示。

步骤 02 在弹出的 Select Definition 对话框中选择 aluminum 材料，并单击"确定"按钮，如图 17-37 所示。

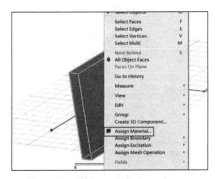

图 17-36　设置材料

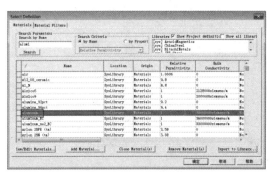

图 17-37　选择材料

17.3.5 边界条件设置

步骤 01 按键盘上的 F 键，将鼠标选择器切换到选择面，单击 al 圆柱体的一个端面，如图 17-38 所示，使其处于加亮状态。

 使用键盘命令时，请确保输入法为英文状态。

步骤 02 添加激励。选择菜单栏中的 Maxwell3D→Excitations→Assign Excitation→Current 命令，在弹出如图 17-39 所示的 Current Excitation 对话框中进行如下设置：

在 Value 栏中输入 50A，单击 OK 按钮。

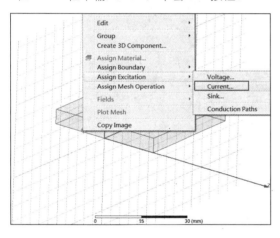

图 17-38 选择导体端面

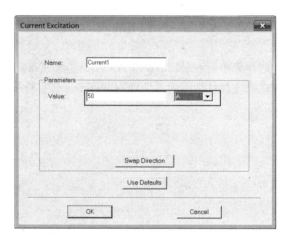

图 17-39 Current Excitation 对话框

步骤 03 添加激励。同样选择 cu 几何在 x 轴最大位置处的端面，选择菜单栏中的 Maxwell3D→Excitations→Assign Excitation→Voltage 命令，在弹出如图 17-40 所示的 Voltage Excitation 对话框中进行如下设置：

在如图 17-41 所示的对话框中的 Value 栏中输入 0V，单击 OK 按钮。

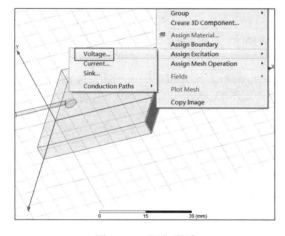

图 17-40 添加激励

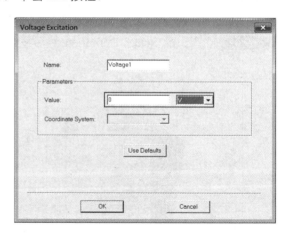

图 17-41 Voltage Excitation 对话框

17.3.6 求解计算

步骤01 依次选择菜单栏中的 Maxwell3D→Analysis Setup→Add Solution Setup 命令，在弹出如图 17-42 所示的对话框直接单击"确定"按钮。

步骤02 保存文件。单击工具栏中的 按钮保存工程文件名为 Conductor。

步骤03 模型检测。模型检测为了检查几何模型的建立，边界条件的设置是否有问题。依次选择菜单栏中的 Maxwell 3D→Validation Check 命令，此时弹出如图 17-43 所示的对话框。如果全部项目都有 ✓，则说明前处理操作没有问题；如果有 ✖ 弹出，则重新检查模型；如果有 ! 出现，则不会影响计算。

图 17-42　求解器设置　　　　　　　　　图 17-43　模型检测对话框

17.3.7 网格划分

步骤01 选中 al 几何模型使其处于加量状态，在绘图窗口中单击鼠标右键，在弹出如图 17-44 所示的快捷菜单中依次选择 Assign Mesh Operation→Inside Selection→Length Based 命令。

步骤02 在弹出如图 17-45 所示的对话框中设置 Maximum Length of Element 为 1mm，单击 OK 按钮。

步骤03 利用同样的操作，设置 cu 几何模型网格大小为 5mm，如图 17-46 所示。

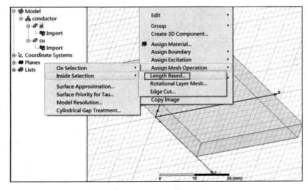

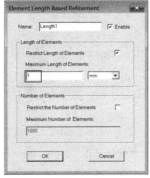

图 17-44　网格命令　　　　　　图 17-45　网格设置　　　图 17-46　网格设置

步骤04 计算。依次选择 Maxwell 3D→Analyze All 命令，此时程序开始计算。

17.3.8 后处理

步骤 **01** 选择 cu 与 al 几何连接表面，依次选择菜单栏中的 Maxwell 3D→Fields→Fields→Voltage 命令，在弹出如图 17-47 所示对话框中的 In Volume 中选择 All Objects，并单击 Done 按钮。

步骤 **02** 此时，出现如图 17-48 所示的电压分布云图。

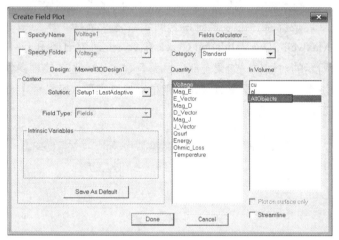

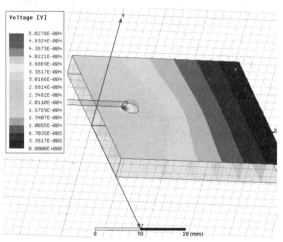

图 17-47　电压分布设置　　　　　　　　　　图 17-48　电压分布云图

步骤 **03** 选择 cu 与 al 几何模型，依次选择菜单栏中的 Maxwell 3D→Fields→Fields→Voltage 命令，在弹出对话框的 In Volume 中选择 All Objects，并单击 Done 按钮，绘制出如图 17-49 所示的云图。

步骤 **04** 选择 cu 与 al 几何模型，依次选择菜单栏中的 Maxwell 3D→Fields→Fields→E→E Vector 命令，在弹出对话框的 In Volume 中选择 All Objects，并单击 Done 按钮，绘制出如图 17-50 所示的云图。

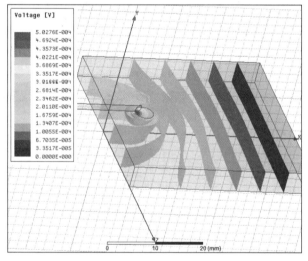

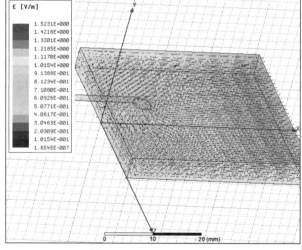

图 17-49　电压等压云图　　　　　　　　　　图 17-50　电场矢量图

17.3.9 保存与退出

步骤 **01** 单击 ANSYS Electronics Desktop 软件界面右上角的 **x** （关闭）按钮，退出 ANSYS Electronics Desktop 返回到 Workbench 主界面。

步骤 **02** 在 Workbench 主界面中单击常用工具栏中的 **图** （保存）按钮，在弹出的"另存为"对话框中输入文件名为 conductor。

步骤 **03** 单击右上角的 **x** （关闭）按钮，退出 Workbench 主界面，完成项目分析。

17.4 本章小结 ▶

本章通过两个简单的实例，介绍了集成在ANSYS Workbench平台中的Maxwell模块的静态电场分析及直流传导分析的基本方法及操作步骤，由于篇幅限制，并未对每种类型的分析进行展开介绍，希望读者通过以上两个案例可以对电场分析有一定的理解。

第18章
磁场分析案例详解

 导言

　　这一章我们将通过三个简单案例，介绍集成在ANSYS Workbench平台中的Maxwell模块的启动方法及磁场计算步骤。

 学习目标

- ★ 熟练Maxwell模块静态磁场分析方法及操作基本流程
- ★ 熟练Maxwell模块涡流磁场分析方法及操作基本流程
- ★ 熟练Maxwell模块瞬态磁场分析方法及操作基本流程
- ★ 熟练Maxwell模块参数化扫描的方法及操作基本流程

18.1 ANSOFT软件磁场分析

Maxwell 2D/3D电磁场求解器分类。

1. Maxwell 2D电磁分析模块分类

- **静态磁场求解器**：静态电磁求解器用于分析由恒定电流、永磁体及外部激励引起的磁场，适用于激励器、传感器、电机及永磁体等。其分析的对象包括非线性的此项材料（如钢材、铁氧体、钕铁硼永磁体）和各向异性材料。该模块可自动计算磁场力、转矩、电感和储能。

- **涡流场求解器**：涡流场求解器用于分析受涡流、趋肤效应、临近效应影响的系统。其求解的频率范围可以从零到数百兆赫兹，应用范围覆盖母线、电机、变压器、绕组及无损系统评价。它能够自动计算损耗、铁损、不同频率所对应的阻抗、力、转矩、电感与储能。

　　另外，还能以云图或矢量图的形式给出整个相位的磁力线、磁通密度和磁场强度的分布、电流分布、能量密度等结果。

2. Maxwell 3D电磁分析模块分类

- **三维静磁场**：可用来准确仿真直流电压和电流源、永磁体及外加磁场激励引起的磁场，典型的应用包括激励器、传感器、永磁体。其可直接用于计算磁场强度和电流分布，再由磁场强度获得磁通密度。另外，它能计算力、转矩、电感及各种线性、非线性和各向异性材料的饱和问题。

- **三维交流场**：用于分析涡流、位移电流、趋肤效应及邻近效应具有不可忽视作用的系统。其可以分析母线、变压器、线圈中涡流的整体特性，在交流磁场模块中采用吸收边界条件来仿真装

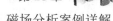

置的辐射电磁场,这种全波特性使它既可以分析汽车遥控开关,又能分析油井探测天线这类低频系统。

- 三维瞬态场:可方便地设计出任意波形电压、电流及包括直线或旋转运动的装置,利用线路图绘制器和嵌入式仿真器可与外部电路协同仿真,从而支持包括电力电子开关电路和绕组连接方式在内的任意拓扑结构的仿真。

18.2 Maxwell静态磁场分析实例——磁场力计算 ▶

上一节简单介绍了Maxwell软件的基本组成及求解功能,本节将介绍利用Maxwell软件建立并分析一个含有永磁体材料的线圈通有电流,此时金属体的受力情况。

学习目标:熟练掌握Maxwell静态磁场分析模块的模型建立;

熟练掌握Maxwell静态磁场分析边界条件及激励的添加;

熟练掌握Maxwell静态磁场分析参数扫描的设置及求解。

模型文件	无
结果文件	下载资源\ Chapter18\char18-1 \Magnetic Force_maxwell.wbpj

18.2.1 启动 Workbench 并建立分析项目

步骤01 在 Windows 系统下执行开始→所有程序→ANSYS 18.0 →Workbench 18.0 命令,启动 ANSYS Workbench 18.0,进入主界面。

步骤02 双击 Workbench 平台左侧的 Toolbox → Analysis Systems 中的 Maxwell 3D(Maxwell 3D 电磁场分析模块),此时在 Project Schematic 窗口中出现如图 18-1 所示的电磁场分析流程图表。

步骤03 双击表 A 中的 A2 进入 ANSYS Electronics Desktop 软件界面,如图 18-2 所示。在 Maxwell 软件中可以完成几何建立于有限元分析的流程操作。

图 18-1 电磁场分析流程图表

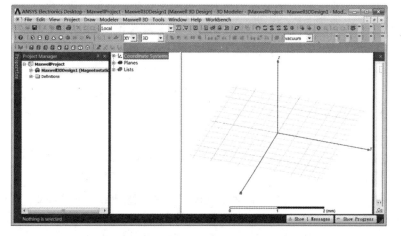

图 18-2 ANSYS Electronic Desktop 软件界面

18.2.2 建立几何模型

步骤01 单击工具栏中的 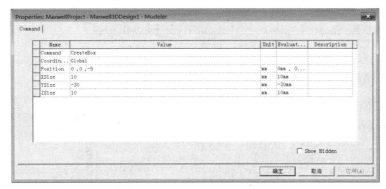，创建立方体模型，在右下角弹出的坐标输入框，设置 X=0、Y=0、Z=-5，然后按 Enter 键确定第一点坐标，如图 18-3 所示。

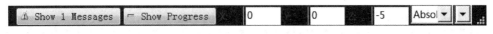

图 18-3 创建第一点

步骤02 在坐标输入框中输入坐标值，dX=10、dY=-30、dZ=10，按 Enter 键，如图 18-4 所示。

图 18-4 创建第二点

步骤03 双击目录树中的 CreateBox 图标，弹出如图 18-5 所示的 Properties：MaxwellProject 几何属性对话框，可以对几何尺寸及坐标进行修改，此案例保持默认即可，单击"确定"按钮。

图 18-5 几何模型属性对话框

步骤04 单击工具栏中的 按钮，将几何实体全部显示在窗口中。

步骤05 复制几何。选择刚刚建立的几何实体，此时实体处于加亮状态，选择菜单栏中的 Edit→Duplicate Along Line 命令，或者单击工具栏中的 按钮，单击坐标原点或在右下角的坐标输入框中输入 3 个坐标均为 0，按 Enter 键完成原点输入。在 dX 栏中输入 30，在 dY 栏中输入 0，在 dZ 栏中输入 0，按 Enter 键，在弹出的 Duplicate along line 对话框中单击 OK 按钮，在弹出的 Properties 对话框中单击"确定"按钮，完成几何实体的复制，如图 18-6 所示。

步骤06 创建几何。利用同样的方法创建立方体，在 X 栏中输入 0，在 Y 栏中输入-30，在 Z 栏中输入 -5，按 Enter 键。在 dX 栏中输入 50，在 dY 栏中输入-10，在 dZ 栏中输入 10，按 Enter 键，在 Properties 对话框中单击"确定"按钮，完成立方体的建立，如图 18-7 所示。

步骤07 合并几何。选择菜单栏中的 Edit→Select All 命令，然后选择菜单栏中的 Modeler→Boolean→Unite 命令，或者单击工具栏中的 命令，此时 3 个几何实体将合并成一个几何实体，如图 18-8 所示。

步骤08 复制镜像几何。选择几何实体，然后选择菜单栏中的 Edit→Duplicate→Mirror 命令，在右下角的坐标输入栏中进行以下设置：

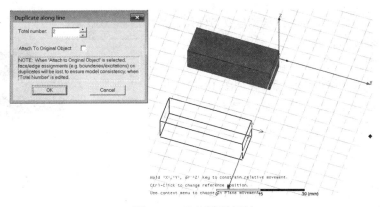

图 18-6　几何模型复制

在 X 栏中输入 0，在 Y 栏中输入 0，在 Z 栏中输入 0，按 Enter 键；

在 dX 栏中输入 0，在 dY 栏中输入 1，在 dZ 栏中输入 0，按 Enter 键，完成几何的复制镜像，如图 18-9 所示。

步骤09 合并几何。选择菜单栏中的 Edit→Select All 命令，然后选择菜单栏中的 Modeler→Boolean→Unite 命令，或者单击工具栏中的 命令，此时两个几何实体将合并成一个几何实体，如图 18-10 所示。

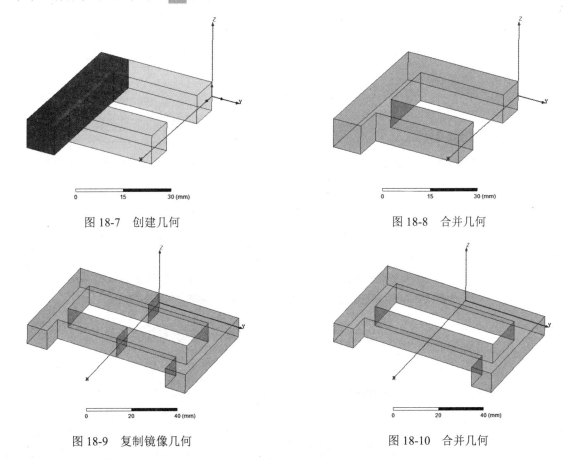

图 18-7　创建几何　　　　　　　　　　　　　　图 18-8　合并几何

图 18-9　复制镜像几何　　　　　　　　　　　图 18-10　合并几何

步骤10 实体命名。选择几何模型，在左下方弹出的 Properties 对话框的 Name 栏中输入 Core，如图 18-11 所示。

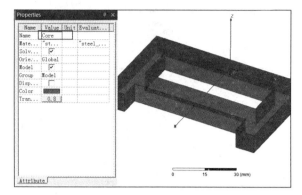

图 18-11　几何命名

步骤⑪　创建几何。利用同样的方法创建立方体，输入坐标，在 X 栏中输入 51，在 Y 栏中输入-40，在 Z 栏中输入-5，按 Enter 键。在 dX 栏中输入 10，在 dY 栏中输入 80，在 dZ 栏中输入 10，按 Enter 键。在如图 18-12 所示的 Properties 对话框的 Position 栏中做如下修改：

将 Value 栏中的 51，-40，-5 改为 50mm+mx，-40mm，-5mm。

在输入 50mm+mx、-40mm、-5mm 时不要忘记 50 后面的单位是 mm。

步骤⑫　此时弹出如图 18-13 所示的添加参数对话框，进行如下设置：

在 Unit Type 栏中选择 Length 选项；

在 Unit 栏中选择 mm 选项；

在 Value 栏中输入 1，单击 OK 按钮，完成参数输入，如图 18-13 所示。

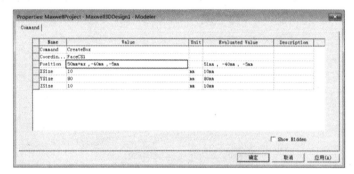

图 18-12　几何属性对话框

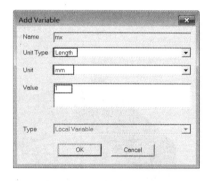

图 18-13　添加参数对话框

步骤⑬　实体命名。选择刚建立好的几何模型，在左下方弹出的 Properties 对话框的 Name 栏中输入 Bar。

步骤⑭　创建线圈。利用同样的方法创建立方体，输入坐标，在 X 栏中输入 45，在 Y 栏中输入 30，在 Z 栏中输入 10，按 Enter 键。在 dX 栏中输入-20，在 dY 栏中输入-60，在 dZ 栏中输入-20，按 Enter 键。在如图 18-14 所示的 Properties 对话框中进行如下设置：

单击 Attribute 选项卡，在 Name 栏中输入几何名为 Coil，单击"确定"按钮。此时线圈名已经设置好。

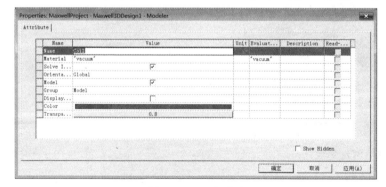

图 18-14　几何命名

步骤⑮ 几何相减。按住 Ctrl 键，同时选择 Coil 和 Core 两个几何，选择菜单栏中的 Modeler→Boolean →Subtract，或者单击工具栏中的  按钮，在弹出如图 18-15 所示的 Subtract 对话框中进行如下设置：

保证 Blank Parts 栏中的几何名为 Coil；

保证 Tool Parts 栏中的几何名为 Core；

选中 Clone tool objects before operation 复选框。

注意，选择几何实体时，先选择的几何实体程序会自动添加到 Blank Parts 栏中，后选择的几何实体添加到 Tool Parts 栏中，请读者注意。另外，也可以在该对话框中进行调整。

步骤⑯ 此时完成的几何如图 18-16 所示。

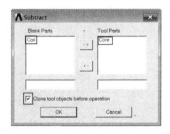

图 18-15　几何相减

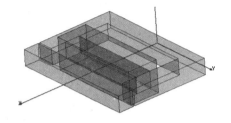

图 18-16　几何模型

步骤⑰ 创建永磁体。利用同样的方法创建立方体，输入坐标，在 X 栏中输入 0，在 Y 栏中输入-10，在 Z 栏中输入-5，按 Enter 键。在 dX 栏中输入 10，在 dY 栏中输入 20，在 dZ 栏中输入 10，按 Enter 键。双击目录树下的 box 图标，弹出如图 18-17 所示的 Properties 对话框中进行如下设置：

单击 Attribute 选项卡，在 Name 栏中输入几何名为 magnet，单击"确定"按钮。此时永磁体名已经设置好。

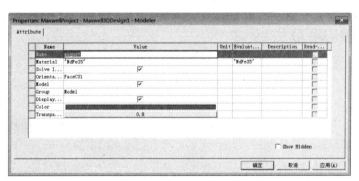

图 18-17　几何命名

步骤⑱ 几何相减。按住 Ctrl 键，同时选择 Coil 和 Core 两个几何，选择菜单栏中的 Modeler→Boolean →Subtract，或者单击工具栏中的  按钮，在弹出如图 18-18 所示的 Subtract 对话框中进行如下设置：

保证 Blank Parts 栏中的几何名为 Core；

保证 Tool Parts 栏中的几何名为 magnet；

选中 Clone tool objects before operation 复选框。

步骤⑲ 此时完成的几何如图 18-19 所示。

步骤⑳ 在绘图区域中单击鼠标右键，从弹出的快捷菜单中选择 Select Faces 选项，如图 18-20 所示。此时将选择过滤器切换到面选择项目。

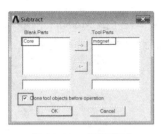

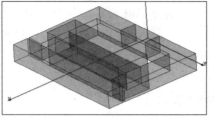

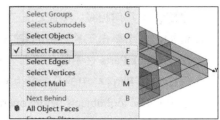

图 18-18　几何相减　　　　　　图 18-19　几何模型　　　　　　图 18-20　过滤器

步骤21 选择 magnet 几何的上表面，如图 18-21 所示。

步骤22 选择菜单栏中的 Modeler→Coordinate System→Create→Face CS 命令，在下面的坐标输入栏中进行如下设置：

在 X 栏中输入 10，在 Y 栏中输入 10，在 Z 栏中输入 5，按 Enter 键；

在 dX 栏中输入 0，在 dY 栏中输入-20，在 dZ 栏中输入 0，并按 Enter 键，如图 18-22 所示。

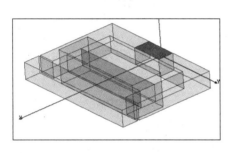

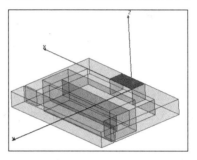

图 18-21　选择面　　　　　　　　　　　图 18-22　设置面坐标系

18.2.3　建立求解器及求解域

步骤01 选择菜单栏中的 Maxwell 3D→Solution Type 命令，在弹出如图 18-23 所示的求解域设置对话框中选择 Magnetostatic（静态磁场分析）。

步骤02 选择菜单栏中的 Draw→Region 命令，或者单击工具栏中的 按钮，弹出求解域尺寸设置对话框，在对话框中输入 50，其余默认即可，并单击 OK 按钮，如图 18-24 所示。

步骤03 此时出现如图 18-25 所示的求解域模型，透明的长方体为求解域。

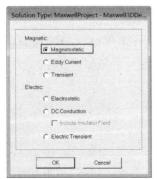

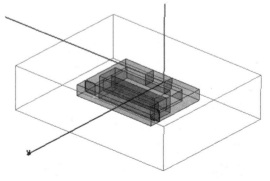

图 18-23　设置求解器　　　　　　图 18-24　设置求解域　　　　　　图 18-25　求解域模型

18.2.4 添加材料

步骤01 选择 Coil 几何，使其处于加亮状态，然后单击鼠标右键，在弹出的快捷菜单中选择 Assign Material…命令，如图 18-26 所示。

步骤02 在弹出的 Select Definition 对话框中选择 copper，并单击"确定"按钮，如图 18-27 所示。

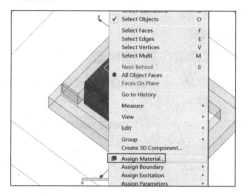

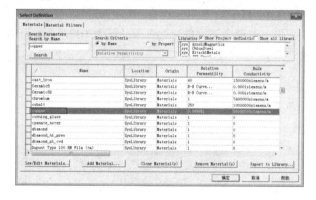

图 18-26 设置材料

图 18-27 选择材料

步骤03 同样设置 magnet 为 NdFe35，Core 和 Bar 为 Steel_1008，求解域的材料默认为真空。

步骤04 选中 magnet 几何并单击鼠标右键，在弹出的快捷菜单中依次选择 Edit→Properties…命令，如图 18-28 所示。

步骤05 在弹出的 Properties 对话框中进行如下设置：

将 Orientation 栏中的 Global 改成 FaceCS1，其余保持默认，单击"确定"按钮，如图 18-29 所示。

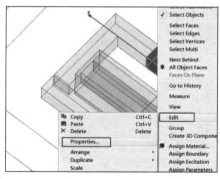

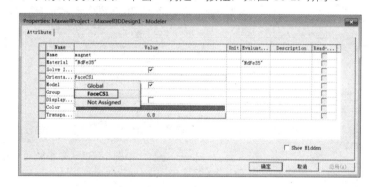

图 18-28 右键快捷菜单

图 18-29 属性对话框

18.2.5 边界条件设置

步骤01 选择 Coil 几何，然后选择菜单栏中的 Modeler→Surface→Section 命令，在如图 18-30 所示的 Section 对话框中保持默认的 XY 平面选中，单击 OK 按钮。

图 18-30 创建截面

步骤 **02** 选择菜单栏中的 Modeler→Boolean→Separate Bodies 命令，将创建的截面分离开，如图 18-31 所示。

步骤 **03** 其中一个截面处于加亮状态，直接按 Delete 键删除加亮截面。

步骤 **04** 添加激励。选择创建的截面，然后选择菜单栏中的 Maxwell 3D→Excitations→Assign→Current 命令，在弹出如图 18-32 所示的 Current Excitation 对话框中进行如下设置：

在 Value 栏中输入 c1；

在 Type 栏中选中 Stranded，其余保持默认即可，单击"确定"按钮。

在弹出的变量对话框中输入 Value 为 100，unit 为 A，单击 OK 按钮。

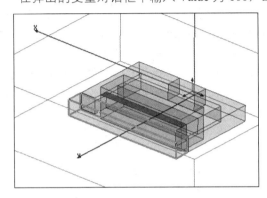

图 18-31　分离截面

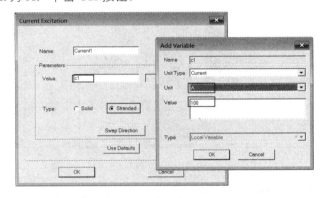

图 18-32　Current Excitation 对话框

步骤 **05** 选中 Bar 几何实体，选择菜单栏中的 Maxwell 3D→Parameters Assign→Force 命令，在弹出的如图 18-33 所示的 Force Setup 对话框中进行如下设置：

在 Type 栏中选中 Virtua，其余保持默认即可，单击"确定"按钮。

图 18-33　力参数对话框

18.2.6　求解计算

步骤 **01** 依次选择菜单栏中的 Maxwell 3D→Analysis Setup→Add Solution Setup 命令，在弹出的对话框中保持默认即可，单击"确定"按钮。

步骤 **02** 保存文件。单击工具栏中的 💾 按钮保存工程文件名为 Magnetic Force_maxwell。

步骤 **03** 模型检测。模型检测为了检查几何模型的建立，边界条件的设置是否有问题。依次选择菜单栏中的 Maxwell3D→Validation Check 命令，弹出如图 18-34 所示的对话框。如果全部项目都有 ✔，则说明前处理操作没有问题；如果有 ✘ 弹出，则重新检查模型；如果有 ！ 出现，则不会影响计算。

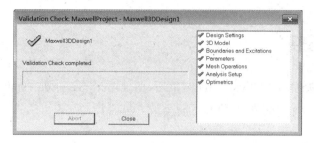

图 18-34　模型检测对话框

步骤 04　计算。依次选择 Maxwell 3D→Analyze All 命令，程序开始计算。

步骤 05　依次选择 Maxwell 3D→Results→Solution Data 命令，或者单击工具栏中的 按钮，在弹出如图 18-35 所示的对话框中查看求解信息数据。

步骤 06　单击 Force 选项卡，观察力的大小，如图 18-36 所示。

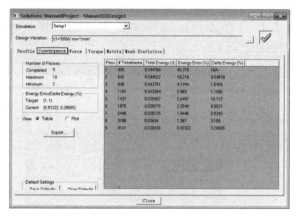

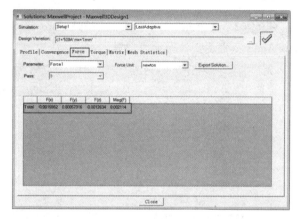

图 18-35　求解信息数据

图 18-36　力值

步骤 07　单击模型树中的 Global：XY，此时 XY 平面在绘图窗口中加亮，然后依次选择菜单栏中的 Maxwell 3D→Fields→B→B_Vector 命令，在弹出如图 18-37 所示的 Create Field Plot 对话框的 In Volume 栏中选择 Core 和 magnet 两个选项并单击 Done 按钮。

步骤 08　在绘图区域的几何模型中将显示如图 18-38 所示的矢量图。

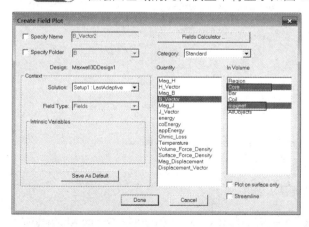

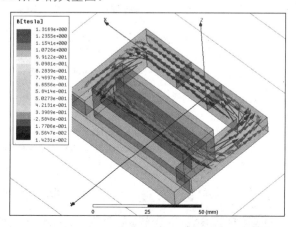

图 18-37　Create Field Plot 对话框

图 18-38　矢量图

18.2.7 参数化扫描

步骤 01 依次选择菜单栏中的 Maxwell 3D→Optimetrics Analysis→Add Parametric 命令，在弹出的 Setup Sweep Analysis 对话框的 Sweep Definition 选项卡中单击 Add 按钮，在弹出的 Add/Edit Sweep 对话框中进行如下输入：

在 Variable 栏中选择 c1；

选择 Linear step 选项；

在 Start 栏中输入 0；

在 Stop 栏中输入 500；

在 Step 栏中输入 100，单击 Add 按钮，单击 OK 按钮，如图 18-39 所示。

步骤 02 单击 Option 选项卡，选中 Save Fields And Mesh 单选按钮，并单击"确定"按钮。

步骤 03 在 Project Manager 栏中的 ParametircSetup1 上单击鼠标右键，在弹出如图 18-40 所示的菜单中选择 Analyze 命令，执行参数扫描。

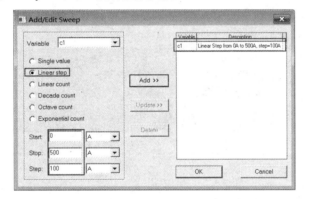

图 18-39 设置参数

图 18-40 参数扫描

步骤 04 计算完成后，在 Project Manager 栏中的 ParametircSetup1 上单击鼠标右键，选择快捷菜单中的 View Analysis Result...命令，弹出如图 18-41 所示的后处理显示菜单。

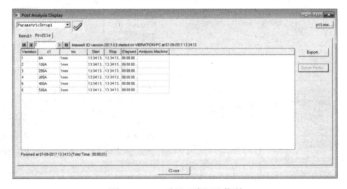

图 18-41 后处理显示菜单

步骤 05 创建各个电流下的力值曲线。依次选择菜单栏中的 Maxwell 3D→Results→Create Magnetostatic Report→Rectangular Plot 命令，在弹出如图 18-42 所示的对话框中进行如下设置：

在 Solution 栏中选择 Setup1：LastAdaptive 选项；

在 Parameter 栏中选择 Force1 选项；

在右侧 Trace 选项卡中的 Parameter Sweep 中选择 c1 选项；

在 Quantity 栏中选择 Force_X 选项，并单击 New Report 按钮。

步骤 06 此时会显示如图 18-43 所示的力随电流大小变化的曲线。

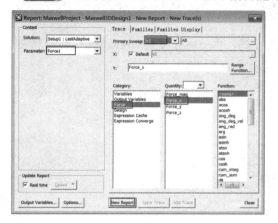

图 18-42　参数设置

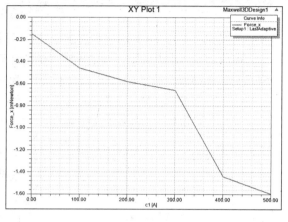

图 18-43　变化曲线

步骤 07 依次选择菜单栏中的 Maxwell 3D→Design Properties→Local Variables 命令，在弹出的如图 18-44 所示的对话框中 c1 值改成 500，单击"确定"按钮。

步骤 08 B 矢量分布云图如图 18-45 所示。

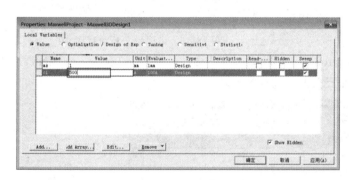

图 18-44　设置电流大小

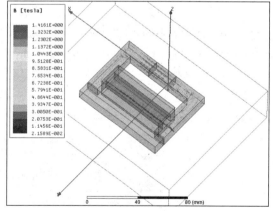

图 18-45　B 矢量分布云图

18.2.8　保存与退出

步骤 01 单击 Maxwell ANSYS Electronics Desktop 界面右上角的 ❌（关闭）按钮，退出 ANSYS Electronics Desktop 返回到 Workbench 主界面。

步骤 02 在 Workbench 主界面中单击常用工具栏中的 💾（保存）按钮，在弹出的"另存为"对话框中输入文件名为 Magnetic Force_maxwell。

步骤 **03** 单击右上角的 ☒ （关闭）按钮，退出 Workbench 主界面，完成项目分析。

18.3 Maxwell涡流磁场分析实例——金属块涡流损耗

上一节简单介绍了Maxwell模块的静态磁场分析及受力计算，本节将介绍利用Maxwell模块计算在一个通有交流电流的导体上方的金属块的涡流损耗的计算，计算涡流损耗分布及损耗值。

学习目标：熟练掌握Maxwell涡流磁场分析模块的模型导入；

　　　　　　熟练掌握Maxwell涡流磁场分析边界条件及激励的添加；

　　　　　　熟练掌握Maxwell场计算器的简单使用。

模型文件	下载资源\Chapter18\char18-2\Eddy_Current_model.sat
结果文件	下载资源\Chapter18\char18-2\Eddy_Current.wbpj

18.3.1 启动 Workbench 并建立分析项目

步骤 **01** 在 Windows 系统下执行开始→所有程序→ANSYS 18.0→Workbench 18.0 命令，启动 ANSYS Workbench 18.0，进入主界面。

步骤 **02** 双击 Workbench 平台左侧的 Toolbox→Analysis Systems 中的 Maxwell 3D（Maxwell 3D 电磁场分析模块），此时在 Project Schematic 窗口中出现如图 18-46 所示的电磁场分析流程图表。

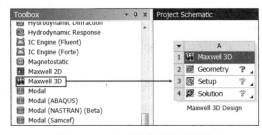

图 18-46　电磁场分析流程图表

步骤 **03** 双击表 A 中的 A2 进入 ANSYS Electronics Desktop 软件界面，如图 18-47 所示。在 ANSYS Electronics Desktop 软件中可以完成几何建立于有限元分析的流程操作。

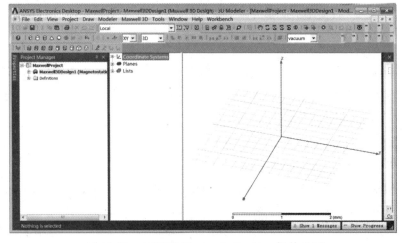

图 18-47　ANSYS Electronic Desktop 软件界面

18.3.2　几何模型的导入

步骤01　依次选择菜单栏中的 Modeler→Import 命令，弹出如图 18-48 所示的 Import File 对话框，在文件类型栏中选择 All Ansoft 3D Modeler Files 选项，然后选择文件名为 Eddy_Current_Model.sat 的文件，单击"打开"按钮。

步骤02　此时导入如图 18-49 所示的几何模型。

图 18-48　几何模型导入

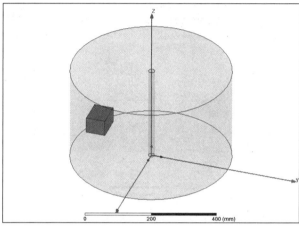

图 18-49　几何模型

18.3.3　建立求解器

选择菜单栏中的 Maxwell 3D→Solution Type 命令，在弹出如图 18-50 所示的求解域设置对话框中选中 Eddy Current（涡流分析）。

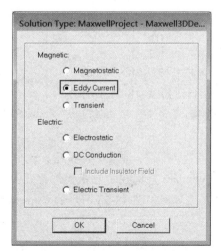

图 18-50　设置求解器

18.3.4 添加材料

步骤 **01** 选择 Box1 几何，使其处于加亮状态，然后单击鼠标右键，在弹出的快捷菜单中选择 Assign Material…命令，如图 18-51 所示。

步骤 **02** 在弹出的 Select Definition 对话框中选择 aluminum 材料，并单击"确定"按钮，如图 18-52 所示。

步骤 **03** 同样设置 Cylinder2 为 Copper，Cylinder1 为 vacuum。

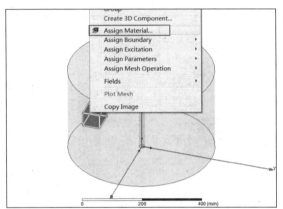

图 18-51　右键快捷菜单

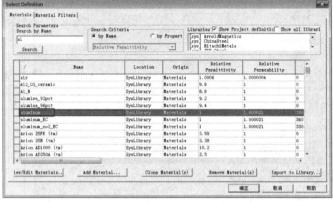

图 18-52　选择材料

18.3.5 边界条件设置

步骤 **01** 按键盘上的 F 键，将鼠标选择器切换到选择面，单击 Z 坐标为 0 位置 Cylinder2 的一个端面，如图 18-53 所示，使其处于加亮状态。

 使用键盘命令时，请确保输入法为 CH 状态。

步骤 **02** 添加激励。选择菜单栏中的 Maxwell3D →Excitations→Assign→Current 命令，在弹出如图 18-54 所示的 Current Excitation 对话框中进行如下设置：

在 Value 栏中输入 24kA；

在 Type 栏中选中 Solid，其余保持默认即可，单击 OK 按钮。

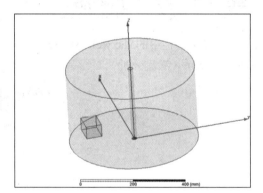

图 18-53　选择导体端面

步骤 **03** 添加激励。同样选择 Cylinder2 几何在 Z 轴最大位置处的端面，选择菜单栏中的 Maxwell 3D →Excitations→Assign→Current 命令，在弹出如图 18-55 所示的 Current Excitation 对话框中进行如下设置：

在 Value 栏中输入 24kA；

在 Type 栏中选中 Solid；

单击 Swap Direction，其余保持默认即可，单击 OK 按钮。

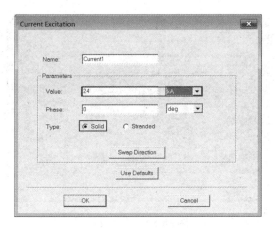

图 18-54　Current Excitation 对话框

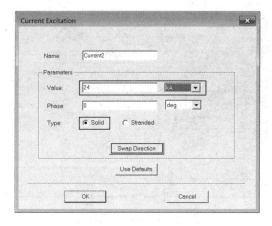

图 18-55　Current Excitation 对话框

18.3.6　求解计算

步骤 01　依次选择菜单栏中的 Maxwell 3D→Analysis Setup→Add Solution Setup 命令，在弹出如图 18-56 所示的对话框中进行如下设置：

切换到 Solver 选项卡中，设置频率为 50Hz，其余默认即可，单击"确定"按钮。

步骤 02　保存文件。单击工具栏中的 按钮，保存工程文件名为 Eddy_Current。

步骤 03　模型检测。模型检测为了检查几何模型的建立，边界条件的设置是否有问题。依次选择菜单栏中的 Maxwell 3D→Validation Check 命令，弹出如图 18-57 所示的对话框。如果全部项目都有 √，则说明前处理操作没有问题；如果有 ✘ 弹出，则重新检查模型；如果有 ！出现，则不会影响计算。

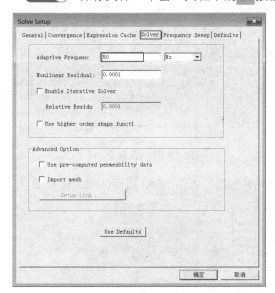

图 18-56　求解器设置

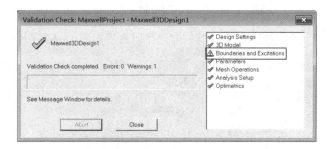

图 18-57　模型检测对话框

步骤 04　计算。依次选择 Maxwell 3D→Analyze All 命令，程序开始计算。

步骤 05　依次选择 Maxwell 3D→Results→Solution Data 命令，或者单击工具栏中的 按钮，在弹出如图 18-58 所示的对话框中查看求解信息数据。

步骤 06　单击 Mesh Statistics 选项卡，观察网格数量，如图 18-59 所示。

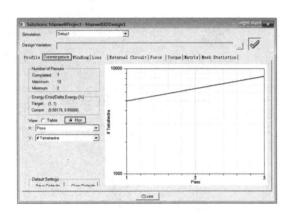

图 18-58　求解信息数据　　　　　　　　　　　图 18-59　网格数量

步骤 **07**　选择 Cylinder1 在 Z=0 处的端面，使其处于加亮状态，然后依次选择菜单栏中的 Maxwell 3D →Fields→B→H_Vector 命令，在弹出如图 18-60 所示的 Create Field Plot 对话框的 In Volume 栏中选择 AllObjects 选项并单击 Done 按钮。

步骤 **08**　在绘图区域的几何模型中将显示如图 18-61 所示的矢量图。

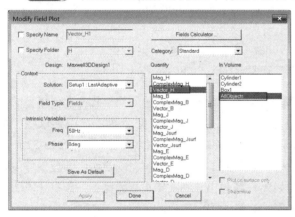

图 18-60　Create Field Plot 对话框

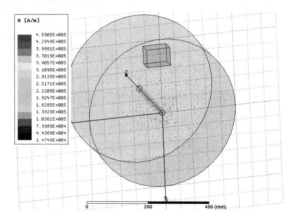

图 18-61　矢量图

步骤 **09**　利用同样的方法可以查看如图 18-62 所示的损耗分布图和如图 18-63 所示的涡流矢量图。

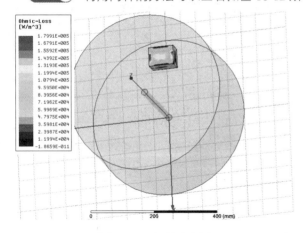

图 18-62　损耗分布图

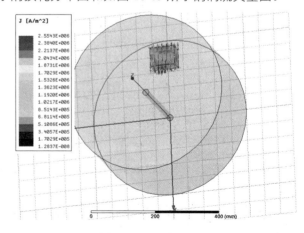

图 18-63　涡流矢量图

18.3.7 损耗计算

依次选择菜单栏中的Maxwell 3D→Fields→Calculator命令，在弹出的场计算器对话框中进行如下设置：

在Quantity按钮中选择OhmicLoss；

在Geometry栏中选择Box1选项；

单击Scalar下面的∫按钮；

单击Output下面的Eval按钮进行计算，如图18-64所示。

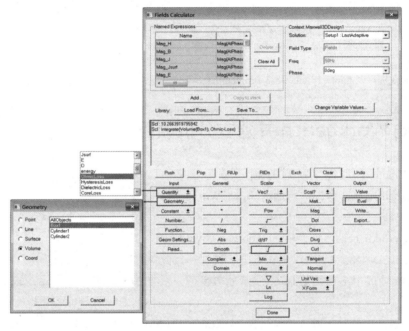

图18-64　场计算器

从计算器中可以看出Box1的涡流损耗约为10w。

读者根据以上步骤，将Box1的材质分别改成铝合金和铁并计算，同时对比3个损耗数据，通过损耗分布云图观察哪种材料的集肤效应比较明显。

注：当交流电通过导线时，导线截面上各处电流分布不均匀，中心电流密度小，而靠近表面的电流密度大，这种电流分布不均匀的现象叫作集肤效应。

18.3.8 保存与退出

步骤01 单击 ANSYS Electronics Desktop 界面右上角的 ✖ （关闭）按钮，退出 ANSYS Electronics Desktop 返回到 Workbench 主界面。

步骤02 在 Workbench 主界面中单击常用工具栏中的 📧 （保存）按钮，在弹出的"另存为"对话框中输入文件名为 Eddy_Current。

步骤03 单击右上角的 ✖ （关闭）按钮，退出 Workbench 主界面，完成项目分析。

18.4 Maxwell瞬态磁场分析实例——金属块涡流损耗

上一节简单介绍了Maxwell模块的涡流磁场分析及损耗计算，本节将介绍利用Maxwell 2D模块计算在一个通有交变电流的绕组磁场分析，采用瞬态分析方法进行分析。

学习目标：熟练掌握Maxwell瞬态磁场分析激励设置；

熟练掌握Maxwell2D分析的应用范围；

熟练掌握Maxwell2D分析边界条件的处理。

模型文件	无
结果文件	下载资源\ Chapter18\char18-3\Project50Hz.wbpj

18.4.1 启动 Workbench 并建立分析项目

步骤01 在 Windows 系统下执行开始→所有程序→ANSYS 18.0→Workbench 18.0 命令，启动 ANSYS Workbench 18.0，进入主界面。

步骤02 双击 Workbench 平台左侧的 Toolbox→Analysis Systems 中的 Maxwell 2D（Maxwell 2D 电磁场分析模块），此时在 Project Schematic 窗口中出现如图 18-65 所示的电磁场分析流程图表。

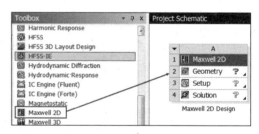

图 18-65　电磁场分析流程图表

步骤03 双击表 A 中的 A2 进入 ANSYS Electronic Desktop 软件界面，如图 18-66 所示。在 ANSYS Electronic Desktop 软件中可以完成几何建立于有限元分析的流程操作。

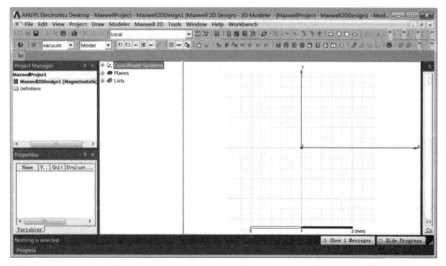

图 18-66　ANSYS Electronic Desktop 软件界面

18.4.2 建立求解器

选择菜单栏中的Maxwell 2D→Solution Type命令，在弹出的如图 18-67 所示的求解域设置对话框中进行如下设置：

在Geometry Mode栏中选择Cylinder about Z；

在Magnetic栏中选择Transient（瞬态分析），并单击OK按钮。

图 18-67　设置求解器

18.4.3 建立几何模型

步骤 01 单击工具栏中的 ▢ 按钮，创建长方形，在右下角弹出的坐标输入框中进行设置，X=500、Y=0、Z=0，然后按 Enter 键确定第一点坐标，如图 18-68 所示。

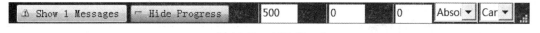

图 18-68　创建第一点

步骤 02 在坐标输入框中输入坐标值，dX=20、dY=0、dZ=500，按 Enter 键，如图 18-69 所示。

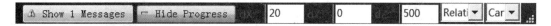

图 18-69　创建第二点

步骤 03 双击目录树中的 ▢ CreateRectangle 图标，弹出如图 18-70 所示的 Properties：MaxwellProject 几何属性对话框，可以对几何尺寸及坐标进行修改，此案例保持默认即可，单击"确定"按钮。

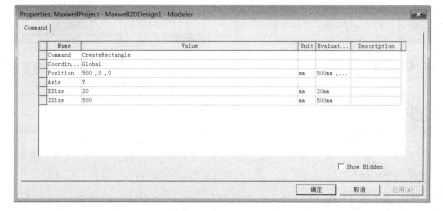

图 18-70　几何属性对话框

步骤 04 单击工具栏中的 ⊕ 按钮，将几何实体全部显示在窗口中。

步骤 05 复制几何。选择刚刚建立的几何实体，此时实体处于加亮状态，选择菜单栏中的 Edit→Duplicate along Line 命令，或者单击工具栏中的 按钮，单击坐标原点或在右下角的坐标输入窗口中输入 3 个坐标均为 0，按 Enter 键完成原点输入。在 dX 栏中输入 50，dY 栏中输入 0，dZ 栏中输入 0，按 Enter 键，在弹出如图 18-71 所示的 Duplicate along line 对话框中的 Total number 栏中输入 3，单击 OK 按钮，完成几何实体的复制，如图 18-72 所示。

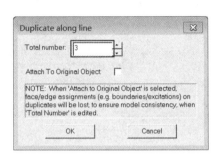

图 18-71 Duplicate along line 对话框

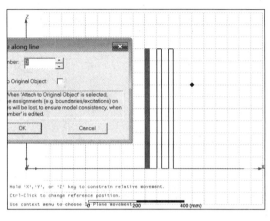

图 18-72 复制几何模型

步骤 06 建立求解域。单击工具栏中的 按钮，在弹出如图 18-73 所示的对话框中输入 500，单击 OK 按钮，几何模型如图 18-74 所示。

图 18-73 求解域设置

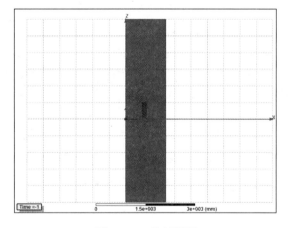

图 18-74 几何模型

18.4.4 添加材料

步骤 01 选择 3 个几何，使其处于加亮状态，然后单击鼠标右键，在弹出的快捷菜单中选择 Assign Material… 命令，如图 18-75 所示。

步骤 02 在弹出的 Select Definition 对话框中选择 aluminum 材料，并单击"确定"按钮，如图 18-76 所示。

步骤 03 求解域默认即可。

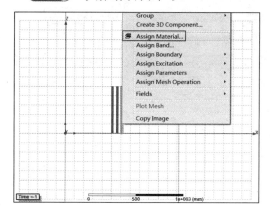

图 18-75 设置材料

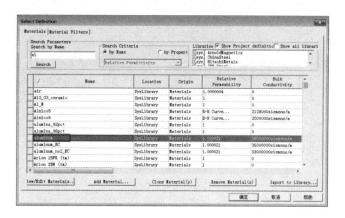

图 18-76 选择材料

18.4.5 边界条件设置

步骤 01 在几何窗口中选择 Rectangle1，使其处于加亮状态，利用鼠标右键依次选择 Assign Excitation →Coil 命令，如图 18-77 所示。

步骤 02 在弹出如图 18-78 所示的 Coil Excitation 对话框中进行如下设置：

在 Number of Conductor 栏中输入 100，表示线圈有 100 匝绕组，单击 OK 按钮。

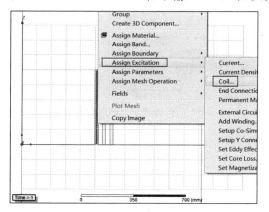

图 18-77 右键快捷菜单

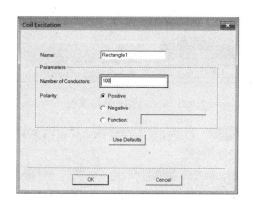

图 18-78 Coil Excitation 对话框

步骤 03 几何窗口中选择 Rectangle1，使其处于加亮状态，利用鼠标右键依次选择 Assign Excitation→ Add Winding 命令，如图 18-79 所示。

步骤 04 在弹出如图 18-80 所示的 Winding 对话框中进行如下设置：

在 Type 栏中选择 Current，表示激励为电流激励；

选择 Strand，表示不计算绕组涡流；

在 Current 栏中输入函数 50*sin(2*pi*50*time)，单击 OK 按钮。

步骤 05 右键选择 Project Manager 窗口下面的 Winding1，在弹出如图 18-81 所示的快捷菜单中选择 Add Coils 命令。

步骤 **06** 选中 Rectangular1 行，并单击 OK 按钮，完成绕组的激励添加，如图 18-82 所示。

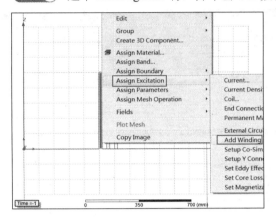

图 18-79　右键快捷菜单

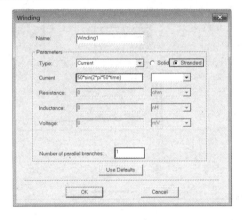

图 18-80　Winding 对话框

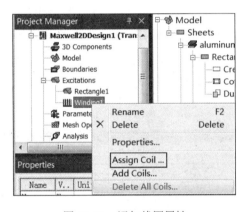

图 18-81　添加线圈属性

图 18-82　赋属性

步骤 **07** 利用同样的操作赋予其余两个绕组的电流，完成后如图 18-83 所示。设置如下：

Rectangular2 的圈数为 90，电流为 54*sin(2*pi*50*time)；

Rectangular3 的圈数为 80，电流为 58*sin(2*pi*50*time)。

步骤 **08** 设置边界条件，选择求解域的 3 个边界（除了 Z 轴上的线外），依次选择菜单栏中的 Maxwell 2D→Boundaries→Assign→Balloon，完成对求解域边界的设置。

图 18-83　添加激励

18.4.6　网格划分

步骤 **01** 选择 3 个几何（不选择求解域），使其处于加亮状态，右键依次选择 Assign Mesh→Operation →Inside Selection→Length Based 命令，如图 18-84 所示。

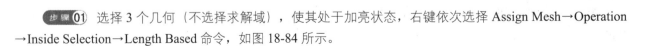

步骤 **02** 在弹出如图 18-85 所示的对话框中进行如下设置：

在 Maximum Length of Element 栏中输入 5mm，单击 OK 按钮。

步骤 **03** 利用同样的操作设置求解域的网格大小为 50mm，如图 18-86 所示。

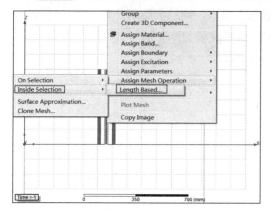

图 18-84　右键快捷菜单

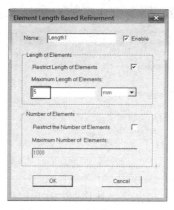

图 18-85　网格大小设置

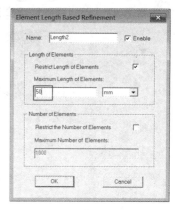

图 18-86　网格大小设置

18.4.7　求解计算

步骤 **01** 依次选择菜单栏中的 Maxwell2D→Analysis Setup→Add Solution Setup 命令，在弹出如图 18-87 所示的对话框中进行如下设置：

在 General 选项卡中的 Stop time 栏中输入 0.2s；

在 Time step 栏中输入 0.002s；

切换到 Save Field 选项卡，设置 Start 为 0s；

设置 Stop 为 0.2s，设置 Step 为 0.002s；

单击 Add to List 按钮，其余保持默认即可，单击"确定"按钮，如图 18-88 所示。

图 18-87　求解器时间设置

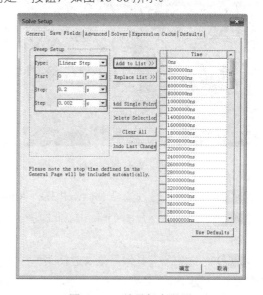

图 18-88　结果保存设置

步骤 **02** 保存文件。单击工具栏中的 按钮，保存工程文件名为 Project50Hz。

步骤 **03** 模型检测。模型检测为了检查几何模型的建立，边界条件的设置是否有问题。依次选择菜单栏中的 Maxwell 2D→Validation Check 命令，弹出如图 18-89 所示的对话框。如果全部项目都有 ✓，则说明前处理操作没有问题；如果有 ✗ 弹出，则重新检查模型；如果有 ❗ 出现，则不会影响计算。

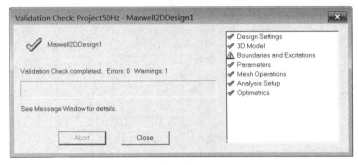

图 18-89 模型检测对话框

步骤 **04** 网格划分。依次选择 Maxwell 3D→Apply Mesh Operation 命令，此时开始划分网格。

 由于网格数量较大，划分需要一段时间，所以具体时间长短根据计算机配置有所不同，读者此处可以将网格划分粗糙一点。

步骤 **05** 显示网格。选中所有几何，依次选择菜单栏中的 Maxwell 2D→Fields→Plot Mesh 命令，在弹出的对话框中单击 Done 按钮，经过一段时间的计算，网格如图 18-90 所示。

步骤 **06** 在工具栏中单击 按钮，在弹出如图 18-91 所示的对话框中可以查看网格数量等一些信息。

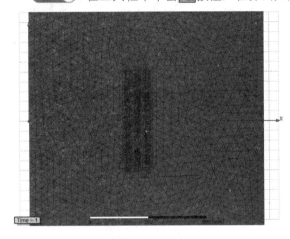

图 18-90 模型局部网格

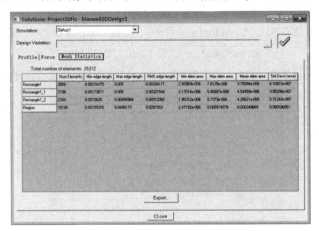

图 18-91 网格尺寸

步骤 **07** 计算。依次选择 Maxwell 3D→Analyze All 命令，此时程序开始计算。

步骤 **08** 双击左下角的 Time=-1，此时弹出如图 18-92 所示的对话框，任意选择一个时间节点，单击"确定"按钮。

步骤 **09** 选中所有几何，依次选择菜单栏中的 Maxwell 2D→Fields→Fields→A→Flux Line 命令，此时磁力等值线如图 18-93 所示。

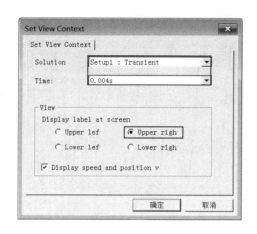

图 18-92　选择时间节点

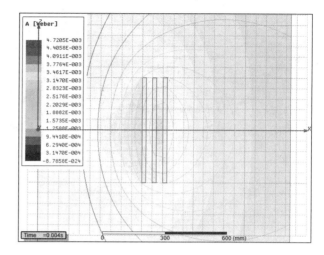

图 18-93　磁力等值线

步骤 **10**　利用同样的方法可以查看如图 18-94 所示的某一时刻的磁矢量图和如图 18-95 所示的磁场分布云图。

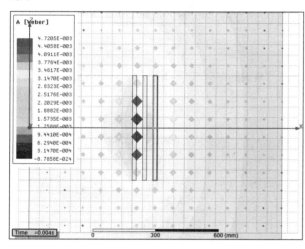

图 18-94　磁矢量图

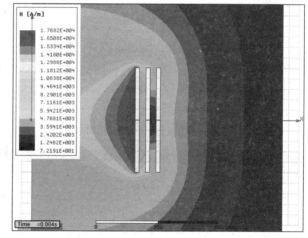

图 18-95　磁场分布云图

18.4.8　图表显示

步骤 **01**　依次选择菜单栏中的 Maxwell 3D→Results→Create Transient Report→Rectangular Report 命令，在弹出如图 18-96 所示的对话框中进行如下设置：

在 Category 栏中选择 Winding；

按住 Ctrl 键，在 Quantity 栏中选择 InputCurrent(Winding1)、InputCurrent(Winding2)和 InputCurrent(Winding3)选项；

单击 New Report 按钮；

步骤 **02**　此时，出现如图 18-97 所示的 3 个电流随时间变化的曲线图。

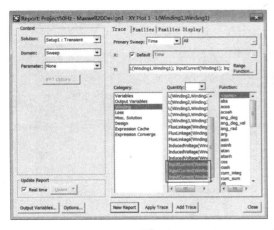

图 18-96　图表设置

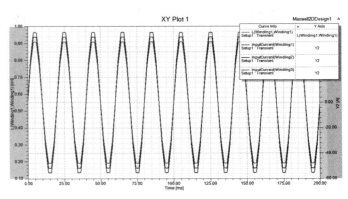

图 18-97　电流曲线图

18.4.9　3D 图表显示

步骤 01　依次选择菜单栏中的 Maxwell 3D→Results→Create Transient Report→3D Rectangular Report 命令，在弹出如图 18-98 所示的对话框中进行如下设置：

在 Category 栏中选择 Winding；

按住 Ctrl 键，在 Quantity 栏中选择 InducedVoltage（Winding1）、InducedVoltage（Winding2）和 InducedVoltage（Winding3）选项；

单击 New Report 按钮。

步骤 02　此时，出现如图 18-99 所示的 3 个电流随时间变化的曲线图。

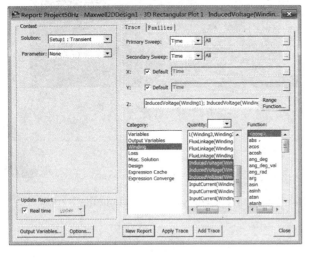

图 18-98　图表设置

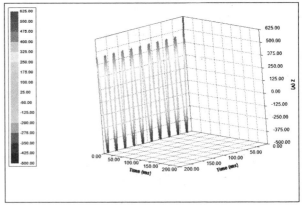

图 18-99　电压曲线图

步骤 03　依次选择菜单栏中的 Maxwell 3D→Results→Create Transient Report→Rectangular Stacked Report 命令，在弹出的对话框选择步骤 1 中的 3 个电流，单击 New Report 按钮，显示如图 18-100 所示的电流图表。

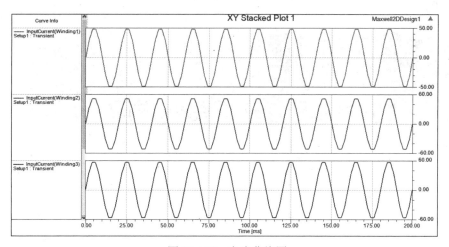

图 18-100　电流曲线图

18.4.10　保存与退出

步骤01　单击 ANSYS Electronics Desktop 界面右上角的 （关闭）按钮，退出 ANSYS Electronics Desktop 返回到 Workbench 主界面。

步骤02　在 Workbench 主界面中单击常用工具栏中的 🖫（保存）按钮，在弹出的"另存为"对话框中输入文件名为 Project50Hz。

步骤03　单击右上角的 ❎（关闭）按钮，退出 Workbench 主界面，完成项目分析。

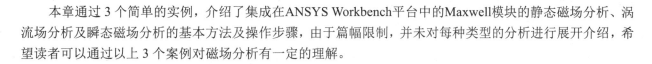

18.5　本章小结

　　本章通过 3 个简单的实例，介绍了集成在ANSYS Workbench平台中的Maxwell模块的静态磁场分析、涡流场分析及瞬态磁场分析的基本方法及操作步骤，由于篇幅限制，并未对每种类型的分析进行展开介绍，希望读者可以通过以上 3 个案例对磁场分析有一定的理解。

第19章
多物理场耦合分析案例详解

 导言

　　本章首先对多物理场的概念进行简要的介绍，并通过 4 个典型案例详细讲解了电磁热耦合、电磁结构耦合、流体结构耦合及电磁热流耦合的操作步骤。

　　ANSYS Workbench 18.0 平台优势在于方便进行多物理场耦合分析，通过简单的拖动功能即可完成几何数据的共享及载荷的传递操作。

 学习目标

- ★ 了解多物理场的基本概念及Workbench平台的多物理场分析能力
- ★ 熟练掌握电磁结构耦合分析的操作方法及操作过程
- ★ 熟练掌握电磁热结构耦合操作方法及操作过程
- ★ 熟练掌握流体结构耦合的操作方法及操作过程
- ★ 熟练掌握电磁热流耦合的操作方法及操作过程

19.1　多物理场耦合分析简介

　　自然界中存在位移（应力应变）场、电磁场、温度场和流场 4 种场，工程中使用的软件可以进行这些场的单场分析。

　　实际上，自然界中这 4 种场之间是互相联系的，现实世界不存在纯粹的单场问题，所遇到的所有物理场问题都是多物理场耦合的，只是受到硬件或软件的限制，人为将它们分成单场现象，各自进行分析。有时这种分离是可以接受的，但许多问题这样计算将得到错误结果。因此，在条件允许时，应该进行多物理场耦合分析。

19.1.1　多物理场耦合分析

　　多物理场耦合分析是考虑两个或两个以上工程学科（物理场）间相互作用的分析，如流体与机构的耦合分析（流固耦合）、电磁与结构耦合分析、电磁与热耦合分析、热与结构耦合分析、电磁与流体耦合分析、流体与声学耦合分析、结构与声学耦合分析（振动声学）等。

　　以流固耦合为例，流体流动的压力作用到结构上，结构产生变形，而结构的变形又影响了流体的流道，因此是相互作用的问题。

再如，通有电流的螺线管会在其周围产生磁场，同时流有电流的螺线管在磁场中会受到磁场力的作用而产生形变，形变会使得螺线管的磁场分布发生变化，因此是相互作用的问题。

耦合分析总体来说分为单向耦合与双向耦合两种。

- 单向耦合：以流固耦合分析为例，如果结构在流道中受到流体压力产生的变形很小，忽略亦可满足工程计算的需要，则不需要将变形反馈给流体，这样的耦合称为单向耦合。
- 双向耦合：以流固耦合分析为例，如果结构在流道中受到的流体的压力很大，或者即使压力很小也不能被忽略，则需要将结构变形反馈给流体，这样的耦合称为双向耦合。

ANSYS Workbench 18.0 新版本的仿真平台具有多物理场的耦合分析能力，其中包括：

- 流体——结构耦合（CFX 与 Mechanical 或 FLUENT 与 Mechanical）
- 流体——热耦合（CFX 与 Mechanical 或 FLUENT 与 Mechanical）
- 流体——电磁耦合（FLUENT 与 ANSOFT Maxwell）
- 热——结构耦合（Mechanical）
- 静电——结构耦合（Mechanical）
- 电磁——热耦合（ANSOFT Maxwell 与 Mechanical）
- 电磁——结构——噪声（ANSOFT Maxwell、Mechanical 与 ACTRAN）

以上耦合为场耦合分析方法，其中部分分析能实现双向耦合计算。

除此之外，自从ANSYS 18.0 新版本发行，ANSYS Workbench软件还可与ANSOFT Simplorer软件集成在一起实现场路耦合计算。

场路耦合计算适合于进行电机、电力电子装置及系统、交直流传动、电源、电力系统、汽车部件、汽车电子与系统、航空航天、船舶装置与控制系统、军事装备仿真等领域的分析。

 由于篇幅限制，本章介绍的分析方法均为单向耦合分析。

19.1.2　多物理场应用场合

ANSYS Workbench平台多物理场耦合分析可以分析上述 4 种基本场之间的相互耦合，其应用场合包括以下几个方面。

（1）流固耦合
- 汽车燃料喷射器、控制阀、风扇、水泵等。
- 航天飞机机身及推进系统及其部件。
- 可变形流动控制设备、生物医学上血流的导管及阀门、人造心脏瓣膜等。
- 纸处理应用、一次性尿布制造过程。

（2）压电应用
- 换能器、应变计、传感器等。
- 麦克风系统。
- 喷墨打印机驱动系统。

（3）热-电耦合

- 载流导体、汇流条等。
- 电动机、发电机、变压器等。
- 断路器、电容器、电抗器等。
- 电子元件及电子系统。
- 热-电冷却器。

（4）MEMS应用

- MEMS 梳状驱动器（电-结构耦合）。
- MEMS 扭转谐振器（电-结构耦合）。
- MEMS 加速计（电-结构耦合）。
- MEMS 微泵（压电-流体耦合）。
- MEMS 热-机械执行器（热-电-结构耦合）。
- 其他大量的 MEMS 装置等。

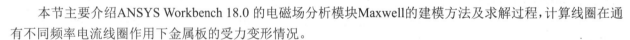

19.2 耦合实例1——Maxwell和Mechanical 线圈电磁结构瞬态耦合

本节主要介绍ANSYS Workbench 18.0 的电磁场分析模块Maxwell的建模方法及求解过程，计算线圈在通有不同频率电流线圈作用下金属板的受力变形情况。

注：因为本案例模型文件较大，所以进行练习时可能需要较多的计算时间。由于数据结果文件过大，在提供的源文件中去除了file.rst文件，但不影响读者查看云图，如果想要得到file.rst文件，则只需重新运行一遍源文件即可。

学习目标：熟练掌握Maxwell的建模方法及求解过程，同时掌握电磁结构耦合分析方法。

模型文件	下载资源\Chapter19\char19-1\ coil.sat
结果文件	下载资源\Chapter19\char19-1\ EM2VI2AC.wbpj

19.2.1 问题描述

如图 19-1 所示为一个线圈模型，线圈中分别流过 3 个不同频率下的电流，此时在线圈上端摆放的金属板在交变磁场的作用下将产生相应的变形，在金属板两端面固定约束情况下，试分析其变形情况及应力分布情况。

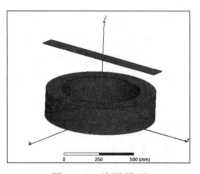

图 19-1　线圈模型

19.2.2　软件启动与保存

步骤 01　在 Windows 系统下执行开始→所有程序→ANSYS 18.0→Workbench 18.0 命令，进入 Workbench 主界面。

步骤 02　进入 Workbench 主界面后，单击工具栏中的 按钮，将文件保存为 EM2VI2AC，单击 Getting Started 窗口右上角的 （关闭）按钮将其关闭。

本案例需要用到 ANSYS Electromagnetics Suite 18.0 软件，请读者进行安装。

19.2.3　导入几何数据文件

步骤 01　创建几何生成器。如图 19-2 所示，在 Workbench 左侧 Toolbox（工具箱）的 Analysis Systems 中单击 Maxwell 3D，并按住鼠标左键不放将其拖到右侧的 Project Schematic 窗口中，即可创建一个如同 Excel 表格的项目 A。

步骤 02　双击 A2（Geometry），进入如图 19-3 所示的电磁分析环境，此时启动了 Maxwell 3D 软件。

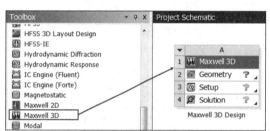

图 19-2　项目 A

步骤 03　依次选择菜单栏中的 Modeler→Import 命令，在出现的 Import File 对话框中选择 Coil.sat 几何文件，单击"打开"按钮。

步骤 04　此时模型文件已经成功显示在 Maxwell 软件中，如图 19-4 所示，同时弹出 Modal Analysis 对话框，在左侧栏中显示的几何图形为 Good，表示数据读取无误，单击 Close 按钮。

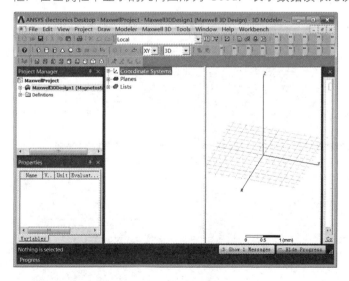

图 19-3　电磁分析环境

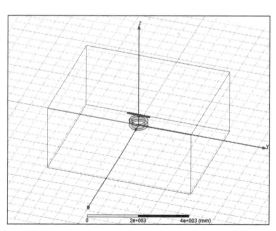

图 19-4　读取的模型

19.2.4　求解器与求解域的设置

步骤01　设置求解器类型。如图 19-5 所示，选择菜单栏中的 Maxwell 3D→Solution Type...命令。

步骤02　在弹出如图 19-6 所示的 Solution Type 对话框中选择 Eddy Current（涡流分析），单击 OK 按钮。

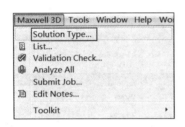

图 19-5　设置求解器类型

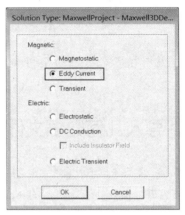

图 19-6　确定求解器类型

19.2.5　赋予材料属性

步骤01　赋予材料属性。在模型树中选择 Cylinder 2 模型名，单击鼠标右键，在弹出的快捷菜单中选择 Assign Material...命令，如图 19-7 所示，将弹出 Select Definition 对话框。

步骤02　在如图 19-8 所示的 Select Definition 对话框中选择 Aluminum 材料并单击"确定"按钮。此时，模型树中 Cylinder 2 的上级菜单由 Not Assigned 变成 Aluminum。

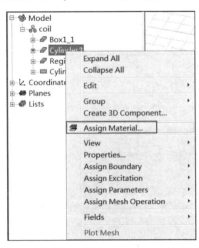

图 19-7　赋予材料属性

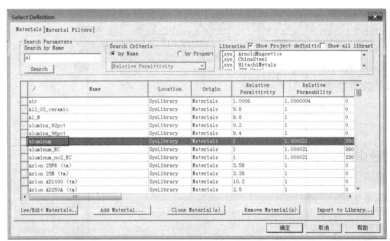

图 19-8　材料库

步骤03　如图 19-9 所示，将 Box1_1 模型设置为 steel_stainless。

第19章

多物理场耦合分析案例详解

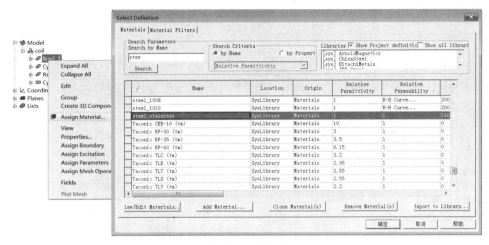

图 19-9　材料库

步骤 04 Region 默认为 Vacuum 即可。

19.2.6　添加激励

步骤 01 隐藏 Region 几何。Region 几何是电磁计算中的计算域，也就是电磁场计算中的求解空间，在对 Cylinder 2 几何施加激励之前，为了方便操作，可以先将 Region 几何隐藏掉。单击 Region 几何模型，使其处于加亮状态，然后依次选择菜单栏中的 View→Visibility→Active View Visibility 命令，在弹出如图 19-10 所示的对话框中将 Region 几何后面的✔取消，并单击 Done 按钮。

此时在绘图窗口中隐藏了Region几何的显示，如果想恢复几何的显示，则可以再选中Region复选框。

步骤 02 选中 Cylinder 2 几何模型，使其处于加亮状态，依次选择菜单栏中的 Modeler→Surface→Section 命令，在弹出如图 19-11 所示的对话框中选中 YZ 单选按钮，单击 OK 按钮。

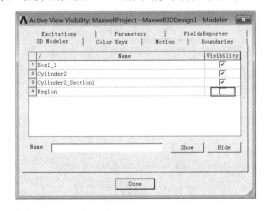

图 19-10　取消 Region

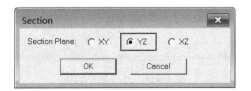

图 19-11　创建截面

此命令是在Cylinder 2 几何的YZ平面上创建的两个截面。

445

步骤 **03** 依次选择菜单栏中的 Modeler→Boolean→Separate Bodies 命令,如图 19-12 所示,将两个创建好的截面分离。

步骤 **04** 单击其中的一个截面,同时按键盘上的 Delete 键,将其中的一个删除,删除后几何模型如图 19-13 所示。此时,可以看见 Cylinder2 几何上面只剩下一个截面在 Y 轴的负半轴上。

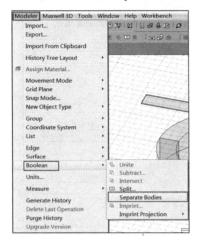

图 19-12 分离截面

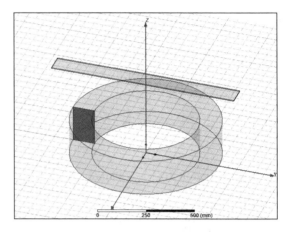

图 19-13 几何

步骤 **05** 施加电流载荷。选中刚才创建的截面,依次选择 Maxwell 3D→Excitations→Assign→Current 命令,在弹出如图 19-14 所示的对话框中进行如下设置:

在 Value 栏中输入电流大小为 5000A;

在 Type 栏中选择 Stranded 选项,即不计算 Cylinder 2 涡电流效应,单击 OK 按钮。

步骤 **06** 选择 Box1_1 几何,使其处于加亮状态,依次选择菜单栏中的 Maxwell 3D→Mesh Operations →Assign→Inside Selection→Length Based 命令,在弹出如图 19-15 所示的对话框中进行如下设置:

在 Maximum Length of Elements 栏中输入 20,其余保持默认即可。

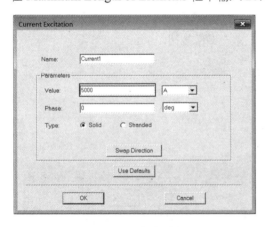

图 19-14 设置激励数值

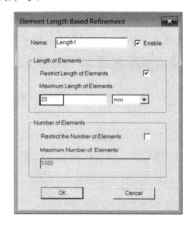

图 19-15 网格大小设置

步骤 **07** 依次选择菜单栏中的 Maxwell 3D→Analysis Setup→Add Solution Setup 命令,在弹出如图 19-16 所示的对话框中进行如下设置:

选择 Solver 选项卡,在 Adaptive Frequency 栏中输入 50Hz,其余保持默认即可,单击"确定"按钮。

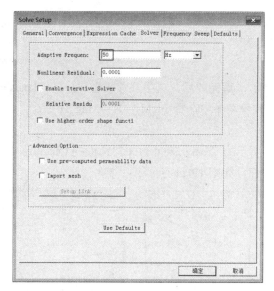

图 19-16　求解器设置

19.2.7　模型检查与计算

通过上面的操作步骤，有限元分析的前处理工作全部结束，为了保证求解能顺利完成计算，需要先检查一下前处理的所有操作是否正确。

步骤01 模型检查。单击工具栏上的 ✅ 按钮，出现如图 19-17 所示的 Validation Check 对话框，绿色对号说明前面的基本操作步骤没有问题。

如果出现如图 19-17 所示的 ❗，则表示边界条件及激励有警告，但是不会出现影响计算的问题，此时可以继续进行计算；如果出现了 ❌，则说明前处理过程中某些步骤有问题，请根据右侧的提示信息进行检查。

步骤02 求解计算。右键单击 Project Manager 中的 Analysis→Setup1 命令，在弹出的快捷菜单中选择如图 19-18 所示的 Analyze 命令进行求解计算。求解需要一定的时间。

图 19-17　模型检查

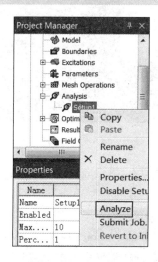

图 19-18　求解模型

19.2.8　后处理

步骤 **01**　显示磁场分布云图。求解完成后，选中几何模型树中的 Planes→Global：YZ 平面，单击鼠标右键，在弹出如图 19-19 所示的快捷菜单中选择 Fields→H→Mag_H 命令，此时将弹出 Create Field Plot 对话框。

步骤 **02**　在弹出如图 19-20 所示的 Create Field Plot 对话框的 Quantity 中选择 Mag_H，在 In Volume 中选择 AllObjects，并单击 Done 按钮，如图 19-21 所示。

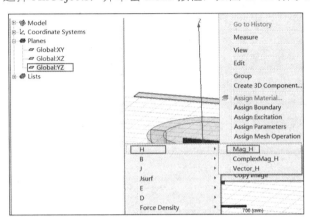

图 19-19　后处理操作

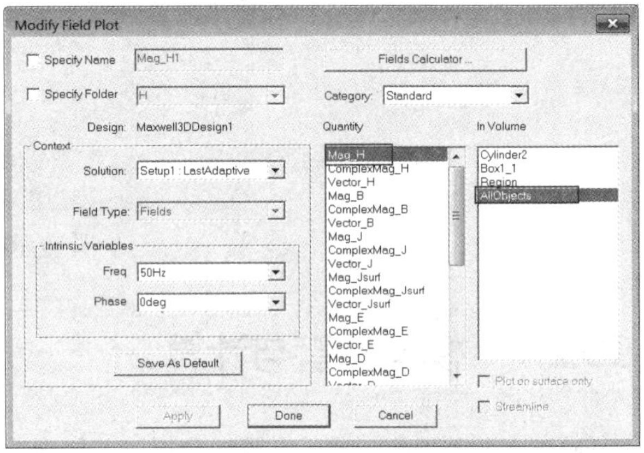

图 19-20　选择后处理实体

步骤 **03**　同理操作，如图 19-22 所示为磁场矢量图。通过对电磁物理的学习可以判断磁场方向的正确与否。

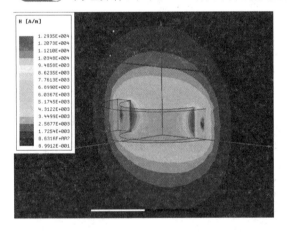

图 19-21　磁场分布云图

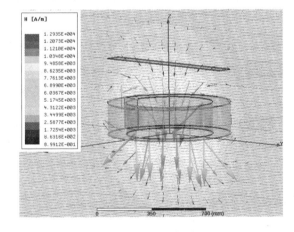

图 19-22　磁场矢量图

步骤 **04**　磁感应分布云图与磁感应矢量图如图 19-23 所示。另外，读者可以通过类似操作查看其他后处理结果，这里不再赘述。

步骤 **05**　后处理操作。求解完成后，选中金属板模型并单击鼠标右键，在弹出如图 19-24 所示的快捷菜单中选择 Fields→Force Density→Volume_Force_Density 命令，将弹出 Create Field Plot 对话框。

步骤 **06**　在弹出如图 19-25 所示的 Create Field Plot 对话框的 Quantity 中选择 Volume_Force_Density，在 In Volume 中选择 Box1_1，体积力密度云图如图 19-26 所示。局部体积密度矢量图如图 19-27 所示。

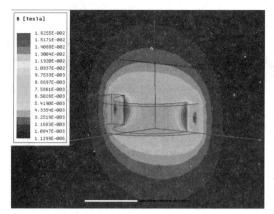
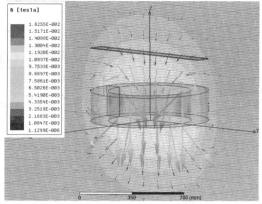

图 19-23　磁感应云图与矢量图

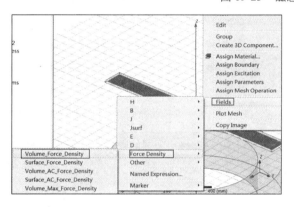
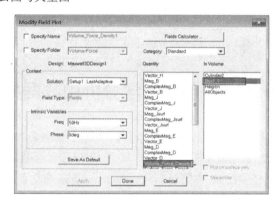

图 19-24　后处理操作　　　　　　　　图 19-25　选择后处理实体

步骤 07　单击 按钮，保存文档，然后单击 按钮关闭 Maxwell 3D 软件，返回到 Workbench 主窗口。

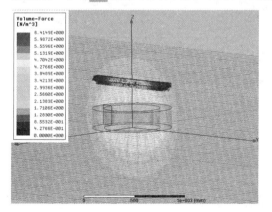
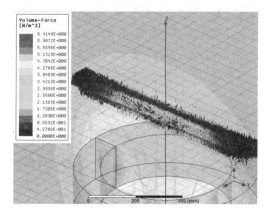

图 19-26　体积力密度云图　　　　　　图 19-27　局部体积力密度矢量图

19.2.9　创建电磁分析环境

步骤 01　如图 19-28 所示创建两个电磁分析环境并进行如下连接：将项目 A 中的 A2（Geometry）拖动到项目 B 的 B2（Geometry）及项目 D 中的 D2（Geometry）中。

步骤 **02** 如图 19-29 所示分别在求解器中设置求解频率为 500Hz 和 2500Hz，其余设置与前面一样，此处不再赘述。

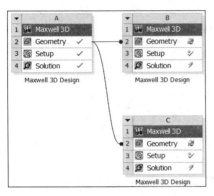

图 19-28 创建电磁分析环境

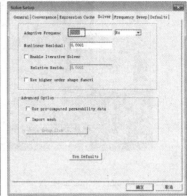

图 19-29 求解器设置

19.2.10 创建力学分析和数据共享

步骤 **01** 回到 Workbench 窗口中，创建瞬态力学分析环境。并对各个分析模块进行连接，如图 19-30 所示，具体连接为：

将项目 A 中的 A2（Geometry）直接拖动到项目 C 中的 C3（Geometry）栏中，共享几何数据；

分别将 A2、B2 及 D2 中的 Solution 直接拖动到项目 C 的 C5（Setup）栏中创建数据连接。

步骤 **02** 几何模型数据读入。双击 C2（Geometry）进入几何平台，可以进行几何的相关操作。在这里将 Cylinder2 几何及 Cylinder2_Section1（截面）进行抑制，如图 19-31 所示。

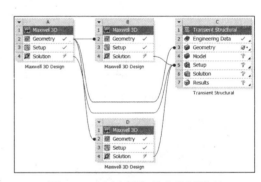

图 19-30 创建耦合的力分析模型

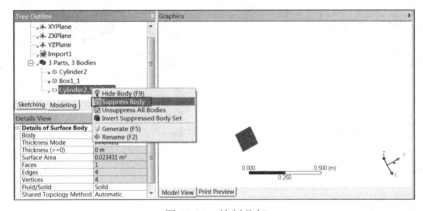

图 19-31 抑制几何

由于这个例子主要分析金属板的电磁振动，线圈的几何模型没有用处，所以选择抑制掉以节省计算时间。如果想要计算绕组的振动，则需要保留线圈。

步骤 03 体积力密度数据传递。在 Workbench 主窗口，分别在 A4、B4 及 C4（Solution）中单击鼠标右键，在弹出的快捷菜单中选择 Update 命令，经过数分钟的计算，A4、B4 及 C4（Solution）表格由 🗲 变成 ✓，说明数据已经更新完成。

19.2.11　材料设置

步骤 01 材料属性设置。在 C2（Engineering Data）中单击鼠标右键，如图 19-32 所示，在弹出的快捷菜单中选择 Edit...命令。

步骤 02 进入如图 19-33 所示的材料库，选择 General Materials→Structural Steel。

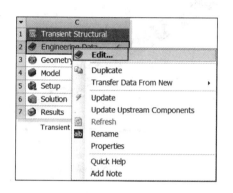

图 19-32　材料属性设置

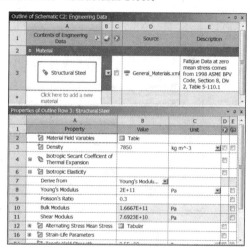

图 19-33　材料选择

步骤 03 Mechanical 中的模型。在 C4（Model）中单击鼠标右键，在弹出如图 19-34 所示的快捷菜单中选择 Edit...命令，进入如图 19-35 所示的 Mechanical 操作界面。

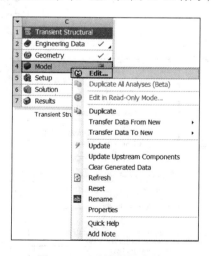

图 19-34　右键快捷菜单

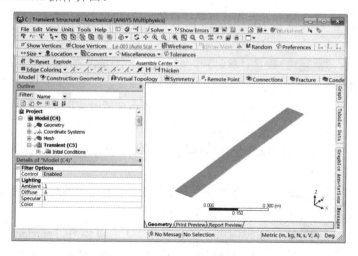

图 19-35　Mechanical 操作界面

步骤 04 赋予材料属性。将 Structural Steel 添加给 Box1_1。

19.2.12　网格划分

步骤01　网格设置。右键选择 Project→Model（C4）→Method 选项，在弹出如图 19-36 所示的详细设置面板中进行如下设置：

在 Geometry 栏中选择几何；

在 Method 栏中选择 Tetrahedrons 选项，请读者注意此处将网格划分成四面体，而不是默认的六面体。

步骤02　在 Project→Model（B4）→Mesh 命令上单击鼠标右键，在弹出的快捷菜单中选择 Generate Mesh 命令。

步骤03　如图 19-37 所示为划分完成后的网格模型。

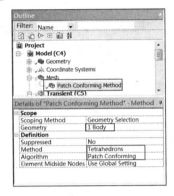
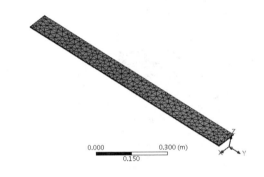

图 19-36　网格设置　　　　图 19-37　网格模型

　本例将网格划分的比较粗糙，实际工程中需要对网格进行细化，本例只是在演示网格划分过程。

19.2.13　添加边界条件与映射激励

步骤01　设置计算时间。如图 19-38 所示，在 Analysis Settings 中做如下设置：

在 Step End Time 栏中输入 1s，表示求解时间为 1s；

在 Auto Time Stepping 栏中选择 off，关闭自动时间步；

在 Define By 栏中选择 Substeps 选项，表示设置求解步数，而不是设置时间步长。

步骤02　如图 19-39 所示，选择 Box1_1 几何的两个侧面并单击鼠标右键，选择 Insert→Fixed Support 命令。

步骤03　映射力密度到结构网格上。右键单击 Transient（C5），在如图 19-40 所示的快捷菜单中选择 Insert→Body Force Density 命令。

步骤04　选择如图 19-41 所示绘图区域中的螺线管模型，单击 Apply 确定。

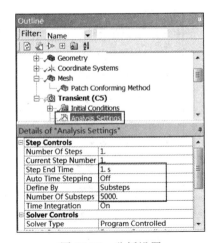

图 19-38　分析设置

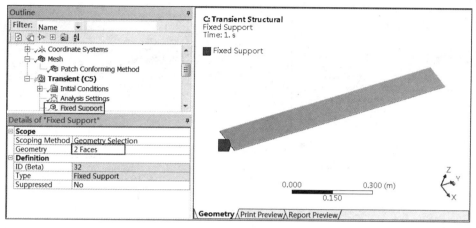

图 19-39　边界条件设置

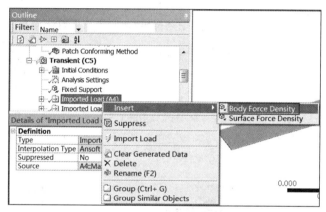

图 19-40　映射力密度

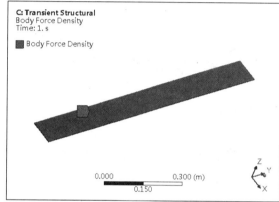

图 19-41　选择实体

步骤 05　如图 19-42 所示选择 Body Force Density 命令并单击鼠标右键，在弹出的快捷菜单中选择 Import Load 命令，经过一段时间计算，映射完后的力密度云图如图 19-43 所示。

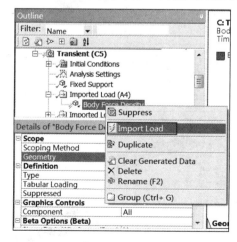

图 19-42　导入载荷

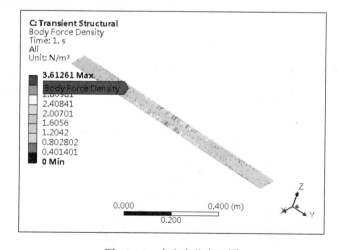

图 19-43　力密度分布云图

步骤 06　同样将另外两个频率下的体积力密度也导入进来，完成后如图 19-44 和图 19-45 所示。

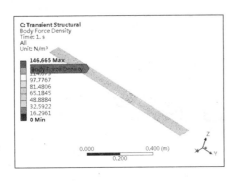

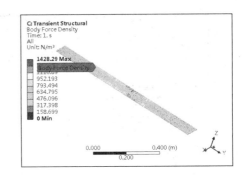

图 19-44　力密度分布云图　　　　　　　　图 19-45　力密度分布云图

19.2.14　求解计算

求解计算。选择Transient（C6）并单击鼠标右键，在弹出的快捷菜单中选择Solve命令，进行求解计算。

19.2.15　后处理

步骤 01 位移云图。选择 Solution 并单击鼠标右键，在弹出的快捷菜单中选择 Insert→Deformation→Total 命令，添加位移云图，然后执行计算，即可得到如图 19-46 所示的位移响应云图。

步骤 02 速度云图。利用同样的操作可以得到速度云图，如图 19-47 所示。

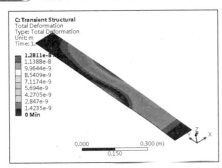

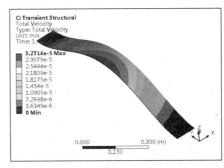

图 19-46　位移云图　　　　　　　　图 19-47　速度云图

步骤 03 加速度云图如图 19-48 所示。应力云图如图 19-49 所示。

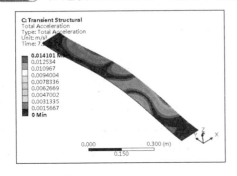

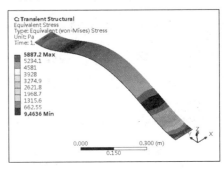

图 19-48　加速度云图　　　　　　　　图 19-49　应力云图

步骤 04 此外，还可以显示位移、速度、加速度及应力随时间变化的曲线图，如图 19-50 所示。

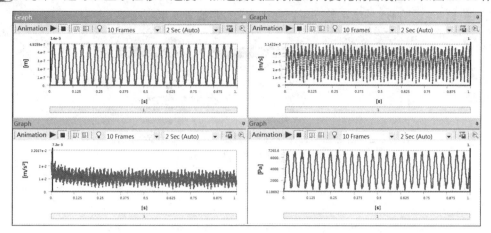

图 19-50　曲线图

19.2.16　关闭 Workbench 平台

步骤 01 保存并退出。选择菜单栏中的 File→📄命令保存，单击 ✖ 按钮退出，并回到 Workbench 窗口。

步骤 02 返回到 Workbench 窗口，单击 📄 按钮保存文件，然后单击 ✖ 按钮退出。

19.3　耦合实例2——FLUENT和Mechanical 流体结构耦合分析

本节主要介绍ANSYS Workbench 18.0 的流体分析模块FLUENT的流体结构方法及求解过程，计算多通道管道的热流变形情况。

学习目标：熟练掌握FLUENT的流固耦合分析方法及求解过程。

模型文件	无
结果文件	下载资源\Chapter19\char19-2\Fluent2Structure.wbpj

19.3.1　载入工程文件

加载第 16 章的第 2 个实例，即依次选择下载资源\Chapter16\char16-2\fluid_FLUENT.wbpj分析项目文件，双击打开，选择Workbench平台工具栏中的Save as命令，将文件保存为Fluent2Structure。

19.3.2　结构力学计算

步骤 01 在 Workbench 窗口中，在如图 19-51 所示的表格 B5（Solution）上单击鼠标右键，在弹出的快

捷菜单中选择 Transfer Data To New→Static Structural 命令，此时会在 B 表的右侧出现一个 C 表，同时出现 B5 与 C5 连接曲线，这说明 B5 的结果数据可以作为 C5 的外载荷使用。

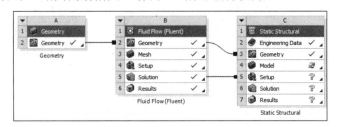

图 19-51　创建耦合的静力分析模型

步骤 **02**　双击项目 C 中的 C4（Model），进入到如图 19-52 所示的结构计算平台，在平台中完成结构部分的前处理及求解。

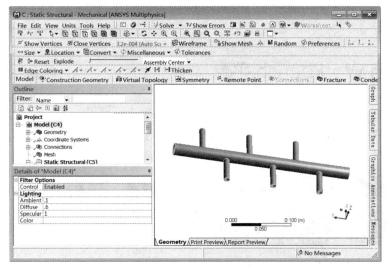

图 19-52　结构网格平台

步骤 **03**　在 Outline→Project→Model（B4）→Geometry 中，右键选择 fluid\体积选项，在弹出如图 19-53 所示的快捷菜单中选择 Suppress Body 命令，抑制完成后的几何如图 19-54 所示。此时，在被抑制的几何名称前面由 ✔ 变成 ✖，表示几何将不参与计算。

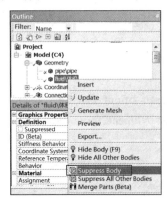

图 19-53　右键快捷菜单

图 19-54　抑制几何

19.3.3 材料设置

步骤01 材料属性设置。在 Workbench 平台的项目 C 中进行如下操作：

在 C2（Engineering Data）上单击鼠标右键，在弹出的快捷菜单中选择 Edit...命令，单击如图 19-55 所示的工具栏上的██按钮。

步骤02 进入如图 19-56 所示的材料库，选择 General Materials→Aluminum Alloy，返回到 Workbench 平台。

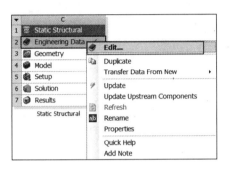

图 19-55 材料属性设置

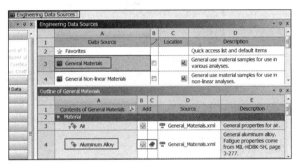

图 19-56 材料选择

步骤03 更新数据。此时读者将发现 B 项目中的数据需要做相应的更新，如图 19-57 所示。

步骤04 右键单击 B6，在弹出的快捷菜单中选择 Update 命令，如图 19-58 所示，进行数据更新。

由于在分析项目中添加了结构计算模块，所以前面计算过的模型数据有时需要更新，否则将不能进行下一步的计算。

图 19-57 数据传递

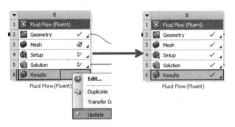

图 19-58 更新数据

步骤05 Mechanical 中的模型。在 C4（Model）中单击鼠标右键，在弹出如图 19-59 所示的快捷菜单中选择 Update 命令。如图 19-60 所示的 Mechanical 操作界面中的模型。

图 19-59 刷新数据

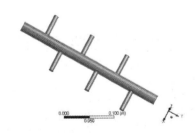

图 19-60 Mechanical 中模型

步骤06 赋予材料属性。选择如图 19-61 所示 Outline 中 Model（C4）→Geometry 里面的 pipe\pipe，在 "Details of 'pipe\pipe'" 中的 Material→Assignment 中选择 Aluminum Alloy。

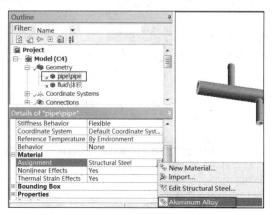

图 19-61　赋予材料属性

19.3.4　网格划分

步骤01 网格设置。单击 Project→Model（B4）→Mesh，在出现如图 19-62 所示的面板中进行如下设置：

在 Element Size 栏中输入网格尺寸为 5.e-003m，其余保持默认即可；

选择工具栏中的 Update 命令。

步骤02 如图 19-63 所示为划分完成后的网格模型。

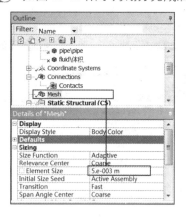

图 19-62　设置网格尺寸

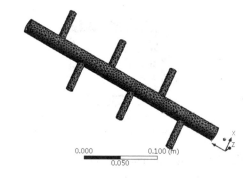

图 19-63　网格模型

19.3.5　添加边界条件与映射激励

步骤01 添加边界条件。选择 Fixed Support 命令，在 "Details of 'Fixed Support'" 详细设置面板中进行如下设置：

选择粗圆柱两侧面，单击 Geometry 栏中的 Apply 按钮；

此时 Geometry 栏中将显示如图 19-64 所示的 2 Faces 字样，表示两个面被选中。

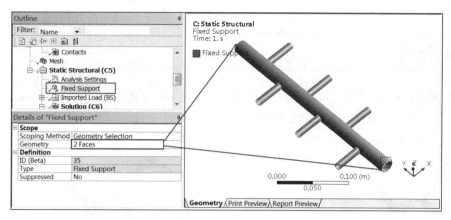

图 19-64　添加边界条件

步骤02 映射力密度到结构网格上。右键单击 Static Structural（C5），在如图 19-65 所示的快捷菜单中选择 Insert→Pressure 命令。

步骤03 在如图 19-66 所示的"Details of 'Imported Pressure'"面板中进行如下设置：

在 Scoping Method 栏中选择 Geometry Selection 选项；

在 Geometry 栏中选择所有的内圆柱面，共 7 个面；

在 CFD Surface 栏中选择 wall fluid_solid1 选项。

步骤04 右键单击 Imported Pressure，在弹出的快捷菜

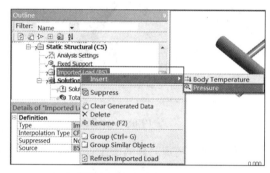

图 19-65　映射压力

单中选择 Import Load 命令，经过一段时间的计算，映射完的压力分布矢量图，如图 19-67 所示。

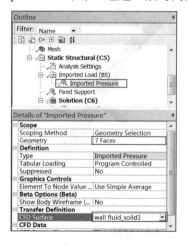

图 19-66　选择受力面

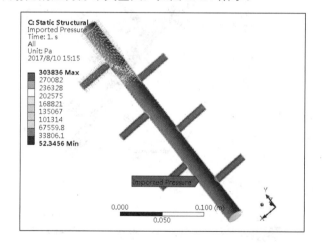

图 19-67　压力分布矢量图

19.3.6　求解计算

求解计算。选择Static Structural（C5）并单击鼠标右键，在弹出的快捷菜单中选择Solve命令进行求解计算。

19.3.7　后处理

步骤 01　位移云图。右键单击 Solution 命令，在弹出的快捷菜单中选择 Insert→Deformation→Total 命令，添加位移云图，然后执行计算即可得到如图 19-68 所示的位移响应云图。

步骤 02　应力云图。利用同样的方法可以得到应力分布云图，如图 19-69 所示。

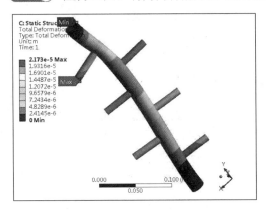
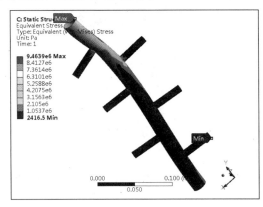

图 19-68　位移云图　　　　　　　　　　　图 19-69　应力云图

步骤 03　利用同样的操作可以显示应变能及等效应变，如图 19-70 所示。另外，读者可以添加一条路径，显示应变及应力随路径变化的曲线关系。

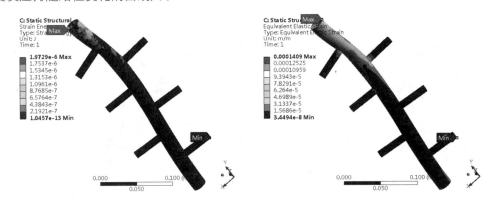

图 19-70　应变分布云图

步骤 04　保存并退出。选择菜单栏中的 File→💾 命令保存，单击 ❌ 按钮退出并回到 Workbench 窗口。

步骤 05　返回到 Workbench 窗口，单击 💾 按钮保存文件，然后单击 ❌ 按钮退出。

19.3.8　读者演练

上例主要讲述了 Fluent 软件与 Mechanical 平台进行流体结构单项耦合。除此之外，ANSYS 公司的另一款流体力学软件 CFX 也可以与 Mechanical 平台进行流体结构耦合，请读者结合第 16 章实例 1 所讲的操作步骤并结合上节所讲的耦合方法，自己动手完成 CFX 与 Mechanical 平台的耦合分析，划分同样的网格并对比结果。

19.4 耦合实例3——Maxwell和Mechanical 线圈电磁结构瞬态耦合

本节主要介绍ANSYS Workbench 18.0 的电磁场分析模块Maxwell的建模方法及求解过程,计算一转子在定子线圈电流的驱动下的转动分析及应力大小。

注:本案例模型文件较大,在进行练习时可能需要较多的计算时间。另外,由于数据结果文件过大,因此在提供的源文件中去除了file.rst文件和Maxwell 3D Design1.results文件,但不影响读者查看云图,如果想要得到file.rst文件,则只需重新运行一遍源文件即可。

学习目标:熟练掌握Maxwell的建模方法及求解过程,同时掌握电磁结构耦合分析方法。

模型文件	下载资源\Chapter19\char19-3\rot.sat
结果文件	下载资源\Chapter19\char19-3\rot.wbpj

19.4.1 问题描述

如图 19-71 所示的模型,模型中定子上有两个绕组,试分析当绕组通过电流时转子的运动情况及应力大小。

图 19-71 模型

19.4.2 软件启动与保存

步骤01 启动 Workbench。在 Windows 系统下执行开始→所有程序→ANSYS 18.0→Workbench 18.0 命令,即可进入 Workbench 主界面。

步骤02 保存工程文档。进入 Workbench 后,单击工具栏中的 按钮,将文件保存为 rot,单击 Getting Started 窗口右上角的 （关闭）按钮将其关闭。

19.4.3 导入几何数据文件

步骤01 创建几何生成器。如图 19-72 所示,在 Workbench 左侧 Toolbox（工具箱）的 Analysis Systems 中单击 Maxwell 3D 并按住左键不放将其拖到右侧的 Project Schematic 窗口中,此时即可创建一个如同 Excel 表格的项目 A。

步骤 **02** 双击 A2（Geometry），进入如图 19-73 所示的电磁分析环境，此时启动了 ANSYS Electronics Desktop 软件。

步骤 **03** 依次选择菜单栏中的 Modeler→Import 命令，在弹出的 Import File 对话框中选择 rot.sat 几何文件，并单击"打开"按钮。

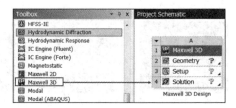

图 19-72 项目 A

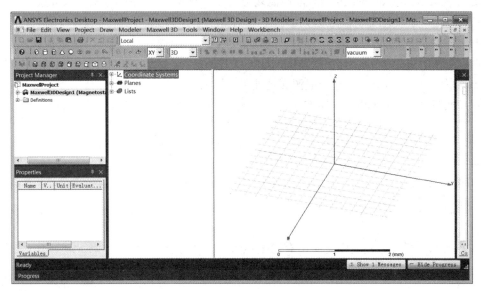

图 19-73 电磁分析环境

步骤 **04** 此时模型文件已经成功地显示在 ANSYS Electronics Desktop 软件中，如图 19-74 所示。

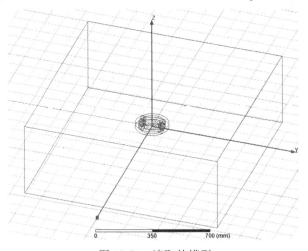

图 19-74 读取的模型

19.4.4 求解器与求解域的设置

步骤 **01** 设置求解器类型。如图 19-75 所示，选择菜单栏中的 Maxwell 3D→Solution Type…命令。

步骤02 在弹出如图 19-76 所示的 Solution Type 对话框中选择 Transient（瞬态分析），单击 OK 按钮。

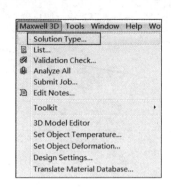

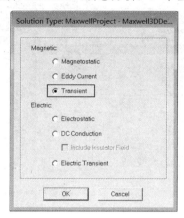

图 19-75　设置求解器类型　　　　　　　图 19-76　确定求解器类型

19.4.5　赋予材料属性

步骤01 赋予材料属性。在模型树中选择 Coil 和 Coil_1 模型名，单击鼠标右键，在弹出的快捷菜单中选择 Assign Material...命令，如图 19-77 所示，将弹出 Select Definition 对话框。

步骤02 在如图 19-78 所示的 Select Definition 对话框中选择 Copper 材料并单击"确定"按钮，此时模型树中 Coil 和 Coil_1 的上级菜单由 Not Assigned 变成 Copper。

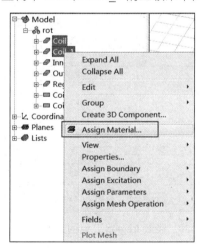

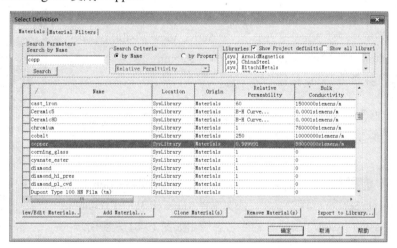

图 19-77　赋予材料属性　　　　　　　　图 19-78　材料库

步骤03 定义新材料。右键选择 Inner_arm 和 Outer_arm 两个选项，在弹出的快捷菜单中选择 Assign Material...命令，在弹出的 Select Materials 对话框中单击下面的 Add Material 按钮，在弹出的对话框的 Material Name 栏中输入 arm steel，在 Relative Permeability 栏中选择 Nonlinear 选项，单击后面的 B-H Curve 按钮，在弹出如图 19-79 所示的对话框中输入 H 值和 B 值。

步骤04 Region 默认为 Vacuum 即可。

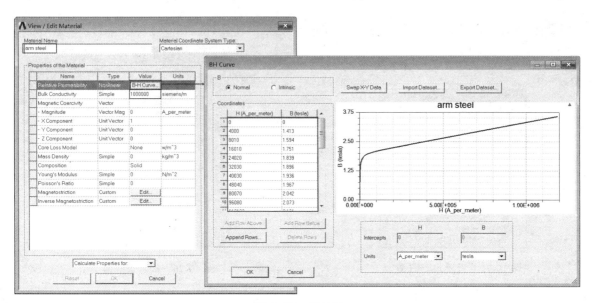

图 19-79　新材料

19.4.6　添加激励

步骤01 隐藏 Region 几何。Region 几何是电磁计算中的计算域，也就是电磁场计算中的求解空间，在对 Region 几何施加激励之前，为了方便操作，可以先将 Region 几何隐藏，具体设置方法如下：

单击 Region 几何模型，使其处于加亮状态，然后依次选择菜单栏中的 View→Visibility→Active View Visibility 命令，在弹出如图 19-80 所示的对话框中将 Region 几何后面的✔取消，并单击 Done 按钮。

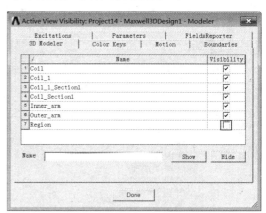

图 19-80　隐藏 Region 几何的显示

 此时在绘图窗口中隐藏了Region几何的显示，如果想恢复其显示，可以选中Region复选框。

步骤02 施加电流载荷。选中 Coil_Sectional 和 Coil_1_Sectional 两个选项，依次选择 Maxwell 3D→Excitations→Assign→Coil Terminal 命令，在弹出如图 19-81 左图所示的对话框中进行如下设置：

在 Number of Conductor 栏中输入电流大小为 350，单击"确定"按钮；

选中 Coil_Sectional 和 Coil_1_Sectional 两个选项，依次选择 Maxwell 3D→Excitations→Add Winding 命令，在弹出如图 19-81 右图所示的对话框的 Type 栏中选择 External 选项，选择 Stranded 选项，其余保持默认即可，单击"确定"按钮。

步骤03 在 Project Manager 窗口中，右键单击 Excitations→Winding1 选项，在弹出的快捷菜单中选择 Add Terminal，在弹出的对话框中选择 CoilTerminal_1 和 CoilTerminal_2 两个选项，单击 OK 按钮，这两个选项将被移动到 Winding1 选项下面。

图 19-81 设置激励数值

步骤04 选择 Inner_arm 几何，依次选择菜单栏中的 Maxwell 3D→
Parameters→Assign→Torque 选项，在弹出的对话框中单击 OK 按钮，确认
在转子中施加转矩属性。

步骤05 选择 Inner_arm 几何，使其处于加亮状态，依次选择菜单栏
中的 Maxwell 3D→Mesh Operations→Assign→Inside Selection→Length
Based 命令，在弹出如图 19-82 所示的对话框中进行如下设置：

在 Maximum Length of Elements 栏中输入 10，其余保持默认即可。

步骤06 依次选择菜单栏中的 Maxwell 3D→Analysis Setup→Add
Solution Setup 命令，在弹出如图 19-83 所示的对话框中进行如下设置：

选择 General 选项卡，在 Stop time 栏中输入 0.1，Time Step 栏中输入
0.005。

图 19-82 网格大小设置

选择 Save Fields 选项卡，在 Stop 栏中输入 0.1，在 Step 栏中输入 0.005，单击 Add to List 按钮，此时将
在右侧的表中显示出时间步，单击"确定"按钮。

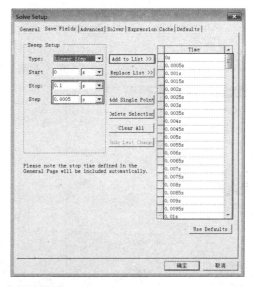

图 19-83 求解器设置

步骤 07 依次选择菜单栏中的 Maxwell 3D→Excitations→External Circuit→Edit External Circuit 命令，在弹出的对话框中选择 rot.sph 文件。

 本节不对外部电路进行建模介绍，电路模型的建立方法可参考附录A。

19.4.7　模型检查与计算

通过上面的操作步骤，有限元分析的前处理工作全部结束，为了保证求解能顺利完成计算，需要先检查一下前处理的所有操作是否正确。

步骤 01 模型检查。单击工具栏上的 ✅ 按钮，出现如图 19-84 所示的 Validation Check 对话框，绿色对号说明前面的基本操作步骤没有问题。

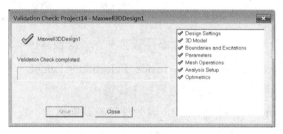

图 19-84　模型检查

 如果出现如图 19-84 所示的 ❗，则表示边界条件及激励有警告，但是不会出现影响计算的问题，此时可以继续进行计算；如果出现了 ❌，则说明前处理过程中某些步骤有问题，请根据右侧的提示信息进行检查。

步骤 02 网格划分。右键单击 Project Manager 中的 Analysis→Setup1 命令，在弹出的快捷菜单中选择如图 19-85 所示的 Analyze Mesh Operations 命令，进行网格划分。求解需要一定的时间。

步骤 03 求解计算。右键单击 Project Manager 中的 Analysis→Setup1 命令，在弹出的快捷菜单中选择如图 19-86 所示的 Analyze 命令，进行求解计算。求解需要一定的时间。

图 19-85　网格划分

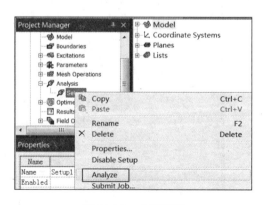

图 19-86　求解模型

19.4.8 后处理

步骤 01 显示磁场分布云图。求解完成后，选中几何模型树中的 Planes→Global：XY 平面，单击鼠标右键，在弹出如图 19-87 所示的快捷菜单中选择 Fields→H→Mag_H 命令，将弹出 Create Field Plot 对话框。

步骤 02 在弹出如图 19-88 所示的 Create Field Plot 对话框中的 Quantity 中选择 Mag_H，在 In Volume 中选择 Objectlist1，并单击 Done 按钮。

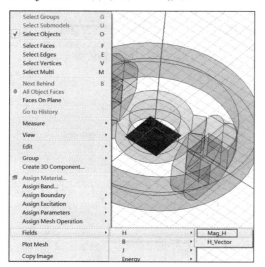

图 19-87 后处理操作

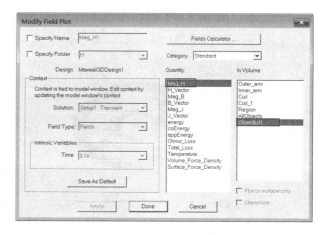

图 19-88 选择后处理实体

步骤 03 双击左下角的时间图表，设置时间步为 0.1s，如图 19-89 所示。

步骤 04 选中所有几何，依次选择菜单栏中的 View→Render→Wire Frame 命令，几何将显示为边线形式，如图 19-90 所示。

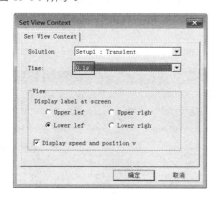

图 19-89 设置时间步

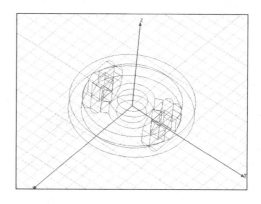

图 19-90 显示方式

步骤 05 此时将显示如图 19-91 所示的磁场云图。读者可以通过调整时间来修改不同时刻的云图。

步骤 06 如图 19-92 所示为磁场矢量图。

步骤 07 磁感应分布云图与磁感应矢量图如图 19-93 所示。另外，读者可以通过类似操作查看其他处理结果，这里不再赘述。

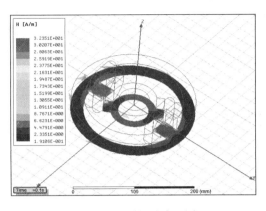

图 19-91　磁场分布云图

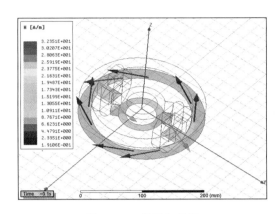

图 19-92　磁场矢量图

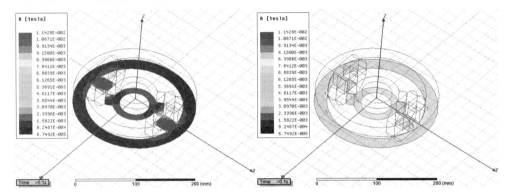

图 19-93　磁感应分布云图与矢量图

步骤08 后处理操作。求解完成后，选中 Inner_arm 模型，单击鼠标右键，在弹出如图 19-94 所示的快捷菜单中选择 Fields→Other→Volume_Force_Density 命令，将弹出 Modify Field Plot 对话框。

步骤09 在弹出如图 19-95 所示的 Modify Field Plot 对话框中的 Quantity 中选择 Volume_Force_Density，在 In Volume 中选择 Inner_arm，体积力密度云图如图 19-96 所示。局部体积力密度矢量图如图 19-97 所示。

步骤10 单击 💾 按钮保存文档，然后单击 ✖ 按钮关闭 ANSYS Electronics Desktop 软件，返回到 Workbench 主窗口。

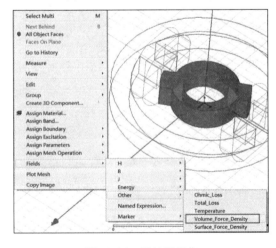

图 19-94　后处理操作

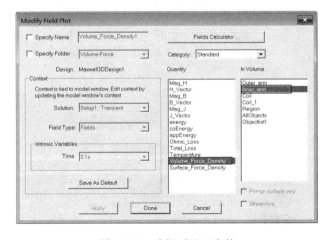

图 19-95　选择后处理实体

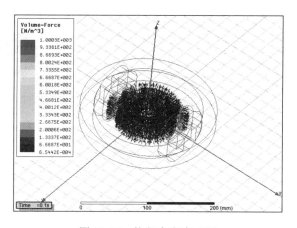

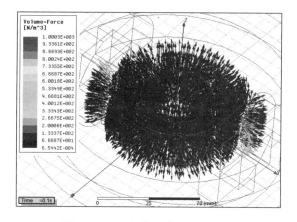

图 19-96　体积力密度云图　　　　　图 19-97　局部体积力密度矢量图

19.4.9　创建力学分析和数据共享

步骤01　回到 Workbench 窗口中，创建瞬态力学分析环境，并对各个分析模块进行连接，如图 19-98 所示。具体连接为：

将项目 A 中的 A2（Geometry）直接拖动到项目 B 中的 B3（Geometry）栏中，共享几何数据；

分别将 A4 中的 Solution 直接拖动到项目 B 的 B5（Setup）栏中，创建数据连接。

步骤02　几何模型数据读入。双击 B3（Geometry）进入几何平台，进行几何的相关操作，在这里将除了 Inner_arm 外的几何全部进行抑制，如图 19-99 所示。

图 19-98　创建耦合的力分析模型

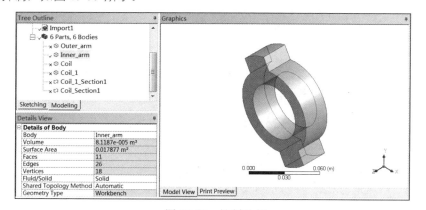

图 19-99　抑制几何

　由于这个例子主要分析金属板的电磁转动，线圈的几何模型没有用处，所以选择抑制掉，以节省计算时间。

步骤03　体积力密度数据传递。在 Workbench 主窗口，在 A4（Solution）上单击鼠标右键，在弹出的快捷菜单中选择 Update 命令，经过数分钟的计算，A4（Solution）表格由 ⚡ 变成 ✔，说明数据已经更新完成。

19.4.10 材料设置

步骤01 材料属性设置。在 B2（Engineering Data）上单击鼠标右键，在弹出的快捷菜单中选择 Edit...命令，如图 19-100 所示。单击工具栏上的 按钮。

步骤02 进入如图 19-101 所示的材料库，选择 General Materials→Structural Steel 命令。

步骤03 在 B4（Model）上单击鼠标右键，在弹出如图 19-102 所示的快捷菜单中选择 Edit...命令，进入如图 19-103 所示的 Mechanical 操作界面。

步骤04 赋予材料属性。将 Structural Steel 添加给 Inner_arm。

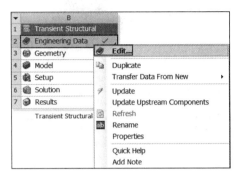

图 19-100　右键快捷菜单

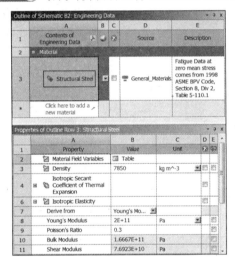

图 19-101　材料选择

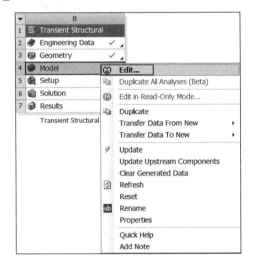

图 19-102　右键快捷菜单

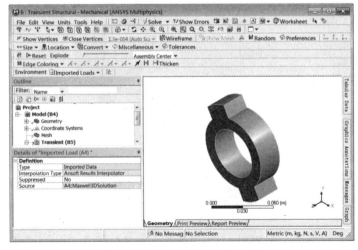

图 19-103　Mechanical 操作界面

470

19.4.11　网格划分

步骤01　网格设置。右键选择 Project→Model（B4）→Mesh 命令，弹出如图 19-104 所示的详细设置面板，在 Element Size 栏中输入 3.e-003m。

步骤02　在 Project→Model（B4）→Mesh 命令上单击鼠标右键，在弹出的快捷菜单中选择 Generate Mesh 命令。

步骤03　如图 19-105 所示为划分完成后的网格模型。

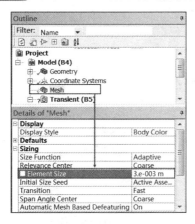

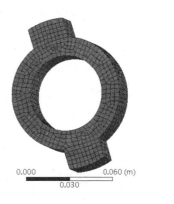

图 19-104　网格设置　　　　　　　　图 19-105　网格模型

本实例将网格划分的比较粗糙，实际工程中需要对网格进行细化，本实例只是在演示网格划分过程。

19.4.12　添加边界条件与映射激励

步骤01　设置计算时间。如图 19-106 所示，在 Analysis Settings 中进行如下设置：

　　在 Step End Time 栏中输入 0.1s，表示求解时间为 0.1s；

　　在 Auto Time Stepping 栏中选择 On，开启自动时间步；

　　在 Define By 栏中选择 Time 选项，表示设置时间步长；

　　在 Initial Time Step 栏中输入 5.e-004s；

　　在 Minimum Time Step 栏中输入 5.e-004s；

　　在 Maximum Time Step 栏中输入 5.e-004s。

步骤02　如图 19-107 所示，选择 Inner_arm 几何的中心圆孔，添加一个 Joins，设置属性为中心圆孔并绕 Z 方向旋转。

步骤03　映射力密度到结构网格上。右键单击 Transient（B5），在弹出如图 19-108 所示的快捷菜单中选择 Insert→Body Force Density 命令。

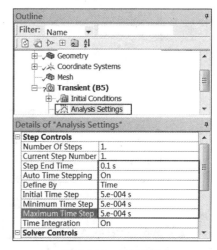

图 19-106　分析设置

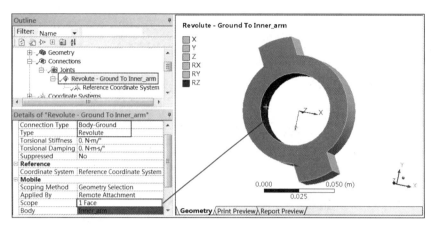

图 19-107　边界条件

步骤 04 选择如图 19-109 所示绘图区域中的模型，单击 Apply 按钮确定。

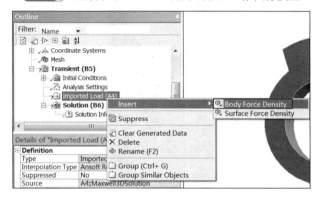

图 19-108　映射力密度

图 19-109　选择模型

步骤 05 选择 Body Force Density 并单击鼠标右键，在弹出如图 19-110 所示的快捷菜单中选择 Import Load 命令，经过一段时间的计算，映射完后的力密度分布云图如图 19-111 所示。

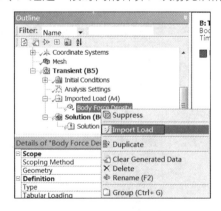

图 19-110　导入载荷

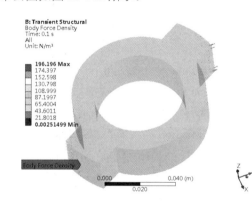

图 19-111　力密度分布云图

步骤 06 查看导入的载荷信息，如图 19-112 所示的总力和如图 19-113 所示的力信息，通过图 19-112 所示的表格可以修改导入外荷载的时间，也可以通过调整系数 Scale 来调整导入的载荷值，还可以通过 offset 设置载荷偏移量（即导入载荷+Offset 值）。

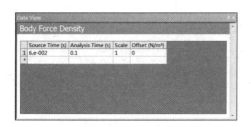

图 19-112　图表

图 19-113　力值

19.4.13　求解计算

求解计算。选择Transient（B6）并单击鼠标右键，在弹出的快捷菜单中选择Solve命令进行求解计算。

19.4.14　后处理

步骤01　位移云图。右键单击 Solution 命令，在弹出的快捷菜单中选择 Insert→Deformation→Total 命令，添加位移云图，然后执行计算即可得到如图 19-114 所示的位移响应云图。

步骤02　速度云图。利用同样的操作可以得到速度云图，如图 19-115 所示。

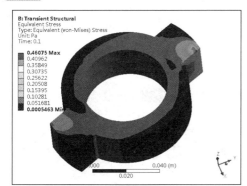

图 19-114　位移响应云图

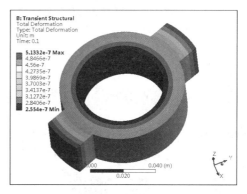

图 19-115　速度云图

步骤03　加速度云图如图 19-116 所示，应力云图如图 19-117 所示。

图 19-116　加速度云图

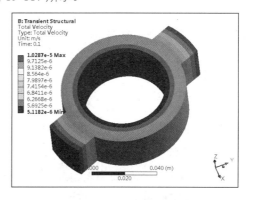

图 19-117　应力云图

步骤 **04** 此外还可以显示加速度、位移、速度及应力随时间变化的曲线图，如图 19-118 所示。

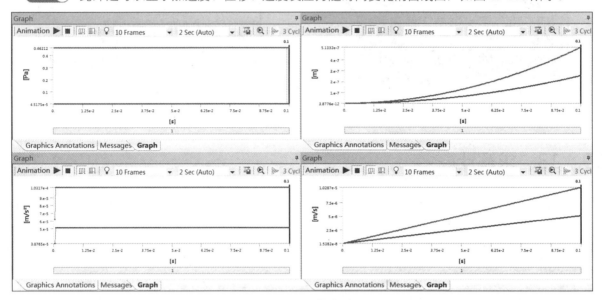

图 19-118　曲线图

19.4.15　关闭 Workbench 平台

步骤 **01** 保存并退出。选择菜单栏中的 File→ 💾 **Save Project...** 命令保存，单击 ❌ 按钮退出，并回到 Workbench 窗口。

步骤 **02** 返回到 Workbench 窗口，单击 💾 按钮保存文件，然后单击 ❌ 按钮退出。

19.5 耦合实例4——Maxwell和Icepak电磁热流耦合

本节主要介绍ANSYS Workbench 18.0 的电磁场分析模块Maxwell的建模方法及求解过程，计算铝方板的温度分布及热应力。

学习目标：熟练掌握Maxwell的建模方法及求解过程，同时掌握电磁热结构耦合分析方法。

模型文件	无
结果文件	下载资源\Chapter19\char19-4\ MagtoThemtoIcepak.wbpj

19.5.1　问题描述

如图 19-119 所示为铜线圈下面放置一个一侧开有方孔的铝方板，当铜线圈中有电流流过，计算铝方板感应出来的温度和温度场分布情况，以及当铝方板 4 个边固定时，热应力分布情况如何。

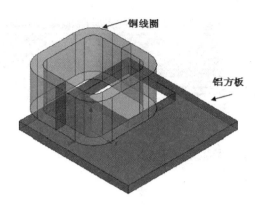

图 19-119　几何模型

19.5.2　软件启动与保存

步骤 01　启动 Workbench。在 Windows 下执行开始→所有程序→ANSYS 18.0→Workbench 18.0 命令。

步骤 02　保存工程文档。进入 Workbench 主界面后，单击工具栏中的 按钮，将文件保存为 magnetoIcepak，单击 Getting Started 窗口右上角的 （关闭）按钮将其关闭。

19.5.3　建立电磁分析

步骤 01　创建电磁场分析。在 Workbench 左侧 Toolbox（工具箱）的 Analysis Systems 中单击 Maxwell 3D 并按住左键不放将其拖到右侧的 Project Schematic 窗口中，此时即可创建一个如同 Excel 表格的工程分析流程表 A，如图 19-120 所示。

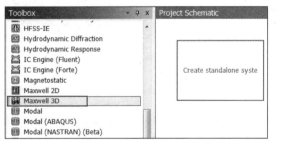

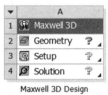

图 19-120　创建电磁分析环境

　工程分析流程表A的A1~A4即是ANSYS Electronics Desktop软件前处理、计算及后处理的 3 个过程。

步骤 02　打开 Maxwell 3D 软件。在表 A2（Geometry）上单击鼠标右键，弹出如图 19-121 所示的快捷菜单，选择 Edit...命令启动 ANSYS Electronics Desktop 软件，如图 19-122 所示。

　在工程分析流程表A中直接双击A2（Geometry）栏也可以启动ANSYS Electronics Desktop软件。

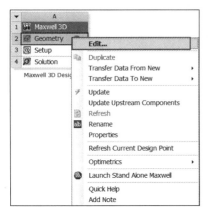

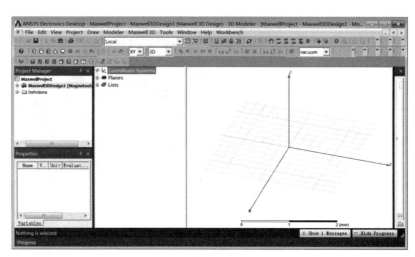

图 19-121　右键快捷菜单　　　　　　　　图 19-122　Maxwell 界面

步骤 03 设置求解器。选择菜单栏中的 Maxwell 3D→Solution Type...命令，在弹出如图 19-123 所示的 Solution Type 设置对话框中选择 Eddy Current，并单击 OK 按钮。

步骤 04 设置单位。依次选择 Modeler→Units 命令，在弹出如图 19-124 所示的 Set Model Units 对话框中设置单位为 mm，并单击 OK 按钮。

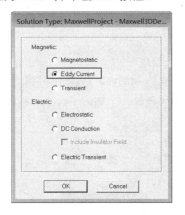

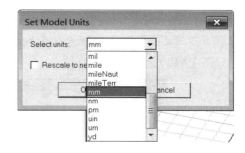

图 19-123　设置求解器类型　　　　　　　图 19-124　设置单位

19.5.4　几何模型的建立

步骤 01 绘制几何模型。单击工具栏中的 🔲 创建矩形几何，鼠标单击绘图区域的坐标原点，然后在右下角出现的相对坐标长度输入栏中分别输入：

　　dX=294，dY=294，dZ=19，按 Enter 键完成坐标输入，此时绘图区域生成如图 19-125 所示的矩形几何。

步骤 02 几何命名。单击几何实体，使其处于加亮状态，此时左侧会弹出如图 19-126 所示的属性对话框，在 Name 栏中将 Value 改成 Stock，其余保持默认。

步骤 03 绘制几何模型。单击工具栏中的 🔲 创建矩形几何，在绝对坐标栏中输入 X=18，Y=18，Z=0，然后在右下角出现的相对坐标长度输入栏中分别输入：

　　dX=126，dY=126，dZ=19，按 Enter 键完成坐标输入，此时绘图区域生成如图 19-127 所示的矩形几何。

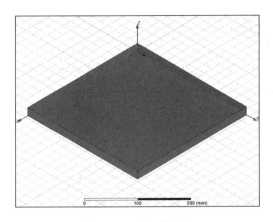

图 19-125　矩形几何

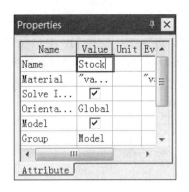

图 19-126　矩形命名

步骤 04　几何命名。单击几何实体，使其处于加亮状态，此时左侧会弹出如图 19-128 所示的属性对话框，在 Name 栏中将 Value 改成 Hole，其余保持默认。

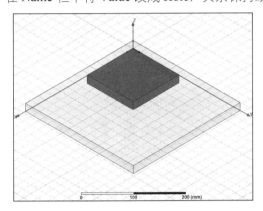

图 19-127　矩形几何

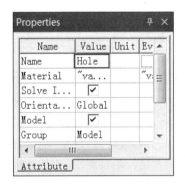

图 19-128　矩形命名

步骤 05　布尔运算。选中所有几何并单击工具栏中的 按钮，对两个几何进行减运算，弹出如图 19-129 所示的 Substract 对话框，进行如下设置：

在 Blank Parts 中选中 Stock 实体，在 Tool Parts 中选中 Hole，然后单击 OK 按钮完成减运算，几何实体如图 19-130 所示。

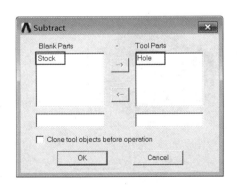

图 19-129　减运算

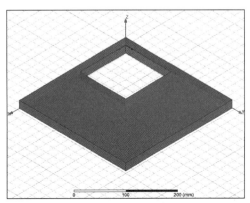

图 19-130　几何实体

步骤 06 绘制几何模型。单击工具栏中的 ⬡ 创建矩形几何，在绝对坐标栏中输入 X=119，Y=25，Z=49，然后在右下角出现的相对坐标长度输入栏中分别输入：

dX=150，dY=150，dZ=100，按 Enter 键完成坐标输入，此时绘图区域生成如图 19-131 所示的矩形几何。

步骤 07 几何命名。设置几何名称为 Coil_Hole。

步骤 08 创建倒角。按键盘上的 E 键，将鼠标选择器过滤成为边选择，然后选中 4 条竖直方向的边，如图 19-132 所示。

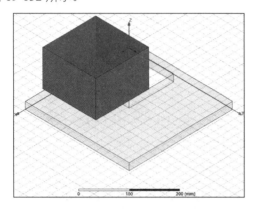

图 19-131　矩形几何

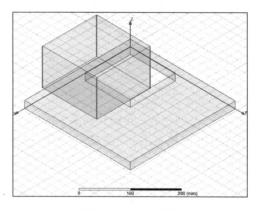

图 19-132　选择边

步骤 09 依次选择菜单中的 Modeler→Fillet 命令，并在弹出的 Fillet Properties 对话框中将 Fillet Radius 设置成 25mm，如图 19-133 所示。

步骤 10 完成后的几何模型如图 19-134 所示。

步骤 11 单击矩形创建图标，在坐标中依次输入 X=94，Y=0，Z=49，在相对坐标中分别输入 dX=200，dY=200，dZ=100，并按 Enter 键完成坐标输入，此时绘图区域生成如图 19-135 所示的矩形几何。

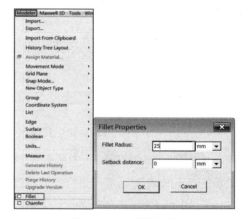

图 19-133　设置倒角

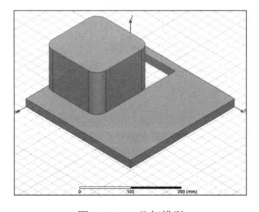

图 19-134　几何模型

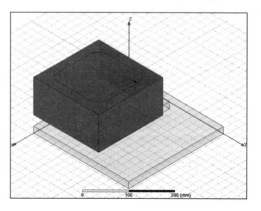

图 19-135　几何模型

步骤⑫ 将名字设置为 Coil。

步骤⑬ 选择 4 条竖直方向的边，并设置倒角大小为 50，完成效果如图 19-136 所示。

步骤⑭ 布尔运算。利用外面的几何减去内部的几何模型，运算完成后如图 19-137 所示。

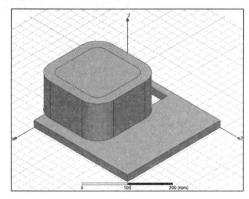

图 19-136　倒圆角

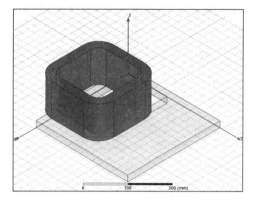

图 19-137　几何模型

步骤⑮ 创建用户坐标系。单击工具栏中的 按钮，分别输入 X=200，Y=100，Z=0，完成坐标系的平移。

步骤⑯ 选择 Coil 几何，依次选择菜单栏中的 Modeler→Surface→Section…命令，弹出如图 19-138 所示的对话框，选择 XZ 并单击 OK 按钮，此时几何生成两个截面，如图 19-139 所示。

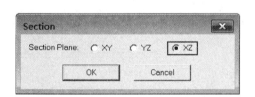

图 19-138　截面创建

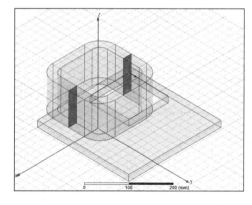

图 19-139　截面生成

步骤⑰ 保持两个截面处于加亮状态，依次选择菜单栏中的 Modeler→Boolean→Separate Bodies 命令，此时两个截面被分开。

步骤⑱ 右键单击 Coil_Section1_Separate1 命令，在弹出的快捷菜单中依次选择 Edit→Delete 命令，如图 19-140 所示。

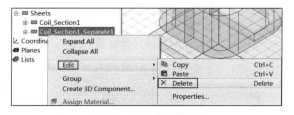

图 19-140　截面删除

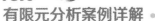

19.5.5　求解域的设置

单击工具栏中的 🔲 按钮，在弹出如图 19-141 所示的Region对话框中输入Value=300，并单击OK按钮，创建如图 19-142 所示的求解域。

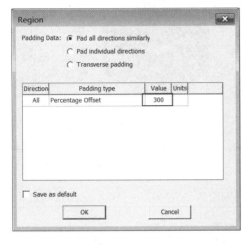

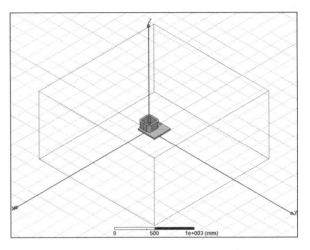

图 19-141　输入求解域大小　　　　　　　　　　图 19-142　建立求解域

19.5.6　赋予材料属性

步骤01　赋予材料属性。在模型树中选择相应的模型名，单击鼠标右键，在弹出的快捷菜单中选择 Assign Material...命令，在弹出的材料库中选择 copper 作为线圈的材料，如图 19-143 所示。

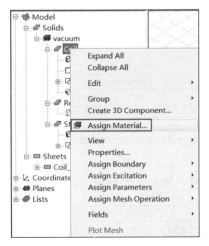

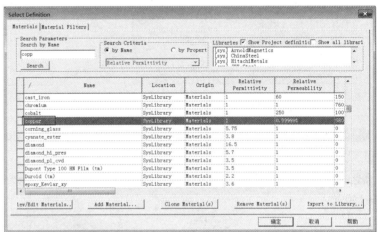

图 19-143　设置线圈材料为 copper

步骤02　同样设置底板的属性为铝，如图 19-144 所示。

步骤03　求解域默认为真空 vacuum。

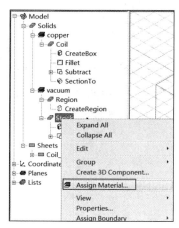 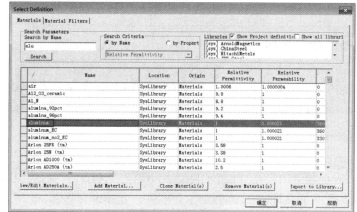

图 19-144　设置底板材料为 aluminum

19.5.7　添加激励

步骤01　创建激励。按键盘上的 F 键，然后利用鼠标选择如图 19-145 所示的线圈截面，单击鼠标右键，在弹出的快捷菜单中选择 Assigned Excitation→Current 命令，弹出如图 19-146 所示的 Current Excitation 对话框，在 Value 中输入 3000，选中 Stranded 单选按钮，单击 OK 按钮，完成参数的设置。

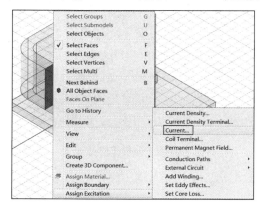

图 19-145　创建激励

图 19-146　设置激励数值

步骤02　依次选择菜单栏中的 Maxwell 3D→Excitations→Set Eddy Effects···命令，弹出如图 19-147 所示的对话框，选中 Stock 实体，并单击 OK 按钮。

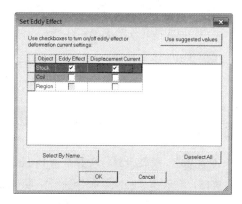

图 19-147　设置涡流效应

19.5.8　分析步创建

添加一个分析步。在Project Manager中的Analysis命令上单击鼠标右键，在弹出的快捷菜单中选择如图19-148所示的Add Solution Setup...命令，将弹出如图19-149所示的Solve Setup对话框：

在General选项卡中设置Percent Error为2；

在Convergence选项卡中设置Refinement值为30%；

在Solve选项卡中设置Adaptive Frequency值为200Hz，同时选中Use higher order shape function复选框，单击"确定"按钮，此时在Analysis下会出现一个Setup1命令。

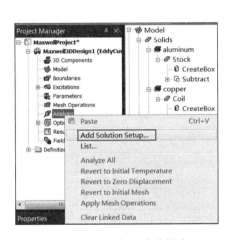

图19-148　添加一个分析步

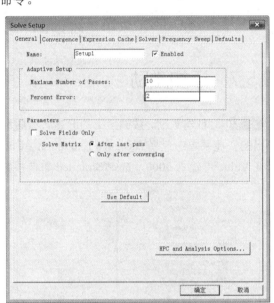

图19-149　分析步参数设置

19.5.9　模型检查与计算

通过上面的操作步骤，有限元分析的前处理工作全部结束，为了保证求解能顺利完成计算，需要先检查一下前处理的所有操作是否正确。

步骤01 模型检查。单击工具栏上的 ✅ 按钮，出现如图19-150所示的 Validation Check 对话框，绿色对号说明前面的基本操作步骤没有问题。

如果出现了 ❌ ，则说明前处理过程中某些步骤有问题，请根据右侧的提示信息进行检查。

步骤02 求解计算。右键单击 Project Manager 中的 Analysis→Setup1 命令，在弹出的快捷菜单中选择如图19-151所示的 Analyze 命令进行求解计算。求解需要一定的时间。

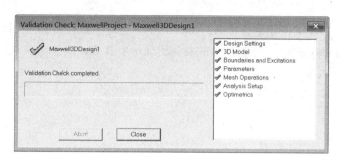

图 19-150　模型检查

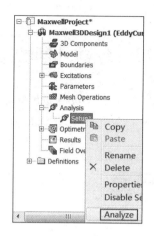

图 19-151　求解模型

19.5.10　后处理

步骤01　底板的涡流分布。求解完成后，选中 Stock 模型并单击鼠标右键，在弹出如图 19-152 所示的快捷菜单中选择 Field→J→Mag_J 命令，弹出如图 19-153 所示的 Create Field Plot 对话框。

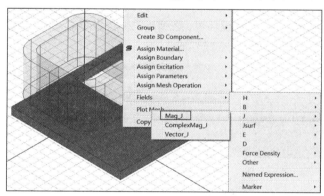

图 19-152　后处理操作

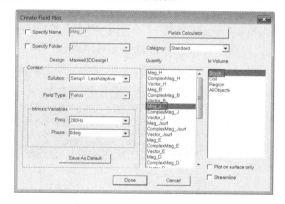

图 19-153　选择后处理实体

步骤02　在 Create Field Plot 对话框的 Quantity 中选择 Mag_J，在 In Volume 中选择 Stock。电流密度云图如图 19-154 所示。

步骤03　单击  按钮保存文件，然后单击 ✖ 按钮关闭 ANSYS Electronics Desktop 软件，返回到 Workbench 主窗口。

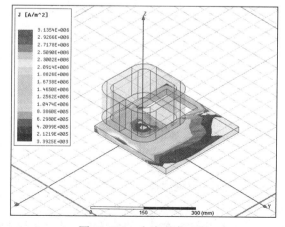

图 19-154　电流密度云图

19.5.11　创建几何数据共享

步骤01　回到 Workbench 窗口中，在如图 19-155 所示的表格 A2（Geometry）上单击鼠标右键，在弹出的快捷菜单中选择 Transfer Data To New→Geometry 命令，会在 A 表的右侧出现一个 B 表，同时出现 A2 与 B2 连接曲线，这说明 A2 的几何数据与 B2 实现共享。

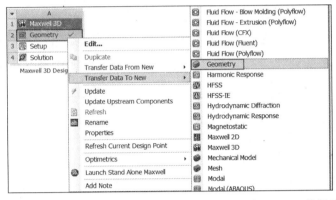
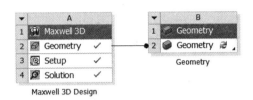

图 19-155　数据共享

步骤02　双击 B2 进入如图 19-156 所示 DesignModeler 几何建模环境，在弹出的单位设置对话框中选择 mm，单击 OK 按钮。在 DesignModeler 工具栏中单击 Generate 命令生成几何。

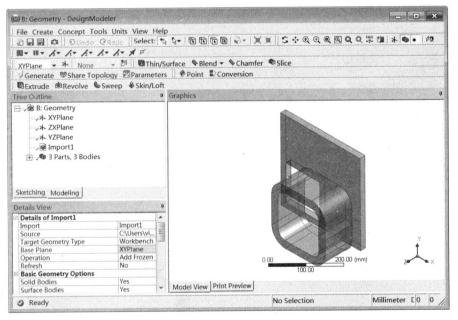

图 19-156　DM 平台

步骤03　右键选择 coil_Section1 选项，在弹出如图 19-157 所示的快捷菜单中选择 Suppress Body 命令，将没有用的几何抑制掉。

抑制掉后，将在以后的分析中不显示也不分析抑制掉的几何。

步骤 04 依次选择菜单栏中的 Tools→Electronics→Simplify 按钮，在弹出如图 19-158 所示的设置面板中进行如下操作：

在 Simlification Type 栏中选择 Level 3 选项；

在 Select Bodies 栏中确保所有几何全部选中，单击工具栏中的 Generate 命令。

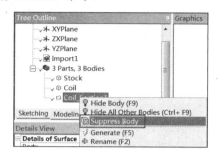

图 19-157　右键快捷菜单

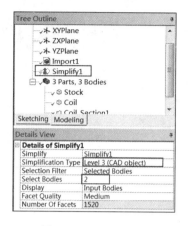

图 19-158　设置面板

步骤 05 此时几何模型如图 19-159 所示。

步骤 06 关闭 DesignModeler 几何建模平台，返回到 Workbench 平台。

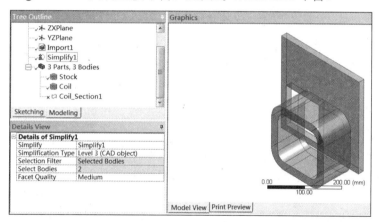

图 19-159　几何模型

19.5.12　添加 Icepak 模块

步骤 01 选择 Toolbox 下面 Components Systems→Icepak，并将其直接拖动到 A2 栏中，如图 19-160 所示创建基于 Icepak 求解器的流体分析环境。

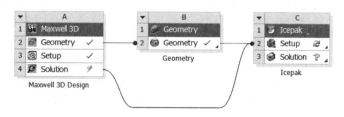

图 19-160　流体分析环境

步骤 **02** 双击项目 C 中的 C2（Setup）命令进入如图 19-161 所示的 Icepak 平台，可以进行网格划分、材料添加、后处理等操作。

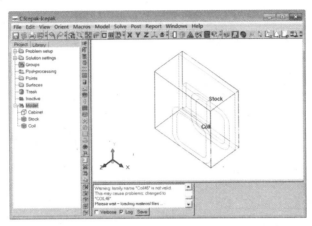

图 19-161　Icepak 平台

步骤 **03** 在左侧 Project 选项卡中双击 Model→Cabinet 选项，在弹出如图 19-162 所示对话框的 Geometry 选项卡中进行如下设置：

在 Shape 栏中选择 Prism 选项；

在 xS 栏中输入 -0.2 单位选择 m；

在 xE 栏中输入 0.5 单位选择 m；

在 yS 栏中输入 -0.2 单位选择 m；

在 yE 栏中输入 0.5 单位选择 m；

在 zS 栏中输入 -0.2 单位选择 m；

在 zE 栏中输入 0.5 单位选择 m，并单击 Update 按钮完成几何尺寸的输入。

注：由于流体分析时，除了流体模型外其他模型不参与计算，所以做流体分析时需要把其抑制掉。

步骤 **04** 单击 Properties 选项卡，设置 Min z 和 Max z 的 Wall type 属性为 Opening，如图 19-163 所示。

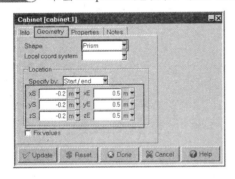

图 19-162　输入尺寸

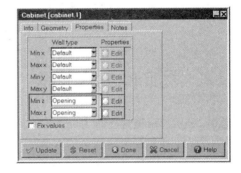

图 19-163　属性设置

步骤 **05** 双击 Coil 选项，在弹出如图 19-164 所示的对话框中选择 Properties 选项卡，并在 Solid material 栏中选择 Cu-Pure 选项，将线圈赋予纯铜材料，单击 Update 按钮。

步骤 **06** 单击工具栏中的 按钮，在弹出的对话框 Settings 选项卡中进行如下操作：

在 Mesh type 栏中选择 Mesher-HD 选项，单位设置为 mm；

在 Max element size 栏中输入 X=35，Y=35，Z=40；

在 Min gap 输入 X=1e-3m，Y=1e-3m，Z=1e-3m；

选中 Mesh assemblies separately 复选框，如图 19-165 所示。

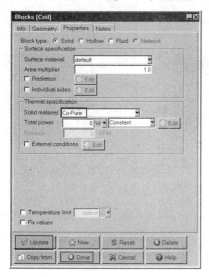

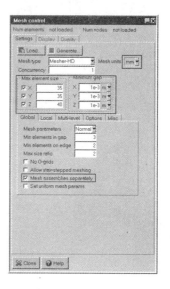

图 19-164　设置材料　　　　　　　　　　　图 19-165　网格设置

步骤 07　切换到 Multi-level 选项，选中 Allow multi-level meshing 复选框，如图 19-166 所示。

步骤 08　单击 Generate 按钮进行网格划分，划分完成后选择 Display 选项卡，如图 19-167 所示，在选项卡中进行如下设置：

在最上端显示单元数量和节点数量；

选中 Display mesh 复选框；

在 Display attributes 栏中保证前面两个复选框被选中；

在 Display options 栏中全部选中，此时模型将显示如图 19-168 所示的网格。

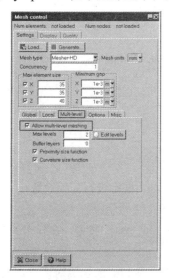

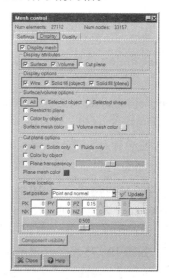

图 19-166　网格设置　　　　　　　　　　　图 19-167　网格显示

步骤 09　选择 Quality 选项卡，选择 Volume 选项，此时将出现网格体积柱状图，如图 19-169 所示。

步骤 10　选择 Quality 选项卡，单击 Skewness 选项，此时将出现网格扭曲柱状图，如图 19-170 所示。

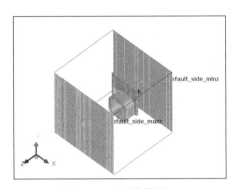

图 19-168　网格模型

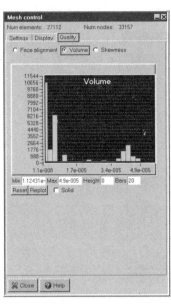

图 19-169　体积柱状图

图 19-170　扭曲柱状图

19.5.13　求解分析

步骤 01　在 Project 选项卡中，双击 Problem setup 下面的 Basic parameters 选项，在弹出如图 19-171 所示的对话框中进行如下设置：

选中 Variables solved 中的 Flow 和 Temperature 两个复选框；

保证 Radiation 为 On，选中 Ray tracing radiation modal 单选按钮；

在 Flow regime 中选中 Laminar 单选按钮；

输入 Z 方向的加速度为-9.80665，单击 Accept 按钮。

步骤 02　在 Project 选项卡中，双击 Solution settings 下面的 Basic settings 选项，在弹出的对话框中进行如下设置：

在 Number of iterations 栏中输入 100；

在 Flow 栏中输入 0.001；

在 Energy 栏中输入 1e-7；

在 Joule heating 栏中输入 1e-7，并单击 Accept 按钮。

双击 Solution settings 下面的 Advanced settings 选项，在弹出的对话框中进行如下设置：

在 Precision 栏中选择 Double 选项，单击 Accept 按钮，如图 19-172 所示。

步骤 03　依次选择菜单栏中的 File→EM Mapping→Volumetric heat losses 命令，在弹出的对话框中选中 Stock 复选框，如图 19-173 所示，单击 Accept 按钮。

步骤 04　依次选择菜单栏中的 Solve→Run Solution，弹出如图 19-174 所示的对话框，直接单击 Start solution 按钮进行计算，计算过程中将出现如图 19-175 所示的残差跟踪窗口。

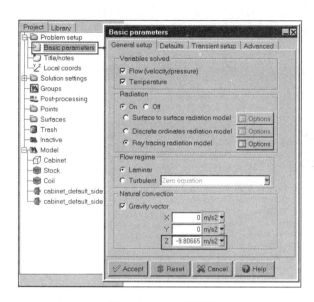

图 19-171　一般设置

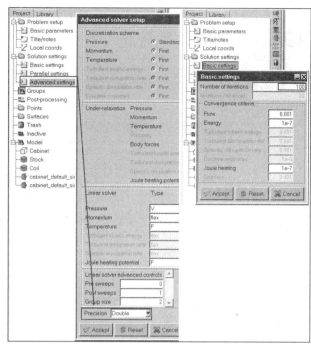

图 19-172　求解设置

 在网格划分时，容易出现最小体积为负值，在做流体计算时，需要对几何网格的大小进行检查，以免计算出错。

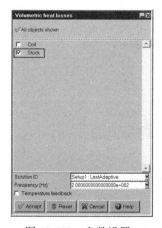

图 19-173　参数设置

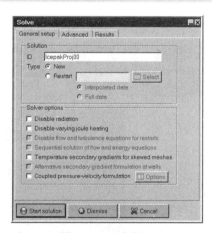

图 19-174　求解

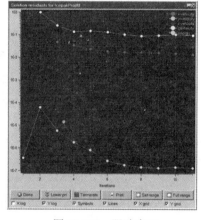

图 19-175　跟踪窗口

步骤 05　计算完成后，返回到 Workbench 平台。在平台中添加一个 Results，如图 19-176 所示。

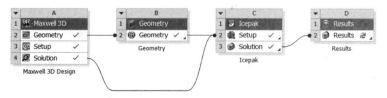

图 19-176　添加后处理

19.5.14　Post 后处理

步骤 01　双击 C2 进入到 Post 后处理平台，如图 19-177 所示。Post 后处理平台是比较专业且处理效果特别好的后处理平台，同时操作简单，对初学者来说容易上手。

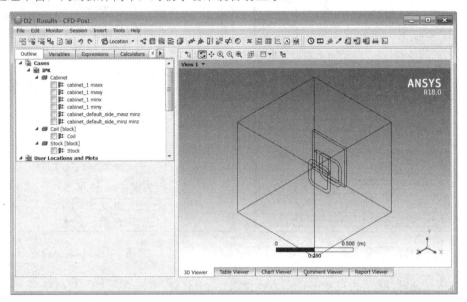

图 19-177　Post 后处理平台

步骤 02　在工具栏中选择 命令，在弹出的对话框中保持名称默认，单击 OK 按钮。

步骤 03　在如图 19-178 所示的 Details of Streamline 1 面板中的 Start From 栏中选择 cabinet_default_side_minz minz，在 Sampling 栏中选择 Vertex，其余保持默认，单击 Apply 按钮。

步骤 04　如图 19-179 所示为流体流速迹线图。

图 19-178　设置流迹线

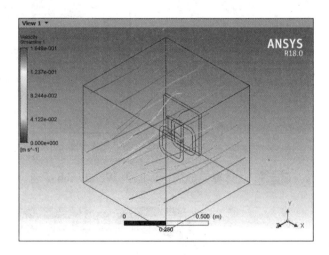

图 19-179　流速迹线云图

步骤 05　在工具栏中选择 命令，在弹出的对话框中保持名称默认，单击 OK 按钮。

步骤 06 在如图 19-180 所示的 Details of Contour 1 面板中 Location 栏中选择 Coil，其余保持默认，单击 Apply 按钮。

注：Plane1 需要读者自行建立，此处不再赘述。

步骤 07 如图 19-181 所示为压力分布云图。

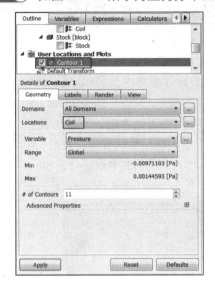

图 19-180　设置云图

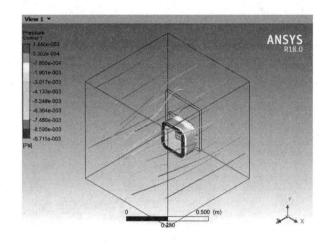

图 19-181　压力分布云图

步骤 08 返回到 Workbench 窗口，单击 按钮保存文件，然后单击 按钮退出。

Maxwell 与 Icepak 耦合分析时，ANSYS 18.0 在 Workbench 平台上是新增加的，这种耦合分析可以完成 Maxwell 与 Fluent 耦合的大多数分析，请读者自行学习，并体会建模与耦合思想，分析两种耦合的不同之处。

19.6　本章小结

本章通过 4 个多物理场耦合分析实例，分别介绍了在 ANSYS Workbench 平台上的电磁结构耦合分析、流体结构耦合分析、电磁热力学分析及电磁流体分析，这 4 个实例的分析经常用到实际的不同领域，如电磁流体分析常常应用于电力设备的温升计算预测，电磁结构分析常常用于预测电气设备的耐短路能力的计算，如电机的短路力分析等。

附录 A

Simplorer 电力电子系统仿真模块

ANSYS公司收购Ansoft公司以来，同时将Ansoft旗下的大部分软件都集成到了Workbench平台中，包括Maxwell、HFSS、Simplorer、Designer及Q3D 5种电磁场常用软件，其中ANSYS Maxwell除了能进行电磁场有限元分析外，集成在ASNYS Electronics Desktop中还有一个用于复杂电力电子系统仿真和分析的模块ANSYS Simplorer，用以对电力电子电路进行仿真计算，广泛用于电力驱动系统设计、发电、电力转换、蓄电和配电等领域。下面简单介绍一下Simplorer的一些功能，并通过一个简单的电路进行建模。

Simplorer的界面如图A-1所示。

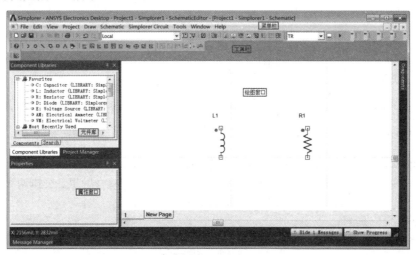

图 A-1　ANSYS Simplorer 的界面

主要实用窗口有 3 个，分别是Project、Components Libraries和Properties，其中Project窗口中显示的是当前分析项目中使用过的元件名称和列表，Components Libraries窗口中包含Components选项卡和Serch选项卡，Components选项卡中显示的是元件库中所有的基本元件，在Search选项卡中可以搜索需要的元件，各个窗口和选项卡如图A-2所示。在这里需要说明的是，各个窗口的位置用户是可以自己调整设定的，这里的布局也仅是其中的一种设置方式，用户可根据自己的使用习惯调整。

图 A-2　窗口及选项卡

- 在绘图板中可以完成基本元件的添加和布局，元件之间的连接。
- 在工具栏中有常见的命令按钮，如元件的旋转、移动操作、划线操作、线路分析命令等。
- 属性窗口中可以完成基本元件的命名、属性的设置等操作。

下面通过一个简单的实例介绍一下Simplorer中电路的建立方法与步骤。如图A-3所示的一个基本电路模型，在电路中有电阻元件R1、冲击电压源vpulse1、接地元件。另外，还有一个有限元元件Winding1，它是从Simplorer中建立的有限元模型中导入的外部元件。

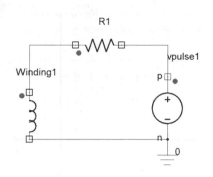

图A-3 电路模型

学习目标：熟练掌握Simplorer的建模方法及求解过程；
掌握外部有限元模型导入的方法。

模型文件	无
结果文件	下载资源\FuluA\rot.sph

步骤01 启动 Simplorer，如图 A-4。在 Windows 系统下执行开始→所有程序→ANSYS Electromagnetic Suite 18.0→ANSYS Simplorer 2017 命令，即可进入 Simplorer。

步骤02 进入 Maxwell Circuit Editor 后，在 Project Manager 窗口中单击 Components 选项卡，在 Maxwell Circuit Elements→Passive Elements 选项下面单击 R: Resistor 图标，按住不放直接拖动到绘图窗口中，单击鼠标右键并选择 Finish，如图 A-5 所示。

步骤03 双击绘图窗口中的 R1，弹出如图 A-6 所示的设置对话框，修改电阻值为 15，其余保持默认即可，单击"确定"按钮。

图A-4 ANSYS Simplorer 菜单

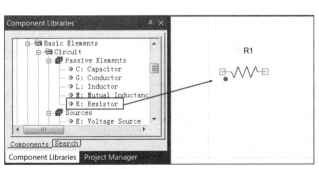

图A-5 电阻元件

图A-6 设置电阻值

步骤04 添加冲击电压源元件。如图 A-7 所示单击 Search 选项卡，输入 vpulse 关键字，在 Results 窗口中会出现 vpulse 电源图标，将其拖动到绘图窗口中。

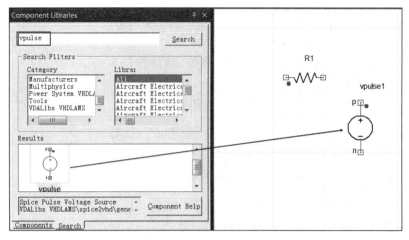

图 A-7　冲击电压源元件

步骤 05 设置冲击电压源属性。双击进入属性设置窗口中，对电压源属性进行如下设置：

在 V1 栏中输入 0；在 V2 栏中输入 20，单位为 V；在 Td 栏中输入 0；

在 Tr 栏中输入 0.001；在 Tf 栏中输入 0.001；在 Pw 栏中输入 0，单击"确定"按钮，完成冲击电压源参数的设置，如图 A-8 所示。

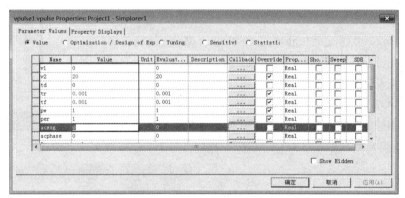

图 A-8　设置冲击电压源参数

步骤 06 添加电感元件。如图 A-9 所示，展开 Passive Elements 选项，选择 Inductor 选项并按住不放直接拖动到绘图窗口中，建立一个电感元件。

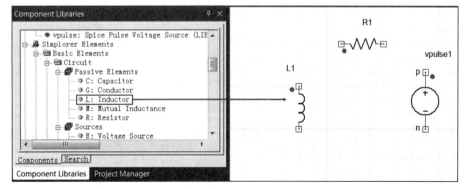

图 A-9　电感元件

步骤 07 设置电感属性。双击进入属性设置窗口，修改 Name 栏中的名字为 Winding1，如图 A-10 所示。

步骤 08 调整各元件的位置。单击工具栏中的 ⊥ 命令建立接地元件，并将接地元件放置在合适的位置调整好。

步骤 09 单击工具栏中的 ＼ 命令创建元件与元件之间的连接线，完成后如图 A-11 所示。

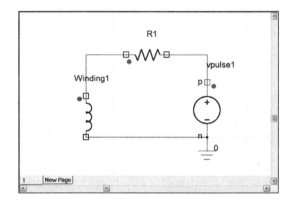

图 A-10　属性设置窗口　　　　　　　　　　　　图 A-11　完成后的电路图

步骤 10 依次选择菜单栏中的 Schematic→Export File…命令，在弹出如图 A-12 所示的对话框中输入文件名为 rot，单击"保存"按钮。此时，电路模型建立完成。

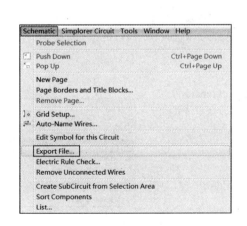

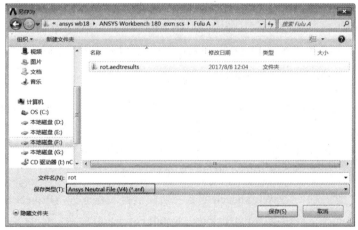

图 A-12　导出文件

附录 B

ANSYS Workbench 平台 ACT 模块

ANSYS新版的亮点之一就是新增加了一个ACT（Application Customization Toolkit）模块，即用户自定义应用程序工具箱。用户可以通过ACT模块加载自定义的函数及其他相关程序，作为Workbench平台分析流程中的一部分。

ACT模块可以完成从前处理、网格划分、计算到后处理等一系列过程。

下面简单介绍一下ACT模块，以及如何在ANSYS Workbench平台中加载ACT接口程序。

1. ANSYS ACT简介

ANSYS Workbench平台的新版本是 18.0，目前已经完全支持用户通过外接口程序添加一些程序或函数集到Workbench平台中。

设计Workbench框架（Workbench Framework），以下简称为SDK，是为了更好地管理工程数据和项目流程，它允许用户将第三方应用程序集成到ANSYS Workbench平台中。相反，Application Customization Toolkit（以下简称ACT）是为了允许和方便用户自定义的应用程序而产生的模块。这些用户定义的应用程序包括特殊（特定）的载荷和专门的后处理功能，目的就是为了满足用户对一些特殊需要的简化处理。ACT和SDK都是ANSYS用户自定义工具包中的一部分。

ACT提供了一个内部结构，这个结构允许用户自定义ANSYS Workbench应用程序，避免了编译外部代码程序和连接ANSYS函数库，简化了用户定义应用程序的难度。

ACT管理器通过交互程序来管理标准程序和用户定义的程序，这样可以保证两种程序交互的精确性。

2. 用户自定义程序的安装与调用

通过Install Extension菜单，用户可以选择二进制格式（a binary extension）的外部程序格式，即WBEX格式文件（a WBEX file）。用户也可以选择exe格式的安装文件，执行安装后，所需模块会自动添加到ANSYS Workbench中，非常方便。

二进制格式文件的安装过程如下：

图 B-1　菜单

步骤01 在 Workbench 平台右侧的项目工程管理（Project Schematic）窗口中依次选择菜单栏中的 Extensions→Install Extension 命令，如图 B-1 所示。

步骤02 在弹出的对话框中选择以.wbex 为后缀名的文件，单击"打开"按钮。

*.wbex格式的程序需要用户自定义，这里由于篇幅限制，不介绍如何自定义程序。

此时用户自定义的程序已经成功加载到 ANSYS Workbench 平台中。

步骤 03 依次选择菜单栏中的 Tools→Options 命令，在弹出的 Options 对话框中进行如下设置：

在 Additional Extension Folders 栏中输入文件所在位置；

选中 Development 下面的 Debug Mode 复选框，单击 OK 按钮，如图 B-2 所示。

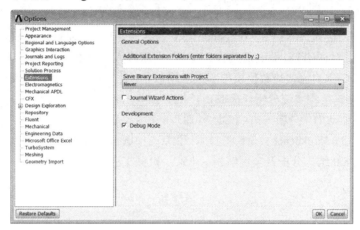

图 B-2　Options 对话框

如果添加的用户自定义程序比较多，则可以通过分号（；）作为间隔符，此时保证输入法为英文。

步骤 04 依次选择菜单栏中的 Extensions→Manager Extensions 命令，在弹出的对话框中选中想要添加的模块，如图 B-3 所示，单击 Close 按钮，完成用户程序的加载。

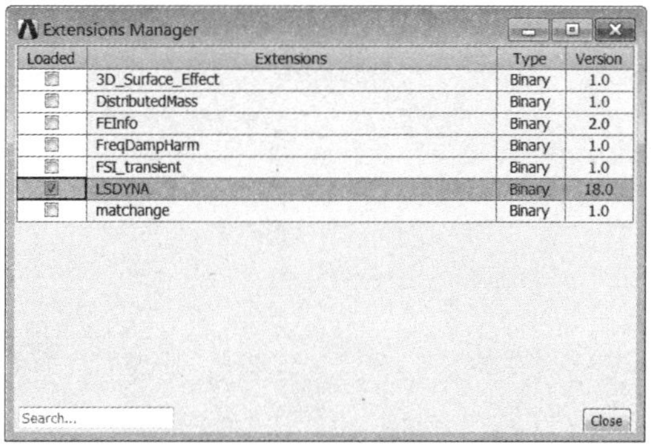

图 B-3　Extensions Manager 对话框

步骤 05 启动一个工程项目文件，双击 A5 进入 Mechanical 平台，如图 B-4 所示，在工具栏中自动添加了用户自定义的命令。

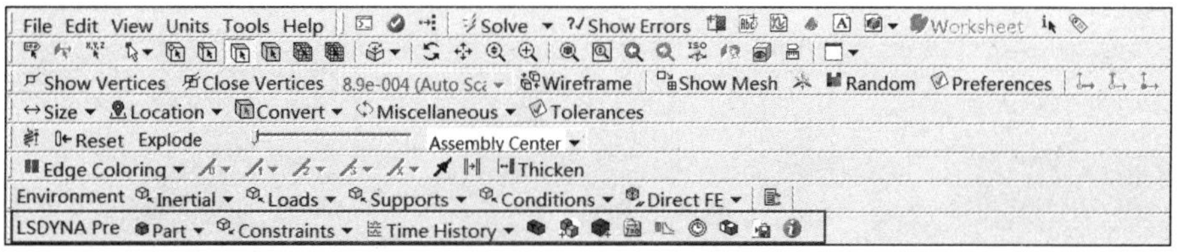

图 B-4　用户定义程序

参 考 文 献

[1] 凌桂龙，丁金滨，温正. ANSYS Workbench 13.0 从入门到精通. 北京：清华大学出版社，2012.

[2] 李鹏飞，徐敏义. 精通CFD工程仿真与案例实战. 北京：人民邮电出版社，2011.

[3] 孙纪宁. ANSYS CFX对流传热数值模拟基础应用教程. 北京：国防工业出版社，2010.

[4] ANSYS建筑钢结构工程实例分析，徐鹤山，机械工业出版社，2007 年 8 月

[5] 王福军. 计算流体动力学分析——CFD软件原理与应用. 北京：清华大学出版社，2004.

[6] 许京荆. ANSYS 13.0 Workbench数值模拟技术. 北京：中国水利水电出版社，2012.

[7] 张朝晖. ANSYS 8.0 结构分析及实例解析. 北京：机械工业出版社，2006.